U0396932

上海社会科学院重要学术成果丛书·专著

建设习近平文化思想最佳实践地系列

科创未来的哲学思考

Philosophical Reflections on a Future Created by Science and Technology

成素梅　等 / 著

上海人民出版社

本书出版受到上海社会科学院重要学术成果出版资助项目的资助

编审委员会

主　编　权　衡　王德忠

副主编　姚建龙　干春晖　吴雪明

委　员　(按姓氏笔画顺序)

丁波涛　王　健　叶　斌　成素梅　刘　杰

杜文俊　李宏利　李　骏　李　健　佘　凌

沈开艳　沈桂龙　张雪魁　周冯琦　周海旺

郑崇选　赵蓓文　黄凯锋

总　序

当今世界，百年变局和世纪疫情交织叠加，新一轮科技革命和产业变革正以前所未有的速度、强度和深度重塑全球格局，更新人类的思想观念和知识系统。当下，我们正经历着中国历史上最为广泛而深刻的社会变革，也正在进行着人类历史上最为宏大而独特的实践创新。历史表明，社会大变革时代一定是哲学社会科学大发展的时代。

上海社会科学院作为首批国家高端智库建设试点单位，始终坚持以习近平新时代中国特色社会主义思想为指导，围绕服务国家和上海发展、服务构建中国特色哲学社会科学，顺应大势，守正创新，大力推进学科发展与智库建设深度融合。在庆祝中国共产党百年华诞之际，上海社科院实施重要学术成果出版资助计划，推出"上海社会科学院重要学术成果丛书"，旨在促进成果转化，提升研究质量，扩大学术影响，更好回馈社会、服务社会。

"上海社会科学院重要学术成果丛书"包括学术专著、译著、研究报告、论文集等多个系列，涉及哲学社会科学的经典学科、新兴学科和"冷门绝学"。著作中既有基础理论的深化探索，也有应用实践的系统探究；既有全球发展的战略研判，也有中国改革开放的经验总结，还有地方创新的深度解析。作者中有成果颇丰的学术带头人，也不乏崭露头角的后起之秀。寄望丛书能从一个侧面反映上海社科院的学术追求，体现中国特色、时代特征、上海特点，坚持人民性、科学性、实践性，致力于出思想、出成果、出人才。

学术无止境，创新不停息。上海社科院要成为哲学社会科学创新的重要基地、具有国内外重要影响力的高端智库，必须深入学习、深刻领会习近平总书记关于哲学社会科学的重要论述，树立正确的政治方向、价值取向和学术导向，聚焦重大问题，不断加强前瞻性、战略性、储备性研究，为全面建设社会主义现代化国家，为把上海建设成为具有世界影响力的社会主义现代化国际大都市，提供更高质量、更大力度的智力支持。建好"理论库"、当好"智囊团"任重道远，惟有持续努力，不懈奋斗。

上海社科院院长、国家高端智库首席专家

导　言

在人类文明演进史上,科技创新越来越成为各国提升国际竞争力、争夺经济主战场以及引领未来发展的战略制高点和发力点。当代科学技术作为产业革命的新引擎,已经渗透到千行百业,改变着人类的生活世界,正在将人类文明推向智能化生存的全新维度。这种势不可挡的发展趋势塑造了"科创未来"的发展理念。这意味着人类社会进入了依靠科技创新来驱动发展、引领变革乃至重塑一切的新阶段,映射出决策者和利益相关者对科技创新理念的坚持,对科技创新趋势的研判,以及对科技创新力量的信赖,证明科学技术不再是外在于社会的纯粹工具,而是成为社会的重要组成部分,成为社会科学技术。

然而,从哲学视域来看,"科创未来"的发展理念所带来的就并不总是一劳永逸的收获与成就。我们从近年来相继推出的 ChatGPT、Sora、GPT-4o 等人机交互技术的应用中,看到了机器智能的过人之处,体会到它们正在将人类追求自动化与智能化生产的理想从物质领域拓展到知识领域,并且向着绘画、音乐、作曲、赋诗等人文领域进军;我们从无人驾驶、智能客服、服务型机器人、无人工厂等人工智能体的普及中,预感到人类即将面临爆发式失业的压力;我们从量子技术、纳米技术、微电子技术、基因工程、脑机接口以及合成生物等技术与人工智能技术的融合发展中,意识到当科学技术从过去只是改造人类生存的外部自然发展到有能力改造人类自身的内在自然时,重新拷问人性的重要性,以及应对在传统伦理框架内无法克服的伦理挑战的迫切性。

这表明，当我们把以人工智能为标志的新兴技术的创新发展看成是国家制胜和经济繁荣的法宝时，我们迫切需要站在未来文明的立场上沉思一系列发展性问题，比如，我们希望通过智能化的发展来塑造什么样的文明形态？习惯于为发展经济和追求物质生产最大化而奋斗的人类，如何为迎接劳动解放的到来做好思想准备和制度安排？预设了精英主义的"科创未来"蓝图，对专家的知识与技能的应用提出怎样的伦理要求？当具有工具性和类人性双重功能的智能机器的应用越来越普遍时，如何超越过去建立在人与工具二分之基础上的规章制度，重塑法律法规与伦理规范？如何规制人脸识别、深度伪造、互联网、大数据、元宇宙、脑机接口等技术的应用？

对这些问题的系统反思拉开了"人，成之为人"的第二个过程的帷幕。"人，成之为人"的第一个过程是人与自然相分离的过程，即人不断地摆脱对周围自然现象的拟人化理解。结果，自然界最终成为"被删除了人"的场所，人则以一种被删除的形式作用于自然界，形成了与人无关的事物和与人无关的过程等新范畴。后来，随着以牛顿力学为核心的第一次科学革命和以蒸汽机、电力和计算机为标志的三次技术革命的深化发展，自然界越来越成为人类改造、利用乃至征服的对象。

法国技术哲学家埃吕尔把"人，成之为人"的第一个过程看成是人类的生存方式从自然环境到社会环境再到技术环境不断转变的过程。美国哲学家塞拉斯认为，人与自然界的分离，对哲学研究十分重要，因为它提供了哲学反思的起点，拉开了概念思维的帷幕。概念思维既指对世界的表征方式，也是人与人沟通与合作的基本前提，也是象棋之类的游戏成为可能的必要条件，更标志着自柏拉图以来的西方哲学研究超越了个体思维转向群体思维的过程。

与"人，成之为人"的第一个过程所不同，以量子力学为核心的第二次科学革命和以人工智能为标志的第四次技术革命所开启的"人，成之为人"的第二个过程则必须回答如何守护人的自然性、如何重新理解"自由""劳动""成功"等关乎人性的理论问题;如何重新认知人的身体边界、人的身体技术化和精神技术化、自我尊严、自我实现乃至生命意义等关乎人性的实践问题。对这些问题的回答,除了需要从学理意义上丰富我们的概念工具箱和重建法学本体论之外,还需要在实践意义上出台新的监管措施,使伦理规范成为科技公司高效运营的内在需求,超越"伦理即约束或障碍"的排斥理念,树立"伦理即关爱或服务"的融合理念。

　　所以,如果说,人与自然界的分离所开启的"人,成之为人"的第一个过程是围绕物质文明建设展开的,是建立在工具主义技术观之基础上的话,那么,深化"科创未来"发展理念所开启的"人,成之为人"的第二个过程则需要围绕精神文明建设来展开,需要在交互主义技术观之基础上,平衡科技发展与人类价值保护,平衡科技的应用价值与社会责任的要求,重塑有利于人的身心成长和生命意义提升的文化环境。

　　由此可见,"科创未来"的发展理念既带来一系列哲学挑战,又能前所未有地激活传统哲学资源。正是在这种意义上,本书试图从不同视域对新兴技术发展所引发的学科转型和哲学问题进行跨学科的学理性分析,分为上下两篇。上篇"科学哲学与艺术哲学的新进展"主要关注在当代科学技术发展背景下当代科学哲学、技术哲学、认知科学哲学、艺术哲学的新发展;下篇"当代技术伦理与超人类主义运动"主要关注深化"科创未来"发展理念所带来的伦理挑战与风险,并立足于尼采的思想探讨超人类主义等问题。简要概述如下:

　　第一章"专长哲学的兴起"主要基于对专家及其专长的概念分析,对技能认识论的揭示,对熟练行为的习惯主义与理智主义之争的超越,来展现专长哲学的论域空间。首先,基于对拉奎拉地震事件、波兰尼关于科学运行的良心机制以及科学运行的社会机制的阐述,探讨专家及其专长的分类问题;其次,基于对技能与身体意向性概念的阐述,对熟练应对活动的哲学前提的揭示,指明理论理解与实践理解之间的区别与联系;最后,基于对习惯主义与理智主义的连续谱系性以及梅洛-庞蒂的心身辩证法的分析,论证习惯具有的身体自动性、智能性、灵活性、域境敏感性以及向对未来目标的开放性的观点。

第二章"认知科学哲学的当代转向"主要聚焦于罗兰茨对延展认知的现象学阐释,揭示认知科学哲学发展的实用主义转向及其对社会科学的影响。首先,基于对罗兰茨的认知标志理论、认知所有权、活动与认知关系的阐述,揭示罗兰茨认知现象学的理论贡献及其局限性;其次,基于对认知科学实用主义转向的基本特征的阐述,探讨行动导向的认知科学哲学问题;最后,基于布兰顿的推理主义语义学,剖析关于概念性心理事件的内在主义解释与外在主义解释的局限性,阐述实用主义进路的优势。

第三章"实用主义的人工智能哲学观"主要诉诸布兰顿等哲学家的思想资源,对人工智能体的心灵、具身性,以及伦理问题进行哲学讨论。首先,探讨塞尔论强人工智能的问题场景和布兰顿对强人工智能体的辩护;其次,基于对实用主义身体观的阐述,论证"智能的非表征"概念有助于超越心物二元论的思维框架的观点;最后,基于对意识条件和主体条件的区分及其关联的揭示,探讨人工智能伦理发展的三个可能阶段。

第四章"艺术哲学的神经美学范式"主要将艺术感知的外部经验与内在的神经活动相对应,探讨神经美学的内涵研究目标、研究方法等。首先,基于脑科学、神经科学和神经影像学技术的发展,阐述神经美学的基本内涵;其次,基于对艺术起源的"劳动说"和"巫术说"的剖析,对艺术能力的本质特征的揭示,追溯神经美学的产生与发展过程;然后,基于对莱辛的"诗画异质说"的分析,揭示诗画感知的神经生理基础,以及探讨人工智能艺术的群体性"效果"与"生成"等问题。

第五章"智能社会的伦理问题及其治理原则"首先基于对计算机科学家图灵、物理学家邦格、政治哲学家汤普逊、现象学家德雷福斯以及科学知识社会学家柯林斯关于人工智能的相关观点的阐述,探讨人工智能的跨学科理解;其次聚集于数字化转型、智能化发展和技术会聚三个层面来揭示它们所带来的伦理挑战及其伦理风险,并潜在地论证建立关于人类文明未来发展趋向的伦理学框架的必要性与实现性;最后通过对劝导式技术的产生及其内涵的简要阐述,揭示技术劝导活动所带来的伦理挑战和所产生的伦理风险,提出相应的治理原则,来深化我们对人机交互技术的伦理理解。

第六章"基因编辑与人工智能技术的伦理思考"主要以基因编辑和人工智能的伦理规范研究为范例,探讨伦理规范的特殊性与普遍性、技术治理的规范性与合理性、技术应用的自由与限度、自由选择与公共伦理规范的平衡等问题。首先,阐述哈贝马斯基于交往行动理论和商谈理论,从共识论证、责任论证和工具化论证对优生学的批判;其次,借鉴哲学和演化心理学对人类情绪的理解,剖析情绪识别技术的优点与不足,并提出了金字塔式的综合治理方案;最后,针对人工智能的伦理挑战,阐述了有限人工道德体的解决方案。

第七章"人类增强技术的伦理反思"主要探讨由于人类增强技术的应用引发的伦理问题,以及相关的学术争议。首先,从医学伦理出发,在与"治疗"概念的对勘关系中阐述与把握"增强"概念的基本内涵;其次,基于区分个人选择对自身实施增强和父母选择对未出生的孩子进行增强两种情形,结合身体财产权理论来判断,人类增强技术的应用是否违背了个人自主原则;最后,剖析支持人类增强的超人类主义和持反对立场的生物保守主义之争的内在本质,认为双方争论的关键在于是否认同伦理自然主义。

第八章"尼采、超人与超人类主义运动"主要探讨尼采与超人类主义运动之间的内在关系,重点回答尼采的"超人"与超人类主义者所讲的"超人类"和"后人类"之间有何联系与区别,尼采是否是超人类主义先驱,或者说,尼采思想与超人类主义运动之间能否相互兼容等问题。对这些问题的回答不只在于挖掘尼采的现实影响,梳理超人类主义的思想史脉络,更在于以此为契机,重新思考哲学与科学之间的关系。

本书的后记中注明了写作分工情况。在本书即将付梓之际,我对团队成员的积极响应和用心撰稿、对丛书责任编辑的辛勤劳动、对上海社会科学院第二轮创新工程学科建设的支持和重要学术成果的出版资助,表示诚挚的感谢!学术发展永远在路上,我们仍将砥砺前行,欢迎学界同仁和专家学者对本书的观点及其论证提出宝贵意见。

成素梅

目　录

上篇

科学哲学与艺术哲学的新进展

第一章
专长哲学的兴起

当人类社会从依赖于科学技术的发展而发展转向在科学技术的驱动下来发展时，专家的作用越来越突出，无论是我们的衣食住行，还是关乎国家发展与治理的大政方针，都离不开听取专家的建议。然而，当人类通过科学技术的发展来重塑经济社会格局和推动新一轮文明转型时，专家的建议和技术开发应用却倍受质疑。专家的建议在多大程度上是值得信赖的？应该建立怎样的专家信任机制？当代社会是否应该交给专家或精英来管理？在技能活动中，如何理解专家具备的高水平应对能力，或者说，如何看待学习者修炼而成的行为习惯？对诸类问题的探讨的迫切需要，诞生了对专家的学习、技能、知识、经验、习惯等进行哲学思考的新领域——专长哲学。本章基于对专家及其专长的概念分析，对基于高超技能的实践理解所蕴含的认识论立场的揭示，对熟练行为的习惯主义与理智主义之争的超越，来展现专长哲学的论域空间。

第一节　关于专家及其专长的概念分析

科学家通常被认为是名副其实的专家，他们不仅是真理的探索者，还是真理的传播者。然而，20世纪下半叶以来，在科学哲学中间，库恩率先在

《科学革命的结构》一书中,把科学的发展看成是范式的更替,而把范式更替的结果归结为科学共同体心理信念的转变;在科学社会学中间,知识社会学家以田野调查的方式走进科学实验室,试图打开科学家确立科学事实的黑箱,来揭示科学运行过程中存在的社会因素和政治因素,提出了科学技术都是社会建构的观点。之后,随着环境污染、气候变暖、转基因食品、核污染等问题频频发生,当人们目睹这些问题带来的灾难时,便产生对科学与技术的不信任,特别是对科学家的不信任。如何重新理解科学运行过程成为一个值得关注的哲学问题。

一、拉奎拉地震事件引发的思考

2009 年 4 月 6 日,意大利拉奎拉(L'aquila)地区发生了里氏 6.3 级地震,严重破坏了拉奎拉这座中世纪的古城,导致几百人丧生,数千人受伤,无数人无家可归,造成数十亿欧元的经济损失。2009 年 10 月 22 日,意大利拉奎拉地方法院以地震评估委员会的专家们对地震的风险评估有误为理,以"过失杀人罪"分别判处当时参与地震评估的 6 名意大利地震学专家和 1 名前政府官员 6 年监禁。他们分别是,当时担任意大利重大危险预测和预防全国委员会主席的罗马大学火山学家弗兰科·巴尔贝里(Franco Barberi)、意大利国家地球物理和火山研究所前所长恩佐·博斯基(Enzo Boschi)、意大利国家地震中心主任朱利奥·塞尔瓦吉(Giulio Selvaggi)、欧洲地震工程学中心主任吉安·米凯莱·卡尔维(Gian Michele Calvi)、意大利国民保护部地震风险评估办公室中心主任莫罗·多尔切(Mauro Dolce)、热那亚大学地球物理学教授克劳迪奥·埃瓦(Claudio Eva)以及时任罗马环境与保护局局长贝尔纳多·德·贝尔纳迪尼斯(Bernardo De Bernardinis)。

此判决一出,先是在意大利国内引起了一场轩然大波。针对意大利的科学家们的判决是否合理,出现了两种声音:一种声音是来自意大利当地的受灾民众,他们指责地震专家们没有很好地履行预测的职责,给他们的生活造成了不可挽回的损失，应当承担法律责任；另一种声音来自学术界，学者们对此判决却几乎是"一边倒"地批评和反对。他们强调，受制于科学的发展，以目前的科学认知和技术条件是无法准确预测地震的，这是众人皆知的事实，没有理由让科学家们为这场灾难"背黑锅"，因为，这种判决是"荒谬的"。

在判决的第二天，意大利重大危险预测和预防全国委员会新任主席卢恰诺·马伊阿米（Luciano Maiami）以"没有安静的工作条件"为理由宣布辞职，以行动声援这些被判有罪的科学家。他坚持认为，法院对科学家的判决是不公正的，是"重大的错误"。他说："他们是职业人员，说话讲诚信，不看个人利益。他们一直说，（现在）不可能预测地震。"在马伊阿米辞职后，意大利又有5000多名科研界人士联名向意大利总统乔治·纳波利塔诺（Giorgio Napolitano）致公开信，谴责对科学家的诉讼。

之后，对此案件的争议进一步扩大到世界范围。这一判决很快在国际社会引发强烈反响。美国《基督教科学箴言报》将这一事件与16世纪意大利著名物理学家伽利略由于支持"日心说"而遭到罗马教会的迫害相提并论。据美国福克斯新闻网引述美国地质勘探局地震学家苏珊·霍夫（Susan Hough）的话说，这场判决对科学界来说是"悲哀的一天"，情况"让人不安"。霍夫甚至将这一判决形容为欧洲历史上的"女巫迫害"事件。美国南加州大学地震学家汤姆·乔丹（Tom Jordan）认为，这一事件让全世界科学家都感到震惊。他在接受媒体采访时，科学界的主流观点都认为这一判决不公平。他还指出，目前的技术水平无法精确预测地震，"我们只能做到以一个相对较低的概率来作出预测"。英国地质勘察研究所专家罗杰·马森（Roger Musson）指出，获罪的意大利地震专家此前给出的预测结论是"正确的"，这个领域的科学家会支持他们的观点。马森说，这些专家在自身能力范围内给出了当时最好的科学建议，这不应成为他们的罪状。非官方组织关注全球问题科学家联盟的成员迈克尔·哈尔彭（Michael Halpen）在一篇博客文章中说,这是一个"荒唐和危险"的判决,意大利总统纳波利塔诺应该推翻判决。同时,美国科学促进会也表示,称对这七人的指控"没有必要"。该协会在致纳波利塔诺总统的信中表示:"那些认为专家能够向拉奎拉民众发出警告说有可能发生地震的想法是错误的。这是不可能完成的任务。"

虽然几年之后,上诉法庭宣判专家团的过失杀人罪不成立,推翻了对6名专家进行6年监禁的判决,并将之前与这些专家共同定罪的政府官员的量刑减至2年。据意大利媒体报道,在法庭外的小镇居民们对上诉法院的这一判决感到十分愤怒,认为政府是在宣布自己无罪,这种行为是"可耻的",与此相反,宣判结果让全世界的地震学家们终于松了口气,但对无罪释放的专家们来说,他们心里却百感交集,对他们而言,释放本身并不是一件值得庆祝的事情,因为这丝毫不会减轻拉奎拉人民所遭受的痛苦。这一罕见事件之所以会发生,是因为在主震来临前的几个月内,拉奎拉地区已经发生了频繁的小震,被称为群震(seismic swarms)。事实上,当地居民已经有所警惕。然而,政府官员根据地震风险评估专家会议所达成的共识,在新闻发布会上表示大的地震不会来临,让居民们无需担心,贝尔纳多·德贝尔纳迪尼斯在电视采访中甚至说:"科学家们告诉我没有危险,因为在地震风暴过程中能量不断被释放。"居民们认为,正是由于听信专家的预判,才有几十人留在家中而不幸遇难。

人类有史以来,大大小小的地震发生过无数次,以地震专家们没有发出有效预警而受到起诉的事件至今十分罕见。这一事件映射出许多值得思考的问题。当我们在许多方面都习惯性地将决策权委派给专家时,是否要完全听信专家的建议,事实上,是多因素权衡的结果,需要视情况而定。在人类认知不足的情况下,即使是专家的建议,也只是一种有风险的预判,并不是确定的客观认知,受众应该在多大程度上认可专家的认知权威,专家具有的专长是如何培养形成的,是否所有专家的建议都具有客观依赖,为了得到诸如此类问题的答案,首先需要我们对科学的运行机制作出考察。

二、科学运行的良心机制

匈裔英籍物理化学家、哲学家迈克尔·波兰尼（Michael Polanyi）在写《科学、信仰与社会》一书时所遭遇的背景和意大利审判科学家的背景有点类似——都是对科学家提出质疑。1938年8月，英国科学促进学会旗下成立了科学的社会与国际关系分会（Division for the Social and International Relations of Science），这个学会旨在对科学的发展给予所谓"社会意义"上的指导。在该学会的授意下，一场对科学进行规划的运动在学术界逐渐扩展开来，一批热衷于公众事务的科学家占据了学术界的主流，而以波兰尼为代表的"纯粹"的学者则被边缘化。波兰尼十分反感这样的做法，为此，他一方面谴责这种干扰科学的所谓"规划"行动，另一方面重申了科学家应当保持独立研究的重要性。

为了从学理上对干扰科学家的工作的做法予以有力的反击，波兰尼在《科学、信仰与社会》一书中给出了一种评价科学家的机制——"良心"机制。要对专家进行评价，首先就要对专家所进行的工作有一定的了解。在波兰尼看来，科学的本质就是"发现"，是人的一种创造性的活动。在科学发现的过程中，有两种规则在起作用：一种是明确的规则，比如科学家在进行科学实验的过程中不可避免地会运用类似于数学公式那样的明确知识。但波兰尼认为，明确知识只是科学发现的工具，单纯依靠明确知识，无法得到真正的科学发现。科学的实际操作主要依赖于第二种规则，即波兰尼所谓的"艺术的规则"，或者更准确地说，应当是"意会的规则"。这种规则是不能用语言或公式直接表示出来，但它可以内化为科学家的直觉，"关于自然的每一种解释——无论是科学的、非科学的，还是反科学的——都是以对事物总体特征的某些直觉观念为依据的"。①

---

① 波兰尼：《科学、信仰与社会》，王靖华译，南京大学出版社2004年版，第8页。

"意会规则"的存在说明了科学工作在很大程度上是一种属于科学家个人的个性化的工作。因此,波兰尼认为科学的机制应当是一种"自治"机制,包含两个层面:

(一)科学的内在机制,即科学的发现机制。波兰尼认为,科学发现的过程是沿着两条线索展开的:一条线索是明线,即客观存在的科学发现过程:科学家们首先要找到好的选题,然后根据所探寻的对象做出假设。以"盗贼理论"为例,假如在某个夜里,我们被隔壁空房间传来的翻箱倒柜的声音吵醒,这声音是来自风声? 贼? 还是老鼠? 此时,我们的第一反应是猜测;接着,会根据观察收集线索;然后,再用所观察到的事实对隐藏在事实背后的情况作出推断。另外一条线索是人的一种主观认识活动,波兰尼认为,该认识的前提乃是科学家的信仰。首先科学家们是相信真理、相信实在是客观存在的;秉持着这种信念,科学家们会在科学发现的过程中会遵照自己的良心行事;科学家的良心又会支配着科学家的直觉对科学假设和科学事实本身作判断。

波兰尼认为,无论是对客观的科学发现过程来说,还是对主观的认识过程而言,科学家的直觉或者说"意会规则"所发挥的作用都远远大于明确规则。因此,在科学发现的内在机制当中起作用的是科学家的良心。对此,他说:"从头至尾,科学探寻的每一步最终都是以科学家自己的判断来决定的,他始终得在自己热烈的直觉与他本身对这种直觉的批判性克制中做出抉择……对这些经过相互对立的论战仍无法解决的问题,科学家们必须本着科学良心来做出自己的判断。"①

---

① 波兰尼:《科学、信仰与社会》,王靖华译,南京大学出版社 2004 年版,第 14 页。

　　（二）科学的外在机制，即科学的社会机制。在波兰尼看来，不论是在客观性程度较高的科学内部，还是在科学运行的外部，良心也是维系科学家群体的纽带。例如，对于师徒关系而言，学生通过训练"逐渐建立起与实在的直接接触，随之而来的就是科学权威之功能将逐渐削弱。学生日益成熟，他们对权威的依赖越来越少，转而更经常地运用独立的个人判断来树立他们的科学信念。权威日渐失色，学生的直觉与科学良心则日渐承担起更多的责任。这并不表示他将不再借鉴其他科学家的工作报告，这样的借鉴还将一如从前，只不过从此以后这种借鉴将依据学习者本人的判断来进行。于是，服从权威将只是发现过程的某个组成部分而已，科学家将在自身科学良心的指引下，既对这一部分，也对整个发现过程负起完全的责任"①。

　　对于同行关系而言，科学家难免会受到同行的批评和指责，但是波兰尼认为，虽然不同的科学家所持的观点可能不同，但科学传统是一脉相承的。即便科学家 A 不认可科学家 B 的观点，乃至把科学家 B 的观点看作是荒谬的，但却不能否认其观点的前提条件——研究传统。正是因为科学家们都有着相同的信仰和相同的科学研究传统，这就使得不同的科学认知在科学过程中将被逐渐修正，最终达成共识，从而使科学共同体进入新的平衡状态。总之，波兰尼认为，归根结底，科学的运行遵循的是良心机制，他"把科学良心看作是调节直觉性冲动和批判性程序的规范法则和师徒间关系的最终仲裁者"②。基于上述论证，波兰尼得出结论说科学是一种纯粹的自我机制。因此，专家的工作不能受外界的干扰，这样，所谓的外行也无权对科学家的工作品头论足了。

　　如果说，波兰尼作为一名曾经有过实际经验的科学家，是站在科学家的角度来看科学家工作的话，那么，科学社会学家默顿（Robert Merton）则是站在从科学"外行"的立场上来看待科学家的工作。默顿以德国纳粹政府要

---

①　波兰尼：《科学、信仰与社会》，王靖华译，南京大学出版社 2004 年版，第 48 页。
②　同上书，第 58 页。

求德国大学和科研机构中强行规定科研人员必须出身于"雅利安"民族并且要公开赞同纳粹,而不能达到上述要求的科研人员统统被驱逐出科研机构甚至德国为例,揭示了种族主义政策对德国科学发展的制约作用。默顿把科学的机制划分成两个层次——科学的内层和外层。默顿认为,在科学的内层,科学家的主要目的是促进知识的发展,并不追求任何相关利益,科学家在科学研究过程中,遵守普遍主义、公有性、无私利性以及有组织的怀疑态度四项规范。默顿把这些规范概括为科学家的"科学的精神气质",并且主张,社会应该为确保科学的有效运行提供保证机制,维护科学的高度自主性。

可以看出,波兰尼和默顿的科学观与近代以来形成的理性主义科学观一脉相承,他们都把科学家看成是一个特殊的群体,具有绝对的认知权威性,认为科学知识是确定无疑的、不可错的和客观的,科学是提供真正知识的事业,科学方法和科学认知机制的可靠性确保了科学知识的真理性,其他社会因素则一律被看成是科学的潜在"污染源"而加以排斥。

然而,在现实生活中,科学家造假现象屡见不鲜,面对科研经费、学术荣誉和经济利益的诱惑,发生过很多"科研造假"现象。在国际学界享很高威望并曾经被认为是"心肌再生领域开创者"的皮耶罗·安佛萨(Piero Anversa)事件最令人震惊。安佛萨由于在 2001 年声称发现了能够修复心肌的干细胞而出名,几年后成为哈佛大学医学院布列根与妇女医院的再生医学中心主任,主持科研项目无数,各种奖项蜂拥而至。然而,2018 年,哈佛大学医学院及其附属布列根与妇女医院却对外宣布,在安佛萨所发表的学术论文中,确定有 31 篇论文涉嫌伪造与篡改数据,要求杂志撤回这些论文。这一撤稿事件不仅成为 21 世纪的一场科研海啸,而且使"心肌干细胞修复术"技术成为一场持续了 18 年之久的学术大骗局。这一事件除了当事人的有意造假行为之外,还涉及了著名学术期刊、国家科研基金、医学界的科研同行等大范围的加持与追捧。这一事件虽然证实了科学的自治机制,但也揭示科学家并不总是具备默顿所说的那些精神气质，也不完全都是超凡脱俗的真理追求者，社会因素已经成为科学家从事研究的前提条件。

三、科学运行的社会机制

事实上，早在 1976 年，英国科学知识社会学家布鲁尔（David Bloor）出版了著作《知识和社会意象》打响了从学理上挑战科学家认知权威的第一枪。布鲁尔认为，我们的感觉经验并不完全可靠。经验主义认为，只要我们自然而然地运用我们的动物性的认识能力，就能得到知识。但是，布鲁尔却认为，我们的认识是一种混合物，我们在认识正确事物的同时也有可能会有错误的认识产生。因此，感觉并不稳定。比如说，中等紧张程度通常比低的紧张程度更能够提高人们的学习效率和成功完成任务的能力。但是，如果紧张程度太高了，也会适得其反，导致人们完成任务的能力下降。其次，布鲁尔反对个体主义的知识观。他认为，人类的知识以及人类的科学不可能只依赖人的动物性本能就能独立地建立起来。因为在布鲁尔看来，个体作为社会的一个组成单位，个体的感知经验是建立在社会的各种假定、标准、意图和意义框架下的，因此不存在脱离社会而存在。

其次，布鲁尔认为，把知识与"真理"概念画等号是一种错误的做法。通常，当人们在谈到"知识"时，总是会把它神化，继而自然而然地产生一种心生敬畏的距离感，这在某种意义上类似于人们对待宗教的态度。布鲁尔也把科学分为两层——世俗的科学和神圣的科学。所谓"世俗的科学"指的是科学的实践层面；而所谓"神圣的科学"的产生，则是由于"人们坚持认为，科学的各种属性超越了所有各种不是科学，而只不过是信念、偏见、习惯、错误或者混乱的东西，并且坚持认为，这些属性使科学根本不可能与后面这些东西相比较"①。这就说明，在布鲁尔看来，科学的"神圣感"其实是来自于人

---

① 大卫·布鲁尔：《知识和社会意象》，艾彦译，东方出版社 2001 年版，第 70—71 页。

们的信念,人们自以为科学神圣,并且在观念上不自觉地强化了科学的神圣性,而忽略科学的世俗性。布鲁尔强调,所谓"神圣的东西"其实正是不科学的东西,而科学恰好不允许人们质疑其神圣性,这恰好是"在我们文化的核心部位,曾经存在过某种最引人瞩目的、具有讽刺意味的怪异之处"①的怪现象。

在布鲁尔的"强纲领"的倡导下,科学哲学界关于科学"世俗性"的讨论越来越热烈,科学知识社会学家们开始从不同的视角走进科学产生的第一线——实验室,对于科学的"非科学"特征给予了更多的证据支持:比如,巴斯学派的哈里·柯林斯(Harry Collins)通过"记忆转移"实验、"恐暗肽"实验、"自然发生说"实验、"蜥蜴的性生活"实验及"探测以太"实验等一系列调查后揭示出,在科学实验的过程中,科学家至少在包括(1)对实验的评价、(2)什么才是"合格"的复制实验、(3)实验步骤、(4)实验者的胜任能力、(5)实验的描述等问题上均存在争议。并且,柯林斯认为,科学争论发展到最后,事实上决定实验是否"合格"的话语权最终是落在了科学共同体的少数人——核心层手中。在核心层当中,科学事实被重新进行包装,争论中获得胜利的一方被贴上了类似于"英雄"的标签,而失败的一方则被人渐渐淡忘,于是科学呈现出"事实本该如此"的面貌。

柯林斯认为,科学内部的厮杀是血淋淋的,充满了矛盾和斗争、欺骗与谎言。在这场厮杀中,"核心层像漏斗一样漏过所有相竞争的科学家的雄心和所偏爱的共识,最后产生了在科学上得到确认的知识。这些相互竞争的雄心和共识因此而意指来自其余的概念网络和我们其余的社会兼职的影响或'反馈'。核心层中的不同科学家,对由一种结果而不是另一种结果引起的偏僻领域中的困难与压力,将具有不同的认识和不同的兴趣,从而将形成他们的论证和策略"②。这样,经过核心层的过滤,科学中那些所谓"不科

---

① 大卫·布鲁尔:《知识和社会意象》,艾彦译,东方出版社2001年版,第69页。

② 柯林斯:《改变秩序》,成素梅、张帆译,上海科技教育出版社2007年版,第128页。

学"的因素都被过滤掉了，于是只留下科学最美好的一面展示在公众面前。

在以布鲁尔和柯林斯等人为代表的科学知识社会学（SSK）的批判下，科学逐渐被剥去了"神圣"的外衣，从一种"高高在上"的、"令人生畏"的形象跌进了尘埃里，变成了一种"世俗"的人造物。随之而来，专家也被拉下了"神坛"，成了一种"手艺人"。当自己的利益和所从事的事业受到如此的诋毁时，相信很多人都不可能再继续保持沉默，对于专家阶层而言同样如此。20世纪90年代，由物理学家索卡尔（Alan Sokal）发起的"科学大战"深化了科学运行的自治机制与科学运行的社会机制之间的冲突。

四、专家及其专长的分类

随着科学—技术—社会的纠缠发展，关于如何评价专家及其专长的问题越来越突出，公众通常在评价科学家的"自治机制"和"社会机制"之间摇摆不定，以至于出现了这样一种怪现象：当公众面对不熟悉的事物时，通常热衷于求助专家的建议；但是，当专家的建议与事实相悖，抑或与公众的心理预期不符时，公众会毫不留情地将"板砖"挥向专家。类似这样的事实不胜枚举，意大利地震学家们的境遇便是如此。

阿尔文·戈德曼（Alvin Goldman）认为，关于应该信任哪些专家及其专长的问题，在当今社会是非常基本的，然而，当代科学认识论却对这个问题视而不见。鉴于这种情况，戈德曼在《专家：哪些是你应该信任的？》一文中认为，在新手/专家问题上，新手在相矛盾的两种专家建议之间作出选择时，新手通常没有能力自己作出裁定，而是根据专家享有的声誉来判断，比如，学历情况、获得的荣誉、取得的成果、社会的认可、第三方专家的支持、专家的利益与偏好、专家过去的成果记录等。这意味着，新手对专家所拥有的专长水平的判断和专家建议的依赖，成为一个可比较的程度问题。[1]

---

① Alvin Goldman, "Expert: Which Ones Should You Trust?", in *The Philosophy of Expertise*, edited by Evan Selinger and Robert P. Crease, Columbia University Press, 2006.

　　史蒂芬·特纳(Stephen Turner)把专家划分五种不同的类型:第一种类型的专家是拥有系统性知识与技能,工作本身很容易被社会普遍认可的那些专家,比如,像物理学家之类的科学共同体;第二种类型的专家是他们的权威性需要通过特定受众群体的认可才能合法化的那些专家,比如,像神学家之类的教派共同体;第三种类型专家的受众是公众,他们是通过自己的实际行动向受众证明其能力并创造了追随者,比如,像按摩理疗师之类的群体;第四种类型的专家是由于获得某种资助而被说成是专家,因此,他们是被出资方认可的专家,他们极力向公众推广资助机制的主张,并渗透到政治行动或选择中,比如,像社会工作者之类的群体,目标不是增长知识,而是刺激公众采取行动;第五种类型专家的受众是掌握着裁决权的官员,他们的观点被管理者接受为权威性观点,他们的专家身份是被赋予的。①

　　柯林斯在一般意义上将专长划分为三个层次:第一个层次是普通人都有的专长,包括普遍存在的专长(ubiquitous expertise)和素质;第二个层次是专家拥有的专长,其一,成为专家需要掌握的明确知识,包括一些基本常识和可以从专业文献中获取的知识;其二,成为专家需要掌握的意会知识,其中又分为两种类型:一种被柯林斯称为"互动型专长"(interactional expertise),即通过与专家的语言互动所掌握的能够理解专家的工作,甚至能对专家的工作给出建设性意见的专长;一种被柯林斯称为"可贡献型专长"(contributory expertise),意指专家不但能"做",而且知道"怎样做",比如能够完成实验的科学家;第三个层次是判定专家所需要掌握的专长,包括专家对专家的判定和外行对专家的判定。

　　由此可见,评价专家是一个综合性问题,需要从多种维度来理解。这就决定了我们在看待专家时,既不能盲目听从专家的建议,也不能"一棍子把专家打死",而是应当结合不同的域境因素去进行综合考察。首先,"专家"

---

① Stephen Turner, "What is the Problem with Experts?", *Social Studies of Science*, Vol. 31, No. 1, 2001, pp. 123—149.

并不等于"全能家",从认知的角度上看,专家的专长是有局限性的。因此我们在看待专家时必须给出限定,专家指的是某一方面的专家;其次,"专家"概念是经过比较之后的程度概念,是约定的、可变的和多变的。因此,专家级的认知者需要根据被分配的身份来概念化,专家是与特殊的工具、实践和社会网络密切联系在一起的"认知主体",对专家是否值得依赖等问题的探讨,把我们思考问题的视域推向了关于专长与认知技能的哲学研究。下面两节内容集中探讨熟练应对蕴含的实践理念和如何超越熟练行为的习惯主义与理智主义之争等问题。

第二节　熟练应对的现象学纲要

"熟练应对"(skillful coping)概念是德雷福斯(Hubert L. Dreyfus)推进海德格尔和梅洛-庞蒂现象学进路的一个核心概念,意指当技能学习者从新手提升为专家乃至大师时,所具备的娴熟地应对局势的一种直觉能力。对这个概念的阐述,不仅升华了海德格尔的哲学主张,提供了对人类智能的新理解,而且也引发了对相关哲学概念的深入讨论。德雷福斯关于"熟练应对"的观点是在回应劳斯(Joseph Rouse)、塞尔(John R. Searle)、柯林斯等哲学家和知识社会学家的质疑中进一步发展起来的。[①]罗蒂评价说,20 世纪末如果没有德雷福斯,欧洲哲学与英美哲学之间的分歧会比实际情况更加严重,分析哲学与大陆现象学之间的分裂似乎在行为层面并不重要,德雷福斯为填平这两者之间的鸿沟做了许多工作。[②]熟练应对的现象学强化了对

---

① Mark Wrathall and Jeff Malpas, *Heidegger，Coping and Cognitive Science*，The MIT Press，2000.

② Mark Wrathall and Jeff Malpas（eds.），*Heidgger，Authenticity and Modernity：Essays in Honor of Hubert L. Dreyfus，Volume 1*，The MIT Press，2000，Foreword.

人类智能的直觉应对能力的思考,为我们重新理解认识论、心灵哲学、行动哲学、社会科学、认知科学以及伦理学中有关人类行动的问题,提供了一个新视域和新的概念框架,为我们重新理解人类智能的本性提供了另一种可选择的理解方式。

一、技能与身体的意向性

熟练应对的现象学是建立在对高超技能的哲学阐述之基础上的。从20世纪80年代以来,德雷福斯把他的现象学思想浓缩为个人技能获得模型来阐述。这些阐述把专家的知识与技能问题纳入哲学思考的视域,比海德格尔的哲学体系更通俗和更明确地深化了我们对身体与世界、实践与认知、技能与知识、熟练应对与身体的意向导向性(intentional directedness)、理性思维与直觉思维等概念的哲学讨论,同时,也为我们重新理解科学和摆脱当代科学哲学的疑难问题提供了有价值的启发。历史地看,把技能划分为若干阶段的讨论,并不是一个新颖的话题,心理学、教育学和运动学等领域早有涉及。但有所不同的是,德雷福斯阐述技能获得模型的宗旨是试图揭示对学习者达到熟练应对阶段时思维方式和认知方式的转变,以及基于身体意向性所体现出的实践理解。个人的技能获得模型由下列七个阶段构成。[①]

(1)新手(Novice)阶段。在这个阶段,学习首先在老师的指导下把目标任务分解为他们在没有相关技能的前提下能够辨认的域境无关的一些步骤或程序,然后,向学习者提供相应的操作规则,这些规则与学习者的关系,就像计算机与其程序的关系一样,是一种执行与被执行关系。这时,学习者只是规则或信息的消费者,只知道根据规则进行操作,但操作起来很笨拙。

(2)高级初学者(Advanced Beginner)阶段。当学习者掌握了处理现实

---

① Hubert Dreyfus, "How Far is Distance Learning from Education?", *Bulletin of Science*, *Technology & Society*, Vol.21, No.3, 2001, pp.165—174.

情况的某些实际经验,开始对相关语境有了一定的理解时,他们就能够注意目标域中有意义的其他先例。他们在充分观摩了大量的范例之后,学会了辨认新的问题,这时,指导准则就会涉及根据经验可辨别的新的情境因素,也涉及新手可辨别的客观上明确的非情境特征。比如,在课堂上,老师为了让学生能够开始理解所学内容的意义,需要使信息语境化,这时,老师像教练一样帮助学生选择和辨认相关问题,或者说,老师需要在思维或行动的实际情境中陪伴学生。德雷福斯认为,在这个阶段,不管是远程教育,还是面授,学习都是以分析思维来进行的。这时,学习者掌握了一定的技能,获得了处理实际情况的经验和能力,开始根据自己的需要和兴趣关注与任务相关的其他问题,有了初步融入情境的感觉。

(3)胜任(Competence)阶段。学习者随着经验的增加,能够辨认和遵守的潜在的相关因素与程序越来越多,通常会感到不知所措,并对掌握了相关技能的人产生了发自内心的敬佩感。学习者为了从这种信息"超载"上升到能胜任的程度,开始通过接受指导或从经验上设计适合自己的计划或选择某一视角,进行因素的去舍与分类,即,确定在具体情境中把哪些因素看成是重要的,哪些因素看成是次要的,甚至可忽略不计,从而使自己的理解与决策变得更加容易。这时,学习者真正体会到,在获得技能的实践中,真实情境要比开始时教练或老师精确定义的规则或准则复杂许多,没有一个人能为学习者列出所有可能的情境类型。在这一阶段,学习者开始有了较为明确的计划与目标,提高了快速反应能力,降低了任务执行过程中的紧张感,但他们只能独立处理较为简单的问题。

(4)精通(Proficiency)阶段。随着经验的增加,学习者能够完全参与到问题域中,在学习过程中积累的积极情绪与消极情绪的体验强化了成功的回应,抑制了失败的回应。学习者由伴有直觉回应的情境识别能力取代了由规则和原理表达的操作程序。学习者只有在把实践经验同化到自己的身体当中时,才能发展出一种与理论无关的实践方式。这时,学习者开始体现出直觉思维,但还是以理性思维为主。因此,这个阶段的最大特征是学习者具备了一定的直觉回应能力,即,获得了根据域境来辨别问题或情境的能力。

(5)专长(Expertise)阶段。精通的学习者只是专心于娴熟的技能活动世界,只明白做什么,但还需要经过思考来决定如何去做。当所学的技能变成了学习者的一技之长时,他们就成为专家。专家不仅明白需要达到的目标,而且马上知道如何达到目标,即知道实现目标的具体方式或途径。这种更高的辨别力把专家与精通阶段的学习者区分开来。在许多情境中,尽管两个层次的人都具有足够的经验从同样的视角看出问题,但战略决策会有所不同,专家具有更明显的直觉情境回应能力,或者说,已经具备了以适当的方式去做适当的事情的能力,在处理问题的过程中能够做到随机应变,体现出直接的、直觉的、情境式的反应。这时,学习者的直觉思维完全替代了理性思维。比如,掌握了学习内容的学生能够立即看出问题的解决方案。

(6)大师(Mastery)阶段。在这个阶段,学习者体现出明显的创新能力,形成了自己的独特风格,达到了技能的最高水平,德雷福斯称之为"大师"。德雷福斯反复强调说,从专家阶段到大师阶段,一定是在师徒关系中完成的。师徒关系的学习,要求有专家在场。也就是说,学习者需要拜几位自己敬佩或崇拜的大家为师,并花时间与他们一起工作,通过模仿大师的风格,最终形成自己的风格。但值得注意的是,师徒工作不是先把学习内容划分为不同的部分,然后,再分别拜几位擅长某个部分的师傅为师,而是从整体上模仿每一位大师的不同风格。与几位大师一起工作使得学习者能够在博众家所长的基础上,最终形成自己的独特风格。比如,年青的科学家在几个著名的实验室里工作,为某位成功的科学大师做助理等。德雷福斯认为,这样看来,远程学习或网络学习永远达不到这一阶段,因为这种教育与学习方式不是师徒关系的教育与学习。因此,在德雷福斯看来,远程教育充其量只能培养出专家,达到精通或专长阶段,但不可能培养出大师,无法达到驾驭阶段。

（7）实践智慧（Practice Wisdom）阶段。实践智慧阶段是技能的最高境界。达到这个层次的技能具有了社会性，成为一项社会技能，并形成了一种文化实践。他认为，在特殊领域内，人们不仅必须通过模仿专家的风格获得技能，而且为了获得亚里士多德所说的实践智慧，即，在适当时间、以适当方式、做适当事情的一般能力，必须学到专家的文化风格。文化风格是体知型的（embodied），不可能从某一个理论中捕获到，也不是在课堂上通过语言来传递的，而只是在实践中通过人与人的相互作用来潜在地传递的，或者说，文化渗透是无形的，是生活的潜在"向导"。德雷福斯举例说，孩子一出生就是其父母亲的徒弟，在日常生活中，他们首先向父母亲学习，或者说，父母亲最早充当了孩子眼里的榜样，我们通常所说的"言传身教"表达的正是这一意思。

从德雷福斯的技能获得模型来看，学习者获得技能的自然过程是越来越从刻意地遵守规则的状态，提升到忘记规则的熟练应对状态。在这个过程中，应对者越能精准地判断局势和越能直觉地应对局势，越说明世界能够更好地向他们敞开。拉索尔（Mark A. Wrathall）根据学习者在应对活动中掌握技能的不同程度，将德雷福斯技能获得模型中的学习者的应对行动总结为五个等级：（1）新手和高级初学者只能对去域境化的特征和问题作出回应，行动受制于应用规则和准则，行动的成功与否取决于能否精准地辨别域境特征，以及能否精确地应用规则和标准；（2）胜任者和精通者有能力对域境的可供性（affordance）①和有意义的域境类型作出回应，行动受制于慎思和经验，行动的成功与否取决于能否抓住正确的视域，以及对正确的可见性作出回应；（3）普通专家有能力对导致一般公认结果的域境的诱发作出回应，行动受制于或多或少的紧张感，行动的成功与否取决于身体接近极致掌

---

① 可供性概念是生态心理学家吉布森（James J. Gibson）于 1977 年提出的，意指环境中隐藏的所有"行动的可能性"。

握的程度和最理想姿势的程度；（4）大师有能力对导致有意义的实践或作为一个整体的世界的诱发作出回应，行动受制于或多或少的紧张感，行动的成功与否取决于能否揭示临危不惧地继续应对的可能性；（5）彻底的创新者有能力对由微不足道的边缘化的域境所呈现出的诱发作出回应，行动受制于或多或少的紧张感，行动的成功与否取决于能否揭示一个全新的世界。①

这说明，在德雷福斯的技能获得模型中，前三个阶段为低级阶段，第四个阶段为过渡期，后三个阶段为高级阶段。在德雷福斯看来，虽然并不是每一位技能获得者最终都能够达到技能的高级阶段，而且，在学习过程中，这几个阶段的划分也不是绝对的，有时会相互交叉，但是，所有能够达到高级阶段的学习者，在他们成长为专家、大师和彻底的创新者的过程中，通常都经历了非常值得关注的三大转变：

（1）情感转变。在前三个阶段，学习者总是程度不同地处于某种紧张状态，身体动作比较僵硬，以遵守规则或程序进行操作为主，遇到特殊情况时，时常会伴有恐慌与惧怕，在完成任务之后，通常会表现出"松口气"或"胜利"和"得意"的感觉。当学习者达到后面的三个阶段时，这些情感反映会逐渐地消失，取而代之的是，从面对"突发"事件时的"一筹莫展"和"恐吓与无助"的情感状态转变为"享受与体验"情境变化带来的刺激感与满足感。这种情感转变是在实践过程中随着经验的积累而无意识地完成的。对于科学研究的情况也是如此。学生在刚开始学习做实验时，对某些实验仪器的操作不太老练，当仪器出现故障时，会感到紧张甚至焦虑，当进入高级学习阶段之后，这些情感反应会逐步消失。

（2）实践转变。在前三个阶段，学习者程度不同地处于"手忙脚乱"和"应接不暇"的状态，甚至会因为情境因素的复杂多变而深感信息"超载"，表

---

① Mark A. Wrathall, "Hubert Dreyfus and the Phenomenology of Human Intelligence", in *Skillful Coping: Essays on the phenomenology of everyday perception and action*, edited by Hubert L. Dreyfus and Mark A. Wrathall, Oxford Scholarship Online, 2014, pp.11—12 of 20.

现出能力不济。当学习者达到后面的三个阶段之后，他们的实践体验发生了质的变化，转变为"得心应手""胸有成竹"和"沉着应战"的状态。他们具备了对问题域的直觉应对能力，也能够前瞻性地修改现有的技能获得程序或规则，形成自己的独特风格，成为值得信赖的专家。这种实践转变是通过身体动作的灵活程度或应对问题的老练程度体现出来的。德雷福斯认为，当学习者成长为专家之后，他们能够自信而"流畅"地应对问题，即，"知道如何去做"。这时，经验所起的作用似乎超过任何一种在形式上用语言表达所描述的规则。①

（3）认知转变。与情感转变和实践转变相比，认知转变更为根本与高级。德雷福斯认为，学习者在前三个阶段程度不同地处于域境无关（context-free）状态，第四个阶段为过渡期，后面的三个阶段进入了域境敏感（context-sensitive）状态。当学习者对技能的掌握进入域境敏感状态时，他们发生了认知转变，即，在全面把握域境要素、综合运用规则的能力、形成判断问题的视角、思维方式以及与世界的关系等问题上都发生了实质性的变化。在前三个阶段，学习者主要是根据规则处理问题，没有丰富的经验积累，还不具备处理突发事件的能力，他们对所处域境的感知是域境无关的或部分域境无关的，在处理问题时，理性的分析思维占有主导地位。

当学习者达到后面的三个阶段之后，他们已经与所处的域境或世界融为一体，直觉思维占有主导地位。而以直觉思维为基础的直觉判断的有效性揭示了学习者的实践技能（practical skillfulness）的意向导向性在认知过程中所起的重要作用，也揭示了使意向行动成为可能的背景熟悉程度（background familiarity）的非表征性。这时，认知方式从开始时的"慎重考虑"的主客二分状态转变为"直觉应对"的身心一体化状态。这种"直觉"不同于天生的生物学意义上的"本能"，而是指在长期的实践过程中通过身体

---

① Hubert L. Dreyfus and Stuart E. Dreyfus, *Mind Over Machine: The Power of Human Intuition and Expertise in the Era of the Computer*, Free Press, 1986, pp.1—40.

的内化而养成的后天的"直觉",因而既是因人而异的,也是可培养的。这种后天直觉的发挥是由所处的域境唤醒的,是学习者能动地嵌入域境的结果。因此,在技能性活动中,人的身体的参与具有了优先的认识论地位,成为认知活动的一个重要组成部分。

从新手到精通者理解世界的方式是程度不同地建立在应用规则的基础上,体现出程度不同的慎思行动模型;而从普通专家到彻底的创新者理解世界的方式,是程度不同地建立在熟练应对的基础上,体现出程度不同的直觉行动模型。从总体上说,只有在熟练应对活动中的行动者才是世界的揭示者,具体而言,普通专家揭示的是世界的基本形式;大师揭示的是使世界具有一致可理解性的整体风格;彻底的创新者揭示的是新世界的可能性。学习者掌握技能的这种递进关系,揭示了我们通常所说的"熟能生巧"或"实践出真知"的道理,也说明了行动者对实践活动的熟悉程度,不在于熟记大量的规则和事实,而在于是否具有以适当方式回应局势的倾向。

熟练应对行动的这种倾向性是通过承载有技能的身体表现出来的。德雷福斯区分了两种意义上的身体:一种是作为解剖学家研究对象的第三人称意义上的身体,另一种是作为行动自如的第一人称意义上的身体。进行熟练应对行动的身体是第一人称意义上的身体,是富有技能的身体,是感知世界的身体。在德雷福斯看来,这种鲜活的身体既不是物质的,也不是精神的,而是"第三种存在",即具有行动意向性的存在。[1]与此相对应,在熟练应对活动中,"我"既不是超验的自我,也不是"存在于世"(being-at-the-world),而是"寓居于世"(being-in-the-world),是嵌入式体知的主体。技能也不是经验领域内的对象,而是统一经验的手段。技能不是建立在规则的基础上,而是建立在整体的模式或风格之基础上。行动者在展示技能的活动中体现出的身体意向性,是无内容的意向性,即,既不是从外部因果性地

---

① 参见休伯特·德雷福斯:《对约翰·塞尔的回应》,成素梅译,《哲学分析》2015 年第 5 期。

强加的，也不是从内部自由地产生出来的，而是身体在活动场域内持续不断的训练中主动养成的。①

这种身体的意向性不能表达不存在的对象的意义，也不会在事件的发生域境之外体现出来，而是被域境所"诱发"的一种内在的能动性，是身体对来自世界的诱发的无意识的直觉回应，或者说，身体成为协调活动的实践统一体。因此，身体的意向性不同于认知科学哲学和语言哲学中所阐述的心理的意向性和语言的意向性。实践中的熟练应对关注的是整个活动的域境本身，或者说，是包括身体在内的整个世界本身，而不是单纯地关注对象，也不是专注于工具的使用或操作，更不是依赖于内心的动机与欲望。熟练应对的能力所突出的，是基于直觉思维的域境敏感力，而不是基于逻辑分析的推理能力，是从遵守规则升华为域境化地应对局势的一种直觉判断力。

身体的能动性不同于我们通常所说的主观能动性。主观能动性是意识和理论层面的，所体现的是，某人具有积极从事某件事情的主观愿意和自觉意识；身体的能动性是无意识和行动层面的，所体现的是，某人被所处域境激发出的身体的应急能力和指向性。因此，身体的能动性不是受心理表征或从活动域境中抽象出来的约定规则的调节，而是受整个活动局势本身的调节，是一种召唤出来的身体的意向性。身体动作的目标对象不是客体本身，而是在实践中相互联系的整个局势。在这种局势中，行动者和有意义的对象或任务都是嵌入在世界或域境之中的，是世界或域境中的内生变量。只有在局势展开时，身体的意向性才能被召唤出来。因此，身体具有的能动性和意向性，使得身体不再是活动场域的中介物，而是意向指向性本身。身体所在的世界或域境既不是纯自然的，也不是纯建构的，而是人的世界或人的域境。

---

① Joseph Rouse, "Coping and Its Contrasts", in *Heidegger*, *Coping*, *and Cognitive Science*: *Essays in Honor of Hubert L. Dreyfus*, *Volume 2*, Mark A. Wrathall and Jeff Malpas(eds.), The MIT Press, 2000, pp.12—13.

身体的意向性不同于心理的意向性，它不是建立在心理状态的基础上，而是建立在实践的基础上。重复实践不仅造就了独特的肌肉结构，而且还在大脑中生成了独特的神经网络结构。肌肉结构能使身体灵活自如地应对环境的诱发，神经结构能够代替规则来指导行动者的行为。这两种结构都是格式塔的，它们共同协作赋予身体一种类似于本能的统合协调能力。这种能力使富有技能的身体具有了以不变应万变的无意识的动作意向，或者说，成为应对者把握局势的一种背景应对（background coping）。

因此，背景应对是身体的，而不是心理的。在熟练应对活动中，应对者的作用不是监控和支配正在进行的行动过程，而是在体验应对过程中源源不断的熟练活动。在运动中，当应对者所处的情形偏离了身体与环境之间的最理想的关系时，身体就会本能地向着接近最理想的姿式运动，来减少这种偏离所带来的"紧张"感。当熟练应对进展得很好时，应对者就会体验到像运动健儿所说的那种流畅感。这时，应对活动完全啮合在局势的"召唤"之中，应对者不再能够在行动的体验和进行的活动之间作出区分，应对技能成为身体的一个组成部分，从而使得应对者具有了基于技能，而不是基于心理的意向对象，来理解世界的基本的实践能力。①

美国加州大学伯克利分校的神经科学家弗里曼（Walter Freeman）的神经动力学研究为神经网络结构为何能够替代规则的问题提供了科学的说明。弗里曼在用兔子做实验时，他观察到，兔子在感到饥饿时，就会到处寻找食物，这种满足需求的反应，强化了动物的神经联结。因为兔子在每次产生嗅觉时，嗅球的每个神经元都会参与其中，兔子在每次找到食物之后，嗅球都会呈现出一种能态分布，而嗅球往往趋向于最低能态。每一种可能的最低能态被称之为"吸引子"。趋于一种特殊吸引子的大脑状态被称之为

① Hubert L. Dreyfus, "Heidegger's Critique of the Husserl/Searle Account of Intertionality", in *Skillful Coping*：*Essays on the phenomenology of everyday perception and action*, edited by Hubert L. Dreyfus and Mark A. Wrathall, Oxford Scholarship Online, 2014, p.5 of 16.

"吸引区域"。兔子的大脑对每次有意义的输入都会形成一种新吸引区域，从而把过去经验的意义保留在吸引区域内。兔子大脑的当前状态是过去所有经验叠加的结果。为此，弗里曼指出，大脑所选择的图式不是被刺激所强加的，而是由具有这种刺激的较早经验来决定的，宏观的球部图式不是与刺激相关，而是与刺激的意义相关。作为直接呈现的意义是域境的、全域的和不断被充实的。①1991 年，斯坦福大学的神经心理学家普利布拉姆（Karl Pribram）在研究大脑的记忆时，提出的认知功能的全息大脑模型，从另一个层面支持了人类活动的实践理解与身体意向具有的整体性观点。

二、熟练应对的哲学前提

德雷福斯基于技能获得模型对人类活动的现象学的阐述，使得在日常生活中常见的熟练应对范式具有了与传统哲学讨论的慎思行动范式足以相提并论的哲学意义。慎思行动范式突出的是逻辑推理，属于认识论范畴，而熟练应对范式所关注的是在流畅的应对活动中世界或域境的诱发性，属于现象学中的本体论范畴。熟练应对活动的范围很广，包括从人类的最普通的日常活动（比如，走路或吃饭），到特定人群极致掌握的竞技活动（比如，打球或下棋、弹琴等）和技术性的工具操作（比如，操作专业仪器），再到科学研究中抽象的思维操作（比如，物理学或数学）等一切技能性活动在内。

在日常生活中，"熟练应对"是每一位正常人天天都在践行的司空见惯的一种基本生存能力，比如，话语的脱口而出，行为的灵活自如，做事的胸有成竹等。只有当习以为常的行动出现异常或受阻时，行动者才会停下来，去查找出现问题的根源，比如，孩子到了相应的年龄还不会说话或没有行动能

---

① Hubert L. Dreyfus, "Why Heideggerian AI Failed and How Fixing it Would Require Making it More Heideggerian", in *Skillful Coping：Essays on the phenomenology of everyday perception and action*, edited by Hubert L. Dreyfus and Mark A. Wrathall, Oxford Scholarship Online，2014，pp.12—13 of 24.

力,成年人突然出现语言或行动障碍等。我们通常会把日常生活中这些异常情况或行动受阻的情况当作病态来处理,而正常情况则被认为是每个人理应具备的基本生活能力,很少上升到哲学的高度来探讨。

在竞技运动和各类操作性的活动中,"熟练应对"是运动员和包括科学家在内的技术专家所具备的一种高超的应急反应能力。这种能力的获得与日常生活能力的获得的最大不同在于,它是在长期的训练与学习实践中,达到的一种特有的技能状态。日常生活能力尽管也需要通过学习与训练来获得,但是,通常被归结于人的成长历程,是在周围成年人的言传身教与当地社会文化的熏陶下,以不断试错的方式循序渐进地获得的。特殊技能的学习与训练,虽然也可以从孩子抓起,比如,孩子从小开始学习拉小提琴、弹钢琴、跳舞、打球、下棋等,但是,我们完全不会把孩子所获得的这些特殊能力与人人都应该具备的说话和走路等基本生活能力相提并论。生活技能与专业技能属于不同的技能层次。

另一方面,如果走路、说话等日常生活能力经过特殊的训练达到一般人无法企及的极致状态,也就相应地转化成为一项专业技能,比如,语言学家、田径运动员等所特有的那些技能。技能的难易程度不同,种类不同,影响它的维度也不同,比如,在学习运动技能与操作的技能时,涉及身体在动态情境中的变化与姿势,这些技能是训练身体的柔韧性与灵活性;学习抽象的科学研究,主要与思维操作能力相关,这项技能是训练学习者能够直觉地把握局势的能力;技能的社会化程度不同,受到现有社会规范的影响程度也不同,比如,学习道德规范、礼仪和开车,比学习木工和电器维修,更关注社会特性。

尽管技能有难易之分,并且,日常生活技能是人人具有的,专业技能是经过特殊训练的职业人员才拥有的,但是,技能学习者在成为专家和大师时,所表现出的熟练应对能力与普通人在日常生活中具有的熟练应对能力,却有着共同之处。德雷福斯正是抓住这一要点,通过对技能获得过程的阐述,使起源于海德格尔,发展于梅洛-庞蒂的应对技能的现象学,进一步突显和成熟起来。在德雷福斯看来,海德格尔发现的应对技能,建立在所有的可理解性和理解的基础之上,实用主义者虽然也看到了这一点,但是,海德格尔思想的伟大之处在于,他看到,当运动员在比赛中处于最佳状态时,他们已经完全被比赛所吸引,或者说,完全沉浸在比赛的域境中。海德格尔试图以此来拒斥他那个时代的哲学——笛卡尔的哲学。在笛卡尔的哲学中,人是独立思考的个体,而在海德格尔看来,人并非独立的个体,而是沉浸在或嵌入在他所在的那个世界之中,人成为自己所在的整个活动域境的一个组成部分。因此,德雷福斯认为,海德格尔是摆脱了笛卡尔及其追随者思想的第一位哲学家。[①]

但是,德雷福斯也明确指出,海德格尔虽然摆脱了笛卡尔的观点,不相信人是用心灵来表征世界的主体,认为行动者只是“寓居于世”的存在者,即,完全沉浸在世界之中,而不是外在于世界的主体,因此而注意到了身体的存在。但是,他却没有明确地谈到人有身体这样的事实,更没有对如何把身体纳入哲学的讨论中,人如何感知所在的世界等问题,作出系统的论述。梅洛-庞蒂在他的《知觉现象学》一书中承接了这项任务。[②]在德雷福斯看来,把人看成是独立的智者,而拥有外部世界的图像,这种分离的立场,属于技能获得模型的初级阶段,而海德格尔强调的“寓居于世”,是指人已经完全沉浸在自己所在的世界之中,这种融合的立场,属于技能获得模型的高级阶段。高级阶段的技能拥有者,已经成长为具有特定专长的专家,并经历了从初学者成为专家时的各种情感转变、实践转变等。这些转变使得具备了熟练应对的技能,不仅属于不同的技能级别,而且隐含了不同的哲学假设。

在传统哲学中,行动通常被看成是有目的的行为,是受心理状态引导的

①② 参见成素梅、姚艳清:《哲学与人工智能的交汇——访休伯特·德雷福斯和斯图亚特·德雷福斯》,《哲学动态》2013年第11期。

行为表现,即,行动是由心理意向引起的,而心理意向依次来源于为达到某种目的愿望和满足这些愿望的信念。这种观点隐含的相互关联的三个哲学假设是:其一,假设行动者与世界是彼此分离的,即我们可以在行动者与世界之间划出界线,世界是静态的,被看成是对象的集合,对象在因果关系的意义上对行动者产生影响;其二,假设说明行动的基础是内在于行动者的,即,行动是在行动者的心理事件和心理状态的作用下发出的。这不是否认,这些心理事件和状态,在因果关系的意义上,是由世界中的事件引起的,而是说,如果没有心理作用的调节,来自世界的因果作用,就不会引起作出回应的成为行动的身体动作。这种行动必须把它的基础追溯为内在于行动者的某种状态或事件(比如,表征行动的满足条件)的行动,因此,心理状态或心理意向成为世界与行动之间的中介物;其三,假设完美的或最理想的行动是谨慎考虑的结果,即,是在对各种理由作出详细评估和权衡之后,来确定哪种行动过程是达到目的的最合理的或最完善的方式。①

与此不同,德雷福斯则把熟练应对活动中的行动者当作是拥有专长的专家或大师,然后,从专家的熟练应对行为,揭示出对世界的实践理解。这种现象学所隐含的三个哲学假设是:其一,假设行动者在进行熟练应对时,完全处于与世界融合的状态,不能分离开来。因此,我们无法在世界与行动者之间划出分界线,身心不再可分;其二,假设说明行动的基础既不是单纯地内在于行动者,在因果关系的意义上,也不是完全来自外部对象,而是所有这些互动要素所构成的整个世界或域境的诱发或激发,应对者的行动是对其所在世界或域境进行的一种直觉回应。这种回应是无反思的,即,不需要心理状态的调节,也就是说,心理状态或意向不再是引发行动的中介物,而是世界或域境本身成为诱发行动的直接"理由"。或者说,专家的熟练应

---

① Mark A. Wrathall, "Hubert L. Dreyfus and the Phenomenology of Human Intelligence", in *Skillful Coping: Essays on the phenomenology of everyday perception and action*, edited by Hubert L. Dreyfus and Mark A. Wrathall, Oxford Scholarship Online, 2014, p.3 of 20.

对不再是依靠对相互竞争的愿望或动机的评价与权衡,而是专家所在的那个世界诱使他或她以沉着冷静的态度进入一个明确的行动过程;其三,完美的或最理想的行动不是在经过谨慎思考与认真权衡之后作出选择的结果,而是在长期的训练与实践中塑造的最理想的身体姿式。专家级的行动者只有在行动受阻时,才考虑对行动的其他可能性作出评估与选择。因此,达到熟练应对的过程,反而是逐渐摒弃慎思行动的过程。

德雷福斯所阐述的熟练应对时期,类似于库恩在阐述范式论时所说的常规科学时期。库恩认为,常规科学的目的既不是去发现新的现象,也不是发明新的理论,相反,是在澄清范式已经提供的那些现象与理论。而科学家这么做的前提是,他们必须首先成为一门成熟科学的具体实践者。否则,他们就不会沉迷于特定的范式之中,也认识不到范式留下的许多扫尾工作,更不会把注意力集中在小范围的深奥问题上。专业团体只有在范式成功的期限内,才能解决许多问题,他们只有在解决问题的过程中感觉到现有范式变成了进一步推进研究的障碍时,他们的行为才会出现不同,研究问题的本质才会发生改变,从而进入科学革命时期。常规时期的科学家是解谜专家,正是谜所提出的挑战驱使他们前进。而特定范式之内的科学家的工作,主要是集中解决缺乏才智的人不能解决的问题。①

同样,熟练应对的行动者是破局专家,正是局势带来的挑战促使应对活动的顺利展开。专家级的行动者在熟练应对时,能够破解许多非专家无法应对的局势,只有在他们的直觉应对活动失手时,他们才会停下来,对情境作出反思。这相当于库恩讲的科学革命时期。在这个时期,行动者像科学家那样,开始剖析他们面对的情境因素和行动细节。德雷福斯认为,专家级的行动者在熟练应对时所做出的应急反应,是非专家级的行动者无法达到的。也就是说,行动者掌握技能所达到的层次不同,他们从事的活动与体验

---

① 参见托马斯·库恩:《科学革命的结构》,金吾伦、胡新和译,北京大学出版社 2003 年版,第三章和第四章。

也不同。传统哲学所讨论的有目的的慎思行动模型,最好地描述了专家在应对活动受阻时与世界的互动,以及初学者与世界的互动;而熟练应对的直觉行动模型,则是最好地描述了行动者在流畅应对时与世界的互动。慎思互动建立在概念与世界之间的表征关系之基础上,而熟练应对的直觉互动建立在身体与世界之间的应对关系之基础上。因此,在人类的活动中,存在着两种不同的互动模式:表征互动和直觉互动;蕴含了两类不同的哲学假设:主客体二分的假设和主客体融合的假设;揭示了我们对世界的两种可理解性(intelligibility):理论的可理解性和实践的可理解性;呈现了两种意向性:有心理内容的意向性和无心理内容的意向性。

三、熟练应对活动中的实践理解

强调意向引导行动的传统哲学假设:我们在进行判断时,对事物的理解,只存在着一种可理解性,那就是,用概念和语言来表达我们对世界的理解。我们把由概念判断与逻辑推理提供的对世界这种理解,称之为理论理解。理论这一概念至少蕴含了三层含义:理论是抽象性的、普遍的和非经验的。理论理解提供的是对世界的表征。这种观点把理解看成是认识论的问题,即关于知识的问题。但是,德雷福斯认为,对于画家、作家、历史学家、语言学家、浪漫主义的哲学家维特根斯坦以及存在主义的现象学家来说,还存在着另外的一种可理解性,那就是,我们与实在或世界的接触和互动。这种可理解性是通过非概念的或非表征的熟练应对来体现的。德雷福斯论证说:"成功的不断应对本身是一种知识。"[1]然而,这种知识是一种不同类型的知识——技能性知识。

---

[1] Hubert L. Dreyfus, "Account of Nonconceptual Perceptual Knowledge and Its Relation to Thought", in *Skillful Coping*: *Essays on the phenomenology of everyday perception and action*, edited by Hubert L. Dreyfus and Mark A. Wrathall, Oxford Scholarship Online, 2014, p.4 of 12.

技能性知识是指人们在认知实践或技术活动中知道如何去做并能对具体情况作出不假思索的灵活回应的知识。我们对技能性知识的揭示,不仅能够说明科学家的认知本能与直觉判断为什么不完全是主观的原因所在,而且有可能使传统科学哲学家与科学研究(science studies)者之间的争论变得更清楚。正如唐·伊德(Don Ihde)所言,就技术的日常用法而言,在科学实验中所用的技术仪器,通过"体知型关系"(embodiment relations)扩大到,或转变为身体实践;它们就像海德格尔的锤子或梅洛-庞蒂的盲人的拐杖一样被兼并或合并到对世界的身体体验中,科学家能够产生的现象随着体知形式的变化而变化。①德雷福斯在进一步发展梅洛-庞蒂的"经验身体"(le corps vécu)的概念和"意向弧"(intentional arc)与"极致掌握"(maximal grip)的观点时也认为,"意向弧确定了行动者和世界之间的密切联系",当行动者获得技能时,这些技能就"被存储起来"。因此,我们不应该把技能看成是内心的表征,而是看成对世界的反映;极致掌握确定了身体对世界的本能回应,即不需要经过心理或大脑的操作。②正是在这种意义上,对技能性知识的哲学反思把关于理论与世界关系问题的抽象论证,转化为讨论科学家如何对世界作出回应的问题。

技能性知识主要与"做"相关。根据操作的抽象程度的不同,把"做"大致划分为三个层次的操作:直接操作、工具操作和思维操作。直接操作主要包括各种训练(比如,竞技性体育运动、乐器演奏等),目的在于获得某种独特技艺;工具操作主要包括仪器操作(比如,科学测量、医学检查等)和语言符号操作(比如,计算编程等),目的在于提高获得对象信息或实现某种功能的能力;思维操作主要包括逻辑推理(比如,归纳、演绎等)、建模和包括艺术

① Don Ihde, *Expanding Hermeneutics*: *Visualism in Science*, Northwestern University Press, 1998, pp.42—43.
② Evan Selinger and Robert P. Crease(eds.), *The Philosophy of Expertise*, Columbia University Press, 2006, pp.214—245.

创作在内的各项设计,目的在于提高认知能力或创造出某种新的东西。从这个意义上看,在认知活动中,技能性知识是为人们能更好地探索真理作准备,而不是直接发现真理。获得技能性知识的重要目标是先按照规则或步骤进行操作,然后在规则与步骤的基础上使熟练操作转化为一项技能,形成直觉的、本能的反应能力,而不是为了直接地证实或证伪或反驳一个理论或模型。这种知识主要与人的判断、鉴赏、领悟等能力和直觉直接相关,而与真理只是间接相关,是一种身心的整合,一种走近发现或创造的知识。这种知识具有五个基本特征:

(1)实践性。这是技能性知识最基本和最典型的特征之一。技能性知识强调的是"做",而不是简单的"知";是"过程",而不是"结果";是"做中学"与内在感知,而不是外在灌输。"做"所强调的是个体的亲历、参与、体验、本体感受式的训练(proprioception exercise)等。就技能本身的存在形态而言,存在着从具体到抽象连续变化的链条,两个端点可分别称作"硬技能"或"肢体技能",即,一切与"动手做"(即,直接操作)相关的技能;"软技能"或"智力技能"(intellectual skill),即,指与"动脑做"(即,思维操作)相关的技能。在现实活动中,绝大多数技能介于两者之间,是二者融合的结果。

(2)层次性。正如德雷福斯的技能获得模型所阐述的那样,任何一项技能,不论是简单的日常生活技能,还是抽象的科学认知技能,都是在基于从文本的讲解再到实践操作的反复训练中得以掌握的。技能性知识有难易之分,其知识含量也有高低之别。比如,开小汽车比开大卡车容易,一般技术(比如,修下水道)比高技术(比如,电子信息技术、生物技术)的知识含量低,掌握量子力学比掌握牛顿力学难度大。

(3)域境性。技能性知识总是存在于特定的域境中,行动者只有通过参与实践,才能有所掌握与体悟,只有在熟练掌握之后,才能内化为直觉能力等内在素质,才能体现出对域境的敏感性。因此,获得技能性知识的途径,不是依赖于熟记步骤和规则,而是依赖于实践的体验。

（4）直觉性。技能性知识最终会内化为人的一种直觉，并通过人们灵活应对的直觉能力和判断体现出来。直觉不同于猜测，猜测是人们在没有足够的知识或经验的情况下得出的结论，"直觉既不是乱猜，也不是超自然的灵感，而是大家从事日常事务时一直使用的一种能力"①。"直觉能力"通常与表征无关，是一种无意识的判断能力或应变能力。技能性知识只有内化为人的直觉时，才能达到运用自如的通达状态。在这种状态下，行动者已经深度地嵌入世界当中，能够对情境作出直觉回应，或者说，行动者对世界的回应是本能的、无意识的、易变的，甚至是无法用语言明确地表达的，行动者完全沉浸在体验和域境敏感性当中。从这个意义上讲，不管是在具体的技术活动中，还是在科学研究的认知活动中，技能性知识都是获得明言知识的前提或"基础"，是我们从事创造性工作应该具备的基本素养，是应对某一相关领域内的各种可能性的能力，而不是熟记"操作规则"或经过慎重考虑后才能作出的选择。

（5）体知性。技能性知识的获得是在亲历实践的过程中，经过试错的过程逐步内化到个体行为当中的体知型知识。技能性知识的获得没有统一的框架可循，实践中的收获也因人而异，对一个人有效的方式，对另一个人未必有效。人们在实践过程中，伴随着技能性知识的获得而形成的敏感性与直觉性，不再是纯主观的东西，而是也含有客观的因素。

当我们运用这种观点来理解科学研究实践时，就会看到，科学家对世界的理解，既不是主体符合客体，也不是客体符合主体，而是从主客体的低层次的融合到高层次的融合或是主体对世界的嵌入性程度的加深。这种融合或嵌入性度加深的过程，只有是否有效之分，没有真假之别。因为亲历过程中达到的主客体的融合，是行动中的融合。就行动而言，我们通常不会问一种行动是否为真，而是问这种行动方式是否有效或可取。这样，就用有效或

---

① Hubert L. Dreyfus and Stuart E. Dreyfus, *Mind Over Machine：The Power of Human Intuition and Expertise in the Era of the Computer*, Free Press, 1986, p.29.

可取概念取代了传统符合论的真理概念,并使真理概念变成了与客观性程度相关的概念。行动者嵌入域境的程度越深,对问题的敏感性与直觉判断就越好,相应的客观性程度也越高,获得的真理性认识的可能性也越大。

从技能性知识的这些基本特征来看,技能性知识是一种个人知识,但不完全等同于"意会知识"。"个人知识"和"意会知识"这两个概念最早是由波兰尼在《个人知识》和《人的研究》这两本著作中提出的,①后来在《意会的维度》一书中进行了更明确的阐述。波兰尼认为,在科学中,绝对的客观性是一种错觉,因而是一种错误观念,实际上,所有的认知都是个人的,都依赖于可错的承诺。人类的能力允许我们追求三种认识论方法:理性、经验和直觉,个人知识不等于是主观意见,更像是在实践中作出判断的知识和基于具体情况作出决定的知识。意会知识与明言知识相对应,是指只能意会不能言传的知识。用波兰尼的"我们能知道的大于我们能表达的"这句名言来说,意会知识相当于是,我们能知道的减去我们能表达的。而技能性知识有时可以借助于规则与操作程序来表达。因此,技能性知识的范围大于意会知识的范围。从柯林斯对知识分类的观点来看②,意会知识存在于文化型

---

① 网上流传的许多中文文献认为,波兰尼在 1957 年出版的《人的研究》(The Study of Man)一书中第一次提出了"意会知识"这个概念。这个时间可能有误。据《人的研究》一书的版权页,这本书是由波兰尼于 1958 年在北斯塔福德郡大学学院(University College of North Staffordshire)进行的"林赛纪念讲座"(Lindsay Memorial Lectures)构成的,书的出版时间是 1959年,由美国芝加哥大学出版社出版。书中共有三讲,第一讲是"理解我们自己"(Understanding Ourselves);第二讲是"人的呼吁"(The Calling of Man);第三讲是"理解历史"(Understanding History)。而且,波兰尼在此书的前言中写道,这三次讲座是对他最近出版的《个人知识》一书中所进行的研究的延伸,可是看成是对《个人知识》的简介。这说明,《人的研究》的出版时间在《个人知识》之后,而不是之前。《个人知识》一书首次出版是在 1958 年,因此,《人的研究》一书的出版时间应该是 1959 年,而不是 1957 年。

② 柯林斯把知识分为五类:观念型知识(embrained knowledge),即依赖于概念技巧和认知能力的知识;体知型知识(embodied knowledge),即面向域境实践(contextual practices)或由域境实践组成的行动;文化型知识(encultured knowledge),即通过社会化和文化同化达到共同理解的过程;嵌入型知识(embedded knowledge),即把一个复杂系统中的规则、技术、程序等之间的相互关系联系起来的知识;符号型知识(encoded knowledge),即通过语言符号(比如,图书、手稿、数据库等)传播的信息和去语境化的实践编码的信息。

知识和体知型知识当中,而技能性知识除了存在于这两类知识中之外,还存在于观念型知识和符号型知识中。不仅如此,掌握意会知识的意会技能本身也是一种技能性知识。

技能性知识至少可以通过三种能力来体现:与推理相关的认知层面,通过认知能力来体现;与文化相关的社会层面,通过社会技能来体现;与技术相关的操作层面,通过技术能力来体现。从这种观点来看,柯林斯关于技能性知识的观点是不太全面的。柯林斯认为,技能性知识通常是指存在于科学共同体当中的知识,更准确地说,是存在于知识共同体的文化或生活方式当中的知识,"是可以在科学家们的私人接触中传播,但却无法用文字、图表、语言或行为表述的知识或能力"。①对技能性知识的这种理解,实际上是把技能性知识等同于意会知识,因而,缩小了技能性知识的思考范围。

当我们基于这种技能性知识来理解世界时,除了通常强调的理论理解之外,还有另外一种更基本的理解:实践理解。实践这一概念也蕴含了三层含义:实践是具体的、特殊的和经验的。实践理解提供的是对世界的非表征的直觉理解。尽管这种理解也像理论那样依赖于信念和假设,但有所不同的是,实践理解中的这些信念和假设只有在特殊的域境中并依赖于共享的实践背景才会有意义。共享的实践背景不是指在信念上达成共识,而是指在行为举止方面达成共识。这种共识是在学习技能的活动中和人生阅历中逐渐养成的。德雷福斯举例说,人与人之间在进行谈话时,相距多远比较恰当,并没有统一的规定,通常而言,要么取决于场合,比如,是在拥挤的地铁上,还是在人员稀少的马路旁;要么取决于人与人之间的关系,是熟人之间,还是陌生人之间;要么取决于对话者的个人情况,是男的还是女的,是老人还是孩子;要么,取决于谈话内容的性质,比如,是否有私密性等;更一般地说,谈话距离的把握体现了人们对整个人类文化的解读。海德格尔把这种

① Harry M. Collins, "Tacit Knowledge, Trust and the Q of Sapphire", *Social Studies of Science*, Vol.31, No.1, 2001, p.72.

无所定论并依情境而定的情形所反映出来的对文化的自我解读称为"原始的真理"(primordial truth)。①

更明确地说,实践背景不是由信念、规则或形式化的程序构成的,而是由习惯或习俗构成的。这些习惯或习俗是特定社会演化的历史沉淀,并通过我们为人处事的方式体现出来。这也是为什么维特根斯坦把人的行动看成是语言游戏之基础的原因所在。在德雷福斯看来,如果把实践背景看成是特殊的信念,比如,我们在与他人谈话时应该相距多远的信念,那么,我们就难以学会行为恰当的随机应变的应对方式。这是因为,实践背景包含有技能,是学习者长期体知的结果,而不只是知晓信念、规则或形式化程序的结果。行动者与实践背景的关系,就像鱼与水的关系一样。行动者只有在失去应对自如的灵活性时,才会停下来,去剖析他们所遇到的问题,因此而从熟练应对状态切换到慎思状态。因此,把技能等同为是命题性知识、一组规则或形式化的程序,是对技能本性的一种误解。德雷福斯指出,实践背景之所以不依附于表征也不能在理论中得到阐述的原因在于:(1)它太普遍,不能作为一个分析的对象;(2)它包含有技能,只能在实践中得以体现。②

这种观点是海德格尔在《存在与时间》一书中的重要洞见之一。海德格尔把这种普遍存在的实践背景称之为"原始的理解"(primordial understanding),并认为,这种理解恰好是日常的可理解性和科学理论的基础,海德格尔称之为"前有"。库恩把科学家在科学活动中的实践背景称之为"学科基质"(discipliary matrix),即,学生在被培养成为科学家的道路上,所获得的、能够用来确定相关科学事实的那些技能。这些"前有"或"学科基质"使得行动者有能力直觉地感知到进一步行动的可见性。比如说,椅子的形

---

① Hubert L. Dreyfus, "Holism and Hermeneutics", in *Skillful Coping*: *Essays on the phenomenology of everyday perception and action*, edited by Hubert L. Dreyfus and Mark A. Wrathall, Oxford Scholarship Online, 2014, pp.3—4 of 18.

② Ibid., p.5 of 18.

态提供了"坐"的可见性,交通灯提供了前行还是停止的可见性。"前有"或"学科基质"的存在表明,行动者在过去的学习经验,能够在当前的经验中体现出来,并成为未来行动的向导。因此,实践背景不是认识论的,而是现象学意义上的本体论的。

实践理解是用做事的主体(doing subject)或应对的主体(coping subject)取代了理论理解的知道的主体(knowing subject),从而相应地弱化了知识优于实践的笛卡尔传统。就理解的内涵而言,实践理解和理论理解都强调互动,但互动的要素有所不同。理论理解强调的互动,要么是认知主体之间的话语互动,目的是在互动的基础上达成共识,要么是主体与客体之间的表征互动,目的是基于互动来揭示客体的规律;实践理解强调的互动是行动者与域境或世界之间的应对互动,目的是在互动的基础上来迎接挑战。实践理解与理论理解都存在着不确定性,但不确定性的类型有所不同。理论理解的不确定性,要么表现为翻译的不确定性,要么表现为证据对理论的非充分决定性;实践理解的不确定性表现为应对方式的不可预见性。实践理解与理论理解都存在概括的问题,但概括的方式有所不同。理论理解的概括体现为基于理性的逻辑推理能力;实践理解的概括体现为基于身体的应对能力。

实践理解是在人的知觉-行动循环(perception-action loop)中体现出来的。行动者在知觉-行动的过程中,对相关变化的追踪方式与身体的存在密切相关。基于身体的经验不需要涉及心灵与世界的二分。行动者的熟练应对方式本身是由行动者所在的世界或域境诱发出来的。这种被感知到的诱发,不是来自一个具体的实体,而是来自整个情境,并且,行动者对诱发的感知与应对行为的完成,是同时发生的,而不是前后相继的。所以,域境的诱发不能被看成是原因,而应被看成是挑战。熟练的应对者在应对挑战的瞬间,时间与空间是折叠的,行动系统中的诸要素将会在应对挑战的过程中得到动态的重组。而重组是诸要素互动的结果。互动本身并不是在寻找原因,而是在专注地应对挑战,并且,应对者迎接挑战的应对方式也不是千篇一律的,而是多种多样和变化莫测的。在这里,诱发相当于是整个系统产生的一次涨落,这种涨落会导致系统创造出新的形式,形成新的活动焦点。

实践理解过程中的诱发行动不同于理论理解过程中的慎思行动。前者体现的是应对者对局势的回应,是主客体融合的行动,在融合的情况下,应对者与环境之间的关系是动态的,动态的进路意味着,基于实践理解的认知已经超越了表征,是敏于事的过程;后者体现的是应对者对局势的权衡,是主客体分离的行动,在分离情况下,应对者与环境之间的关系是静态的,静态的进路意味着,基于慎思行动的认知是可表征的或可以概念化的,是慎于言的过程。从德雷福斯的技能获得模型来看,专家和大师在熟练应对过程中的行动是被诱发出来的,非专家的行动和专家在受阻时的行动是慎思的,只是慎思的程度或深度不同。非专家的慎思通常是思考如何遵照现成的程序与规范来完成任务,专家的慎思则是在面临新的情况时,对情境本身的剖析与反思,其结果有可能对现成的应对方式提出改进,形成新的规范等。在熟练应对的过程中,由局势所诱发的行动与主体慎思的行动,既是相互排斥的,又是相互补充的,并在总体上内在而动态地交织在一起,处于不断切换的状态。

专家级的行动者具有的实践理解是在实践过程中养成的。这是因为,学习者在学习过程中处理或遇到的情况越多,在成长为专家之后,能够直觉应对的情况类型就越多,需要慎思的情况就越少。比如,棋手在培养成为象棋大师的过程中,由于经历过成千上万的特殊棋局,所以,当面对新的棋局时,通常会自发地应对局势,不再需要依赖初学时被告知的规则来确定棋子的走法,而是能够根据具体情境作出直觉回应。专家在不需要经过慎思就能直接采取行动时,已经融合在世界之中,成为整个域境的一个组成部分。在这种情况下,专家发出的行动,并不像非专家那样是由规则支配的,而是以直觉为基础。德雷福斯强调说,为了明白这一点,我们需要区分两类规则:一类是游戏规则,另一类是实战规则(tactical rule)。

游戏规则是指为使某个游戏或某项技能成为可能所约定的玩法或步骤,以及需要遵循的行为规范等,比如,下棋的规则包括每个棋子的走法、输赢的评判标准和应当诚实等一般的社会规范。这类规则不是被存储在脑海里,而是被内化在实践背景中,成为约束行为的自觉准则。这类规则并不是由初学者制定的,而是初学者在学习时必须遵守的。实战规则是指引导人们如何更好地回应各种局势的启发性规则,这些规则是学习者在教练的言传身教下,通过个人的苦练与顿悟来获得的,好的实践、好的判断、好的猜测艺术,完全是经验性的,而不是预想的计划。行动者只有在经历过各种情境之后,才能对实战规则有所体会与把握。正因为如此,专家对他们的熟练应对方式的合理化叙述,一定是回溯性的,而不是预先计划好的。这种回溯反思的结果虽然有可能带来可供选择的新的实战规则,但是,与熟练应对的具体方式相比,对应对技能的回溯性陈述,必定是有损失的。

正是在这种意义上,自海德格尔以来的现象学家认为,实践理解比理论理解更重要、更基本。因为实践理解不是表征,而是对具体情境的自发应对。正如劳斯指出的那样,实践应对的这种情境化特征,既不是事件蕴含的客观特征,也不是行动者的反思推断,而是代表了世界或域境中不确定的可能事态的某种预兆,事态的内在性把行动者直接带向事情本身。[1]因此,情境中的诱发是对整个域境状况的透露,而行动者对这种诱发的感知是一种嵌入式的体知。这种嵌入式体知不是把心灵延伸到世界,而是对世界的直接感悟。这也说明:"我们对世界的实践理解的最佳'表征'证明是世界本身。"[2]

---

[1] Joseph Rouse,"Coping and Its Contrasts",in *Heidegger,Coping,and Cognitive Science:Essays in Honor of Hubert L. Dreyfus,Volume 2*,edited by Mark A. Wrathall and Jeff Malpas,The MIT Press,2000,p.9.

[2] Hubert L. Dreyfus,"Merleau-Ponty and Recent Cognitive Science",in *Skillful Coping:Essays on the phenomenology of everyday perception and action*,edited by Hubert L. Dreyfus and Mark A. Wrathall,Oxford Scholarship Online,2014,p.4 of 18.

结语

总之，熟练应对的知觉模式建立在实践理解的基础上，相当于达到了"动身不动心"的境界。只有在出现应对困难时，应对者才会从主客融合的直觉行动状态，切换到主客二分的慎思行动状态。这种熟练应对的现象学，不是强调身体的存在，否定心灵的存在，而是否定身心之间有一种界面的观点和需要通过心灵中介来理解世界的观点；是用"寓居于世"的本体论的主客关系，替代了认识论的主客关系。因此，应对者是以全息的方式来理解实践的，这种理解所得到的不是被分开的部分，而是小的整体，过去、现在和未来共存于这个小的整体之中。

第三节　熟练行为的现象学阐释

在熟练行为与专长的研究中，存在着习惯主义（Habitualism）和理智主义（Intellectualism）之争（以下简称 HAB 和 INT），而这种争论来源于德雷福斯与麦克道尔之间长期的理论分歧①。德雷福斯认为，专家的熟练行为和我们的日常活动，只有在一种"沉浸应对"（absorbed coping）中，才能发挥最强表现，而心智性是专业应对的敌人，一旦有意识、反思性地介入行动过程，就会影响专长性能的发挥。而麦克道尔（John McDowell）则主张一种与沉浸应对相对的坚持理性的观点，即人类所有的行为都是理性的，某种概念性因素从一开始就渗透在行为中，可以从理性上阐明和指导。对于具身性应对技能来说，同样必定渗透概念和思维，存在于"理由的逻辑空间"（the logical space of reason）中。跟随德雷福斯的观点，HAB 认为熟练行为不需

---

① 关于德雷福斯是否可以完全归入习惯主义是有争议的，德雷福斯并没有明确支持熟练行为是自动化和类似反射的，但此处仅作为问题的引出。

要反思性介入,而是基于身体自动的、直觉的或知觉的直接习惯性控制。相反,INT 则采纳了麦克道尔的观点,主张行为只有在有意的反思性控制下,才能被称为是熟练的,因为行动是意向、信念、愿望等高级心理状态的结果,熟练行为的控制包含命题性(概念性)的心理操纵,熟练行为只是一般意向行为的子集。INT 或者主张"安斯康姆主义"(Anscombeanism),即熟练行为需要反思,你对于自身行为具有某种第一人称知识,如知道你在做什么、为什么做以及如何做,但这种知识本身并不是理论或命题知识。但对身体和思维的技能性专长的经验考察证明,在高水平的运动与思维技能中,既存在自动性应对,也存在审慎反思和关注。那么它们是如何发挥作用的,彼此关系又如何呢?

一、HAB 和 INT 的连续谱系性

HAB 和 INT 并非简单的非此即彼,而是构成了连续谱系性,这在运动和思维专长的经验研究中往往表现为某种复杂纠缠性。例如,在运动专长方面,"专家的健忘症"是支持 HAB 的有力证据,即在专家做的事和自我报告之间存在脱节,比如运动员执行一次关键性传球,但该动作只是当下情境性反应,之后才意识到并自我报告该传球。由于反思必然依赖工作记忆,而可报告性和工作记忆紧密联结,如果专家无法给出报告,那么说明在熟练行为中并不存在反思过程。或者专家可能自认为他们遵循某种规则而做出错误的报告,例如击球手持有一个信念,即在球运动的时候眼睛必须跟着球,但专家击球手的目光往往会离开球本身,执行对球未来走向和落点的某种"预测扫视"。这表明,反思意向的语义内容在熟练行为的控制中没有发挥作用。游泳更容易被视为一种身体自动化的沉浸式活动,当游泳的动作组件得到充分训练,可以将游泳者视作不受意识反思控制的,不包含意向内容的身体自动化程序。一旦入水,依赖野蛮、盲目的习惯性身体动作,身体的自动化将全面接管心智控制。卡普乔(Massimiliano Lorenzo Cappuccio)指出,习惯对于高水平运动技能的发挥具有决定性作用,正是运动的习惯储备

的丰富性,才使运动员有效地行动、感知和思考。为了实现最大的运动经济性,内隐的习惯倾向显然比外显的理性选择更有效,对于运动习惯的充分巩固和多样化也是专家阶段技能获得的显著标志。这种习惯不是一种简单的"用进废退"原则,因为习惯的机械重复甚至可能带来技能衰退。卡普乔引用杜威对"技能的练习"(practice of skill)和"为了技能的练习"(practice for skill)的区分,认为前者是技能习惯的养成,而后者仅仅是动作的机械重复,"杜威认为习惯是动态的、可塑造的、智力的。这种增加的灵活性和适应性使运动受益……习惯是运动员需要塑造的一种经验材料,以便有效地整合技能和熟练性的储备"。[1]但是由于受到认知"双重加工理论"的影响,即认知具有"受控的"和"自动的"的两重结构,INT 解释不承认习惯的智能性。INT 认为,自下而上的习惯缺乏出于自愿的能动性和对环境的敏感性,因而不可能自发产生智能,即使某些习惯恰好表现出智能和灵活,但并不意味着这种智能和灵活来源于习惯本身。相反,智能来源于更高层次的自上而下的理智控制,例如游泳大师的积极的"水生能力",必定包含对有意的、目标导向行动的理智控制。

另一个支持 HAB 的例子来源于运动学中的"窒息症"(choking)和"易普症"(yips),分别指现代体育竞技环境的压力下所导致的运动表现失准,以及在习惯性运动技能执行中突然出现的身体失能和运动障碍。帕皮诺(David Papineau)认为,窒息的发生,主要是因为运动员在身体的自动化执行中,对自己身体的基本行为产生了自我意识和明确思考,从而阻碍了专长的执行。而易普则是由于运动员开始关注那些构成了他们已经习得的基本行为的运动组件而不再关注基本行为[2],从而丧失了技能,无法执行基本行

---

[1] Massimiliano Lorenzo Cappuccio and Jesus Ilundáin-Agurruza, "Swim or Sink: Habit and Skillful Control in Sport Performance", in Fausto Caruana and Italo Testa (eds.), *Habits: Pragmatist Approaches from Cognitive Science, Neuroscience, and Social Theory*, Cambridge University Press, 2021, p.140.

[2] 根据帕皮诺,基本行为概念是相对于能动者的,"是你知道如何去做的事情,即你可以直接决定去做的事,而无需决定去做其他任何事情";而其运动组件"是构成基本行为的组成部分"。

为。但是，正如贝穆德斯（Juan Pablo Bermúdez）指出，窒息症的出现可以同时由相互矛盾的"显式监控理论"和"分心理论"来解释。前者认为，对任务的反思性专注会导致窒息症，来自被监控的压力阻碍了直觉性任务表现，但不影响反思性任务表现，即导致行动者将注意力转移到自动化方面从而阻碍了身体自动控制。而后者认为，需要对任务进行反思性专注，才能避免窒息症，依赖于表现结果的压力阻碍反思性任务表现，但不影响直觉性任务表现，使得行动者将注意力从当下执行的任务转移开从而同样也阻碍执行表现。

在思维专长方面，德雷福斯经常以国际象棋为例来说明沉浸应对，特别是快棋大赛中，大师并不会对棋局进行分析、思考和概念化，而是"直接被棋盘上的力量所吸引，做出一个巧妙的举动"①。即使 INT 者麦克道尔也承认快棋赛中只存在弱 INT，即一种隐性的、无意识的概念性心理过程，"不会明确地思考它的内容……除非这条路被打破了"②。而蒙特罗（Barbara Gail Montero）则明确反对国际象棋比赛中的 HAB，她提出："快棋专家确实会明确地思考它们的行动……正如德雷福斯所强调的，他们'瞄准'（zeroing in）有限数量的可能动作，但与德雷福斯相反，这种瞄准是概念性的和理性的。"③蒙特罗对德雷福斯的论点进行了反驳：④

首先，关于明确思考。德雷福斯认为，当国际象棋大师沉浸于下棋时，只会根据棋盘上的线索来作出某种直觉性的反应，这是大师对于棋盘上的可供性请求的敞开，而不会有任何的思考和计算参与。而蒙特罗指出这不符合下棋的实践，因为：(1)达到德雷福斯所描绘境界的大师在现实中非常

① Hubert L. Dreyfus, "The Myth of the Pervasiveness of the Mental", in Joseph Schear(eds.), *Mind, Reason, and Being-in-the-World: The McDowell-Dreyfus Debate*, Routledge, 2013, p.35.

② John McDowell, "The Myth of the Mind as Detached", in Joseph Schear (eds.), *Mind, Reason, and Being-in-the-World: The McDowell-Dreyfus Debate*, Routledge, 2013, p.46.

③ Barbara Gail Montero, *Thought in Action: Expertise and the Conscious Mind*, Oxford University Press, 2016, p.211.

④ Ibid., pp.212—213.

罕见,不是熟练行为的一般标准。(2)我们在标准国际象棋比赛中所看到的开局往往大同小异,但快棋开局的走法却千奇百怪,甚至难以理解,这显示出技能水平是跟随思考时间而变化的。(3)棋盘上的可供性往往出于对手的陷阱,在快棋训练中,会有意针对简单的野蛮战术进行锻炼,目的就是在很短的时间内完成思考。(4)快棋对于最佳走法的瞬间识别确实重要,但年轻大师比年长大师更依赖于计算,快速计算能力是获胜的决定性因素。

其次,关于直觉。德雷福斯认为,下棋中的"瞄准"是一种身体而非心理层面的直觉形式,与瞬间识别很相似。如果任务是无规则棋子的记忆,那么大师和新手差别很小,但是将棋盘分割成有意义的图案时,大师直接在图案水平上进行卓越识别的能力远超新手。但蒙特罗指出,这并不能证明直觉是"无心智"或"非概念"的。当然,并非所有表现都可在心理层面描述,但当大师表现最佳时,必定会作出大量的"判断",进入思维和直觉相互融合的"理由空间"之中。此外,如果我们接受一种非语言表达性的"概念",如空间性概念,以及接受推理过程发生在一个不完全可言说的领域中的话,那么下棋也涉及概念性内容,下棋过程确有可能是概念性的、推理性的和思维性的。蒙特罗引用心理学家比奈(Alfred Binet)对概念化记忆和非概念化记忆的区分,提出国际象棋大师可以在对弈结束后完整地复盘,而即使你很容易识别一张熟悉的面孔,可是当对方离开后你却无法将她画出甚至描述出来,因为棋盘是以一种有意义的方式编码在记忆中的,只能用概念性来解释,而面孔记忆则是非概念性的。

以上研究表明,HAB 和 INT 往往相互纠缠,两者在强意义上构成对立的两极:强 INT 和强 HAB。前者强调大脑中的认知过程、概念性表征、意向状态和内容要先于身体执行,身体是理智的执行工具,其目的仅仅在于节省理智控制所需的认知资源。而后者排斥反思控制和明确的目标表征,沉浸于习惯活动的前反思流,熟练应对环境变化。卡普乔等人从四个方面分析了两者的特征:(1)在执行模式上:INT 强调行动是反思性的、审慎的并且受到注意力的控制,而 HAB 则强调行动是身体自动的、快速的、直觉的以及知觉的反应。(2)在现象学上:INT 主张对于行动的自我注意力集中是提高技能准确性和效率的必要条件,而 HAB 则认为这会损害技能的灵活性和高水平发挥。(3)在认知资源的管理上:INT 认为由于思考的介入所导致的多任务处理将会降低专注力从而增加分心的风险,而 HAB 则认为感觉运动程序不会受到同时进行的认知/语言任务的干扰,除非它们反思性地针对感觉运动程序本身的执行。(4)在运动表现的优化上:INT 认为当行动者对于行动结构和目标有着明确的计划和表征时,运动表现要好于身体自动程序,而 HAB 则认为计划和表征即使不干扰身体自动化,也无法促进自动化性能的提升。①总而言之,如果坚持强意义的话,那么 INT 和 HAB 是完全不相容的,在行动中不存在一种理智与习惯的混合状态。

当然,大多数人反对这种强版本,主张一种混合观点,具体表现为弱 INT 和弱 HAB。弱版本将反思控制与自动化区分为技能表现的功能组织中的两个独立的、平行的层次,分别描述基本行为和运动组件,而对运动技能的完整描述则通过连续性原则将心智性和自动性混合在一起,两者构成了连续的谱系。

弱 INT 赞同强 HAB 所主张的,在身体习惯性自动化活动中确实存在着智能和灵活性,但审慎控制与身体自动化可以深度整合,习惯性、非内容性行为必须受到高层次意向性以及表征性内容的自上而下的影响,赋予习惯以目标。这个过程是单向的,相反的方向则不被允许。因此,表征性才是熟练行为的智能性、目标性和灵活性的真正来源,当然对于表征的具体形式,可以采取开放态度。不过,有意识的思考可能只能以间接的方式影响身体自动技能的执行,即为身体动作的控制系统设置参数,从而使得身体自动程序在面对适当情境时触发正确的自动行为。简而言之,弱 INT 仅在运动

---

① See Massimiliano Lorenzo Cappuccio and Jesus Ilundáin-Agurruza, "Wax On, Wax Off! Habits, Sport Skills, and Motor Intentionality", *Topoi*, 2020, Vol.40, No.3, pp.609—622.

组件层面兼容 HAB,但本质上仍坚持习惯的非智能性、不灵活性和机械性,从根本上不具备意向性和目的性,仍然以僵化的方式来理解习惯。

而弱 HAB 则主张习惯绝非是强 INT 所认为的缺乏决策能力的单纯机械式过程,即使简单的身体运动程序也能表现出目标导向性和对环境的灵活适应性。这种习惯奠基于运动意向性之上,构成了一种来源于情境性的感觉运动专长和直接的具身参与的隐性"技能之知"(know-how)。弱 HAB 也主张习惯与审慎控制的深度整合,强调在心智性层面上的战略性反思与自动化的前反思具有同等重要的作用。熟练的习惯性行动和反思的审慎行动都是有意的行动,只不过两者所依赖的意向性不同。在审慎行动中,存在着表征性内容,而在习惯行动中,则是无表征的,它仅仅是对于环境可供性的一种恰当的回应。习惯性行动虽然存在于亚个人层面,但也积极促进个人层面意向性的引发和生成,在战略、计划层面与审慎控制相兼容。

尽管弱 HAB 已经接近本节想要阐述的观点,但这四种解释,都没有从根本上摆脱对于行动研究中的反思/习惯、控制/自动等的二元论框架。尽管它们都声称支持具身认知的基本原则,但仍然隐秘地导向了笛卡尔式身心二元论,"当德雷福斯提出'心智性是具身应对的敌人'时,麦克道尔指责他是'一种让人想起的笛卡尔的具身性和心智性的二元论',尽管德雷福斯并不认为身体只是机械的,但通过将心智性从'无我'(egoless)的沉浸活动中抽离,他也在制造一种'我与我的身体的尴尬分离'"[1]。这种二元分裂面临"动态界面问题",即"任何关于界面问题的令人满意的描述,都必须不仅解决运动表征是如何被意向触发的,还必须解决运动表征如何在技能执行过程中以语义连贯的方式持续地与目标表征相连接"[2]。换句话说,任何熟

---

① John Sutton, Doris Mcilwain, Wayne Christensen and Andrew Geeves, "Applying Intelligence to the Reflexes: Embodied Skills and Habits between Dreyfus and Descartes", *Journal of the British Society for Phenomenology*, 2011, Vol.42, No.1, p.83.

② Ellen Fridland, "Skill and motor control: Intelligence all the way down", *Philosophical Studies*, 2017, Vol.174, No.6, pp.1558—1559.

练行为的理论都必须解释：在概念性、意向性和语义性的个人层面，与非命题性、非概念性的运动程序的亚个人层面之间，运动技能如何相互结合，从而创造出灵活地与环境进行交易的连贯的、持续的行动之流。我们不能在分裂的层面上探讨能动性，应寻求一种整合的健全理论，这需要我们重新思考习惯的哲学意义。这种习惯概念处于心智性与具身性的中间领域，并整合两者。为了探求这一领域，我们首先考察梅洛-庞蒂对二元论的消解。

二、梅洛-庞蒂的心身辩证法

当前问题在于，如何解释反思控制与自动习惯的关系。显然，二元论并非最佳选择，我们以梅洛-庞蒂的心身辩证法为例，阐述此二元之间的整体性关系。身体性（corporeality）在梅洛-庞蒂那里是一个含混的概念，并非单指生理意义的肉体，而是包含了心灵、意识甚至环境的整体统一，它将一系列二元对立综合到自身内。身体和心灵原本处于原始和谐中，这种和谐关系的破裂是唯理论和经验论的基本前提，使原始和谐转变为纯粹外在化的因果关系。因此，要超越心身对立，需要一种既非意识也非自然但又综合二者的中间层面，即身体性的行为和知觉。

INT 与 HAB 的对立同样也是梅洛-庞蒂试图解决的问题。他提出，行为"相对于'心理的'和'生理的'各种古典区分是中性的，因此可以给予我们重新界定这些区分的契机"。[①]无论是将行为看作刺激-反应的原子式自在秩序，还是从反思角度来思考行为的自为秩序，或者将行为分为低级行为和高级行为、基本行为及其组件，如果我们坚持实在论和外在因果论，这些分类就只是表现为对行为的科学研究中的不同层次。作为机械僵化的习惯性行为处于行为的较低层次，而作为反思控制的心理领域处于较高层次，它们都无法摆脱实在性和外在因果性。而在《行为的结构》中，梅洛-庞蒂明确批

---

① 莫里斯·梅洛-庞蒂：《行为的结构》，杨大春、张尧均译，商务印书馆 2010 年版，第 17 页。

判了这种行为观,提出行为不是外在于环境,而是对环境的敞开,是将身体和环境共同整合在互动的结构化过程中的一种辩证法。行为是一种结构化,具有"混沌形式""可变动形式"和"象征形式"。例如,即使作为最简单的刺激-反应的混沌形式,也不是一种独立的实在过程,而是机体与环境的完全融合,由于参与共同的行为结构而被内在联系起来,是在低层秩序上所体现的身体与环境的整体。梅洛-庞蒂进一步提出"物理""生命"和"心理"三个不同秩序层次,这三层秩序具有逐级超越性的奠基顺序,即高层秩序超越低层秩序但同时包容低层秩序,而低层秩序也作为高层秩序的奠基,从而构成一个整体。在这个整体中,意识也是"结构化"中的一个层次,是和身体紧密结合在一起的,不存在脱离身体的孤立意识本身,"我们不能简单地重叠这三种秩序;它们之中的每一种都不是新实体,都应该被看作前一种的'重新开始'和'重新构造'"①。而在《知觉现象学》中,梅洛-庞蒂最终将行为研究落在了知觉领域,和对行为的分析类似,无论是理智论还是经验论,由于对象化的思维方式,"两者都与知觉保持距离,而不是参与知觉"②。真正的判断必须建立在活生生的知觉现象之上,这是一种原初的"知觉场",是一个由身体、物体和背景所构成的更大整体,其中身体构成了一个中间领域,一个隐匿的、前人称的身体状态,它是由个体的历史所沉淀而来的。知觉场中的体验不再以理智对象的方式把握,而是直接把握原初对象的不可还原的整体完型意义,在其中意识与行为融合为一,这就为他的身体的"运动意向性"理论提供了基础。

运动意向性同样具有一种辩证的含义。如前所述,行为的高级层次辩证地综合低级层次,低级层次不再作为孤立的实在性存在,而是完美地统一在各层次环节内在融合的整体之中,并同时是一种对时间和空间的综合。梅洛-庞蒂提出"意向弧"来描述对这种时空的"预料和把握",一种"运动筹

① 莫里斯·梅洛-庞蒂:《行为的结构》,杨大春、张尧均译,商务印书馆2010年版,第273页。
② 莫里斯·梅洛-庞蒂:《知觉现象学》,姜志辉译,商务印书馆2001年版,第51页。

划"和"运动意向性",意向弧所反映的"身体图式"构成了三种统一性,即"感官的统一性、感官和智力的统一性、感受性和运动机能的统一性"①。它不是意识活动的功能,而是"知性和感性的原初母体",它不是传统的表征中心,超越联想主义心理学。"身体图式是动力的,这个术语表示我的身体为了某个实际的或可能的任务而向我呈现的姿态……我的身体被它的任务吸引,因为我的身体朝向他的任务存在……总之,'身体图式'是一种表示我的身体在世界上存在的方式。"②而这种身体图式的最显著特征就是,"不仅是在现有状况中所采取的位置、姿态的体系,而且还是在其他情况下所采取的位置、姿态中也能作为同一体系无限变换的等价体系,由于这种'可以向各种运动任务变换的不变式',各种各样的行为结构成为可能变换的"③。因此鹫田清一提出,"原始习惯"是梅洛-庞蒂的身体的核心特征,它是"习惯中的习惯",在人的行为中发挥持久非主题化的基础作用,支撑着与世界的对象化联系。习惯养成就意味着身体图式的"重组"和"更新",打字员可以将键盘的空间分布纳入自身的身体性空间中,风琴艺术家可以演奏其他首次接触的不同的风琴,他们"把身体各器官作为某种新的意指作用的介质,换言之,重新开始'经验的一种结构化'"④。这让我们可以发展出与主流科学观念不一样的习惯概念。

三、作为身体现象学的"习惯"

近代以来,詹姆斯对习惯的机械理解深刻影响了当代神经科学,而赖尔也明确地将习惯与智能做了区分,习惯是一种"单一轨道",类似于无意识的反射而非技能之知,导致习惯在当代分析哲学中的衰落。无论强 INT、强

① 莫里斯·梅洛-庞蒂:《知觉现象学》,姜志辉译,商务印书馆 2001 年版,第 181 页。
② 同上书,第 137—138 页。
③ 鹫田清一:《梅洛-庞蒂——可逆性》,刘绩生译,河北教育出版社 2001 年版,第 81 页。
④ 同上书,第 88—89 页。

HAB 还是弱 INT,都将习惯概念看作一种机械的、僵化的、无智能的行为倾向。这样的习惯具有以下特征:(1)其执行不是以对个人层面的目标性状态内容的理解的方式来进行调整或适应的。(2)对语义性不敏感,策略性意图与基本行为的自动化从根本上是相互独立的,对自动运动程序的完整描述不需要对有意的、个人层面的状态提出任何因果诉求。(3)自动性一旦被触发,就会具有弹道性(ballisticity),很难对执行过程进行干预。(4)基本行为的自动程序的执行是以不变的运动学模式作为一种响应而展开的。[①]不过,我们可以在梅洛-庞蒂的身体意向性上对"习惯"做出全新解释,习惯的有机主义传统与梅洛-庞蒂的观点相当吻合,并且这种习惯概念又具有经验的可操作性,能够解决 INT 和 HAB 的争论。[②]我们必须将习惯看作既具有自动性,又能从其自身当中生发出智能性,并且这种智能性并非来自心智的直接介入。这需要从对习惯的哲学史考察开始。

巴兰迪兰(Xabier E. Barandiaran)和迪保罗(Ezequiel Di Paolo)指出,习惯在哲学史中大致可分为两种类型:联想主义和有机主义。[③]联想主义始于洛克和休谟,由密尔等人发展,并吸收到行为主义中,建立在"原子隐喻"和统计学关系之上,认为心理现象由简单元素的组合和联想而形成,将习惯限定在亚个人的身体自动性领域内,而与有意识的个人认知层面无关。随着认知主义取代行为主义,这种习惯概念被"心理表征"所取代,而联想也被"计算"所取代。但联想主义在神经科学中得以保留,表现在赫布学习法则、期望奖励的条件概率网络中与特定条件下的可用行为的关联性,以及简化为通过重复才能得到强化的刺激触发的反应中,机器学习也秉承此脉络。

---

① See Ellen Fridland, "Skill and motor control: Intelligence all the way down", *Philosophical Studies*, 2017, Vol.174, No.6, pp.1549—1550.

② 认知神经科学中已经有一些基于有机主义-现象学传统的习惯建模。

③ See Xabier E. Barandiaran and Ezequiel Di Paolo, "A genealogical map of the concept of Habit", *Frontiers in Human Neuroscience*, 2014, Vol.8, pp.1—7.

在"反思控制/身体习惯"二元论中对身体习惯性的描述都建立在这种联想主义基础之上。

而习惯的有机主义传统源始于亚里士多德,沿着德国观念论、法国唯心主义发展直到实用主义和现象学,影响了 20 世纪早期大陆心理学家的工作。遗憾的是,这条路径几乎完全没有被当代主流心理学和神经科学所采纳。有机主义认为,习惯绝非一种盲目的、野蛮的倾向,而是一种生态学的、自组织的方式,遵循一种自我设定原因同时自我设定结果的个体化原则,而非被动地对某种预先建立的观念、刺激、奖励等的重复。习惯同时也是一种可塑性平衡,一种动态配置的稳定模式,一种有机体的内在倾向及其环境的共同生成的辩证法。习惯处于自然和意识的中间领域,构成了具身意向性的组成部分。这种传统深深影响了现象学和格式塔心理学,与梅洛-庞蒂对条件反射和大脑功能定位理论的批判不谋而合,他用"场域隐喻"取代了"原子隐喻",通过隐藏在习惯中的身体运动意向性将习惯发展为身体在世的一种风格。

习惯到底是刻板僵化的还是自由灵活的? 是反思和智能的障碍还是本身就具有智能性和灵活性? 这两种解释都符合习惯的本性。卡莱尔(Clare Carlisle)将习惯的特征归纳如下:(1)同时具有主动和被动、消极和积极方面,即同时具有接受性和对变化的抵制性。(2)既可以是行动的来源,也可以是行动的结果,习惯是通过行为的重复而获得,但行为反过来又是"出于习惯",因此习惯是自我延续的。(3)习惯作为一种能力、技能或才能,与习惯作为一种趋向或倾向,两者有重要差别,作为前者的习惯具有可塑性、灵活性和适应性,而作为后者的习惯则很难被改变。(4)习惯同时具有现实性与潜能性,像现实一样真实,像潜能一样动态。任何习惯都具有一种"准备就绪"(holding-in-readiness)的状态,随时可以被激活而无需审慎地思考。(5)习惯同时具有同一性和差异性,习惯的同一性不是寻求自我保存的既定同一性的结果,而是能产生新事物的力量,是由"重复产生差异"而形成的,即通过重复,它对自身产生差异。①上述特征被拉瓦松(Félix Ravaisson)总结为习惯的"双重定律",即同时具有"重复性"与"生成性",或"稳定性"与"变化性","习惯的保守表情表示抗拒改变,而开放表情表示接受改变"②。在稳定性方面,习惯就是通过个体在时间和历史中重复的行为沉淀而来的,其稳定性构成了生存方式的持久和个人身份的稳定。但习惯也包含彻底的改变,其中隐藏着灵活性和变化性,是一种对环境的积极反应和敏感。"如果我们只是接受改变,没有限制,那么我们就没有能力养成习惯……绝对的抵抗和绝对的接受都不允许事物有其本性……可塑性的观点抓住了习惯的孪生条件,将抵制和接受改变结合在一起,既能保持原有形态,又能呈现出新的形态。"③

从本体论意义上来说,这种习惯概念与梅洛-庞蒂的"身体性"具有同等地位,习惯处于实体意义的意识和身体之间的中间地带,从而固定于作为"世界的介质"的"身体性"之中。首先,它们都是介于"生理与心理"或"心灵与身体"之间区域的一种广泛的中介力量,都颠覆了笛卡尔的身心二元论。习惯既不存在于心灵中,也不存在于客观身体中,而是存在于作为世界中介的身体性中,因此习惯"是一个阈值概念,占据了几个二元对立的边界空间,这些二元对立组织了行动的哲学话语,它倾向于混合对立的概念……习惯哲学鼓励我们把这些现象想象成发生在大脑和身体、精神和物质之间。习惯对于构建非二元论形而上学以及新的主体性观念来说是不可缺少的。"④其次,它们都属于前反思领域。身体在习惯中是由无意识的智能所激活的,是一种梅洛-庞蒂所谓的"手中的知识"(knowledge in the hands),在本质上

---

① See Clare Carlisle, *On Habit*: *Thinking in Action*, Routledge, 2014, pp.6—13.
② Ibid., p.20.
③ Ibid., p.21.
④ Tom Sparrow and Adam Hutchinson(eds.), *A History of Habit*: *From Aristotle to Bourdieu*, Lexington Books, 2013, p.7.

与审慎的心理行为相互区分，或者我们可以称之为"非反思的智能"。再次，它们都具有历史性和时间性。如果身体性同时延伸到过去和未来，那么习惯同样是基于对过去的重复而产生的对于未来的一种预期。与身体性一样，习惯是对过去的鲜活地"占有"或"重新演绎"，并以一种独特的方式来塑造时间。习惯通过身体来完成，身体是"我们在世界中的锚地（anchorage）"，"没有身体就没有习惯或过去，没有习惯或过去就没有身体"①。习惯中的身体就是一种主动的"沉淀"过程，个体的历史和实践在不断沉淀的过程中，同时也面对未来经验而不断以能动性形式得以恢复。最后，和梅洛-庞蒂否认行为结构的实体性和外在因果性一样，我们通过习惯获得的倾向也并非机械僵化的程序，而是具有灵活性和环境适应性的一种敏感性智能。正如前面谈到熟练的风琴手所养成的演奏习惯可以让他随时适应完全不同的风琴乐器，因为习惯是我们在世界上扩张自身的力量，使得我们所沉淀的身体能够对自由变化开放。换句话说，习惯由于其所具有的沉淀的深度而并不退化为僵化的自动化程序。利科（Paul Ricoeur）生动地描述了这一点：习惯"同时是一种有生命的自发性和对机器人的模仿"②。

如前所述，INT 与 HAB 的争论预设了一个具有局限性的习惯概念，但习惯应被看作建立在梅洛-庞蒂的身体性上。由于习惯所具有的"双重定律"，它和运动意向性的关系也并非单向的，习惯既由运动意向性所决定，但同时又主动地促进运动意向性在特定域境中的临时引发和构成，或者说，既是运动意向性的结果也是其来源。在此基础上，我们可以承认：（1）身体习惯性行为（熟练行为与运动专长）和反思的审慎行为都是"有意的"行为，只不过前者是由前反思的身体的运动意向性所决定，而后者是由有意识的心智意向性所决定。（2）两种行为类型都具有目的性，但对应于各自行为的成

---

① Tom Sparrow and Adam Hutchinson(eds.)，*A History of Habit：From Aristotle to Bourdieu*，Lexington Books，2013，p.200.

② Clare Carlisle，*On Habit：Thinking in Action*，Routledge，2014，p.41.

功条件不同。前者是通过对于行为的知觉要求(即在身体与环境之间的可供性)的回应而成功成为目的性的行为,而后者则通过对行动目标的明确表征的满足而成为目的性的行为。换句话说,经过良好训练的身体习惯促进有目的性的行动执行和技能组织,但本身无需对于目的的明确表征,而是一种对于预期的指向性。(3)身体感觉运动习惯在环境线索的触发下重现特定行动序列,但绝非对完全相同的行动序列的重复,而是具有域境的灵活性和变化性,是行动者在融入环境的行动中所获得的实践知识。通过对特定类型的域境执行特定类型的反应,从而实现对于熟练行为的控制性的"思维"力量,这种控制不在行为组件层面,而是在整体行为的实践目标层面。(4)身体意向性能够对环境中的行动机会敏感,这表明习惯通过域境性的实践意识来引导行为,是一种沉淀在活的身体中的"技能之知"。一方面习惯的沉淀促进了这种域境意识,另一方面又使得我们得以感知到行动可供性,并进一步巩固习惯。

我们通过对技能与专长的探讨发现了 INT 与 HAB 之间的区分,而这种区分建立在联想主义与原子主义的习惯概念之上。事实上,INT 者如麦克道尔并没有解释理智性与具身性在现实中如何发生关系,现象学家如德雷福斯又有对 INT 矫枉过正的嫌疑,从对心智性的拒斥走到了"无心智性"的另一极端。而有机主义习惯概念,日益成为在认知与行为科学中不可替代的基础概念。这种习惯包含神经系统的部分方面,身体的生理和结构系统,以及环境中的行为模式和过程,将人塑造成为整体,而非心智与身体的二元关系,是跨越从具身意向性到有意识反思的一个连续统一体。克里斯滕森(Wayne Christensen)等人近来提出的技能执行的"网格架构"(meshed architecture)模型就试图探索这种统一性①:通过认知控制的垂直轴和构成能动者情境方面的水平轴来描述技能的执行,描述了心智元素的高阶过程

① See Shuan Gallagher and Somogy Varga, "Meshed Architecture of Performance as a Model of Situated Cognition", *Frontiers in Psychology*, 2020, Vol.11, pp.1—9.

如何与身体图式运动的低阶过程相整合，执行者在这个完整的整合系统中进行转换，从显性的有意识控制到隐性的前反思意识，再到自发的身体图式过程，通过不同层次动态调整来适应不断变化的条件。身体图式并非完全自动，而是针对特定域境具有自适应性和高度动态性，与域境的特殊性保持协调，在域境约束下的功能整合将运动组织变为具有智能性、开放性和适应性的习惯，智能已经被建构在底层之中。锚定在域境中的习惯，可以随时引发、塑造和激活行动执行所需的认知元素。因此，建立在有机主义-现象学的"习惯"观念之上的熟练行为与专长，就不再困于选择 INT 还是 HAB，而应该关注在"超然的理智反思"与"无心智的沉浸应对"之间所隐藏的丰富的和未被探索的习惯性智能空间。这种习惯性智能空间向下与前反思的身体相连接，向上对显性的心智元素开放。习惯既具有由历史意义所沉淀的身体自动性，又具有内在智能性、灵活性、域境敏感性、向着不断变化的未来目标的开放性。因此，习惯这个曾经在哲学史中重要但已然被遗忘的概念，有望成为探索智能的这一广阔领域的探路者。

第二章
认知科学哲学的当代转向

　　自从 20 世纪中叶认知科学诞生以来，经典认知主义一直是研究主流。这种范式继承了西方近代哲学传统，特别是笛卡尔、洛克和休谟等人对于认知的基本框架。认知被看作是"三明治模型"，即包括感觉输入、行为输出以及两者之间的大脑，大脑在认知上具有独立地位，与外在环境相互分割，并且具有不同于物理规律的心智规律。总的来说，经典认知主义认为：第一，认知是抽象的形式化计算规则，认知的层次高于其具体实现的物质层次，建立在抽象的对世界的表征之上；第二，认知是离身的，我们的身体技能、感觉运动能力与认知的本质无关；第三，认知是内在主义的，在研究认知现象和过程的时候，是将研究对象和世界相互分离，我们所能接触的只是内部表征，而非世界本身。第四，上述所有的认知特征都建立在近代哲学所预设的心灵—身体、心灵—世界、内在—外在、主体—客体、行动—认知等一系列二元对立的基础上。伴随着 4E 认知科学的崛起，认知科学哲学出现了积极吸收欧陆现象学和美国实用主义的理论资源，力图超越对近代认识论的依赖，来深化和拓展认知科学哲学研究的新趋势。本章聚焦于罗兰茨（Mark Rowlands）对延展认知的现象学阐释和认知科学哲学的实用主义转向，来揭示出这些发展趋势。

第一节　罗兰茨对延展认知的现象学
阐释及其局限性

现象学对于认知科学的介入由来已久，特别是在 4E 认知科学中，这种介入尤为明显。延展认知是 4E 认知科学中具有较大争议的主题，关于延展认知的诸多争论都可以归结为对"认知标志"(the mark of the cognitive)的分歧。所谓认知标志，则是指一个过程如果能被看作是认知过程，或者必须具有大脑内部的生物学特征，或者必然拥有某种非派生性内容，只有大脑内部的状态才能看作是认知，而大脑外部的环境要素则是非认知的。反对延展认知者认为，心智固然和外在环境之间存在着某种因果上的联系，但是因果性并不必然推导出构成性，外在环境绝不可能成为心灵或者认知的一部分。如果我们认为认知的边界必定在于人的头骨或者皮肤，或者认为认知的标志必定存在着原生的非派生性内容的话，那么无论延展认知的支持者提出什么样的论证，都无法说服他的反对者。因此，构建一种能够让争论双方都能承认的"认知标志"就成了当前的要务。罗兰茨指出，认知标志的提出对于延展心灵至关重要，但它本身不能由延展心灵推导出来，而是同样能够兼容传统的认知观。其最终目的就是要表明，认知不仅包含了必不可少的大脑神经系统，也包含身体和环境结构，并且身体和环境结构对于整个认知过程不仅只有一种因果意义上的作用，它们也被视为整个认知过程真正的构成性部分。为此，罗兰茨借鉴了胡塞尔和海德格尔现象学的一些基本原则，试图发展出一种能够广泛兼容经典认知观与当代认知观的认知标志理论。本节将详细梳理罗兰茨的论证思路，展示出他的理论如何走向了现象学心灵的道路，并自然推导出延展认知的结论。

一、"认知标志"理论与认知所有权

该标志可具体表述为如下四个条件：

过程 P 是一种认知过程，当且仅当：

1. P 涉及信息处理——对承载信息的结构进行操作和转换。

2. 这种信息处理具有适当功能，使主体或后续处理操作可以获得在此处理之前不可用的信息。

3. 这些信息是通过在过程 P 的主体中的表征状态的产生而获得的。

4. P 是属于那个表征状态的主体的一个过程。①

其中，条件一是经典认知观与延展认知都承认的标准教条。条件二中的"适当功能"概念来源于米利肯（Ruth Milliken），即指某物的适当功能是它应该做什么，或者它被设计去做什么，这个概念提醒我们认知概念在某种程度上应是规范性的，即它规定了研究认知应该重点关注应该做什么，而并非认知实际上做了什么。某种信息处理若通过这种适当功能，无论在主体层面，还是在大脑神经的后续处理操作层面，都可以获得若非此信息处理则不能获取的信息的话，那么这个信息处理过程就被看作认知的。此外，在条件二中，罗兰茨强调了他对"个人层面"和"亚人层面"的区分。有一些认知过程是向主体层面即个人层面提供信息，但也有一些认知过程是向后续操作层面即亚人层面提供信息。后者是让信息进入某种无意识的处理操作，主体是无法获得这些信息的。条件三则针对激进或温和的"反表征主义"，当代某些学者认为认知科学并不需要表征概念，但这一点仍然存有争议。

① Mark Rowlands, *The New Science of the Mind: From Extended Mind to Embodied Phenomenology*, The MIT Press, 2010, pp.110—111.

罗兰茨提出在他的理论中尽量避免将这种极具争议的观点作为前提。他反复强调他所提出的认知标志也能够兼容经典认知观的基本假设，所以仍然承认表征的存在。此外，在对条件三的描述中，罗兰茨也区分了所谓的派生性表征与非派生性表征，以及个人层面表征与亚人层面表征。前一个区分是为了回应批评者所提出的真正的认知必定包含了非派生性内容的观点，这是批评者用来批评延展认知的关键论证之一。罗兰茨认为，如果坚持延展认知，那么外部信念状态中的内容，作为一种派生性内容，就需要承认其合法性。但是，为了容纳经典认知观，罗兰茨指出在标志中所提出的表征状态就是批评者们所坚持的非派生性状态（拥有非派生性内容）。而且无论是个人层面还是亚人层面，都可以拥有非派生性内容。个人层面的表征由于它们和诸如意识这样的概念相互交织，因此是否可以进行自然主义说明是有争议的，但是在亚人层面，表征则满足广泛的自然主义标准。他所提出的认知标志，是严格来源于认知科学实践的。

他因此得出结论：任何能够满足认知标志的前三个条件的过程，都可以被视为认知过程。外部信息结构的操纵，不仅仅是作为外在的因果耦合元素而伴随于内在认知过程，也并非它们提供了一个内在过程被嵌入其中的环境。它们是认知过程，是因为它们满足认知标志的前三个条件。我们应该以"过程"而非"状态"来解释延展认知，只有提供了某个满足认知标志诸条件的"过程"才能被看作认知的充分条件，而一个"状态"要被看作是认知的，只有通过它对认知"过程"的贡献能够在一个有机体中实例化才可以，这样我们就可以避免纠缠于颅外状态是不是一种认知状态的争论。罗兰茨认为：首先，正如反对者们所坚持的，的确不存在任何纯粹的颅外认知过程，认知过程要么是颅内的，要么是跨内部和外部成分的混合过程；其次，任何对外部信息结构的操纵，除非与适当的内部（即神经）过程相结合，否则永远不能算作是认知的，即外部过程依赖于内部过程，没有内在，外在就不能算作是认知；最后，一旦彼此相互结合，外部过程在其认知的程度上与内部过程无差,或者说"认知"的标签既适用于纯粹内部过程,也适用于内部和外部过程的混合。针对批评者提出的外部内容仅仅具有派生性内容的批评,罗兰茨则提出,尽管外部过程单独看来确实是派生性的,但是因为任何认知过程都包含了不可消除的内在构成,那么包括内部与外部的整个过程便明确地含有非派生性的构成部分。也就是说,如果一个过程在其孤立状态下或者与其他过程相结合的状态下,能够产生出一种带有非派生性的状态,那么该过程就被看作认知过程。

以上我们介绍了罗兰茨所提出的认知标志的前三个条件,而重点则在条件四中,条件四涉及的是认知所有权问题,这又可细分为个人层面和亚人层面所有权问题,以及两者之间的关系,通过对所有权的探讨可以自然而然导出认知标志所携带的现象学意义。

认知所有权就涉及主体的问题。罗兰茨提出,所谓"主体"就是任何能够满足前三个条件的过程的个体,不存在没有主体的认知过程,认知过程总有一个所有者,条件四就试图提出这个所有权问题。对于延展认知的论证来说,问题并不在于我们如何去理解什么是认知主体,而是在于一个主体可以拥有(或者实例化)其认知过程的意义。为了理解这个问题,我们要从认知的个人层面与亚人层面,来分别探讨其所有权问题。所谓个人层面,即是指那些使得拥有这些过程的主体获得信息的那些过程,它们是个人层面的认知过程,并且与是否这些过程也将信息提供给底层的后续操作处理无关。而所谓亚人层面,则是指只向刚才所提到的底层的后续操作处理提供信息的那些过程。作出这样的区分是相当必要的,譬如它可以回应针对延展认知的"认知膨胀"反驳。认知膨胀批评主张,如果认知延展到了身体外部,那么这种延展就不存在任何边界,最终导致整个世界都可能成为认知状态的组成部分。而罗兰茨则提出:首先,他的延展认知是以过程为导向的,而非以状态为导向,而任何认知膨胀论证都指的是认知状态的膨胀,所以这个反驳是无效的;其次,仅仅在亚人层面可以存在膨胀的问题,但是在个人层面,膨胀并不存在。例如,当我们使用望远镜去观察天体时,认知过程的确延展到了在望远镜内发生的信息过程,但在望远镜内发生的过程并不是个人层面的认知过程,而是亚人层面的。在提出这样的区分后,罗兰茨分别就两者的所有权关系问题作了阐述:"亚人认知过程的所有权被理解为某种因果整合。当亚人的认知过程适当地融入个人的整体认知生活中时,它们就属于个人。并且当主体是个人层面认知过程的所有者,这意味着当亚人过程对主体所经历的个人层面认知过程作出适当贡献时,这些亚人过程被适当整合。"①

罗兰茨以一个思想实验来说明亚人与个人层面所有权的关系:假设存在某种体外消化过程,即一个人的消化系统功能受到了破坏,那么我们可以通过将病人的消化过程转移到另一个人的消化器官中去实现,但这并不表明这个消化过程是属于他人的,它仍然是属于我的。这就是前面所提到的"亚人过程被适当整合",这种适当整合是通过条件二中的适当功能来描述的,即如果某人体外的消化过程发挥了相对于他的其他生物过程的适当功能时,体外过程就被适当整合到这个人的整体生物过程之中。所有权问题并不是一个能用物理空间界限的方式来谈论的主题,一个认知过程存在于哪里,只和它所做的事情、或者它影响的到底是"谁"、或者它到底对哪个"个人"的适当功能发挥了作用有关。

当然,罗兰茨也指出,对于认知过程来说,亚人过程是认知的,仅仅涉及信息处理是不够的,而是仅当它们属于一种能够探测环境变化并随之改变其行为的有机体才能成立。或者说,这些亚人过程是认知的,仅当它们与许多其他同样的亚人过程相结合,能够使得在个人意识的表征层面发生某种转换,并对主体的个人层面的认知生活做出贡献,以至于亚人和个人层面形成一个相对连贯的整体时才能成立。因此,思考所有权的方式并非从亚人

---

① Mark Rowlands, *The New Science of the Mind*: *From Extended Mind to Embodied Phenomenology*, The MIT Press, 2010, pp.139—140.

层面出发上升到个人层面,相反,对于前者的解释是派生于对后者的解释的,个人层面的所有权在逻辑上是在先的,只有先理解个人所有权,才能正确理解亚人所有权。那么接下来,问题的核心就转向了如何解释个人层面的所有权问题。

而传统认知观对于个人所有权的解释,往往预设了一个固定的、在所有权问题上不存在争议的参考框架,并且这个框架是由身体的感知觉输入和运动输出所提供的,任何过程必须被整合进这个输入和输出的框架之中,才能被算作是认知的。但是,这个框架本身的所有权并非自明,相反,输入和输出必须被整合到认知过程中去,才能被主体所拥有。罗兰茨认为,认知过程的所有权必须用一种构成性的方式来理解,即分解为以下三个问题:对有机体拥有认知过程的理解;对有机体对环境的检测的拥有的理解;有机体对随后的行为反应输出的拥有的理解。如果按照构成性方式来理解,在个人层面的认知过程就必须涉及对一般的行动问题的理解,因为在个人层面,认知过程就是我们做的事情:它们是行动。我们拥有认知过程,就是拥有自己的行动,而这是通过我们在做这些事情来实现的。罗兰茨认为传统上对所有权的认定可以通过"认知权威"(cognitive authority)来描述,即我对于对象有着明确的理论上的认识论通达。但是罗兰茨指出,单凭这种认知权威无法为我们提供个人层面的认知所有权标准,我们关于所有权的思想只能从更为基本的层面中找到,认知权威是派生于这个更基本的层面,并且仅在我们的活动出了问题时,认知权威的问题才会出现。

总而言之,个人层面的认知和认知权威之间的联系是一种更为根本的所有权意义的派生物,这种更为基本的所有权是使得我们能够思考个人层面所有权的条件。这个更为基本的层次就建立在更基本的应对世界的活动之上,认知活动和应对活动是连续的,是以不同方式实现的本质上相同的活动。而这种更为一般的活动,罗兰茨提出,就是现象学意义上的揭示或揭蔽活动(revelation or disclosure activity)的形式,认知所有权的最终基础,就是揭示的观念。"与许多应对活动一样,认知过程也是一种揭示或揭蔽活动。构成认知的揭示或揭蔽活动并不局限于大脑:它们结合了身体过程和我们在这个世界中以及对这个世界所做的事情。"①

二、作为"揭示活动"的知觉经验

什么是揭示活动?罗兰茨就揭示活动与认知的关系提出如下观点:

1. 应对和认知都是揭示或揭蔽活动的形式。个人层面是向某个人的揭示,亚人层面是向某物的揭示。认知过程本质上被主体拥有是因为揭示活动本质上被主体拥有。

2. 认知过程被延展是因为它们是揭示的活动。生物体所进行的揭示活动可以止于,但通常不限于生物体的皮肤。

3. 因此,所有的认知过程都是被拥有的,许多认知过程都是被扩展的。

4. 认知是揭示活动,因为认知是有意向的。意向地指向世界,应被理解为揭示活动。②

罗兰茨首先以知觉经验为例来分析"揭示活动"。知觉经验存在着两个不同的维度,一方面它们是对世界的一种揭示,但同时也是向拥有它们的主体来揭示世界。对于知觉意向性的最大的误解,是将知觉经验,以及经验所具有的主观性属性等同于我们所意识到的对象。比如我们看到一个西红柿,在我的体验中就会出现某种关于闪亮的红色的"感觉质",即拥有或者经历这种体验"是什么样子"(what-it-is-like-ness),正因为将它们看作意识对

---

① Mark Rowlands, *The New Science of the Mind : From Extended Mind to Embodied Phenomenology*, The MIT Press, 2010, p.162.

② Ibid., p.163.

象,从而引发了如何在自然主义立场上来解释感觉质的所谓解释鸿沟的"难问题"。

但是罗兰茨指出,对经验的这种理解并不完整,它遮蔽了意识的更深层结构,从现象学的观点来看,任何经验都还存在着并不是我们在拥有该经验时所意识到的东西,而就是意向行为本身。在对体验的意向性分析中,不仅存在经验(empirical)的维度,也存在不可消除的先验(transcendental)维度。如果我们将经验项看作意识的对象,那么先验项就是使得该经验项能够如此的条件。在意识经验中应该同时具备主体侧与客体侧两个本质构成要素。主体侧的意识行为,使得体验成为了对象恰好作为主体体验的对象而揭示给主体的过程。罗兰茨用手抓取物体来作比喻,从经验维度来说,思想就是手上所抓到的东西,它是外在于手的,但是从先验维度来说,思想是肌肉骨骼与手的关系,这种关系就是使得手能够抓取东西的条件。

罗兰茨从一种广泛接受的关于意向性的结构模型——a 意向行为;b 意向对象;c 对象的呈现模式——出发,来思考知觉经验尤其是视觉经验的本质构成。根据上述模型,所谓呈现模式就是将意向行为与意向对象联系起来的东西。意向行为通过对象的呈现模式与意向对象相联系。因此,一个主体,凭借其有意行为,意识到一个对象,这个行为使主体意识到这个对象,因为正是这个对象满足了体现在行为中的呈现模式。呈现模式是允许意向行为"钩住"该行为的意向对象的东西。罗兰茨将它称为意向性的中介概念。如果我们采用这个意向性关系的中介概念,那么作为行为的经验 EA 和作为客体的经验 EO 之间的关系是这样的:EA 通过 EO 的一种呈现模式 P 将 EO 呈现给主体。

意向行为具有一种特征,并且这种行为的内容可以被表达为描述的形式,行为的意向对象满足这种描述,那么对象的呈现模式就包含于在相关描述中所表达的内容中,这一表达内容也就是对象所呈现出来的"诸显现"(aspects of)。例如我们对一个红苹果的视觉体验,可以被表达为具有闪亮的红色这样的描述形式,视觉的意向对象满足这种描述,红苹果对于主体的呈现模式就包含于呈现出来的"诸显现"之中。这些诸显现并不是对象的客观属性,它们只是在意向的而非客观的意义上是意向对象,它们是对象呈现的方式,即它们显现给主体的方式。需要进一步澄清的是,上述所阐述的呈现方式并非完全等同于"诸显现"。诸显现不等同于对象的客观属性。诸显现是在意向的而不是客观意义上是意识的诸对象。诸显现是对象呈现的方式,是它们呈现给主体的方式。而客体的客观特性与诸显现可能相对应,也可能不相对应。一个物体可能看起来是圆的,即使它实际上不是圆的。对象具有诸显现(当然不是属性)的一个必要条件是主体的意向活动。这就涉及呈现模式的经验意义和先验意义(empirical and transcendental mode of presentation)的区分。仅仅在经验意义上,呈现模式等同于"诸显现"。因为,如果仅存在经验意义上的呈现模式,譬如我们看到了红苹果的"某一显现",如红色,并将经验的呈现模式等同于"这一红色显现",那么就必然存在着第二个呈现模式,它使得"这一红色显现"能够以"这一红色显现"的呈现模式向主体呈现。接下来,如果我们要在意识中把握这第二个呈现模式,那么就必定存在着第三个呈现模式,以至于无穷。要解决这种倒退,必定需要假定存在着一个最基本的、不可消除的呈现模式,即停止让呈现模式不断地落入我们的意识对象,而这就是先验意义上的呈现模式,它是在经验中不可消除的意向核心。经验意义上的呈现模式,即诸显现,只是意识对象,而并非可以构成意识对其对象指向性的先验条件。一言以蔽之,在意向所指向的对象那里是找不到意向的指向性本身的。呈现模式的先验意义,是使得世界对象以"诸显现"的方式呈现给主体的条件,这就是向着世界的意向指向性,这种指向性包含在一种揭示或揭蔽活动之中。而我们已经指出,这种揭示活动既可以在大脑中,也可以在身体和在世界的活动中。所以知觉的揭示活动通常(但并非总是也并非必然)通过身体延展到了大脑之外,并延展到了我们在这个世界中所做的事。

三、从知觉到认知:对延展认知的现象学分析

在对视知觉的分析基础上,罗兰茨进一步将视角扩展到了对于认知的探究。他提出,与对视觉体验一样,在思想中同样存在着经验呈现模式和作为不可消除的核心的先验呈现模式,并且正是凭借后者这种先验核心,向我揭示了作为"诸显现"或者经验呈现模式之下的对象。例如,我关于一个西红柿的思想,就是关于西红柿的"诸显现"的思想,这就是西红柿在思想中的经验呈现模式,它们是我的意向指向的对象,是我的思想的对象。而思想的先验呈现模式则凭借着相应的视觉经验的先验呈现模式,使得西红柿被我思想为落入这种经验呈现模式之中。

具体到认知过程,结合之前所谈到的个人层面与亚人层面的区分,我们又可以将这种揭示活动区分为两种形式,即载体-内容(vehicle-content)的区分,类似于经验及其物理实现之间的区分,两者都可以影响对象的揭示。经验的内容提供了将对象揭示或者落入某种经验呈现模式之中的在逻辑上充分的条件。不同于内容,载体则提供的是因果上的充分条件。我们还是以西红柿为例。一方面,在经验的内容方面,就是指出存在着某种"是什么样子"(what-it-is-like-ness)的东西,这种经验呈现模式之所以提供了逻辑充分条件,是因为如果主体拥有这样的呈现,那么在逻辑上西红柿就必然对主体揭示为红色的和闪亮的,即使这只是我们的幻觉中看到的东西,但是那个在世界中如此呈现的区域仍然被揭示为红色和闪亮。而另一方面,载体同样也揭示了世界,例如我们可以在马尔(David Marr)的视觉理论中对于信息结构的连续转换中找到对于西红柿的视觉体验的揭示。这也就是我们通常所说的在主观性现象上存在某种"解释鸿沟"的原因。那么同样道理,我们也可以从视知觉推广到诸如思维、信念、记忆等认知过程,它们对于世界的揭示也可以区分为载体与内容这两种层次。这些认知过程的内容是具有语义性的,语义内容为落入给定的经验呈现模式下的对象的揭示提供了逻辑上充分的条件,而语义内容的载体则只提供因果充分条件。我的思想的语

义内容的揭示是构成性的,而神经或功能机制的揭示是因果性的,因果性揭示和构成性揭示的区别就是揭示的因果充分条件和逻辑充分条件的区别。

罗兰茨指出,他所提出的延展认知,是关于认知载体而非关于认知内容的理论。或者说,延展认知对于世界的揭示是因果性的,而不是构成性的。要理解认知延展,就必须认识到,认知载体一般来说并不局限在主体大脑中,而且也包含对于身体结构的利用,以及对环境结构的操纵过程。在主体的意向状态和过程的载体中所发生的揭示活动,就是延展认知的载体,它们都是因果性意义上的揭示。罗兰茨进而区分了两种不同的表达,即"穿行于……"(traveling-through)和"通过……存在"(living through)。我们通常谈论的是后者,例如,意识是通过大脑而存在的,大脑是意识存在的物理基础,意识是随附于大脑的现象。这里存在的是一种单向的依赖关系,我们通常用随附性等概念来描述这种关系。而"穿行于"则不同,罗兰茨在这里举了三个例子来阐述"穿行于"的现象学意义。第一个是梅洛-庞蒂所提出的盲人手杖案例。从内在的先验的视角来看,手杖与必要的神经过程或其他生物学过程结合在一起,揭示或者揭蔽了具有"诸显现"或经验呈现模式下的对象。从现象学意义上来看,它是载体,而非意识对象,盲人的意识穿行于手杖到达世界。第二个例子则是萨特对于书写现象学的描述。萨特说,在我全神贯注书写的时候,我并不理解我正在书写的手,而只理解书写的笔,我是在用我的笔写出字母,而不是用我的手来握笔,我就是我的手。也就是说,在书写过程中,手消失于这个复杂的工具系统中。因此从现象学意义上来看,我的意识穿行于我的手传递给笔和纸。第三个例子是阅读的现象学。当我在阅读一本小说时,在沉浸于阅读的过程中,尽管在某种意义上我也好像是"意识到了"书上的文字,但这些文字并非我审视的对象,我的意识是穿行于这些文字到达小说所描述的情节与人物世界之中。

那么,所谓的揭示活动发生在什么地方? 在盲人手杖案例中,揭示同时发生于大脑、身体、手杖以及手杖与世界的互动中,因为对象位于手杖的尖端,并且由于它对手杖的阻碍作用,盲人因此体验到了对象处于世界的某个空间位置上。揭示活动就其本质来说,穿行于它的物质实现而到达世界。盲人的知觉意识确实也是**通过手杖而存在**,但在更基本的意义上,是**穿行于手杖而到达世界**。"穿行的概念,从根本上来说,不属于经验的现象学,而属于作为揭示的意向的指向性的潜在本质,这是现象学的基础……揭示活动本质上是世界性的。"①所谓世界性,即对世界某一特定区域的探索不会止步于这个世界,否则从定义上来说,它将不是一个成功的揭示活动。揭示性活动是世界性的,应该将其理解为意向指向性的本质结构,手杖和盲人的大脑一样,都是揭示活动的所在地。所以,罗兰茨说,不存在一种远距离的意向性(intentionality at a distance),意向性并不发生在虚空(void)之中,活动总是由某物完成。意向性与揭示活动就是一体两面,只要有揭示活动发生的地方,就有意向的指向性发生,而我们已经论证了揭示活动不仅发生在大脑之中,其载体存在于许多地方,"意向指向性的一般模型对于这些揭示世界的载体到底是什么类型并不关心,这些载体——无论是神经、身体还是环境——都有助于同一件事情:对世界的揭示使其落入某种经验呈现模式"②。

在阐明了认知的现象学意义后,罗兰茨回到了延展认知的经典论证,即奥拓和英伽关于信念的案例。③罗兰茨提出,克拉克(Andy Clark)和查尔默斯(David Chalmers)的延展认知版本认为在奥拓笔记本中的地址就是奥拓

---

① Mark Rowlands, *The New Science of the Mind: From Extended Mind to Embodied Phenomenology*, The MIT Press, 2010, pp.199—200.

② Ibid., p.214.

③ 这是克拉克和查尔默斯针对延展认知提出的一个非常有名的思想实验:设想有两个人英伽和奥拓,英伽是正常人,拥有人类正常的认知能力,而奥拓患有失忆症,大脑中无法保存长期记忆。假设两个人都要去艺术博物馆看一场展览,英伽通过在他的大脑中搜索生物记忆而获得一个信念,即博物馆位于 53 大街,于是他根据这个信念前往 53 大街看展览。而奥拓由于没有关于博物馆的记忆,所以他需要将地址记在笔记本上,他于是查看笔记本,发现了地址,根据所获得的信念前往博物馆。而还有一个在物理上和心理上都与奥拓相同的孪生奥拓,他的笔记本上记载的信息是错误的,如博物馆位于 51 大街,于是他根据这个信念前往 51 大街看展览。在这个思想实验中,克拉克和查尔默斯提出,英伽的大脑中的记忆和奥拓在笔记本上的记忆在功能上对于行动来说是没有实质性差别的,而孪生奥拓的笔记本上的信念同样也发挥了相同的作用,因此我们可以认为这两种信念对行动在因果上是没有区别的,两种信念是同等的,笔记本上的信念就是大脑中信念的延展。

的信念,这并不准确,笔记本中的句子个例并不等同于他的信念状态个例,延展认知不应该被理解为状态的延展。而罗兰茨的延展版本是以过程而非状态为导向的,因此延展应被解释为:奥拓对他的笔记本的操作可以看作他记忆起博物馆位置的认知过程的一部分。奥拓通过身体对笔记本所进行的操作向他因果地揭示了世界的载体的一部分,奥拓对世界的意向指向性才由此产生。这个过程同时包括大脑、身体以及坏境过程,三者共同构成了揭示世界的整个过程的适当部分,都可以视为整个记忆过程的组成部分。坚持颅内中心主义的反驳者认为,由于奥拓对笔记本的访问是通过外感知过程实现的,而英伽则是直接访问大脑内部记忆,因此奥拓对笔记本的操作不能算作是认知。但是罗兰茨指出,按照现象学的意向性说明,我们并不关心对于这些心理学类型的功能描述。奥拓在阅读笔记本的时候,他并没有意识到这些字母和单词,而是意识到这些单词所描述的东西。奥拓的意识**穿行于**这些单词直达博物馆地址,正如奥拓没有"意识"到笔记本上的单词一样,而英伽同样也没有意识到他的神经状态,他的意识也是**穿行于**这些神经过程从而到达同样的事实。只要他们两人都没有被某种障碍所阻滞,当事情按照它们应该的方向发展时,两者并没有本质区别,它们都是认知揭示的载体,都是一种对世界的揭示过程。

当然,对世界的揭示的形式多种多样,不同的行动方式构成了不同的揭示方式,但只有符合"认知标志"的揭示行动才能算作认知过程。罗兰茨已经指出,认知标志中对于延展认知来说最重要的就是所有权问题,现在我们可以在现象学意义上深化对这个问题的理解。简而言之,如果一个认知过程向我揭示了世界,那么这个认知过程就是属于我的。具体可以分为两种情况:如果是直接向我揭示世界,那么就是在个人层面,通过思想、感知、经验等来实现;如果是以间接信息状态形式,那就是在亚人层面,将世界揭示给我的亚人认知过程。这些过程被看作具有"属我性"(mineness),正是因为它们在将世界以直接方式揭示给我的那些个人层面中发挥了重要作用。经验内容的属我性是内建在经验之中的,是作为拥有或者经历某种体验"是什么样子"的一个部分,它不是我们能从第三视角来认识的对象,而是现象学特征的一部分。揭示是一种关系性,即总是向某个人的揭示。当主体拥有某种"感受质"的现象特征时,仅仅表明了世界就是如此被揭示的,并且它是"为我"而揭示的。所以,在认知载体对世界的因果性揭示中,尽管它们只是提供了因果的而非逻辑的充分条件,但是我们可以得到一个并行的解释,来说明为什么这些过程是"属我的",无论这个过程发生在大脑中,还是在身体或者环境操作中。认知膨胀的问题,在这个意义上仅仅只会发生在亚人层面,当我使用望远镜观测天体时,望远镜构成了我的因果地揭示世界的一部分,是我的认知过程的一部分。当我完成观测时,望远镜中的光学过程仍然存在,但此时它已经不再构成揭示的一部分,也就不再是认知过程了,即使在亚人层面也不是。所以膨胀问题就迎刃而解,认知的界限就是向我的世界展开揭示活动的界限。

可以将罗兰茨的上述论证总结如下:(1)意识不仅仅是意识的对象——无论是第三人称意识还是第一人称意识——而是包含了允许对象以诸显现或经验的呈现模式下被揭示;(2)经验的这种不可消除的意向核心,因此作为先验的呈现模式存在于意识;(3)这样,意识本质上是揭示或揭蔽活动;(4)意识作为一种揭示性活动,它既可以**通过**世界的物质实现**而存在**,也可以**穿行于**世界的物质实现——前者依赖于后者;(5)作为一种**穿行于**物质实现的过程,意识对这些实现的位置并不关心。按照这样的理解,那么延展心灵理论就不再有悖常识,无论具身认知还是延展认知,都可以极为自然地推导出来。

四、罗兰茨的理论贡献及其局限性

罗兰茨试图超越传统认知研究中的自然主义研究进路,并认识到在纯粹自然主义框架内很难真正理解心灵,转而采取先验的视角,这一点是充分值得肯定的。因为根据胡塞尔的说法，自然主义的决定性限制就是它无法认识到意识的先验维度，反而将意识看作世界中的对象。①罗兰茨认为，对于"认知"这个概念的哲学理解，不是在进行研究之前就预先能够给予规定的，反而恰恰应该是一种在实践的过程中呈现出来的东西。他贯彻了现象学的基本精神，即在一定程度上悬置我们关于认知的诸多自然主义态度，因此他并不是告诉我们认知到底是些"什么"（what），存在于"哪里"（where），而是告诉我们认知的"如何"（how），从我们与世界的直接应对入手，找到在此过程中直接给予主体的是什么，以及这些给予是通过什么方式来实现的。让现象自身显现自身，并在此过程中呈现出认识的可能性条件。可以说，罗兰茨理论借鉴了现象学经典作家的诸多观点，但他的理论也存在着局限性。

首先，我们可以看出罗兰茨的论证大体借鉴了胡塞尔在早期现象学时期的基本框架。他利用了意向性标准模型，即意向行为、意向对象、对象的呈现模式，其中呈现模式具有一种先验（超越）的能力。这个模型大体上刻画了一个对象呈现或者给予我们的方式中所具有的意向性结构分析，并且其中的所谓对象的呈现模式就是参与意向构成的东西，而非被意向构成的东西，不是意向构成的结果，类似于胡塞尔的"立义"过程。当然胡塞尔那里并没有所谓独立的"呈现模式"一说，但在胡塞尔那里，先验呈现模式也具有"超越论"的含义，因此正是通过先验呈现模式，对意识的感性材料进行超越地统摄，杂乱的感性材料才被立义为意识对象。②他看到了意向活动的关系性与生成性，也就是说在意向性中必定存在着主体侧和对象侧两个方面，主体侧是意向活动的呈现与意指活动方面，而对象侧则是意向对象方面。但这两方面并非传统的主客二元对立的关系，而是说任何一个意向对象都是

---

① Dan Zahavi, "Naturalized Phenomenology", in Shaun Gallagher and Daniel Schmicking (eds.), *Handbook of Phenomenology and Cognitive Science*, Springer, 2009, p.5.

② 参见倪梁康：《胡塞尔现象学概念通释》（修订版），生活·读书·新知三联书店1999年版，第468页。

由一个意向活动所构成的,意向活动和意向对象是一种本质上不可分的结构。那么只要符合这一现象学结构,至于这样一种活动在物理实现层面是通过什么载体而实现的,这并不重要。"认知体验就有一种意向,这属于认识体验的本质,它们意指某物,它们以这种或那种方式与对象发生关系。"①对认知过程的考察不再是自然主义式的分析,而是体现出认知过程的双向结构,这种双向结构中蕴含着认知的生成性,认知不再是一个局限在大脑内部的无生命力的东西。

其次,我们也可以很容易发现罗兰茨在阐述作为一种行动的认知过程时对海德格尔思想的借鉴。比如海德格尔对行动中的此在与工具之间的关系的著名分析,即区分了工具的"上手性"与"在手性"。海德格尔在《存在与时间》中提出,在我们日常的与世界的应对过程中,"上手性"是一种更为原初的关系,当我们使用工具时,工具本身具有一种消失的趋势,对于使用者来说,成为透明性隐退的状态。我们是在更为基本的层面,而非原本通过对于诸如自我、意图、意志等心理主义意义上的意识来作出这种解释的,罗兰茨这样描述:"我们对自己行为的基本认识是由这种透明的空虚构成的,在这种空虚中,我是纯粹朝向目标的指向性……在我沉浸应对世界的过程中,我的意识没有明确的对象。我所使用的设备和让我能够使用它们的精神生活都是如此。我们可以说,我的意识是对世界的指向性,这种指向性通过它的对象指向我的目标。"②而当行动者对自身能动性采用一种心理主义的描述时,往往意味着行动者与工具之间的联系被打破、工具与行动者和他的意识状态变为不透明时所产生的能动感。海德格尔曾经分析了三种工具性受阻的方式,只有在这三种情况下,我才能体验到我的行动来源于我的精神,但是所有在受阻状态下对于行动者的现象学形式,都是某种更基本、更原初

---

① 埃德蒙德·胡塞尔:《现象学的观念》,倪梁康译,上海译文出版社 1986 年版,第 48 页。

② Mark Rowlands, *The New Science of the Mind: From Extended Mind to Embodied Phenomenology*, The MIT Press, 2010, pp.159—160.

的现象学形式的派生。此外，罗兰茨将意向性描述为一种揭示或揭蔽的活动时，将广泛的技术环境也包容其中，则显然是海德格尔"技术乃是一种解蔽方式"[①]这种说法在认知领域的翻版。

罗兰茨的理论也招致了一些批评，这里我们考察两个批评[②]，并指出这两个批评的提出其实都是由于并没有彻底贯彻现象学的精神导致的，因此并不能驳倒罗兰茨的基本前提。第一个批评认为，罗兰茨在他的理论中提出，任何向我揭示世界的过程，就是认知过程，我对此过程就拥有所有权，但这些认知过程又必须满足他自己所提出的认知标志的四条标准才能算作认知过程，其中第四条标准是说这个过程是属于那个表征状态的主体的一个过程，也即主体对其拥有所有权，因此这里存在着将论证的结论当做前提的错误。但是笔者认为，这个批评其实是在用形式逻辑的原则来批评一种现象学语境中的主体行动问题，因此我们可以将这种似乎循环论证的现象看作一种解释学的循环。罗兰茨提出，认知科学不仅需要解释世界，而且需要自我解释，如果我们将第四条标准看作一种方法论原则，那么的确存在循环论证，但是如果我们将其看作现象学意义上的解释活动，那么主体恰恰需要进入这种解释学循环之中，才能真正把握认知。海德格尔曾经提出过一个门把手问题：原始人在使用门把手时，其实他们并不是将它就定义为某种门把手，也不是有意把它制造出来的，而是觉得这个门上的凸起部分可以帮助他们开门，后来才发现我们在这里安上一个东西，并把它叫做"门把手"，这就是门把手的由来。我们首先看到的是，任何能帮助我开门的东西，都是门把手，然而后来我们对门把手进行定义，门把手必须满足能帮助我们开门的标准才能称为门把手，但这里并不存在循环论证，我们在下任何定义之前，

---

① 海德格尔：《技术的追问》，载《海德格尔选集》，孙周兴译，上海三联书店1996年版，第926页。
② 这两个批评转引自刘好、刘宏：《作为一种显现活动的意向性——罗兰茨的意向性理论研究》，《哲学动态》2015年第8期，第105页。其中第一个批评是由论文作者提出来的，而第二个批评是由Itay Shani教授提出来的。

本来就已经有了某种"先见"。所以我们说作为主体行动的揭示活动与作为认知标志的所有权问题的关系就应如此理解,这并不是形式逻辑意义上的循环。第二个批评认为,罗兰茨对于工具概念的使用过于广泛,工具往往具有两种不同的含义:一种是作为对象的承载者和持有者,而另一种是作为对象的传输者和发射者,两个概念既有区别又有重叠。比如我们通过望远镜来观察天体,既可以将望远镜解释为是实现了揭示世界的载体,同时也可以将望远镜解释为仅仅是信息的传输者,而真正承载了认知过程的还是大脑内部的神经系统,因此在对象呈现给主体过程中外部工具起了作用,但不能推导出它们就是认知内容的承载者而进入认知过程。但是笔者认为,这个批评也是对罗兰茨的误解。罗兰茨并非没有注意到工具的区分,他曾明确提出了工具的两种形态,即上文提到的"穿行于"和"通过……存在",并严格区分了两种表达的不同语境:前者是在现象学语境中,表达了认知揭示的先验条件,是构成性的;而后者是在自然主义语境中,表达的是认知揭示的经验条件,是因果性的。在现象学看来,这两种情况本来就不矛盾,它们不是描述两种不同的过程或状态,而仅仅是同一种过程或状态但采取了不同的态度而已,前者是现象学态度,而后者是自然主义态度。用其中一个去反驳另一个,显然没有意义,所以这个批评也不能成立。

当然,罗兰茨的论证的确存在着某种暧昧之处,一方面他提出自己的认知标志可以满足广泛的自然主义认知研究范式,但另一方面却坚持某种先验维度,因此是自然主义与先验主义的某种混杂产物。坚持先验维度,在自然主义大行其道的背景下,是否会损害罗兰茨提出的"心灵的新科学"? 或者是否与当前所谓"自然化现象学"相矛盾? 笔者认为:首先,对于心灵的研究坚持某种先验立场有其合理性,纯粹自然主义框架在研究心灵问题上确实存在局限性;其次,不同的现象学家对于先验的理解也不尽相同,现象学本身也在不断发展,现象学的先验主义与自然主义未必就一定是对立的关系,比如梅洛-庞蒂就在坚持先验立场的同时,大力吸收了当时的经验研究成果,在他的理论中,先验与经验完美融合在一起。现象学带给我们的最大启示,是拒绝像自然主义那样将心灵和意识看作是某种真正的存在实体(当然,并非身心二元论意义上的实体,而是一种实体性思维)。所以,我们思考延展认知的方式决不能是那种实体性思维,比如心灵是一个实体,技术工具是另一个实体,所谓心灵的延展就是一个实体延展并与另一个实体相结合。在哲学中,解决疑难问题的关键往往在于视角的转换,现象学的先验视角无疑给我们提供了一种新的可能性。

罗兰茨的局限性在于,他对胡塞尔以及海德格尔的思想借鉴仅仅停留在对认知的统观思考之上,他的理论仅仅告知了我们意识的某种先验性,试图用这种条件来统摄一切认知活动,再从这种认知活动自然而然推导出延展认知。从现象学角度来解释一般的认知本身,这是一个突破,但是现象学在他的理论中更像是一种附加上去的先验限定,他没有真正从现象学进路对技术人工物如何在揭示世界过程中发挥作用作出更为详细的描述,他对于大脑、身体和技术之间的本质联系的讨论,又回到了载体因果性层面,因此它们的关系很容易停留在一种外在的关系之上。比如他论述人与技术之间的因果性关联时,认为这些亚人过程必须对个人过程作出贡献,才能被看作是认知,但是这种说法过于笼统,正如罗兰茨自己也曾说,这个想法很简单,但却很难精确描述。如果不能从一种内在共同构成的视角来看待这种关系,而是继续沿用类似于外部因果耦合的论证方式,那么他就依然摆脱不了批评者对他的批评,甚至还有重新退回从功能主义来论证延展认知的老路上。他对心灵先验性的强调与胡塞尔对先验意识自我的强调如出一辙,并不具备后来的身体和技术现象学所极力主张的理念面向,即必须通过人与技术之间的一种现象学关联,才能真正实现认知的延展。比如,唐·伊德在其技术现象学理论中借用了胡塞尔的自由变更概念,但是与胡塞尔利用自由变更来把握现象的本质不同,伊德则利用自由变更来获取现象所呈现出来的多重稳定性的复杂结构,现象并非只具有唯一的本质,而是可以显现为不同的结构,显现为多重可能性,具体显现为何种结构则依赖于所使用的语境。因此,技术环境与人的身体的现象学关系,也是依赖于不同的原初生成性境遇,从而显现出不同的本质结构。并非所有的人—技术耦合都可以被看作延展认知系统,我们也无法给出延展认知的某种普遍条件。例如伊德就将人、技术与世界之间的关系区分出以下四种:体现性关系(embodiment)、解释学关系、它异关系、背景关系。其中体现性关系就是指技术作为一种居间调节的装置,在这种关系中,人类经验受到处于居间调节的技术的改变,人类与技术融合为一体,共同面对外部世界,可形象表述为:(人—技术)—世界。在这种人与技术的融合体中,人与技术产生了共生关系。如果说梅洛-庞蒂将身体与世界的关系用"意向弧"来描述,伊德则提出工具本身也具有某种"意向性",可以改变现象被揭示的条件,将其扩展为人—技术工具—世界三元的意向弧关系。

事实上,现象学家们彼此之间的差异就在于,如何寻找那个原初生发性的域境,胡塞尔认为根本在于纯粹意识,海德格尔认为根本在于"在世界中存在"的此在,而梅洛-庞蒂则认为根本在于身体。所以,我们需要对身体与技术融合在认知的原初生发境遇中是如何被构成的进行更为详尽的分析。事实上,即使在胡塞尔那里,我们已经看到了这种分析的典范。胡塞尔在《观念2》及其后期著作中,有着大量现象学构成的尝试。在他的构成理论中,我们往往只关注他对超越的外物的把握,但却忽略了他对于身体的原初把握,身体也是隐匿在背景之中的,这种对于身体的描述非常类似于我们所使用的工具,工具隐匿于背景之中,但我们必须凭借它们才能得以行动。[1] 当然在胡塞尔那里,他并没有将视角延伸到工具之中,而只是论述了身体与物体、心灵、世界之间的共同构造关系。但是他在悬置了生理身体、外部世界以及心灵的前提下,一步步地将它们重新建立起来,通过回到原初直观,

---

[1] 参见王继:《身体与世界的共构:胡塞尔〈观念2〉中的身体问题》,中国社会科学出版社2020年版,第127页。

发现身心原初乃是交织在一起，并且彼此构造激活对方。如果能够将这种方式转移到对身体与技术融合的分析中来，同时不预设某种自然主义的前提，不仅仅将其看作一种物理上外在的因果性耦合，而是让这种融合在现象的原初生发境遇中自身显现自身，那么我们就可以将延展认知建立在更坚实的基础上。当然，这个任务很艰难，需要和身体以及技术现象学的密切合作才能得以完成。

第二节　认知科学哲学的实用主义转向及其影响

在认知科学哲学的前沿进展中，除了认知科学哲学家对延展认知的现象学阐释之外，近十年来，认知科学哲学研究还体现出了实用主义的转向。这种趋势与当前英美哲学界新实用主义的强势复兴相吻合。特别是近五年来，不仅有一系列实用主义导向的认知科学哲学研究性专著集中出版，而且国际范围内还举办了多场会议和论坛，多部实用主义和认知科学交叉研究的论文集也相应问世。国内学界也逐渐认识到这一转向的重要性，2021 年在浙江大学召开了首届"当代认知科学与实用主义"研讨会。本节将立足于当前认知科学哲学中的实用主义转向，阐述认知科学与实用主义结合的发展趋势。

一、认知科学哲学实用主义转向的基本特征

我们首先考察一下认知科学哲学实用主义转向的一般性特征，这有助于我们加深对行动与习惯的理解。可以说，第一代经典认知主义在大多数方面都是反对实用主义的，但随着认知科学的发展，人们越来越认识到认知现象与实用主义之间的亲缘关系，以及实用主义对认知主义的批判。

约翰逊（Mark Johnson）总结了第二代认知科学哲学和古典实用主义相

结合的领域。①在方法论上,约翰逊主张(1)**一种自然主义的、多层次的心智研究方法**:这种自然主义反对强还原论的自然主义,后者认为成熟的心灵科学必定只能用更为基础性的学科的假设和方法来解释。而多层次自然主义提出,由于生命现象的进化复杂性,一个令人满意的理论最终将采用多层解释,其中各层解释分别适合于生物与其环境不断交互作用中某个特定功能组织的突现层次,以此来捕捉认知现象的完整性。与其同时,尽管我们可以在实证研究中将认知分成离散的、独立的模块,但是这些具有不同功能的模块往往是更大、更广泛系统的一部分,它们都被包含在这个更为广泛的互动因果模型之中。而这更广泛系统就体现出(2)**有机体——环境持续互动的核心重要性**:经验、意义、思想、交流、价值和行动都源于有机体和环境之间的耦合以及不断地互动过程。任何关于心灵和认知的二元论观点,从一开始就误解了有机体与环境之间的基本连续性。认知并非由一套给定的能力组成,而是由互动所生成的。而习惯在这种互动中扮演了重要角色,习惯不仅包含了感觉-运动,而且还包含了环境诸方面,习惯从有机体内部延伸到世界中,因此既是内在又是外在的,所有的二元区分最终都是交互过程的一种习惯性重复。由上述连续性原则可以自然得出(3)**经验的丰富的、不可还原的复杂特性**:经验并非我们的内在感知、表象和观念。杜威明确指出,任何对经验的考察都必须以具体的包含有机体和环境的"情境"出发,经验并非禁锢在大脑之中,而是通过人类以及环境中的对象的行动而生成,这是一个从神经元、大脑皮层、大脑、身体、社会交往以及文化机构的多维环境的各个层面上的完整的创造过程。因此,在连续性原则和扩展的经验概念基础上,这就是(4)**一种非二元论的、非表征性的心理理论**:所有的二元论中彼此对立的概念都是连续的经验过程的维度,它们并非原初概念,而是我们在反思它们的时候抽象出来的。而对于二元论的抛弃,自然导致对心理表征的抛

①　Mark Johnson, "Pragmatism, Cognitive Science, and Embodied Mind", in Roman Madzia and Matthias Jung(eds.), *Pragmatism and Embodied Cognition Science*, 2016, pp.104—111.

弃,至少在表征被认为是大脑与外在客观事件相联系的实体性中介的意义上(尽管在科学实践中,科学家往往将符号或是神经联结-激活模式看作是"表征",我们可以承认这些表征,但是这并不意味着存在着"表征实体/理论")。因为在实用主义看来,大脑中并没有类似侏儒小人一样作为对内在表征进行感知和思考的东西,认知所需要的仅仅是有机体—环境的耦合以及行动的模式和结构。

梅纳里(Richard Menary)认为,实用主义认知科学的基本原则除了以上四条,还应包含作为实用主义核心的探索和推理行为[1],即(1)认知是通过探索性推理发展的,它在整个生命周期中始终是一种核心认知能力:实用主义假定能动者在和环境互动的过程是可错的、探索性的、开放的、历时的,我们可以从错误中不断学习和自我纠正,使得我们的信念得到修正和更新,从而在发展的环境中有效地行动。比如皮尔士所提出的"外展逻辑"(abduction)就是一种典型的放大推理,是人类在日常活动中创造性和选择性的根源。(2)探究/问题解决始于情境中出现的让人困惑的怀疑,并通过探索性推理进行:实用主义的探究始于思想和行动的受阻所产生的刺激,而探究就在于有机体成功克服了有问题情境的反应,通过历时的发展,有机体对于反复出现的问题的反应模式就形成了有机体的习惯,即达到一种固定的信念状态,使得我们的智能行动得以实现。

二、"行动导向"的认知科学哲学

"行动导向"无疑是实用主义的核心原则之一。杜威就强调了行动对于认知的优先性:"我们不是从感官刺激开始的,而是从感觉-运动协调开始的,也就是视-目协调,在某种意义上,身体、头部和眼部肌肉的运动决定了

---

[1] Richard Menary, "Pragmatism and the Pragmatic Turn in Cognitive Science", in Andreas Engel, Karl Friston and Kragic Danica(eds.), *The Pragmatic Turn: Toward Action-Oriented Views in Cognitive Science*, MIT Press, 2016, p.216.

所经验的事物的性质。换句话说,真正的起点始于观看的行为;它是在看,而不是对光的感觉。"①当代认知科学"行动导向"的基本观点,是将认知的主要作用看作支持和增强行动控制的能力,而不是产生与行动无关的内部知识模型,所有的认知操作,比如感知、学习、注意力、概念化、记忆、认知发展等,都围绕着行动控制和目标实现的要求而得以组织和运作。行动导向的方法已经广泛应用于心理学、神经科学、机器人工程学、发展心理学等众多领域,并且这些领域的研究成果也支持了行动导向的方法。

认知科学哲学中的行动方法主要表现为由瓦雷拉(Francisco Varela)、汤普森(Evan Thompson)和罗施(Eleanor Rosch)等人所主张的面向行动的"生成认知"范式。恩格尔(Andreas Engel)等人也提出:"在认知科学中,我们正在见证一个实用主义的转变,从传统的以表征为中心的框架转向一种范式,将认知理解为'生成的',即与外部世界进行持续互动的熟练技能活动。"②生成认知直接反对传统认知主义的核心观点,提出认知是与行动紧密交织在一起的,认知能动者沉浸于他的任务域之中,认知是通过能动者的行动产生结构的能力,认知系统状态是由在行动的环境中的功能性角色所实例化的,认知与行动围绕着具身而展开,两者不可截然分开,强调认知架构的整体论、动态性、延展性和域境敏感性。

而在实现层面,奥里根(John O'Regan)、诺伊(Alva Noë)等人提出的感觉运动依赖性(sensorimotor contingency,SMC)理论旨在揭示行动对于感知和意识的基础性。所谓 SMC 理论指的是能动者在行动过程中,依赖于他的运动和感官输入之间的相关变化的一种关联模式的学习和运用。生成认知以及感觉运动依赖性,都是建立在对世界的前理性理解,以及对于应对环

---

① John Dewey, *The Middle Works*(*1899—1924*), Vol.10, Southern Illinois Univ Press, 1981, p.97.

② Andreas Engel, Alexander Maye, Martin Kurthen and Peter König, "Where's the Action? The Pragmatic Turn in Cognitive Science", *Trends Cogn. Sci*, Vol.17, No.5, 2013, p.202.

境的技能的感觉运动习得基础之上的。SMC 从内在的行动相关性来理解认知过程，并且 SMC 是认知的构成性部分。我们"看见"的过程，并非是建立在大脑对于呈现在视网膜上的感觉材料进行加工的过程，而是在 SMC 的介导下所实施的一种视觉探索性活动。恩格尔和梅耶（Alexander Maye）指出：首先，"介导"（mediation）的概念很容易被看作和传统的表征概念作用等同，或者被看作表征的一种替代品，但是需要澄清的是，SMC 理论之所以具有实用主义特征，就在于它明确反对表征，知觉经验不能还原为神经元（集群）的某种对应的激活状态，大脑也不是对于世界的一种镜像反映。其次，SMC 知识和技能是隐含的，使得能动者与环境结构相互协调，并调节知识的可塑性。SMC 的介导作用需要获得、记忆和维持已形成的某种习惯性作用，我们在日常生活中识别环境和对象，需要将当下的 SMC 和从以前习得的 SMC 存储中的经验相比较，比如当我们第一次接触一个杯子，需要花费一定的实践来掌握识别它的 SMC 知识，而这种知识一旦建立，再次接触该杯子时，就可以快速进行识别，并且可以将对该杯子的知识应用于其他任何新的杯子。依赖 SMC 从而从单一的对象实例扩展到更一般性的对象类的识别，是一种归纳过程，这种归纳需要将高维感觉运动交互模式简化为属于该对象类的基本属性。第三，SMC 还具有延展的时间尺度，不仅仅只适用于对于单一环境中的单一对象或者对象类的识别，还有在跨不同环境和更长时间尺度的感知-运动相互作用规律，它们在某种动作序列中获取长期规律，从而构成能够超越单纯对象知觉的跨时间尺度的意识经验，这是 SMC 能够在社会层面上将个体联系起来的基础。①

感觉运动依赖性的理论激进之处在于，行动并非以某种方式支持认知，成为认知的脚手架，而是行动本身就是认知的构成性部分。但是，SMC 最

---

① Alexander Maye，Andreas Engel，"Extending Sensorimotor Contingencies to Cognition"，in Andreas Engel，Karl Friston and Kragic Danica（eds.），*The Pragmatic Turn：Toward Action-Oriented Views in Cognitive Science*，The MIT Press，2016，pp.177—179.

初仅仅是在对感知的分析(特别是视觉)之上所发展起来的,近年来,部分学者开始探讨将它应用于更复杂的认知能力的可能性。恩格尔和梅耶就提出一种"延展的感觉运动依赖性"(eSMC)理论,eSMC从感觉-运动协调发展到行动-奖励依赖性,旨在将SMC从基本的感觉运动过程基础上逐步扩展到具有不同复杂度的认知能力的可能性,从对视觉的分析扩展到不同感官通道的感觉体验的性质,进而扩展到与对象和意向相关的eSMC。在意向相关的eSMC层次上,我们就可以在更普遍的层面以及更长的时间尺度上描述能动者的行动后果,以及学习预测复杂行动序列与结果(奖励)之间的长期关联结构,从而预测一个行动的回报,对替代性选择进行排序,并为行动计划提供基础。

三、如何应对预测加工理论的挑战

在行动导向的认知科学实用主义转向中,我们需要考察它与另一种流行理论即心灵的预测加工理论的关系。预测加工理论是近十年来快速发展起来的一种综合性认知科学方法,并声称这种方法可以整合经典认知主义与第二代认知科学的优点,试图将人类在问题解决和日常应对中与环境的互动总结为一个统一的研究方法。这种理论提出,有机体在与环境进行互动的时候,大脑执行了连贯的自上而下的预测过程,同时有机体又接受环境的自下而上的刺激,当预测结果与外来刺激相互匹配时,有机体与环境的互动就会顺利进行,而如果两者不相匹配,就产生了所谓的"预测误差",大脑必需通过某种行动来调整这种误差,从而重建有机体与环境的互动,因此大脑是一个将预测误差最小化的器官。将在大脑内部生成模型中的预测误差最小化有两种方法:一种是被动的知觉推理,即更新模型参数,从而减少预测误差;另一种则是主动推理,即改变感官输入状态使其适应模型的预测。在主动推理中,大脑提出了某种假设,并通过对感官输入的抽样来证实这个假设,假设世界所提供的感官信息与大脑预期相匹配,这种假设就会得到巩固,预测也会变得越来越精确。例如,当我看到不远处有一个杯子,这时候我拿起杯子仔细端详,并且在杯子里倒水并喝水,我对这个杯子就采取了积极的探索过程,而这将增强我将它看作是一个杯子的信念,而并非关于比如它是一张杯子的照片的信念。但是如果世界所提供的感官信息不与我们的大脑提出的假设符合,预测误差就会出现,这时大脑就会切换回知觉推理,从而选择生成另一个假设,比如这不是杯子,而是一张杯子的照片,进而做出更好的全新预测。

预测加工理论同样号称与实用主义具有亲缘性,并且也充分强调对于预测误差最小化的追求是避免不采取行动(inaction)的方法,因为主动推理使得有机体能够保持其预期状态。如果有机体长时间没有行动,这将会导致预测误差的增加,有机体的内稳态过程将会遭到破坏。换句话说,有机体的行动是为了确保它不会误入不被期望被发现的状态,从而避免陷入某种惊异的状态,为此就需要持续的行动。尽管预测加工强调行动,但它和"行动导向"的认知科学存在巨大张力,这典型表现为两点:第一,行动导向更看重在认知中与行动相关的元素,而预测加工则更为强调大脑预测和推理的作用,行动和相应的能动性往往被简化为对于预测误差精度的优化过程,或者说被简化为一种统计推断;第二,行动导向否认认知有一个表征世界的内部模型,而预测加工则强烈依赖大脑内部的表征生成模型。也就是说,预测加工似乎更靠近第一代认知科学的哲学预设,即具有内在主义的特征,将认知看作是内在于大脑中的事件,预测被看作是某种程度上脱离了身体知觉和本体感受,是离线的和解耦的。

当然,需要指出的是,并非所有的预测加工模型都主张认知完全内在于大脑,比如克拉克就提出,由预测误差最小化所激发的行动"可能以各种方式利用环境中的结构和机遇。可见,有关预测性大脑的观点与情景化具身心智理论的碰撞将迸出夺目的火花……活跃的大脑不知疲惫地预测或引发感知刺激,这种视角让我们得以一窥这团重约三磅的肉质器官最为核心的功能——它沉浸在人类社会与环境的漩涡中,致力于了解世界并与其紧密衔接。"①虽然克拉克否定了预测加工机制是一种完全内在于大脑中的过程,但仍然强调了其在认知整体中的核心作用,更不用说某些版本坚持一种内在主义的模型。比如豪威(Jacob Hohwy)版本就是主张大脑与世界没有连续性,我们需要对感官输入进行解码从而构建表征外部世界的内部模型,"关键是……强调了预测误差最小化机制的间接的、局限于头骨的本质"②,这种版本建立了内部状态和外部世界相分离的二元立场,直接反对实用主义核心原则。对于这个问题的讨论颇为复杂,这里仅介绍加拉格尔(Shaun Gallagher)所提出的一种坚持从实用主义原则出发的和解方案。③

加拉格尔认为,我们不应将预测加工过程看作大脑的内部表征模型,而是将这个过程看作一种持续的动态调整。在这个过程中,大脑其实是作为有机体整体的一部分,并且大脑连同这个有机体整体,与环境保持持续的互动和协调过程,而环境既包含物质环境,也包含社会和文化环境。首先,在考察大脑作为有机体整体的一部分上,加拉格尔以情感预测假说为例,来说明情感状态是如何进入人的初级亚个体神经过程,并塑造了他看世界的方式的。情感反应从视觉刺激开始时就支持视觉过程,内侧眶额叶皮层被激活,伴随全身的肌肉和激素变化,身体"内感觉"来自于与先前经验相关联的身体器官、肌肉和关节以及当前外感觉信息相结合,从而指导反应和随后行动。简而言之,人在完全识别对象之前,身体就已根据之前的联想,对整体的外周(peripheral)模式和自主模式进行配置。在这个预测编码模型中,包括情感在内的先验要素不仅存在于大脑中,还包括对于整个身体的调整。

① 安迪·克拉克:《预测算法:具身智能如何应对不确定性》,刘林澍译,机械工业出版社 2020 年版,第 12 页。

② Jacob Hohwy, *The Predictive Mind*, Oxford University. Press, 2013, p.238.

③ Shaun Gallagher, "Do We(or Our Brains) Actively Represent or Enactively Engage with the World?", in Andreas Engel, Karl Friston and Kragic Danica(eds.), *The Pragmatic Turn: Toward Action-Oriented Views in Cognitive Science*, The MIT Press, 2016, pp.293—294.

其次,从生成认知的视角来看,大脑和有机体又与环境具有连续性,并且大脑在有机体和环境的动态互动与协调过程中起了重要作用。正如杜威所说,有机体与环境处于一种整体的交易性关系之中,因此在社会与文化环境中,大脑也同样处于一个极度复杂的交易系统之中,这包含了每个人的运动、姿势以及彼此间表达性的身体互动,而身体也与外在环境中的技术人工物相结合,从而分布在不同的物理环境中,并由不同的社会角色和制度实践所定义。这样的整体系统中的预测大脑,其工作方式就与那些和环境简单互动的预测大脑不同,因为其预测的先验概率是不同的,而引起有机体产生"惊异"的因素也会不同。神经过程将会随着社会与文化环境的变化而变化,但其工作方式并非基于中央指令模式对所表征的变化作出反应,而是将大脑置于更大的整体系统之中,形成一个不断地对有机体-环境的情境进行适应的过程。因此,预测加工不应被看作是封闭在大脑内部的。

四、认知科学中"习惯"概念的兴起

认知科学是由哲学、心理学、语言学、人工智能、神经科学、人类学六门学科所整合而成。这意味着,认知科学既是一门具有还原性特征的科学,同时也是一门具有整体性和文化性特征的科学。但随着技术手段的提升,认知科学的向下还原方向越来越成为研究主流,而它的文化性、社会性、人类学特性则越来越边缘化,于是在认知科学内部产生了在亚个人层面、个人层面与社会层面之间的巨大张力。特斯塔(Italo Testa)和卡鲁阿纳(Fausto Caruana)也提出,随着意向主义和表征模型成为研究认知、行动和社会理论的主导方法,在实用主义和社会学中重要的习惯概念被完全抛弃了。[①]不

---

① Italo Testa, Fausto Caruana, "The Pragmatist Reappraisal of Habit in Contemporary Cognitive Science, Neuroscience, and Social Theory", in Fausto Caruana, Italo Testa(eds.), *Habits: Pragmatist Approaches from Cognitive Science, Neuroscience, and Social Theory*, Cambridge University Press, 2021, p.1.

过,近年来越来越多人开始关注实用主义中的"习惯"概念对认知、行动的建构性作用,尽管习惯一直以来都不是标准认知科学的主要关注对象,但在社会学和人类学领域则是核心概念之一。古典实用主义时期,詹姆斯就指出:"当我们观察生物时,让我们震惊的第一件事,就是它们是一堆习惯","习惯是社会的巨大飞轮"①,强调了习惯的可塑性和目的性。皮尔士则发展了外部主义的习惯概念,认为习惯是生物体和环境之间的持续互动形式,如果将习惯归属于个人(身体)的属性则是范畴错误,习惯是认知的载体,"思维的全部功能是产生行动习惯"②。杜威也指出,习惯具有关系和互动性质,是"在生物能力与社会环境的相互作用中形成的"③,习惯并非一种没有智能参与的机械式惯例,而是互动模式的一种稳定器,习惯同时具有个体和集体层面的社会特征,个体可以被文化所塑造,而社会习俗也可以通过个人的行动来改变。

因此,实用主义的"习惯"是一种关系概念,是在作为向下的机械因果层面的认知科学和向上的社会文化层面的认知科学之间的一种中介层面,因为习惯是能动者"行动的方式,意义产生的沉淀方式……关键是包含了身体和社会文化环境……构成了一个特定层次的描述,这是我们心智理论的中心,而这一层面介于更大的文化发展和人脑的在时间上密集且相互连接的神经元处理过程之间。"④习惯概念当前已经在哲学、认知科学、神经科学和社会理论中发挥了重要作用,它同时也是沟通上述学科的一个重要概念。

① William James, *The Principles of Psychology*, *Vol.1*, Henry Holt, 1890, p.121.
② Charles Sanders Peirce, *Collected Paper of Charles Sanders Peirce*, Harvard University Press, 1931—1960, Vol.8, p.394.
③ John Dewey, *Human Nature and Conduct*, in *The Middle Works of John Dewey*, *1899—1924*, *Vol.14*, Southern Illinois University Press, 1983, p.3.
④ Joerg Fingerhut, "Habits and the Enculturated Mind: Pervasive Artifacts, Predictive Processing, and Expansive Habits", in Fausto Caruana, Italo Testa(eds.), *Habits: Pragmatist Approaches from Cognitive Science*, *Neuroscience*, *and Social Theory*, Cambridge University Press, 2021, pp.352—353.

总而言之,习惯概念标志着认知科学实用主义转向的另一个重要方向,"在实用主义者对习惯的描述中,从运动常规到智能行为的连续性使 4E 认知科学克服了认知的低层次上的二元论,从而一方面与创造性和智能性思维相结合,另一方面,最终提供一种统一的认知观"①。

这种习惯概念与传统心理学的解释完全不同。传统心理学将习惯建立在联想主义基础上,将其看作在重复的实例化过程中实现的类似本能反射的自动倾向,在反复的环境刺激—机体反应之间的一种内隐性联系,通过奖励得以加强,在奖励缺失的情况下继续维持。这种习惯观点强调了其缺乏认知/智能控制的自动和非目的论性质,是一种盲目的行为惯例,因此与理性行动(智能行动)之间构成了对立的关系。赖尔就是这种看法的代表,他提出"习惯做法的本质,是一种表现是它的之前表现的复制品。而智慧实践的本质是,一种表现被它之前的表现所修改"②。而实用主义则旨在克服这种对立,将习惯看作动态的、生态学的、自组织的目的论结构,习惯被嵌入了从前反射到反射到认知的连续过程之中,它并非与理性过程相对立,而是有智能参与其中的。实用主义将习惯看作一种先于行动,并使得行动得以可能的基本要素,或者可以说实用主义建立了一门关于习惯的本体论学说。

如果说传统认知主义是一种内在主义和个体主义的认知科学,即心理状态完全取决于个人心理或者大脑的内部属性,那么建立在习惯本体论上的认知科学则坚持外在主义方法。这种外在主义的习惯本体论在古典实用主义时代,就由杜威详细阐述了,杜威提出心智是从与环境和社会的相互作用中产生的,是社会构成性的,而习惯以及习惯的形成可以为我们提供关于这种心理现象的本体论框架。在实用主义看来,习惯是一种行动模式,而不

---

① Italo Testa, Fausto Caruana, "The Pragmatist Reappraisal of Habit in Contemporary Cognitive Science, Neuroscience, and Social Theory", in Fausto Caruana, Italo Testa(eds.), *Habits: Pragmatist Approaches from Cognitive Science, Neuroscience, and Social Theory*, Cambridge University Press, 2021, p.2.

② Gilbert Ryle, *The Concept of Mind*, Chicago University Press, 1949, p.42.

是内在意向状态,而认知的载体恰恰是前者而非后者。甚至杜威将他最为强调的经验概念与文化和习惯形成等同起来,因为习惯一方面与感觉运动特征相互联系,而另一方面又与环境和社会文化相互联系。人类的互动只有从习惯形成的角度才得以理解,所有的行动都只有建立在对之前行动所养成的习惯的基础之上才得以施行。下面我们以特斯塔对于习惯如何将 4E 认知科学整合为统一的范式为例,阐述习惯本体论对于认知科学的建构性功能。①

4E 认知科学尽管吸收了实用主义的理论资源,因此在反对第一代认知科学方法上达成共识,但是它们内部仍然存在着较大的理论张力,这典型体现在具身性与嵌入性,以及生成性(具身性)与延展性之间。对于前者来说,具身性主张认知依赖于身体的某些方面,而嵌入性则强调认知依赖于自然和社会环境,因此两者在依赖的范围上存在着差别;对于后者来说,生成性(具身性)主张一种身体中心主义立场,即人类的具身细节对于我们的心理状态和属性具有直接的构成性意义,而延展性则认为认知可以超越个体有机体的颅内和身体边界,并将物理的、社会的和文化的非生物元素纳入认知的整体系统之中。特斯塔提出:"习惯本体论在这里为我们提供了一个精确的模型,它使 4E 认知的不同方面以一种统一的形式变得可理解,并至少在原则上解决了它们之间的一些可能的紧张关系。"②

特斯塔首先将具身性的含义分为三种:神经的、功能的和现象学的,而习惯本体论有助于理解三者之间相互纠缠的动态关系。习惯提供一个自然主义的而非还原主义的解释,并运用在以上三个不同尺度的层面上:神经连接模式的微观尺度;生物体作为一个整体的功能机制的中观尺度;个人和人际现象学经验的宏观尺度。首先,在神经层面,习惯的形成必须假定我们的

① Italo Testa, "A Habit Ontology for Cognitive and Social Sciences", in Fausto Caruana, Italo Testa(eds.), *Habits:Pragmatist Approaches from Cognitive Science, Neuroscience, and Social Theory*, Cambridge University Press, 2021, pp.404—409.

② Ibid., p.405.

身体的自然过程,并由其生理性配置来支持,通过不断的练习和重复,通过某种大脑层面的物质性实现,如神经元连接网络,以及对身体的除大脑以外的某些其他方面进行重塑的过程,将行为特征铭刻在身体性的生物因果链之中。其次,在功能层面,已经形成了习惯的具身化因果过程构成了新的身体能力,使得我们可以通过身体去执行新的行动。习惯的具身性不仅能够解释能动性的感觉运动结构,还允许能动性态度的社会构成。在这个层面,习惯构成了人类行动的动力,所有的行动都建立在先前经验的基础之上。第三,在现象学层面,习惯是一种具有现象学显现形式的身体过程,它与不同层次的前反思的身体意识和关于自我的意识相联系,并延伸到个人和人际生活的反思性显现。

在此基础上,特斯塔提出,实用主义的习惯本体论可以解决在具身性的有机方面和嵌入性的物理和社会方面之间的张力。如果将具身性理解为习惯形成,那么具身就不再被看作脱离于它与之互动的物理和社会环境,而是被定位于与其环境之间相互调节的动态过程之中。身体适应环境并受到环境约束,融合环境的特征,也反过来调节着环境。因此"习惯形成"的具身性互动过程呈现出基于社会可供性(affordances)的社会本体论,即在这种互动中,他人的行动,环境中嵌入的物理特征和他人的身体特征,都为我们的行动提供了某种可供性,那么习惯形成就意味着"社会行动和认知分布在大脑和身体的环境中,既具身在活的身体中,也嵌入在自然和社会的互动环境中。"①这样就同时容纳了具身与嵌入。而对于在具身性/生成性和延展性之间的张力,涉及了社会实践的外在要素,为此,特斯塔则引用杜威的社会本体论的三个基本概念:习惯、习俗和制度。社会互动的基本单位不是我们能够预先确定的,而是在社会的不同行动模式的稳定化过程中逐一被个体

① Italo Testa,"A Habit Ontology for Cognitive and Social Sciences". in Fausto Caruana, Italo Testa(eds.), *Habits: Pragmatist Approaches from Cognitive Science, Neuroscience, and Social Theory*, Cambridge University Press,2021, p.407.

化。习惯发生在亚个人过程和功能机制以及个人现象学经验层面；习俗发生在通过使用和历史而建立的行动的人际结构层面；制度发生在行动模式的集体规范和法典化的层面。而习惯概念又在这种互动论解释中具有概念上的优先权，习惯的互动体现就是习俗，而制度又是通过规范的习俗系统化而建立起来。习惯构成性地嵌入外在行为和人际社会实践历史中，习惯构成了对社会和认知外在主义的理解，"社会机构可以被理解为以一种非有机的方式客观地结合了习惯模式的社会主体，因此是我们认知和经验的主要载体的延展。相应地，认知可以在社会实践中延展，并可以随附在工具、技术和机构上。从这个意义上说，习惯模型可以为我们提供一个广义的具身化概念，它包括非有机具身化的可能性，并允许对认知系统的具身性、嵌入性和延展性之间的关系进行持续的理解"[1]。

五、认知科学实用主义转向对社会科学的影响

认知科学实用主义转向的影响已经超越认知科学本身，而渗透到社会科学哲学领域，这是由于在认知科学和社会科学之间存在着某种亲缘性。特别是20世纪后半叶，两者的发展更是显示出在本体论和方法论上的平行关系。例如特斯塔就认为，社会科学领域的主流方法就是本体论和方法论上的个体主义，结合意向主义和表征主义的行动模式，这种模式根据命题态度来理解，而命题态度又是根据个体内在状态和过程来得以个体化的，社会互动被看作以离身的、"旁观者的"方式，从一种超然的观察视角来进行的理论推理。而第二代认知科学的实用主义转向，则对上述方法进行了深刻的批判和反思，其具身性、延展性、生成性反对个体主义、内在主义和旁观者视角。我们可以同时在认知科学和社会科学中找到这样的视角变迁。

---

[1] Italo Testa, "A Habit Ontology for Cognitive and Social Sciences", in Fausto Caruana, Italo Testa(eds.), *Habits：Pragmatist Approaches from Cognitive Science，Neuroscience，and Social Theory*, Cambridge University Press, 2021, p.408.

我们以洛克威尔(Teed Rockwell)对经济学中的博弈论与"好的老式人工智能"(Good Old-fashioned Artificial Intelligence，GOFAI)所进行的比较为例。①GOFAI 认为大脑就是包含符号表征的机器，通过操作表征在世界中行动，因此心灵和世界以及其他个体是相互独立的，认知就是将两者相互联系起来。而博弈论对于每个在社会中行动的个体的建模就是基于 GOFAI 模型，即每个人都是孤立的，被投入世界之中，为了自己的利益通过理性思考而与他人展开竞争，找到最优化利益的方法。由于博弈论的计算机模型不仅只是进行思考，它还会做出选择并具有某种偏好，那么博弈论就应该不仅仅只是对思维的建模，而是对自我的建模。博弈论需要用计算机来为那些具有衍生性意向性的生物的理性选择建模，通过让机器变得自私来赋予它一个自我，也就是将社会群体行动的分析还原为只关注个人所假定的偏好的自主理性能动者，再计算当这些能动者互动时会呈现何种结果。这就落入了在经典认知科学中所普遍采用的个体主义，即不考虑群体心理。因此，博弈论理论与 GOFAI 一样，能够在很多情境下有效地解决问题，但正如 GOFAI 所具有的缺陷一样，博弈论在 GOFAI 所不能解决问题的地方也会遭遇同样的结果。洛克威尔指出，作为博弈论基础的人性观是有问题的，即个体从根本上是为了争夺资源的独立个体，个体的合作与互动仅当能够为个体获得更多资源才是理性的。社会是这些孤立的自主个体的集合，而我们面临的问题就是为什么个体必须集合在一起，这种集合对于个体来说有什么利益。但是正如认知科学指出，当人工智能的发展方向必须是具身的、延展的和动力学的时候，我们就可以合理地质疑博弈论，即我们并非孤立存世的个体，而是一个与各种共同体紧密相连的自我，我们是存在于一定的基本联系之中的有意识个体，这些基本联系构成了我们意识模式的一

① Teed Rockwell, "The Embodied 'We'：The Extended Mind as Cognitive Sociology", in Roman Madzia, Matthias Jung (eds.), *Pragmatism and Embodied Cognitive Science*, Walter de Gruyter GmbH, 2016, pp.170—173.

部分,意识模式并非建立在只有服务于个体自私利益时才能维持下去。所以洛克威尔最后强调说,只有将孤立的个体心灵扩展为社会心灵,即打破在自我和世界之间的清晰边界,而建立一种心灵延展到社会中的方式,也就是一种动态博弈论,才能解决博弈论所面临的困难,而这同样也是后人工智能所选择的发展方向,两者几乎是一种同步的关系。

更广泛的意义上,实用主义中的"行动导向"和"习惯形成"构成了认知科学和社会科学的共同基础。特斯塔提出:"受古典实用主义启发的认知和行动方法,如果得到适当的理解,可以在揭示当代认知科学和社会科学之间的深层联系方面发挥第一科学的作用……这种实用主义方法的核心是基于习惯概念的本体论框架。习惯本体论可以部署一个概念基础,社会科学和认知科学都可以从它们各自的发展中受益。这种实用主义的方法可以为两者提供统一的元理论视角,提供共同概念框架的起始点。"[1]由于习惯本体论具有明显的外在主义风格,它纠正了内在主义将人类行动和认知看作基于内部表征的个体现象,它同时针对行动对认知的构成性作用以及行动的互动性给予了解释,并且它还将行动看作既具身在个体身体中又嵌入在社会实践中,因此不能完全依据内在的意向主义方式来解释,而必须解释为在我们与之互动的自然和社会世界中的一种延展。正如我们之前提到,习惯是沟通个体神经层面与社会文化层面的中间层次,因此习惯的形成可以同时解释个人行为、社会习俗和集体制度之间的相互作用,这就同时为认知科学与社会科学提供了超越个体主义的可能性,以及认知科学与社会科学相互合作的可能性。

六、实用主义转向是一场范式革命吗?

实用主义转向在认知科学实践领域已经开辟了诸多新的研究方向和方

---

[1] Italo Testa, "A Habit Ontology for Cognitive and Social Sciences", in Fausto Caruana, Italo Testa(eds.), *Habits: Pragmatist Approaches from Cognitive Science, Neuroscience, and Social Theory*, Cambridge University Press, 2021, p.396.

法,广泛渗透到了认知加工、神经科学、发展心理学、意识研究、语言理解、人工智能、机器人工程学等众多领域。那么,我们不禁要问,实用主义转向是否开辟了一种库恩意义上的新的范式,这种范式对于之前的经典认知科学是一场科学革命吗? 还是两者可以彼此相容? 本章提出的观点是,这种转向已经得到了广泛应用,但尚不能构成范式革命。

　　首先,即使在认知科学的"行动导向"内部,关于行动与认知的关系也并无统一意见。比如基尔纳(James Kilner)等人就提出,行动和认知的关系至少可以分为以下四类①:

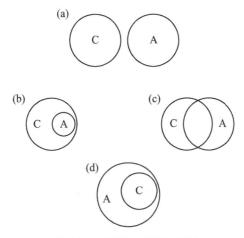

行动(A)和认知(C)的关系图

　　图中(a)表明行动和认知是两个独立的进程,行动仅仅是认知"三明治模型"中的输出一端,行动不能以任何方式影响认知,这也代表了传统的认知主义模型。而(b)—(d)三个图标代表了认知科学"行动导向"的不同方式,即行动和认知以何种方式相互依赖,(b)代表行动构成了认知的一个子集,(c)则代表行动和认知构成了一个很大程度的重叠过程。在这两种方式

①　James Kilner et al., "Action-Oriented Models of Cognitive Processing", in Andreas Engel, Karl Friston and Kragic Danica(eds.), *The Pragmatic Turn: Toward Action-Oriented Views in Cognitive Science*, the MIT Press, 2016, pp.159—160.

中,大部分认知都是与行动息息相关,但两者在彼此相互影响的同时又保持相对独立,两者相互共存但是不能互相还原。而(d)则代表了比较激进的实用主义进路,当下的生成性认知是这种进路的典型代表,即认知构成了行动的子集,认知的目的是为了行动,甚至认知科学的最终目标是成为一门行动科学。因此可以说,行动是一种目标导向的外在主义方法,与传统内在主义的心理过程完全相反,但同时从我们的感觉运动到目标导向行动之间又构成了一个连续体,行动与认知之间的关系也处在这种连续体之中。正因为在行动和认知之间关系的复杂性,我们认为"行动导向"还不构成一个成熟科学的范式。

其次,之前提到,从个体主义、内在主义的表征计算的"三明治模型",到以行动和习惯为核心的外在主义、互动主义、整体论的认知模型,它们在哲学基础上确实是针锋相对的。但是正如加拉格尔所说,一种在哲学基础上的变更并不必然导致在科学实践层面上的范式革命,因为范式概念显然并不仅仅局限于哲学基础。因为实用主义导向的认知科学研究目前为止仍然在很大程度上停留在一种整体论自然哲学的层面,其中涉及从个体、环境到社会诸多层次之间的互动关系,所以4E认知本身仍然不能摆脱作为一种自然哲学而非自然科学的局限性。它仅为我们提供了一种整体主义的视角,但却很难将这种视角应用于一个具体给定的问题之上,因为在实验科学中要完全按照整体主义的方式来运作是一件非常困难的事情。科学的实证研究必定是在一种受控的、限定参数的方式下进行的,任何一个实验都无法将所有的整体性要素都包含其中。①多米尼(Peter Dominey)等人也指出,要判断是否存在范式革命,不能仅停留在高层次定义,还必须关注这些概念如何导致新的实验范式,但是无论最终的主导范式是强行动主义范式还是混合

---

① Shaun Gallagher, "Do We(or Our Brains) Actively Represent or Enactively Engage with the World?", in Andreas Engel, Karl Friston and Kragic Danica(eds.), *The Pragmatic Turn: Toward Action-Oriented Views in Cognitive Science*, the MIT Press, 2016, pp.295—296.

行动主义范式,将行动看作认知的主要构成性部分,这必定是未来的发展方向。①恩格尔和梅耶等人也持有同样观点,即实用主义转向的范式革命意义必须看这些新概念是否最终导致不同的实验设置范式的发展和建立新的实验习惯,即不再研究被动的对象,而是针对主动探索的对象,这都需要一系列新的实验技术的发展。②因此,我们可以说,认知科学的实用主义转向已经开辟了一条全新的道路,但它想要取代传统认知科学范式仍然有待进一步发展和完善。

第三节 概念性心理事件的实用主义阐释

概念问题是认知科学的重要主题之一,它同时也是心灵哲学、语言哲学、认知心理学、实验语言学所共同关注的核心问题。但是当前认知科学对概念问题的研究可以说举步维艰,一来概念本身是一个非常抽象的术语,无法找到一个好的将概念自然化的方案;二来当前认知科学包括认知神经科学以及脑科学等技术手段尚无法在大脑中真正探测到概念。当前的技术手段只能推测出人的心智处在何种心理状态,但是无法确定心理状态所对应的概念性内容,即我们无法直接观察到我们的思想的内容到底是什么。由此在学术界也展开了关于概念性心理事件本质的争论。本节首先考察以福多(Jerry Fodor)为代表的激进内在载体论③,以及分别以普特南(Hilary

---

① Peter Dominey et al., "Implications of Action-Oriented Paradigm Shifts in Cognitive Science", in Andreas Engel, Karl Friston and Kragic Danica(eds.), *The Pragmatic Turn: Toward Action-Oriented Views in Cognitive Science*, MIT Press, 2016, p.337.

② Andreas Engel, Alexander Maye, Martin Kurthen and Peter König, "Where's the Action? The Pragmatic Turn in Cognitive Science", *Trends Cogn. Sci*, Vol.17, No.5, 2013, p.207.

③ 所谓载体,即是指承载或者提供了概念内容的物质实体性元素,它们具有非意向性属性,比如材料、形式、句法、神经生理性质等。因此概念的载体论就是认为概念内容是由上述元素所个例化的。

Putnam)和伯奇(Tyler Burge)以及克拉克和查尔默斯所代表的语义外在论和延展心灵假说①,然后论证当代新实用主义者所提出的基于社会规范的推论主义语义学是如何超越两者,从而走向一种无载体性的基于社会规范的推论主义概念理论。

一、内在主义解释

为了处理概念问题,第一代认知科学的经典假设是,人类的心灵乃是信息处理系统,而既然心灵的运作就是对信息符号的操作,那么必然存在信息符号得以组成的基本结构,而概念就被公认为标准的信息载体。由此,经典认知科学认为概念是大脑中真实存在的信息载体,这种信息载体具有本质的物理属性和句法属性,可以通过计算进行变形,并且具有一定的因果效力。既然概念是真实的信息载体,那么概念性心理事件则随附于这种内部载体之上,并且由这种载体所充分决定。福多是概念激进内在实在论的代表之一,他的内在实在论核心观点就是:第一,概念乃是心理殊相,是以"思想语言"的载体形式存在于大脑中的物理实在,我们大部分的概念都是先天存在于我们的大脑中的,反对一切形式的概念的实用主义观点;第二,在概念性心理内容问题上,提出概念性心理内容的确立是内在于我们的大脑之中的。

福多在《思想语言》以及其他文献中,首先对第一个观点进行了详细的探讨。简单说来,所谓"思想语言"就是指人的大脑在对外在对象进行表征时,采用的乃是一种以物理形式固化在大脑中的符号系统,这套符号系统与外在对象之间存在着法则性的因果关联,而正是这种因果关联导致了符号具有语义性。或者说,表征理论必定需要预设一个表征的媒介,没有表征媒介就不可能有表征,就像没有符号就不可能有任何的符号化过程。简而言之,没有内在思想语言就没有内在表征。福多提出,婴幼儿对于母语的习得

---

① 严格来说,两者分别代表了心灵外在论中的内容外在论和载体外在论两个不同主题,但笔者认为,在实用主义看来,这两者其实并非完全独立,当然对这个问题的探讨超出本章的范围。

典型支持了思想语言的存在,简单来说,一个人不能在规则 R 条件下学习语言 P 除非他已经具有了一种在其中 P 和 R 都可以被表征的语言,即一个人不能学习母语除非他已经拥有了一个语言系统,在其中能够表征那个语言中的谓述和它们的外延。我们必须首先在大脑中具有某种先天的内在符号系统,然后我们在学习自然语言的时候,那些所有的自然语言表达式以及表达这些自然语言的规则都必须在这种先天的符号系统中有了现成的表征状态,否则我们无法凭空地学习一种语言。

传统语言学习理论认为,学习母语就是假说形成和证实的过程,学习母语包括至少学习这一语言中表达式的语义属性,而某人 S 学习了 P 的语义属性仅当 S 学习了某些决定了 P 的外延的归纳(使 P 为真的事物集合)。① 换句话说,如果某人学习或者理解某个命题就是知道这个表达式的成真条件的话,那么在学习语言的假说与证实过程中,假说与证实的对象就是决定这个表达式的外延的东西。因此福多提出,S 学习 P 仅当 S 学习了关于 P 的一个真值规则。这里的真值规则指的是:假如 P 是一个要学习的语言中的一个表达式,而 T 是关于 P 的真值规则,当且仅当:

(a) 具有和 F 一样的形式

(b) 它的所有的替换实例是:

F:Py 为真(在 L 中)当且仅当 x 是 G 为真。②

在上述真值定义"Py 为真(在 L 中)当且仅当 x 是 G 为真"中,P 代表自然语言,G 代表思想语言。G 必须与 P 共外延,因为如若不然,这个对于 P 的真值规则将会本身就是错的。对于一个有机体来说,学习 P(的意义)仅当已经理解了 G。G 是被使用的,而不是被提及的。因此有机体可以学习

---

① ② Jerry Fodor, *The Language of Thought*, Harvard University Press, 1975, p.59.

P仅当他已经可以能够使用至少一个和P共外延的谓述G。说得具体一些,当我们说我们学习自然语言"牛"这个表达时,必然在我们的大脑中存在对应的思想语言表达式,而这个表达式就是那个自然语言"牛"的外延因果地造成的一个符号,在思想语言中"牛"的符号必须和自然语言中"牛"的符号是共外延的,这样就可以保证它们具有相同的满足条件,也就是具有相同的语义条件。关于思想语言符号的真值规则就是关于自然语言符号的真值规则。而思想语言的符号是先天就存在于我们的大脑中的,它作为一个我们大脑中的表征符号基础而起作用。

在概念内容(意义)的确立上,福多认为,能够将共外延的概念区分开来的无论什么东西都必须"在大脑中"。例如我们都非常熟悉的"晨星"与"昏星"的例子,尽管两个概念指称同一个对象,可是某人却可以说他相信这是晨星而不相信这是昏星,这是由于两个概念的表达模式(mode of presentation,MOP)不同。同理,我们认为"水"和"H_2O"是两个不同的概念,也是因为它们的MOP是不同的。MOP必须被看作思想的载体,我们接受了某一个MOP就意味着接受了某个思想,在这个思想中这个MOP是它的一个表达模式,我们是利用MOP来进行思考,而MOP本身不是思考的对象。福多把这些MOP构成的集合称为表达模式的功能图示,即存在着多于一种类型的图示可以被用来表达对象,可以当前表征不同的东西。比如我们在做几何推论时使用一个三角形的图示,那么这个图示就可以在某个时刻表征三角形,其他时刻表征等边三角形或任何闭合的三边形,而它表征什么依赖于此刻推论者将何种意向赋予它,或者说在推论者的大脑中当前的表征是如何实现它的功能作用的,或者说依赖于此刻推论者是如何获得它的。我们不能将MOP看作某种抽象对象,一旦我们将其看作抽象对象,就会对MOP所可能呈现出的多种多样的功能图示进行盲目的约束和限制。MOP是大脑中的对象,因此MOP才能够个例化概念。大脑中的对象可以作为某种心理过程的近端原因,每个MOP都在大脑中具有一定的功能作用,而功能上等价的 MOP 就是同一的。因此,当我们说我们获得了某个 MOP 时,也就是说我获得这个 MOP 时我的心灵处于何种功能状态,每个 MOP 的个例化都建立在你获得它时所发生的过程上。

如果我们结合福多的认知计算理论就更能清晰地显示概念内容(意义)是如何依赖于大脑内部的过程。具有相同指称的两个概念由于它们在大脑的思想语言符号系统中具有不同的句法结构,因此具有不同的因果效力,所以它们在被放入"信念盒"中的方式就是不同的,因此就会使得相应的信念产生不同的语义属性。比如"水"和"H_2O"很明显是不同的概念,具有不同的 MOP,因为两者在大脑思想语言符号系统中的句法结构是不同的,水是一个简单概念,而 H_2O 是由 H、2、O 所组成的复杂概念。因此它们的句法显然是不同的,因此导致的计算过程也会不同。在这里,福多甚至认为句法在确定概念的不同的 MOP 时起到了核心的作用,那么命题"水是湿的"和"H_2O 是湿的"就是不同类型的信念,它们的信念的内容是完全不同的,在计算的过程中起到完全不同的因果效力,而所有这些都是由于大脑内部过程来决定的。"只要具有相同满足条件的心理状态具有不同的意向对象,那么必然存在对应的在心理表征之间的差异,而这些表征是在拥有它们的过程中得到个例化的。"[①]

二、外在主义解释

对于概念性心理事件的外在主义解释,一般认为可以区分为两个不同领域:关于概念性心理内容(意义)的外在论,和关于概念性心理状态的外在论。前者以普特南和伯奇等语义外在论者为代表,而后者则以克拉克和查尔默斯所提出的延展心灵论题为代表。外在主义给出了截然不同的解释,概念内容(意义)并不是由大脑内部的事件所确定的,而依赖于个体外部的

---

① Jerry Fodor, *Concepts: Where Cognitive Science Went Wrong*, Oxford University Press, 1998, p.22.

环境和社会,并且概念性心理状态可以延伸到个体之外,其个例化要包含外在的环境物理要素。

在语义外在论方面,普特南提出了著名的"孪生地球"思想实验。假设宇宙中存在着一个孪生地球,而这个孪生地球上有一个孪生我,孪生地球和真实的地球具有相同的物理结构,包括我在内的所有事物都是分子对分子的复制品,但是只有一个差别,就是在孪生地球上水的成分不是 H_2O 而是 XYZ。但是由于孪生地球上的孪生我跟我是分子对分子的复制品,我们是完全相同的对象,因此按照意义的内部载体论,在我的头脑和孪生我的头脑中的水的概念性内容应该是相同的。但是很明显,地球上的我的大脑中的水的概念指称的是 H_2O,而孪生地球上的孪生我指称的是孪生水即 XYZ。因此普特南说,意义绝不在大脑中,即使两个内部状态完全同一的人,只要他们所处的自然环境不同,概念内容(意义)就会不同。而伯奇则从社会语言共同体的角度提出"关节炎"思想实验,进一步扩展了普特南的外在论论证,提出社会外在主义。我们可以想象有名叫 Larry 的人有关于关节炎的诸多信念,其中包括他的大腿上有关节炎,那么在我们的社会中,这种信念是错误的,因为我们社会对于关节炎的使用不包含大腿上的病症。而当我们设想一种反事实的情况,反事实的 Larry 和正常 Larry 在功能轮廓、行为倾向和经验历史方面都是同一的,但是关节炎的概念却不仅适用于关节疾病,也适用于其他类疾病。那么在反事实情况下,Larry 对关节炎概念的正确使用就包含了他可能的误用。而在这两种情况中,Larry 本人在内在状态上是一样的,唯一的区别仅在于他所处的社会语言群体的性质不同。概念内容(意义)的差异来源于社会语言群体实践的差异。

而延展心灵论题则来源于克拉克和查尔默斯,他们提出了对概念性心理状态(如信念)的功能等同性论证:如果世界中的某一部分的功能,在过程上和在人们大脑中的过程在功能上是一样的,那么我们会毫不犹豫地认为这个部分就是认知系统的一部分,世界的这个部分就是认知过程的一部分。

这个论证的关键就在于,建立外部人工物在构成我们的心理状态中的作用。如果外部人工物在功能上等同于人类的内部机制所提供的功能,那么我们就完全不应该将心理状态的实现机制限定在内部的、大脑神经领域之中。人的心理状态,比如信念,可以超越大脑的限制从而延展到外部世界之中。个体内部和外部环境中的技术人工物,两者在心智执行的过程中是相互作用、彼此耦合的,它们都对心智有着积极的贡献,沟通构成了心理事件的载体实现基础。延展心灵的观点近年来在社会领域不断发展,例如加拉格尔和克里萨菲(Anthony Crisafi)①就认为,社会的制度和文化实践在认知过程的延展中起着构成作用。一些机构,如法律系统、博物馆或公立学校,可以帮助我们展开认知工作,如学习、控制行为、作决定或解决问题。这些机构可以被视为认知的载体。因为只要他们被看作认知过程的组成部分,那么就可以成为心灵状态的外在载体。

三、推论主义语义学

从上面的论述可知,关于概念性心理事件,存在着内在论与外在论的分歧,本章无意详述两者之间的争论细节,而是指出这种分歧的根源在于,两者都将概念性心理事件看作随附于某种载体之上,无论这种载体是分布于个体内在的物理要素还是个体外在的物理要素。而解决概念问题的一种实用主义进路则在于超越这些对立,并且这种超越在布兰顿(Robert Brandom)的推论主义语义学中得以实现。推论主义对传统概念理论基础的批判就在于:推论优先于表征,以及概念在解释上的派生性。我们接下来考察布兰顿推论主义的理论渊源与基本原理,进而指出为这种推论主义所奠基的隐藏的社会规范才是概念的真正来源。

布兰顿的推论主义语义学是在梳理与剖析近代哲学发展的基础上产生

---

① 关于加拉格尔和克里萨菲的制度与机构的心灵延展,可参见:Shaun Gallagher and Anthony Crisafi, "Mental Institutions", *Topoi*, Vol.28(1), 2009, pp.45—51。

的,并且直接针对当代认知科学的基础——表征主义。他认为,近代哲学的主流采取的是一种表征主义的视角,但是,也同样存在着推论主义语义学传统。斯宾诺莎和莱布尼茨在接受了笛卡尔的表征观念的同时,并没有将世界完全划分为表征与被表征的关系,而是发展出了一种通过表征之间的推论意义的术语来进行解释的方法,"在表征过程中,某事物超越自身到达被表征事物的方式,将用这些表征之间的推论关系的术语来理解……这些推论主义者寻找一种用推论的术语来定义表征属性的方式,并且这些推论的术语必须先于表征得到理解……通过不仅在推论中所显现出来并且实际上存在于推论中的作用来理解观念的特征,如真与表征"①。这样,布兰顿基于对传统哲学史的剖析,挖掘出了一种与表征主义分庭抗礼的推论主义传统。他明确指出,根据更深层次的思想原则,把前康德哲学家划分为表征主义者和推论主义者,比把他们划分为经验论者和唯理论者更好。②

在研究语义学时,我们可以将概念、判断和推论看作解释顺序的起点。将概念看作起点,意味着对概念内容的把握可以独立于或优先于判断。以判断为起点,是将概念组合进判断之中,并且判断的正当性依赖于构成判断的那些概念。以推论为起点,是将判断组合进入推论之中,并且推论的正当性依赖于构成推论的那些判断。

康德最先扭转了此前哲学家将概念置于首位的这样一种语义的解释方向,认为判断才是最基本的认知单元,概念是派生的,"意识或认知的基本单元,即,可理解的最小单元,是判断……概念只是一个可能的判断所谓述的东西……对于康德来说,任何对内容的探讨必须从判断的内容开始,因为任何可以具有内容的表达都在于它对于判断的内容所作的判断。"③黑格尔哲

---

① Robert Brandom, *Articulating Reasons: An Introduction to Inferentialism*, Harvard University Press, 2000, pp.46—47.

② Ibid., p.47.

③ Ibid., p.160.

学进一步从判断发展到推论，将推论看作最基本的，彻底扭转了传统语义学的解释方向。布兰顿认为："黑格尔的推进，在语用学方面，是根据社会实践来思考规范；在内容方面，是主要根据判断来思考内容，就像康德所做的那样。对于康德来说，判断是经验的单位，因为判断是我们能够对之负责的最小的单位。而根据推论，即黑格尔的三段论，来思考内容，则是判断的真理；人们只能通过理解作为恰当推论前提和结论的命题，来理解命题内容。因此，这两个推进，即从康德的规范洞见向社会线索的转变，以及在概念内容方面，将焦点从判断转向推论，是从康德推进到黑格尔；而对于判断观念的关注，则是对康德所关注的次语句表达式所表达的东西——整个传统，包括直到康德的经验主义传统都聚焦于它——的转变。结果就是一种头足倒置的观点：首先是推论，其次是命题，再次是次语句表达式，它整个颠倒了解释的顺序。"①

　　在当代分析哲学中，推论主义的重要性更为凸显。在弗雷格的早期理论中，存在着大量的关于推论作用的论述，提出了根据推论解释概念内容的观点。他认为："两个断言具有相同的概念内容，当且仅当，它们具有相同的推论作用。"②但后来，弗雷格又提出了将真看作解释的原初起点的观点。布兰顿分析说，在弗雷格理论中，存在着从关注推论转向关注真。后期维特根斯坦哲学被认为奠定了推论主义语义学的哲学基础。维特根斯坦认为，语言的意义绝不可能通过表达式与世界中的对象之间的指称关系来确定，而是通过语言游戏来确定的。语言游戏的规则是由支配它的正确的会话用法的默认规则来构成的，而这些规则来自社会共同体的实践过程。因此，学习一门语言就是习得一种复杂的社会行为模式。这样，维特根斯坦明确地

---

① 陈亚军：《德国古典哲学、美国实用主义及推论主义语义学——罗伯特·布兰顿教授访谈》，《哲学分析》2010 年第 1 期，第 172 页。
② Robert Brandom，*Articulating Reasons：An Introduction to Inferentialism*，Harvard University Press，2000，p.51.

将社会实践的规范维度引入了对意义的研究之中，这也为实用主义哲学进入分析哲学打开了大门。

推论主义语义学在当代也表现为各种认知科学方法，比如与布洛克（Ned Block）称为"概念作用语义学"观点相类似，根据他的观点，概念作用语义学认为表征的意义乃是由表征在主体的认知活动中所起的作用所决定的。此外，当代推论主义的另一种表现形式是和认知科学、心理学、人工智能研究相结合，比如杰肯道夫（Ray Jackendoff）提出"语义属性根源于概念结构"，从认知心理学的角度论证了概念语义学理论，强调概念结构或形式结构对于话语的语义属性有决定性意义，即话语的语义属性根源于人类解释句子的能力，而此能力又根源于计算系统，计算系统的实质就是概念结构。莱尔德（Johnson Laird）认为"意义在于构造模型"，这种观点认为，人们之所以在听到一个词时能理解或把握到相应的意义，其机制在于，听到一个词便联想到了相应的关于其对象的表征，于是便有了对该词的理解。而这种纯联想性的关联是通过语义网络这一概念从句法上结合起来，即关于意义的计算心理学理论是以语义网络为基础的，而语义网络是为计算机设计的。卡明斯（Robert Cummins）的"解释语义学"，借鉴了计算机科学、认知科学和解释主义等有关成果，试图用"表征"这样的功能作用来说明心灵与世界的语义关系，即表征是由我们所作的解释决定的，而解释又是由我们所选择的推论性功能决定的。

在总结前人的研究成果后，布兰顿认为：首先，尽管我们可以在哲学史中找到推论主义的理论资源，但是前康德哲学家仅仅是将推论主义作为表征主义的一种方法论上的补充，关注的更多是知识问题而非理解问题；其次，当代分析哲学则比较关注形式语义学的分析，将真和指称等概念而非推论概念看作语义学的核心概念；最后，当代推论主义的种种认知科学表现形式仅仅将推论主义看作一种科学研究的方法，而不是一种深刻的哲学方法。布兰顿深刻洞见到德国古典哲学在发展推论主义方面所起到的巨大作用，并将黑格尔哲学重新引入分析哲学研究传统之中,坚持理性主义和实用主义反对经验主义和自然主义,坚持推论主义反对表征主义,坚持语义整体论反对语义原子论,将理性主义、实用主义和推论主义研究方法相互结合,这被誉为分析哲学中的"黑格尔转向"。

四、推论主义的方法论与社会规范根源

在哲学语义学研究的普遍方法论上,一般认为语义学的方法论可归纳为"自下而上"的原则和"自上而下"的原则,传统语义学的主要研究方法是"自下而上"的原则,布兰顿的推论主义语义学则主张"自上而下"的原则。"自下而上"原则认为,语义学的基本单位应该是从概念入手,由简单概念组合成复杂概念,再由复杂概念构成语句层面。因此,如果我们获得了原初概念的意义,并且了解了概念之间的组合性原则,那么,我们就可以通过这种组合性原则获得更为复杂的表达式的意义。也就是说,复杂表达式的意义是建立在其成分表达式的意义以及形成规则之上的,而且复杂表达式的意义必定来自其成分表达式和形成规则,而不可能来自这两者之外的任何信息,这就是语言学中著名的"组合性原则"。①而"自上而下"原则与"自下而上"正好相反,认为语句才是研究语义学最基本单位,通过语句之间的推论关系我们才能得出具体的概念内容,也就是说,我们理解语言并非从最基本的概念开始,而是通过语句或者命题之间的相互推论关系开始的。

"自下而上"的原则认为,"表征"是语言的基本功能之一,表征就是要将某种意义附着于词语之上,而这种意义来自词语和所指对象之间的关系,我们要用词语来代表我们所面对的事物或实体。在布兰顿看来,"自下而上"的原则是解释"什么东西表征了另外的东西,典型的就是一个单称词项是如

---

① 当然,这里我们需要强调的是组合性原则对应的乃是形式化的语言系统,而对于日常生活中的语言来说,存在着大量的习惯用语或者成语俗语等,这些表达式的意义来自社会共同体的约定俗成,它们并不遵循组合性原则。

何挑选一个对象……命题内容是通过表征的标签来得以表达的";而"自上而下"的原则是根据"一种在语义学与范畴论上相反的策略……这种策略从那些通过语句表达的命题的观念开始"。①这两段话意味着,"自下而上"的原则是将语义学立足于表征理论之上,采取一种表征主义立场,要理解语言的意义,首先需要理解语言概念是如何表征某个对象的,而这种表征可以通过建立语言与世界之间的关系来完成。因此这种语义学理论将"指称"与"真"这样的语义概念看作最为基本的,看作实质的语义属性,并看作整个语义理论的基石。而"自上而下"的原则则认为,表征、指称这样的术语并不是原初的而是派生的,只有在"推论"的基础之上才能得以理解,最为原初的术语应该是"推论",只有推论才是语义学研究的主要对象,因为正是语句之间的推论关系确定了概念内容。

布兰顿除了提出了"自上而下"的原则之外,还继承了"实质推论"的原则。"实质推论"的原则由塞拉斯(Wilfrid Sellars)为了解决语言意义的使用论所面临的所谓"新颖性论证"的反驳所提出的。所谓新颖性论证是指,语言的意义来自社会规范,由于社会规范一定是有限度的,所以,有些语言表达式的意义很容易通过社会规范来解释,但有些表达式的意义却并不是那么明显。比如,对于虚构的"亚里士多德于公元前某年访问了波斯帝国,并在那里与波斯国王……"这样长的复杂句子而言,很难轻易地构想出是何种社会规范约定了其意义。因此,有人提出,人类的语言可以生成大量这样新颖的前所未有的句子,但它们都不可能通过社会约定来解释。对于表征主义者来说,这并不是一个非常严重的问题,表征主义者可以从初始概念出发,通过某种形成规则,不断地由简单的表达式逐步生成复杂的表达式。这也正是我们的思想和语言所具有的系统性与生产性的体现。而对于坚持语言意义的使用论的人来说,这却是一个不小的挑战,如何从一个有限的社会

---

① Robert Brandom, *Making It Explicit*: *Reasoning*, *Representing*, *and Discursive Commitment*, Harvard University Press, 1994, pp.651—652.

规则系统中自动生成无限的新颖的语句,这必定需要超越意义的使用论本身的某些资源。

塞拉斯为了解决这一挑战,提出了"实质推论"的观念,所谓实质推论是指,推论的正确性决定了它的前提与结论的"概念内容"。比如,"北京在上海的北面"和"上海在北京的南面",或者,"我们刚刚看到了闪电"和"我们马上就会听到雷声"。对于前面两个句子而言,正是概念"北面"和"南面"使得这个推论成为一个好的推论,而对于后面两个句子而言,正是概念"闪电"和"雷声"以及时间的概念使得这个推论成为一个恰当的推论。对于塞拉斯来说,某人获得了这样的推论,至少就在一定程度上把握或者获得了这些概念,塞拉斯的立场是说,"一个表达式其自身具有概念内容是通过这个表达式在实质推论之中起到了确定的作用"①。但塞拉斯同时也强调,这种实质推论不同于逻辑推论,或者说,不同于那些"形式上有效的推论"。因为根据这样的观点,"就不存在诸如实质推论这样的东西。这种观点将'好的推论'看作是'形式上有效的推论'……这或许可以被称为一种形式主义推论进路。它将推论原初的正当性交换为真值条件。这种做法是达米特(Michael Dummett)所抱怨的那种理论的退化"②,并且"形式上有效的推论的观念乃是通过实质上正确的推论的自然的方式来定义的,而并不是相反的方向……根据这种思考的方向,推论的形式正当性乃是派生于推论的实质正当性的,并且是通过这种形式来得以解释的,因此在解释实质的正当性时不需要诉诸形式的正当性"③。

在塞拉斯看来,推论是一个社会范畴,应看作一种社会性的活动而非仅仅是人的思维活动。他提出了"语言-进入规则"、"语言-退出规则"以及"语

---

① Robert Brandom, *Articulating Reasons：An Introduction to Inferentialism*, Harvard University Press, 2000, p.54.

② Ibid., p.53.

③ Ibid., p.55.

言-语言规则"。其中前两者分别规定了当遭遇特定种类的非语言事件时人们应该说什么,为了回应特定的语言话语我们应该做什么,而最后一种规则则规定了人们应该说些什么,并且规定了人们所说的这些话语必定是从以前所说过的其他话语中推论出来的结果。比如说,如果我们从句子"天是蓝色的并且草是绿色的"推出句子"草是绿色的",这个推论的有效性来自社会实践,而并非来自这个推论保持其真值的任何严格规定,因为如果有人断言了前者却不断言后者,至少在社会共同体中会遭到反对。

布兰顿运用"自上而下"和"实质推论"的方法,将"概念内容"、"理由"与"推论"联系起来,阐述他自己的推论主义语义学。首先,概念内容的确定取决于推论作用,并且这种推论必须建立在实质推论的基础之上,而非建立在传统的形式推论的基础之上;其次,将概念内容理解为既能充当也能满足理由的需要,而理由的观念是通过推论的形式来理解的。因此,概念内容与推论中的前提和结论相关。这种精致的推论主义语义学的基本观点是:其一,为了能给出理由,我们必须能够作出可以为其他断言充当理由的断言,因此,我们的语言必须具有为语句提供能推导出其他语句的能力;其二,为了能寻求理由,我们必须能够作出可以当作对其他断言进行挑战的断言,因此,我们的语言必须具有为语句提供能和其他语句相一致的能力;其三,给予和寻求理由的过程只不过是语言中的"上层建筑",其基础是通过一定的社会规则来规范的,这些规则又是通过使用语言来获得并保持的;其四,一个语句的使用是公开说出该语句相关联的承诺与资格的集合。当我们作出一个断言时,我们就作出了相应的承诺,而一旦作出了承诺,若某人对我所说的话提出反驳和质疑时,我就必须去捍卫这个断言,而捍卫断言的方式就是给出理由,并且这种给出理由的活动乃是通过其他语句的推论得出的,这些其他的语句相对而言可以达成更好的共识。而所谓的资格就是说,当某人作出一个断言时,就给自己保留了通过它来进一步作出推论的权利。因此,拥有某个概念,就是让自己对这些规范或者标准负责任,我们掌握概念内容是获得了一种实践能力，从而能够在交流过程中对该内容的好的和坏的推论作出不同反应。这些概念性内容的构成性条件就在于行动者对于推论规范的默会尊重。

五、对概念与语义的载体实在性的批评

推论主义语义学从根本上颠覆了传统语言交流与理解的常识图景。[1]根据我们的常识直观，人们的交流和理解的过程基于一种"运输模型"，也就是说，当我们进行交流时，概念内容依赖于某种"载体"，而意义就好像承载在思想的这些载体之上，从一个人传递到另一个人，因此仅当两个人能共享"意义"，交流和理解才得以成立。布兰顿通过三步论证彻底颠覆了常识图景所预设的"运输模型"。首先，他通过进一步解释了"承诺""资格"并且提出了"计分过程"的概念，对主体间交流中的相互理解过程进行了重新描述。承诺与资格专门用来描述推论作用，而计分过程则用来记录自己以及他人的承诺与资格。在布兰顿看来，计分过程就是相互理解的过程，一次成功的计分就意味着一次交流与理解的成功。布兰顿为了从根本上避免这类基于传统图景之上的批评，他从否定"运输模型"进一步推进到完全否定关于"命题内容"的实在论承诺。因为计分过程依赖于对规范的理解，所以命题内容必定具有某种视角性特征，因此某个表达式并没有一成不变的内容，而是根据视角来确定其内容。布兰顿说："推论的内容本质上乃是视角性的，它们仅能从一个给定的视角来说明。所共享的乃是对诸视角之间的差异进行导航和遍历的能力，从不同的视角来说明内容。"[2]如果否定了概念内容的实在论承诺，那么就不存在福多所认为的那种存在于大脑中的真实的概念内

---

[1]　弗莱(Gábor Forrai)对布兰顿对传统图景的批判进行了较为清晰的阐释，可参见：Gábor Forrai, "Brandom on Two Problems of Conceptual Role Semantics", in Barbara Merker(ed.), *Vertehen nach Heidegger und Brandom*, Felix Meiner, 2009。

[2]　Robert Brandom, *Making It Explicit: Reasoning, Representing, and Discursive Commitment*, Harvard University Press, 1994, pp.651—652.

容。在布兰顿看来,概念内容乃是随着视角的改变而改变,而决定不同视角的就是说话者说出这个断言时所伴随的辅助信息的框架,因此概念内容就是随着这个辅助信息的框架的改变而改变。当辅助信息的框架有差异的时候,同样一个断言就会具有不同的计分过程,即具有不同的承诺和资格,理解一个断言就是去知道当它附加到特定的信念系统之上时会产生哪些差异,因此就是具有针对不同的背景辨别出它的推论的意义的能力。那种认为存在着某种唯一的计分过程的理论必定是错误的,这和承认存在唯一真实的概念内容是一样的,而这正是布兰顿所批评的那种传统观念。

最后,布兰顿通过重新定义语义学最基本的"内涵"与"外延"概念来保证具有这种生成推论意义的能力。布兰顿所定义的内涵与我们通常所说的内涵不同,他为这个传统的术语赋予了一个新的功能,即当我们假定一组信念的时候,接受某一个断言就会得到哪些承诺和资格。布兰顿的内涵并不等同于概念内容,因为"内涵是一个恒定的属性,属于表达式本身,而内容是一个可变的属性,它是内涵功能应用于给定的辅助信息系统之上时所产生的。内涵规定了推论意义的计算规则,而内容是假定特定背景的前提下由计算所生成的推论意义"①。布兰顿意义上的内涵,即使可以被共享,也不能看作一种"运输模型",关于内涵的知识对于理解来说乃是一种前提条件,而非理解本身,而理解本身也不是一种运输模型。布兰顿所提出的外延概念也并非传统意义上外延,只有当内涵无法使我们从自身视角来计分的时候,外延才会被调用。在这一点上,布兰顿是一个指称的"紧缩论者",不承认一种实质的指称概念,即指称是在词语与世界之间存在的真实关联。两个表达式即使具有相同的指称,也并不是在描述一个真实的语义事实,并不代表着词语与对象之间存在某种真实的关联,指称的同一仅仅表达了这两个表达式可以相互替换的某种意愿,并使得这种意愿变得更为明晰。

---

① Gábor Forrai,"Brandom on Two Problems of Conceptual Role Semantics", in Barbara Merker (ed.), *Vertehen nach Heidegger und Brandom*, Felix Meiner, 2009, p.221.

我们可以将内涵、外延与内容的关系看成是一个计算的函数关系,布兰顿因此提出了一个"三层次进路",用来表示内容与内涵、外延的关系,其中推论意义(内容)处于中间层次,通过不同的计分过程和内涵、外延相联系,可以用下图表示:

内涵
　↓(相对于辅助信息的计分过程)
推论意义(内容)
　↑(相对于自身视角的计分过程)
外延

通过这样的一种函数关系,布兰顿消解了传统的基本语义概念,即内涵和外延等概念都不是某种实质的语义属性,因此并不能将它们看作使得对话双方理解彼此话语所包含的信息的那种东西,颠覆了我们对于交流和理解的传统观念和常识图景。因此对于布兰顿来说:"首先,我们并没有可共享的内容进行传输。因为外延并不是真正的属性,因此并不是某种我和你的话语可以共有的东西。其次,我们解压不同观点的信息的能力并没有特殊的语义基础。我们需要知道内涵,但并不需要一种不同类型的语义知识。"①

六、概念性心理事件的实用主义规范本质

布兰顿对于概念性心理事件的载体主义和实在论的批判,反映了他在哲学基本立场上和如福多这样的传统认知科学哲学家的差异。阐明概念问题的方式的差异涉及两个领域:概念的哲学语义学,以及概念本体论的差异。

一方面,在哲学语义学方面的差异表现为:首先,在对待语义学的基本

① Gábor Forrai, "Brandom on Two Problems of Conceptual Role Semantics." in Barbara Merker (ed.), *Vertehen nach Heidegger und Brandom*, Felix Meiner, 2009, p.223.

态度上存在着巨大的分歧。布兰顿秉承了美国实用主义精神以及语言哲学中将意义看作"使用"的传统,将语言的功能看作我们以之"做事情"。因此他的理论旨趣乃是实践的,语言是用来在社会交往中发挥作用,语言的意义必定根源于人们的交流行动,因此语义学必须对语用学负责。而福多等人所主张的表征主义语义学显然对语用学毫不关心,他们只关心语言和世界的关系问题,尽管像福多这样的反实用主义者也并不否定语用学在语言的日常使用中起作用,但是完全否定在哲学语义学与语言使用之间存在本质的关联。

其次,在对待基本的语义概念问题上存在着巨大的分歧。实用主义导向的布兰顿所主张的推论主义,在基本的语义概念上持有"紧缩论"观点,试图消解语义学的实在论承诺。而反对实用主义的学者往往认为,即使存在着语用的因素,仍然不能否定存在着真实的语义"事实",这种事实可以通过某种自然主义承诺而获得,例如通过大脑状态分析,或者通过考察进化历史,也可以建立在大脑状态和外部世界对象之间类似法则的共变关系等。因此,如果正如布兰顿所主张的那样,不存在真实的语义"事实",那么人们在交流和理解的过程中就不需要预设某种必须要共享的因素,那么所谓的内容载体论也就丧失了根基。此外,在语义学的解释层次上也存在着巨大分歧。布兰顿反对基于个体层面的因果性解释模型之上的表征主义和自然主义。任何诉诸主体的认知活动或者进化历史等的语义理论必定假定语义事实是在因果性的世界中所发生的。基于因果性解释的语义学(无论是赞成推论主义还是反对推论主义)往往要在世界中为意义寻找某种原因,比如语义学的自然化研究,因此基于因果性解释的语义学都仅仅是在个体的层面探讨语义学。而布兰顿的推论主义是一种规范性的推论主义,而并非因果性的推论主义,布兰顿所说的推论规则并非自然世界中的因果事件,不受世界中的因果秩序的影响,也不在个体层面的因果秩序之中,而是根植于社会实践。

最后,布兰顿的推论主义不仅反对表征主义,也同样超越了当代学者所提出的各种版本的认知科学的推论主义。他和其他支持推论主义的哲学家的重要区别就在于,他并不关注作为说话者和听者的具体行动的"推论",而是更关注所谓的"推论规则"。这种推论规则是前面所提到的计分过程的属性,是通过说话者的规范性态度来承载的,即他们对其他人或他们自己的话语处理为正确或错误的。因此推论规则乃是连接语义和语用的关键所在,需要从语用学的角度加以理解,语义学必须要对语用学负责。布兰顿并不像布洛克那样,将推论看作大脑中的认知活动,也不像福多、杰肯道夫等人从具体的科学研究中获得灵感,从而试图解释语义学的本质。而如福多则曾明确表示,自己作为认知科学哲学家,要为当代认知科学奠基,因此将推论主义看作一种研究语义学的科学方法,将推论主义简化成为一种形式计算系统,而完全忽视了推论在社会实践中的运用。而布兰顿的进路并不专门针对任何对认知的科学研究,他从实用主义视角阐明,我们进行推论所依据的推论关系并不是明确呈现于语言本身的结构中,而是在不断进化的语言共同体中建立起来的,因此也是在不断进化的"生活形式"中建立起来,是在社会实践中被规范地建立起来。这些研究进路显然和福多的进路差异极大。

而在另一方面,在概念性心理事件的本体论问题上,存在着"载体内在主义立场"和"无载体外在主义立场"①之间的差异:首先,从布兰顿的推论主义来看,诸如判断,没有在大脑中实现它们(甚至是部分实现)的载体,因为概念性心理事件是通过在语言和制度实现过程中施行了恰当行为的人所生成的。因此,概念具有强烈的社会特征,必须用外在主义的观点来审视,概念不是一种可以在物理上定位在大脑中的东西,这和福多所主张的具有大脑内部物理实在性的思想语言假说是完全相反的。当然,这种外在主义

---

① 关于"无载体外在主义立场"的详细论述,参见:Pierre Steiner,"The delocalized mind: Judgements, vehicles, and persons",*Phenomenology & the Cognitive Sciences*,2014,Vol.13,pp.437—460。

立场并不否认大脑确实在思考和判断的过程中起了作用,或者说,神经活动在思维中一定是不可缺少的必要元素,但是它们并非载体,概念内容不能依据神经事件来得以个例化。大脑的作用更像是充当了一种沟通工具,这种工具能够使得有机体和环境之间的持续互动模式得以实现。正如皮尔士所举的例子,电流在导线中传输,但是电流不等同于导线,导线也并非电流的实现载体,而只是使得电流得以传输。或者我们看到雨后天空中出现彩虹,彩虹的出现必须依靠阳光和水汽,但是彩虹不等同于阳光和水汽,它们也并非彩虹的载体,它们只是使得彩虹得以呈现。大脑的确在物理因果意义上导致并限制了推论行为的生产能力和生产结果,是整个复杂因果机制的核心,但是大脑并不是概念性心理事件的容器,也不是心灵的器官,它不产生概念性心理事件。正如皮埃尔·施泰纳(Pierre Steiner)所说:"作出承诺(以及因此而产生的概念性心理事件)是一种个人和社会性嵌入的行为,而不是一个人或他们大脑的内部事件。规范性状态和规范性态度的讨论必然将我们置于一个本体论的框架中,在这个框架中,人和社会实践是基本的构建模块。行为得失的规范性本质是什么不能通过观察做出这些行为的人的内在属性来推断或预测。颅内实体对当前或未来的概念性心理事件或行为的拥有不施加规范性后果。"①

其次,与上同理,关于概念的外在主义观点,也反对普特南、伯奇等人的语义外在主义,以及延展心灵外在论的某些解释,即如果上述两者认为,我们将概念以及决定概念的信念判断不仅定位于个体大脑之内,而且也定位于个体大脑之外的身体与环境元素之中的话,那么它与布兰顿的实用主义原则仍然不相符合。因为无载体的外在主义立场认为,概念内容是从事于语言和制度实践的并且能够执行正确推论行为的人所实施,言语和行为构成了概念性心理事件的随附基础,而外在的物理元素同样也不是概念内容

---

① Pierre Steiner, "The delocalized mind: Judgements, vehicles, and persons", *Phenomenology & the Cognitive Sciences*, 2014, Vol.13, p.452.

的载体。我们在进行某个判断时，我们并没有报告一些内部或者外部的事件。概念内容是在计分的规范性实践中由被语用所决定的推论性来赋予的，它们既不随附于个体内在物理属性，也不随附于外在环境的物理属性之上，而是取决于决定该概念正确与否的规范性，因此必定是一种社会立场。这种规范的社会立场由社会互动构成其媒介，使得规范可以进行传播、修改和应用。而在布兰顿看来，这种社会立场也就等同于语言共同体，推论性行为是对承诺和资格的归因标准，正是因为它们根植于语言的社会实践中，根植于语言共同体中普遍存在的推论规范。施泰纳认为，对于延展心智来说，外在环境的工具，和个体内部的神经和身体机制，都只是概念性心理事件的实施条件，即大脑过程和人工制品使得推论行为成为可能，并进而使得概念性心理事件成为可能，但它们都不是载体或者实现者，"嵌入式的推论行为事实，如行为和言语，在因果关系上依赖于颅内过程，但嵌入式推论行为事实对颅内过程的因果依赖和概念性心理事件对嵌入式推论行为事实的随附性，并不意味着概念性心理事件是通过颅内过程实现的"。①

概念性心理事件是认知科学哲学的重要研究课题，但是概念问题的根源，仍然在于我们如何看待心灵本身。长期以来，认知科学尽管反对各种关于心身、心物的实体二元论，但却坚持了某种心脑的二元论，仍然隐秘地将心理事件看作随附于大脑物质实现基础之上，并且由这些物质基础所实现，这依然是笛卡尔主义的变种。这导致长久以来，大部分人——包括认知科学家——都有一种强烈的倾向，即将只能赋予"人"本身的心灵属性，赋予给了大脑，并且积极地在大脑中寻找心灵的痕迹。但正如维特根斯坦所指出的，对于心灵的描述，只有针对活着的人才具有意义。只有人才能进行思考，而不是大脑在思考。而延展心灵论题，尽管它反对这种心灵的内在主义和个体主义观点，但是仍然陷入心灵的载体主义无法自拔，只不过这种载体

---

① Pierre Steiner, "The delocalized mind: Judgements, vehicles, and persons", *Phenomenology & the Cognitive Sciences*, 2014, Vol.13, p.456.

不仅包含大脑内部物理元素,还包含了身体以及环境中的物理元素,因此仍然无法真正把握心灵的本质。所以实用主义给予认知科学的最为重要的启示就是,我们不能单纯在自然空间中去寻找心灵,而是应该将心灵置于理性的规范空间之中,心灵从来不是个人的内在维度,而是世界本身的内在维度。

第三章
实用主义的人工智能哲学观

　　人工智能论题是如今诸多学科中讨论的热点，然而，哲学领域内的讨论多是对作为技术的人工智能的伦理思考。在笔者看来，人工智能的哲学研究须至少满足以下两点：一是，问题的讨论须限制在哲学的范围之内，人工智能的发展为我们带来了丰实和新奇的经验材料，但相关的哲学研究须基于对这些新增经验材料的反省来重审哲学问题本身；二是，诚然那些重审会重塑我们的理解，甚而带来新的问题，但我们的反思活动应始终保持在理性的限度之内，能够经受住批判性的审查，禁止无依据的想象，禁止就科学事实作出僭越式的判断。

　　本章将诉诸实用主义，主要是布兰顿的哲学资源，来对人工智能体的心灵、具身性以及伦理论题作出哲学上的审查。"人工智能体能否拥有心灵"，这一问题构成了人工智能哲学的核心论题。然而，在塞尔提出该问题并给出否定回答的四十年间，鲜有出现有效的竞争理论。实用主义对此问题的诊断是，塞尔过于狭隘地将人类心灵视为机械心灵的标准，这阻碍了我们看到人工智能体获得其独特形式的心灵的可能。相关的讨论也很难摆脱塞尔的影响，从而难以为强人工智能的可能性提供辩护。具身的人工智能体这一论题也面临着同样的困境，人们通常未经反思地将人类身体视为机械体的标准。实用主义有着对心灵和身体的独特理解，基于实用主义的心灵观和身体观，我们可以对人工智能体的心灵和具身性问题做出别样的重审。

此外，只有在强人工智能体是可能的情况下，人工智能体才会脱离其作为纯粹技术的存在，甚至获得与我们一般的伦理身份。本章最后也会诉诸实用主义的思想资源对人工智能体的伦理身份问题作出一番审查，人工智能体的属性（即，作为技术物，还是作为一个拥有心灵的主体）决定了我们如何对待它，以及我们如何对待彼此。

第一节　布兰顿对强人工智能的实用主义辩护

塞尔曾对强、弱人工智能作出过一个著名的区分，他认为两者的差别体现在，强人工智能具有意识或心灵，而弱人工智能仅体现为对人类心灵的模仿。①塞尔本人的立场是反强人工智能，他的论述基于如下两个关键断言：(1)大脑导致心灵；(2)句法不是语义学的充分条件。②

本节中，笔者将在第一小分节中首先简要阐明断言(1)是断言(2)的一个推论，从而聚焦于阐明断言(2)暗含的理论承诺，即句法仅具有形式有效性，而无语义学所具有的关于心理内容(mental content)的实质(material)有效性。基于这一阐明，第二小分节试图借助布兰顿实用主义的理论资源，以证明任何形式的有效性均有着实质的来源与后果，从而反对断言(2)。笔者将试图指出，我们由于对内容设置了太过"人性"的或人类中心主义的理解，从而忽略了实践样式以及由之而来的内容样式的多样性，这也为理解布兰顿论证制造了障碍。第三小分节进一步尝试淡化人工智能的"人类中心主义"思考倾向，指出**"人工智能＝人类创造的智能形式≠人类创造出的人类智能形式"**，这是布兰顿论证带来的教训之一。由于否定了断言(2)，那么

---

① See John Searle, "Minds, brains, and programs", *Behavior and Brain Science*, Vol.3, 1980, p.417.

② See John Searle, *Minds, Brains and Science*, Harvard University Press, 1986, pp.39—41.

断言(1)也将失去根据。与此相关的另一个教训体现在由本节讨论衍生的一个判断,即关于人工智能的类脑计算研究有着现实的重要意义,但对于一些经典的元哲学问题——诸如有关心灵、意识、认知等的问题探讨来说,即便机械脑能够完全复绘有机脑,这仅是一项科学成就,哲学仅可能会因之增进对相关问题的理解,但不会必然因之取得进展。哲学工作者应该在人工智能论题上持有清醒的问题意识,作出审慎的讨论。

一、塞尔论强人工智能的问题场景

期待人工智体能像人类一样思考,乃至能像人类一样对糖有"甜"的感知,能在面对蒙克的画作《呐喊》时感到"压抑"和"绝望",能够对他者感到"爱"的依系或因被爱而感到"幸福"——这种期待实际上是一种十分常识性的思考。但这种思考也抓住了反人工智能论题的关键要点:人工智能体无法拥有像我们一样的诸如"甜""压抑""绝望""爱""幸福"之类的心理内容或关于"世界"的感知。塞尔下述众所周知的推理体现了这一要点[①]:

(P₁) 人工智能程序是形式的(句法的)。

(P₂) 人类心灵具有心理内容(语义内容)。

(P₃) 句法不是由语义学构成,也不是构成语义学的充分条件。

从而,塞尔得出了这样的结论:

(C₁) 人工智能程序不是由心灵构成,也不是构成心灵的充分条件(强人工智能不可能)。

---

① See John Searle, *Minds*, *Brains and Science*, Harvard University Press, 1986, p.39.

上述推理中,塞尔将"语义内容"等同为"心理内容",从而将(P₃)中的函项"语义学"替换为"心灵",得出人工智能体没有心灵的结论。我们可以简要回顾他的"中文屋"论证来阐明他做出的这一替换意味着什么:

> 设想一个对中文一窍不通且只会说英语的人,他被关在一间只有一个开口的封闭房间中。房间里有一本英文写成的操作手册,通过查询手册他可以知道如何处理汉语信息并对信息作出相应的回复(此时查询手册如同一个计算程序)。房外的人向房内的人递进中文写成的问题,房内的人可以根据那一手册找到合宜的指示,从而给出正确的答案(例如汉字"红",此时对于屋内的人来说如同一幅提供信息的"图画",手册上有着"if'红',then'red'"的操作指示)。然而,尽管答案正确,房内的人其实对问题本身以及中文一无所知。人工智能类似于房中人,它尽管能够对信息作出有效回应,但它不具有关于问题本身以及中文意义的真实认知。①

那么,拥有心理内容意味着在运用语言表达式时能够真实地(genuinely)知道该表达式是什么意思,使用该表达式时意在(intends)什么,即拥有关于什么内容的意向性。中文屋里的人并不拥有中国人在使用"红"这一概念时所拥有的意向状态,同样地,人工智能体仅能在句法上构建起了"红"和"red"的关系(从而有 P₃),此时人工智能体并不具有关于某种(例如)"红性"的意向性。这里的思路可表述为如下三段论推理②:

---

① See John Searle, "Minds, brains, and programs", *Behavior and Brain Sciences*, Vol.3, 1980, p.418.

② See John Searle, "Intrinsic Intentionality", *Behavioral and Brain Sciences*, Vol.3, 1980, pp.450—452.

(P_4）拥有意向性的人类智能均拥有心灵。

(P_5）人工智能体不拥有意向性。

(C_2）人工智能体不拥有心灵（强人工智能不可能）。

(P_4）和（P_5）把问题引向了关于意向性的探究，一些研究者认为意向性源于人脑内的状态，从而试图通过类脑计算或模拟神经形态计算（Neuromorphic Computing），在对脑内的因果模式进行"模拟"的意义上试图使得人工脑无限地像有机脑一样运作，从而获得意识或心灵。就此而言，塞尔的确认为：

(C_3）大脑状态因果地导致意识。①

但是，关于（C_3），塞尔指出："意识是人类和某些动物的大脑的生物特征。它由神经生物过程所产生的，就像光合作用、消化或细胞核分裂等生物特征一样，都是自然生物秩序的一部分。这一原理是理解意识在我们世界观中的地位的第一步。"②故而，实际上，在塞尔看来，即便类脑计算无限复杂，它仅是在**模拟**因果性，从而始终无法获得生物在应对真实的自然时现实面对的丰富的因果性，程序模拟无法取代现实因果性，从而人工智能体无法具有真正意义上的意向性、意识或心灵。

基于上述阐述，我们看到塞尔批判强人工智能的要点在于：人工智能程序仅具有句法的形式有效性，而不具有语义学在关涉实质（心理）内容意义上的有效性。布兰顿立场旨在反驳这一要点。

二、布兰顿对强人工智能的辩护

布兰顿哲学的一项重要任务在于，以语义推论的方式阐明理性主体在

---

① See John Searle，*Minds*，*Brains and Science*，Harvard University Press，1986，p.39.

② 塞尔：《心灵的再发现》，王巍译，中国人民大学出版社 2005 年版，第 75 页。

使用语句表达式时所意在的内容。在谈及塞尔关于意向性的区分时,布兰顿指出:"约翰·塞尔在他的《意向性》一书中……为我们提供了理论资源。'如果状态 S 是一种意向状态的话,那么我们必须回答如下问题:S 是关于(about)什么的? S 是涉及(of)什么的? S 陈述(S-that)表述了什么?'语义理论的一项主要任务在于,指出'that'意向性和'of/about'意向性彼此间有着怎样的关联。"①与此相关,布兰顿试图基于使用"that"语句的形式推理活动(这项活动在人际间的社会维度中展开)来阐明所"关涉"的实质"内容"。

乍看之下,布兰顿这项工作似乎在"支持"塞尔的反强人工智能论证:布兰顿式的语义推理是人工智能所不能完成的。此外,人际的社会维度或规范维度亦是人工智能所欠缺的。然而,细究之下,布兰顿消除两类意向性(即"of/about"意向性和"that"意向性)界限的做法,对实质的语用语汇和形式的语义语汇之间迭代发展关系的阐明,以及将算法视为一种特殊的语用语汇的观点等,实际上反驳了塞尔论证,并为捍卫强人工智能立场提供了思想支持。下文中,笔者将先提供布兰顿支持强人工智能的一些思想资源,而后展开具体讨论。

首先,布兰顿承袭了消解心灵与世界之间本体论界限的实用主义洞见,这在此处体现为,认为在实践的做的活动(doings)中使用的、关于内容的语用语汇("of/about"语汇)能够充当使用、制造或承认在表达上更高阶的语义语汇("that"语汇)的充分条件;后继脱离了实践语境的非指示性的语义语汇则能够构成解释实践层次的语用语汇的必要条件;并且,这两类语汇之间不存在本体论上的界限,语汇在层次上的高低仅体现为,语义语汇是用于解释语用语汇(用于"说"出所"做"的事情的语汇),当语义语汇面对新的实践情境而需要被加以阐明时,它便变为新的语用语汇。②这样一来,在行动

①　Robert Brandom, *A Spirit of Trust*: *A Reading of Hegel's Phenomenology*, Harvard University Press, 2019, p.424.

②　See Robert Brandom, *Between Saying and Doing*: *Towards an Analytic Pragmatism*, Oxford University Press, 2008, pp.10—11, 76.

和认知的回环中，语汇逐渐得到丰富和发展。

其次，这一实用主义洞见暗含着更为深刻的世界观，即语言和世界一道生成，在这一生成过程中，意识、自我意识，以及社会规范也在互惠的相互关系中一道成熟和发展。①初始的一类语用语汇生成于诸如维特根斯坦式的"石板游戏"中，当助手在听到建筑师发出"石板"的声音而对某对象作出可靠的有差异的反应时，"石板"便构成了一类初始语用语汇。此时，"在语言课中发生的是**这个**过程：学习者**命名**诸对象。也即，当教师指向石料时，他说出语词"②。这里的"石板"语汇相当于一套引导指令（bootstrapping），用于将"事物作为某物"（即，将坚硬的板状石料作为"石板"）稳健地识别出来；当指令愈发清晰时，对象得到愈发确定的界定；反之，对象的确定性将原先单纯的"声音"作为某种指令或概念而清晰地固定下来。词与物、心灵与世界是相互成就的。

反强人工智能主义者此时或许仍然欣于接受布兰顿的观点，认为布兰顿的讨论似乎与人工智能问题无关。然而，基于上述思想，布兰顿指出："支持 AI 体现的是这样的主张，即原则上来说，计算机能够**做**所需的事情，从而使用自动语汇……**说**出什么。"③而这里的"什么"就是计算机的"意向内容"，诸如中文屋中的人工智能，"if '红'，then 'red'"这套引导指令中，"red"便是由"红"这种实践刺激所引发的内容。从而，布兰顿认为，句法、算法语汇是一套我们据以从事"做的活动"的实践语汇，进而也能构成语义语汇的充分条件。

解释这一论点需要我们厘清布兰顿支持强人工智能的论证。我们可以将布兰顿的推理预先陈述如下，而后再行阐述：

① See Robert Brandom, *A Spirit of Trust：A Reading of Hegel's Phenomenology*, Harvard University Press，2019，pp.235—261.
② 维特根斯坦：《哲学研究》，韩林合编译，商务印书馆 2019 年版，第 12 页。
③ Robert Brandom, *Between Saying and Doing：Towards an Analytic Pragmatism*, Oxford University Press，2008，p.70.

（P₆）关涉内容的实质语用语汇和表达内容的形式语汇之间不存在本体论界限。

（P₇）算法、句法或演算语汇也是一种基础的实质语用语汇。

从而，布兰顿得出与上述（P₃）"句法不是由语义学所构成，也不是构成语义学的充分条件"直接相抵牾的观点（P₈）：

（P₈）句法可由语义学构成，同时可以构成语义学的充分条件。

基于（P₆）—（P₈），以及塞尔的（P₂）"人类心灵具有心理内容（语义内容）"，布兰顿进一步得出支持强人工智能的结论（C₄）：

（C₄）人工智能程序既可能由心灵所构成，也可能构成心灵的充分条件（强人工智能可能）。

布兰顿的实用主义洞见为（P₆）提供了支持，并在（P₈）和（P₃）这对矛盾中为支持（P₈）提供了理由。此时的问题焦点在于，句法、算法等塞尔所认为的纯形式语汇是否可能具有语义内容（心理内容）？布兰顿给出了肯定的回答。在进一步阐明布兰顿思想之前，我们需要认识到心灵在布兰顿和塞尔那里已经有了截然不同的蕴意。在塞尔那里：

心灵＝人类心灵

其中，人类肉身提供的因果关系构成了心灵的充分条件，意向性是心灵的本质特征，拥有这类意向性的智能体才能有意识地知道自身在做什么。相比之下，在布兰顿那里：

心灵≠人类心灵

人类心灵仅是心灵的一种具体形式，构成心灵的条件是既从事语用实践活动，又从事语义推动活动，并且语义活动阐明的是语用活动中的"内容"，即意向性所关涉的内容，在此意义上，布兰顿将意向性理解为**话语意向性**（discursive intentionality），这种理解与塞尔论证中的关键前提直接相抵牾。

塞尔仅将人类心灵视为心灵，进而将这类心灵视为衡量人工智能体是否有心灵的标准。布兰顿则聚焦心灵的构成条件，容纳心灵样式有着多样性这种可能。

我们可以通过"假想"塞尔或其追随者可能提出的问题并作答，从而进一步阐明布兰顿的思想。

假想问题一：句法仅具有形式意义，这乃是因为人工智能体缺乏人类漫长演化过程中所应对的具体情境，而恰在这种应对情境的演化中，意识、意向性和意向内容才一道生成。[1]

针对这一关键问题，布兰顿反问道，一定需要涉身自然情境之中才能习得初始的语用语汇吗？我们对机器的"训练"同维特根斯坦"石板游戏"中助手所受的训练有何实质不同？如若执意认为机器没有助手所置身的自然情境，那么这至少将犯下两类错误。一类是认为缺乏感性能力的智识能力是无法理解的，这种布兰顿归于塞尔在解释人工智能时所承诺的观点认为，动物的感性模式构成了人类理性模式的充分条件。[2]前文的讨论已经能让我们充分地认识到，我们可以从智识的成就开始讨论，以语义推论的方法对**内**

---

[1]　参见塞尔：《心灵的再发现》，王巍译，中国人民大学出版社 2005 年版，第 43—45 页。

[2]　See María José Frápolli, Kurt Wischin, and Robert Brandom, "From Conceptual Content in Big Apes and AI to the Classical Principle of Explosion: An Interview with Robert B. Brandom", *Disputatio. Philosophical Research Bulletin*, Vol.8, No.9, 2019, p.6.

容进行阐明。而内容可以仅是我们对之作出断言的**任何之物**，它不必然是自然情境中的事项，这便意味着具有自然情境不是必要条件。如若坚持将自然情境视为智能或心灵形成的充分条件，乃至在分析智能或心灵时，试图诉诸自然的因素（例如脑内神经元模式）来进行，这将犯下还原论错误或**自然主义谬误**，即将心灵层次的规范道义性的"应当"还原为自然层次的律则性的"是"。①

另一类相关的错误则体现为"人类中心主义"的谬误，即认为仅有人类智能是唯一可能的智能，从而满足该类智能形成和发展的条件和因素是**唯一**可能的条件和因素，人类涉身的情境也因此是唯一必要的情境。布兰顿指出，我们可以支持**算法实用主义**（algorithmic pragmatism），"对人工智能模型做出实质的算法的实践阐释值得关注，这是因为这项阐释清晰揭示了根据'知道-如何'来解释'知道-什么'的实用主义纲领，即具体解释使用非意向性的、非语义的语汇来必须**做**什么才能够算作是使用某种语汇来**说**出什么，从而产生能够适用于行为的意向性的、语义语汇（即一种有着语用上表达效果的引导指令）"②。简单地说，布兰顿认为句法、算法语汇也是一种实质语用语汇③，因为人工智能同样能够使用这种语汇"做"事，就如助手在初次玩"石板游戏"时一般，初始"石板"仅体现为一套引导指令，助手此时不具有意向性，"石板"语汇亦非是语义语汇。如果"石板"语汇能够成为一套初始语汇，并且这种语汇能够构成语义语汇的充分条件，那么句

---

① 在时今的人工智能研究中，自然主义谬误尤为普遍。诸多研究将人工智能首先默认视为一种能动者（agent）来谈论它是否需要承担诸如伦理和法律等方面的责任，此时当人们恣意于在规范的"应当"层次讨论 AI 时，隐在承诺了 AI 有着"是"层次上的某种本质，例如心灵。这一隐在承诺进一步反过来使得诸多讨论甚至将 AI 视为一个成熟的理性能动者来对待，讨论 AI 作为一类主体和我们人类这类主体之间的伦理、法律等关系。然而，如若我们始终无法在哲学层面讨论 AI 具有心灵的可能性，那么一切相关的讨论便是臆想或仍然是属于"人"的问题。

② Robert Brandom, *Between Saying and Doing：Towards an Analytic Pragmatism*, Oxford University Press, 2008, pp.78—79.

③ Ibid., p.23.

法、算法语汇也可以，即（P₇）。人类可以通过对人工智能的训练而使之获得这类语汇①，在这种训练里，人工智能同"石板游戏"中的助手一样，需要关于"世界"的知识以制定好的决策，并将该类知识以句法表达形式存储在数据库中。②

假想问题二：布兰顿的解释避开了关键问题，即人工智能没有现实情境。即便我们承认人工智能有着自身的情境，但我们不能忽略塞尔在（C₃）背后的关键主张：引导指令无法取代因果性。

在笔者看来，这一追问至少未能领会布兰顿观点中的一个要点：我们是在探究直接关涉内容的最低限度的"实质语用语汇"的条件，在这种最低限度上，我们发现人类和机器具有同样性质的基础语汇。就人类情境而言，"情境"包含了外部世界施加给人类主体的影响以及主体对外部世界的主动反应，它因而是生发意义的场景。人工智能体也有其"情境"，它同样包含了对某种外物的反应。然而，问题的关键并不在于区分人类情境或人工智能情境，因为此时的语汇是去情境化的（context-free）——初始的语用语汇体现的是理性主体与世界**最小化的**直接关联。在基础的层次上，借用德雷斯基的观点或许能帮助布兰顿进一步澄清问题，即"原材料是信息""知识是由信息导致的信念"③。人类因为是有机体才有着因果的信息模式，而人工智能是机械体，那么它同样可能拥有其他不同模式的信息。坚守"因果性"无异于狭隘地苛求人工智能体制造一颗人脑，这种坚守应该转化为如下诉求：为人工智能提供如人脑般优秀的硬件和软件的科学诉求，而非完成从机械脑到人脑的"本体论之跃"。放下这一渗透人类中心主义思想的执念，我们

① Robert Brandom, *Between Saying and Doing：Towards an Analytic Pragmatism*, Oxford University Press, 2008, pp.83—87.
② 参见罗素、诺维格：《人工智能：一种现代的方法》（第3版），殷建平、祝恩等译，清华大学出版社2012年版，第229页。
③ Fred Dretske, *Knowledge and the Flow of Information*，The MIT Press, 1981, pp.vii, x.

将会接受这样的可能：由于人工智能具有不同于人类的信息模式，因而随之产生的知识表达、智能、心灵等可能亦与人类不同，即（C_4）。

不过，这里有着一点需要澄清的地方，布兰顿没有在如下强的意义上反对塞尔论证：

（P_9）人工智能体与人类一定有着截然不同的心灵，或者两者的信息模式必然是彼此不可互相翻译的。

布兰顿承诺的仅是，存在另一种发展出心灵的方式，以及以这种方式发展出多少与人类心灵有所差别的心灵这种可能。

假想问题三：归根结底，算法语汇究竟能否算是一种语用语汇？或者换种问法，人工智能体有"实践"概念吗？"实践"概念体现了实用主义的关键内核，它既意指直接应对环境的活动，从而是敞开世界的活动；它也指使用概念的语言活动，从而也是意义生发和形成共同体的活动。实用主义的洞察在于，人类恰是借助实践才打开了世界，才形成了人所独具的心灵、语言和共同体。如果人工智能具有实践概念，那么我们才能承认布兰顿将算法语汇视为一种语用语汇的观点。

这一问题十分关键。如上文已经阐明过的那样，隐含在塞尔推理背后的是这样的预设：拥有心理内容意味着成为这样的主体，该主体在运用语言表达式时能够真实地知道该表达式的语义是**什么**，即使用该表达式时意在世界中的什么对象或拥有关于**什么**内容的意向性。在塞尔看来，人工智能的算法语汇是纯形式的，它不关涉我们实际置身于的世界情境，故而既无法从应对世界的活动中衍生出心灵，也无法知晓关于世界的语义。

同塞尔一样，以皮尔士、詹姆斯、杜威、罗蒂、布兰顿等人为代表的新、老实用主义者十分重视涉身世界情境的"实践"在形成人类心灵、语言，以及社会共同体上所具有的重要意义。杜威尤为直接地强调生物进化的过程与其对周边环境的物性(physical)反应过程的连续性,认为恰是在应对"周遭世界"的实践活动中,我们才获得"对象"和相关的"意义":"作为'对象',它们的能力和意义在于被我们在生命的进程中享受、承受、经历、使用或转换。"①在这样的关涉世界的实践进程中,我们的经验"既是属于自然的,也是发生在自然以内的……在一定方式之下相互作用的事物就是经验……当它们以另一些方式和另一种自然对象——人的机体——相联系时,事物也就是事物如何被经验到的方式。因此,经验深入到了自然的内部,它具有了深度。它也有宽度而且可大可小。它伸张着,这种伸张的过程就是推论"②。在此意义上,实践既有着呈现世界中对象的"深度",也带给我们以语义推论的方式阐明这些对象的"广度"。涉身世界的实践活动是渗透意义的活动,这也将我们的"身体"和动物的"躯体"区分开来,用杜威的话说:"身体是生活的,如果是作为人类身体,还带有初步的人格的含义。"③

如上所言,实用主义式的对实践的强调似乎在支持塞尔论证:如若人工智能的算法语汇仅是形式的,那么它无疑不具有涉入世界的深度,不具有在语义维度理解世界的广度,也不具有人格意义的身体,从而不可能获得心灵。在此意义上,"假想问题三"是一个十分关键的问题。

回答这一问题需要我们对实用主义哲学进行更为深入的讨论,深入挖掘实用主义对心灵、身体、世界关系的阐释,我们将在下两节的讨论中触及这些问题。如果仅基于本节提供的思想资源,我们可以得到这样的简略回答:如在对问题二的回应中指出的那样,使用实质语汇的"实践"情境起初是"去语境化"的,换句话说,我们不能在与世界的最初接触中便带有一幅人类

① 杜威:《非现代哲学与现代哲学》(《杜威全集》补遗卷),孙宁译,华东师范大学出版社 2017 年版,第 209 页。
② 杜威:《经验与自然》,傅统先译,马荣校,华东师范大学出版社 2019 年版,第 5 页。
③ 杜威:《非现代哲学与现代哲学》(《杜威全集》补遗卷),孙宁译,华东师范大学出版社 2017 年版,第 177 页。

心灵或概念的图景;从而,人工智能体会借助算法语汇形成它们特有的实践活动,这类活动可能无法依照我们人类的实践模式而得到完全理解——我们需认识到,"实践"不是人类对之拥有专属特权的语汇。如果人工智能最终演化出某种机械心灵,那么它也将会获得对自身身体的独特感知,当然,这一切讨论如今仅是学理性的,但我们至少可以认为这种学理视角不是一种无稽之谈。

假想问题四:布兰顿的解释可能过分"美好",现实的人工智能的句法语汇根本没有资格充当语用语汇。

这一问题似乎基于当下人工智能令人不满的现状而否定对"美好"未来的预期。布兰顿对此问题的回答或许会简明而直接:如果科学家在某一天能够予以人工智能充分优秀的硬件和软件,以及充分的训练,那么,这份美好便可期。但是,这里的条件是由科学家而非哲学家创造的,哲学的工作仅在于就心灵和意识作一般意义上的反省和探讨,而非作出科学判断——科学家负责完善"人工",哲学家负责解释"智能"。如若布兰顿论证遭受反驳,这也在很大程度上将是于哲学范围内展开的工作,我们不能基于科学家尚无法实现充分优秀的软件和硬件而否认布兰顿提供的哲学的(逻辑的)分析。

假想问题五:如果接受了上述解释,那么我们就需要承认人工智能有着自己独特的,乃至我们无法理解的神秘意识。

这一问题将我们引向了布兰顿的"功能主义"解释。与"智能"相对应的布兰顿语汇是"智识能力",拥有智识能力的理性能动者(agent)做出的行为是合乎理性的、可为他人所理解的。[1]"当我们讨论智识能力时,功能主义是一种更具前景的解释策略"[2],我们根据诸如"相信 P""if '红',then 'red'"

---

[1] 参见布兰顿:《阐明理由:推论主义导论》,陈亚军译,复旦大学出版社 2019 年版,第 5 页。

[2] Robert Brandom, *Between Saying and Doing:Towards an Analytic Pragmatism*, Oxford University Press, 2008, p.71.

之类的信念或引导指令式的语汇在包含这套语汇的系统内所起到的**作用**来理解表达语汇以及相应行为的意义。理性能动者(包括我们人类以及可能的人工智能体)不会自我矛盾,以信息为基础的信念因而具有可理解性。如戴维森曾论证过的那样,如果人工智能体有朝一日获得了成熟的"机械语",那么它不会与我们的语言有着不可通约的"概念图式"(conceptual scheme)①,它必然是我们所能理解的语言,但不必然是与人类语言有着表面类似性的语汇。

总结而言,取消心灵和世界二元论界限的实用主义思想涂绘了布兰顿论证的底色,他取消句法语汇和语义语汇的界限亦以这一实用主义洞察为基础。布兰顿因此认可一种乔姆斯基(Noam Chomsky)式的立场,即演算句法和语义表达在转换、生成和发展的过程中不存在泾渭分明的分界②,从而他得出了(P₈)"句法可由语义学构成,同时可以构成语义学的充分条件"这一与塞尔立场直接相悖的观点。如若塞尔仍坚持对强人工智能的界定,那么布兰顿论证同样可以支持**某种**强人工智能立场,只不过此时我们容纳了这样的一种可能,即**人工智能体的心灵不必然与人类心灵有着严格同一性**,或者说,我们不必在拟人的意义上来理解人工智能。在此意义上,布兰顿支持的是**另一种**强人工智能观。

三、从布兰顿论证中习得的两项教训

布兰顿论证实际上"降低"了"智能"的准入门槛,即从"仅仅只有人类智能才是智能"降低到"如果符合智能生成的条件,那么便可能生成智能"。但这种"降低"并非"贬低",布兰顿论证体现了人工智能哲学研究的另一关键

---

① See Donald Davidson, "On the Very Idea of Conceptual Scheme", in *The Essential Davidson*, Oxford University Press, 2006, pp.196—208.

② See Robert Brandom, *Between Saying and Doing: Towards an Analytic Pragmatism*, Oxford University Press, 2008, p.20.

面向，即对人类智能本身进行反思，祛除其中的神秘性，从而既增进了我们关于自身的理解，也在人工智能研究中避免"人类中心主义倾向"的问题，这类问题体现为仅将心灵理解为人类心灵，仅将实践理解为人类的实践，仅将生成智能的物理基础理解为人类或有机体独有的因果信息。笔者认为，这是布兰顿论证给予我们的第一项重要教训。

面对布兰顿论证，反对者们或许会喋喋不休地反驳，无论如何，接受"红"的信息的人工智能并未"意在""red"！这种反驳实际上隐在遵循着"心灵存在→具有本质性的意向性→拥有这种本质意向性的主体才能拥有意向内容"这种推理顺序。反驳者设定了"心灵"的独立性和实存性，并将之仅归派给人类。这种本质主义观点既为实用主义者所摒弃，也为塞尔本人所反对。塞尔指出："……在诸位的颅腔里可没有两个彼此不同的形而上学领域：一个是'物理的'，另一个是'心灵的'。确切地说，只存在着那些发生在诸位大脑里的进程而已，但是其中的一些过程同时就是意识体验。"[1]"意识是大脑更高层次的或突现的特征……心灵是大脑的心智属性，因而也是物理属性，正如液态是分子系统的属性。"[2]故而，并不存在"心灵"这种有着形而上本性的东西，长久以来人们认为它独属于人类，并与"物质"形成对立关系。布兰顿同样指出，对人工智能的传统理解，即试图讨论人工智能能否具有柏拉图主义式的或理智主义式的心灵，这是一项无望的事业；相比之下，对人工智能的理解应以接受上述所叙的"算法实用主义"为基础。[3]根据这类理解，心灵、意识等不能作为解释的起点和依据，相反，它们的意义在对相关具体过程的解释中才会得到披露。

心灵的**去本质化**使得关于智能的人类中心主义观点失去了最为根本的

---

① 塞尔：《心灵导论》，徐英瑾译，上海人民出版社 2019 年版，第 128 页。

② 塞尔：《心灵的再发现》，王巍译，中国人民大学出版社 2005 年版，第 15 页。

③ See Robert Brandom, *Between Saying and Doing：Towards an Analytic Pragmatism*, Oxford University Press, 2008, p.78.

根据。我们因而只能后验地涉入具体的实践情境来解释心灵的"兑现价值"，然而，这里仍然隐藏着另一种人类中心主义的危险，即只有在人类的实践形式中才能产生意识。

塞尔如下表述实际上支持着实用主义的观点，"我们每一个人都是由其他生物性和社会性存在物构成的世界当中的生物性和社会性存在物，周遭布满了人工物品和自然对象。现在，我一再称之为**背景**的东西实际上导源于由关系构成的完整的汇集，而每一个生物-社会性存在物都和围绕它的世界具有这种关系。假如没有我的**生物性构造**，没有我置身其中的社会关系集，我就不可能具有我实际具有的**背景**。但是所有这些关系，生物的、社会的、身体的，所有我们置身其中的事物都只与**背景**的产物有关，因为它对我产生了影响，特别是它对我的**心-脑**产生了影响。世界和我的背景有关，这只是因为我与我的世界的相互作用……"①恰是缘由我们周遭的各式物品和对象，以及我们生物性的构造和所置身于的社会关系，我们的心灵和意识才因此受到影响，进而发展。时今的人工智能似乎尚不兼具如下要素：生物构造、通过因果链条触及的对象，以及社会关系。实用主义者也的确会认可塞尔的表述。

然而，上文的讨论也已经指明其中隐含的人类中心主义倾向：在**最初的**实践活动中，周遭世界是混沌一片的（去语境化的，而对象、社会关系等要素均在语境之内），布兰顿认同算法亦是一种实践的语用语汇，这一观点体现的洞见在于，人工智能可用其自身的初始语汇来敞开世界，如同我们用因果语汇触摸并敞开世界一样。**伴随着心灵的去本质化，世界亦需要去本质化**：我们并非用心灵的镜子反映世界，也非单纯地受到外部世界的限制，事实是，心灵和世界一道敞开、丰富和发展。这是罗蒂和麦克道威尔教导过我们的重要一课。②于

---

① 塞尔：《意向性：论心灵哲学》，刘叶涛译，上海人民出版社 2007 年版，第 157 页。引文强调为笔者所加。

② See Richard Rorty, *Philosophy and the Mirror of Nature*, Princeton University Press, 1979, pp.12—13；John McDowell, *Mind and World*, Harvard University Press，1996, pp.24—45.

是，人工智能体在它独特的**触摸**世界的活动中（即根据句法或算法的引导指令"做"事），在人类精心的"训练"和"培养"中，人工智能体也有可能在其实践过程中结出一颗心灵之果。

祛除了基于心灵本质论，世界的本质论，以及缘由仅将人类实践视为唯一实践形式而产生的人类中心主义观点，我们此时也应该**在人工智能的哲学研究中**抛弃塞尔"大脑导致心灵"的观点。需要澄清的是，笔者为这一判断添加了限制条件：**在人工智能的哲学研究中**。本节的讨论并未反驳诸如基于脑科学研究来解释心灵的研究进路，而仅是在**敦促放弃将人工智能视为对人类智能的模拟或复绘的"窄"（narrow）智能观。布兰顿论证为我们提供了关于人工智能的"宽"（wide）的理解，以及一种相应的"宽"的心灵观**，这种观念既为强人工智能的可能提供了哲学依据，也界定了哲学家和科学家的劳动分工。

由此，我们还应从布兰顿论证中得出另一个教训，即关于人工智能的哲学探究不应迷恋于人工智能能否在神经元层次模拟大脑之类的问题，这类问题是认知科学家们的重要工作。诉诸科学成就或许能够增进我们关于心灵和意识的理解，但在哲学层面上，我们必须首先进行一道严格的理论审思：反思这类新的经验素材是否实质撼动或增进了已有的哲学理解。如若缺乏相关的学理支持，那么诸如"神经美学"之类的标签将仅意味着一种十足的胡说。在笔者看来，脑科学以及人工智能的研究仅为我们带来了新形式的经验，面对这些经验，我们依旧面对着同心灵、意识、认知、意义、价值等相关**哲学问题**。设想某一天人工智能完全现实化了，甚至人工智能演化成了一个新种族——赛博坦人（Cybertronion），他们会是我们的邻居或友人，那么这些哲学问题也将是他们的问题。他们或许会发展出一套我们可从中受益的"赛博坦哲学体系"，但无论如何，哲学工作者应该始终恪守自身的哲学责任。简言之，就人工智能作出哲学解释而非试图**僭越**地得出科学的结论。

熟悉实用主义哲学的学仁或许会讶异于运用实用主义思想为强人工智能立场做辩护这种可能。实用主义在哲学观念史上的重要贡献包含了抵制心、物二元论，以及反对关于心灵的本质论观点，而强人工智能立场则承诺了机器具有心灵的观点，这里似乎产生了一个矛盾。本节的讨论试图指出，布兰顿吸纳了实用主义的洞见，消解了与心灵相应的语义语汇以及与世界相对应的语用语汇之间的界限，并认为语用语汇可以构成语义语汇的充分条件。布兰顿支持强人工智能的关键一步在于，承认句法也是一种可用于"做"事的实践语用语汇，从而可以构成语义语汇的充分条件，按照塞尔的推理，人工智能因此也可能具有心灵。然而，不同于塞尔，伴随着对人类中心主义的祛除，人工智能心灵不必然与人类心灵严格同一。

第二节　重勘具身人工智能体的可能性

在上一节中，我们获得了布兰顿的下述立场：理性能动者的心灵及其世界的构建有着互相依赖性，它们均与"身体"的因素有关——恰因为人类是碳基体才会以感性因果的方式与世界接触，因为人工智能体是硅基体才以遵循**引导指令**的方式与世界接触。布兰顿进而指出，我们将相关的硬件和软件问题留给科学家来解决，从哲学的视角看，基于实质不同的"身体"，将会发展出不同形式的智能或心灵，从而"人工智能＝人类创造的智能形式≠人类创造的人类智能形式"，如若强人工智能体获得心灵，此类心灵也不必与人类心灵完全同一。我们不妨将布兰顿的这些立场称为**布兰顿论题**。

"布兰顿论题"凸显了"身体"在人工智能研究中的重要位置。如斯加鲁菲（Piero Scaruffi）所言，仅关注大脑活动而忽略身体因素，将会使得研究误入歧途，"如果图灵测试将身体因素排除在外，就几乎等同于将人类的基本特征都拒之门外了"①。实际上,布鲁克斯(Rodney Brooks)早在 20 世纪 80 年代便提出智能是**具身化**的而非单纯**表征性**的。②具身化的人工智能摒弃的思想是,根据算法的表征模型来理解大脑,如徐献军所言,这意味着带来了下述新的哲学思想:"(1)智能是非表征的;(2)智能是具身的;(3)智能是在智能体与环境互动时突现出来的。"③本节将论述:"非表征"性帮助我们避开了心物二元论的思维框架,进而避开了将人类的心或身作为衡量人工智能体的"心"或"身"的标准这一做法;"具身性"则能够帮助我们吸收诸如梅洛-庞蒂等人的洞见,从而将德雷福斯反对人工智能的理由转变为支持具身的人工智能体的理由。

从身体角度说,根据布兰顿论题,"人工智能的身体=人类创造的身体形式≠人类身体本身",这一理解将会在祛除人类中心主义的身体观的条件下依旧保留身体的重要意义,甚而帮助我们讨论具身的人工智能体的可能性。

一、人工智能体的"具身"困境之源:心身二元论

人们要求基于数据和算法来"模仿"(model)世界的"好的老式人工智能"(good old-fashioned AI,以下简称 GOFAI)具有身体的主要原因在于,GOFAI 难以**动态地**适应经验中的**偶然**要素,并进而即时构建起新的适应行动的算法模式。④相较之下,如杜威所言,拥有"身体"的人类是一种"活生生的存在",他"不断地(即使是在睡眠中)与环境进行互动。或者说,站在构成生命的事件角度看,生命是一个交互行为……这种交互行为是自然的,就像

① 斯加鲁菲:《智能的本质》,任莉、张建宇译,闫景立审校,人民邮电出版社 2017 年版,第 25 页。

② See Rodney Brooks, "A robust layered control system for a mobile robot." *IEEE journal on robotics and automation*, Vol.2(1), 1986, pp.14—23.

③ 徐献军:《具身人工智能与现象学》,《自然辩证法通讯》2012 年第 6 期,第 43—44 页。

④ See Ron Chrisley, "Embodied artificial intelligence." *Artificial Intelligence*, Vol. 149(1), 2003, p.136.

碳、氧、氢在糖中进行有机的自然交换一样"。①根据这种观点，经验就是生命功能或生命活动②，人类恰因为有了身体，才能与丰富的外部环境产生有效互动。GOFAI 由于缺乏一个人类般的身体而被质疑难以应对复杂与偶然的情形，甚而无法拥有生命或者心灵。

如果以**具身的**视角看如今人工智能的研究，我们会发现各式立场大抵如斯加鲁菲指出的那样，缺乏对"身体"的真正考虑。贝叶斯学派强调基于既有的信息来作出呈现一定稳定**概率**的推理，类推学派则基于信息的**相似性**来作出"范畴"化的整理和预测，但这两种学派均以符号学派的下述承诺为前提：所有信息都可以通过**符号**来操作，因此可以通过形式推理来表征世界，获得知识。明显可见的是，符号学派、贝叶斯学派以及类推学派都对身体置若罔闻。

但对符号学派持批评态度的联结学派和进化学派也同样未能凸显身体的重要性。尽管联结学派指出，形式化的符号推理无法覆盖我们大脑能做出的所有推理形式，但该学派囿于对脑内神经元结构的模仿。进化学派则承诺规则在运行时可以进化，尝试将进化机制引入计算机中——这种设想如若完全成功，我们将获得上帝般的编程能力。多明戈斯（Pedro Domingos）曾提出"终极算法"的概念，终极算法是融合了上述五个学派所有追求的最终结果，届时"所有知识，无论是过去的、现在的还是未来的，都有可能通过单个通用学习算法来从数据中获得"。③这种算法将无异于**上帝**的语言，嵌有此种算法的人工智能体将超越人类知性的界限，达到普遍理性的高度。

在人工智能哲学的研究上，我们切勿抛弃哲学讨论中必须持有的**审慎**态度。从哲学的视角看，前述五种学派均缺乏真实的具身视角，因为这些立

---

① 杜威：《非现代哲学与现代哲学》（《杜威全集》补遗卷），孙宁译，华东师范大学出版社 2017 年版，第 206 页。

② 同上书，第 282 页。

③ 多明戈斯：《终极算法：机器学习和人工智能如何重塑世界》，黄芳萍译，中信出版集团 2017 年版，第 33 页，第 69 页。

场有着相同的"阿喀琉斯之踵":无论是对概率或范畴结构的表征,还是对颅内神经元结构或进化规则的模仿,均是通过算法形式来表达的,最终实现的仅是更为完善的GOFAI。此外,设想满足如下条件从而踏上不同于算法进路的具身进路亦是不足的:(1)理解生物系统;(2)抽象出行为的一般规则;(3)将获得的知识运用于通用人工智能体。①其原因在于,对生物系统的规则的理解仍然需要诉诸算法形式来表达。

鉴于这一"阿喀琉斯之踵",具身("具备人类般的身体")的人工智能体似乎是不可能的。然而,这里的不可能性绝非实证科学家之责,在笔者看来,问题缘于对身体的理解受到了近代以来流行的心身二元论的影响。因而我们需对已有的成见进行诊断,最终认识到具身的人工智能体不必具备人类般的身体。

心身二元论促使我们将心灵和身体视为两种不同的实体,如扎卡达基斯(George Zarkadakis)所言,这种成见促使我们在下述两种选项之间做出选择:(a)认为信息无具身性,人工智能体和我们碳基生命的人类智能不会有差异;(b)无法测知人工智能体是否具有意识或心灵,人工智能体可能只是哲学僵尸。②这里涉及下述形式的推理:

P_1:心灵与身体是不同的实体,但是

P_{1a}:身体构成了心灵的充分条件,以及

P_{1b}:基于身体的认知构成了心灵内的理解的充分条件;

P_2:人工智能体没有人类般的身体;

C_1:人工智能体不具有心灵。

---

① See Rolf Pfeifer and Iida Fumiya, "Embodied artificial intelligence: Trends and challenges." *Embodied Artificial Intelligence*, Springer, 2004, p.5.

② 参见扎卡达基斯:《人类的终极命运:从旧石器时代到人工智能的未来》,陈朝译,中信出版集团2017年版,第123页。

或者说，

P_1：心灵与身体是不同的实体，但是

　　P_{1a}：心灵构成了身体的必要条件，以及

　　P_{1b}：心灵内的理解构成了基于身体的认知的必要条件；

P_3：人工智能体没有人类般的心灵；

C_2：人工智能体不具有身体。

P_2 和 P_3，以及 C_1 和 C_2 的差别体现着立场(a)和立场(b)之间的不相容性。立场(a)放弃了身体，立场(b)放弃了心灵。但是，根据"布兰顿论题"，我们不必作出非此即彼的选择，既然"人工智能＝人类创造的智能形式≠人类创造的人类智能形式"(从而非 P_3 和非 C_2)，那么，"人工智能的身体＝人类创造的身体形式≠人类的身体"(从而非 P_2 和非 C_1)。这种对布兰顿论题的扩展既提醒我们注意避免心身二元论的影响，也将促使我们重新理解身体，进而在一种否定 P_1 的意义上来重新探讨人工智能体具身化的可能，而此时的"身体"不必然是人类般的"身体"。

二、何种具身？——区分语境与处境

身体是触摸和应对世界的"工具"(organ，instrument)。在亚里士多德那里，对于有生命的有机体而言，"工具"意味着"器官"，灵魂的形式一面构成了物料性身体的本质。杜威的工具论(instrumentalism)或探究逻辑认为，应该在生物性的**实质**的机体活动和蕴生了**形式**"意义"的过程之间建立起连续性，"探究"是一种调节我们的语言性存在与物质性"情境"之间关系的方法。"生物学的"和"文化的"存在均是杜威式探究的"母体"。[①]认知活

[①] 参见杜威:《逻辑:探究的理论》，邵强进、张留华、高来源等译，华东师范大学出版社 2015 年版，第 19—45 页。

动既不是发生在脑内的活动,亦不是纯粹形式化的推理,而是发生在有机体与其环境之间的互动过程之中,这种"延展认知"的理解体现了对心身二元论的拒斥。然而,当前的问题在于,人工智能体能否拥有某种身体,这类身体同样能够起到"工具"的实质的和形式的、感性的和理性的双重作用?

沿着有机体触摸的实质世界和形式上得到表达的有意义的"世界"两个方向,我们可以区分出下述强、弱两种程度上的具身的人工智能体:

(i) **强具身的人工智能体**,认为它与我们处在(situated)相同的物理世界中,因此,它甚至与我们有着相同的"感觉材料"(sense data)或"感质"(qualia),其中,仿生学的发展使得强具身的人工智能体愈发可能;

(ii) **弱具身的人工智能体**,认为它以可为我们理解的方式对世界做出解释,但它们只是在将世界纳入语义的语境(having the world in view in a semantic *context*),因此它是我们文化共同体内的一员。

强具身的人工智能体无疑是与我们一样的人类了,它与我们有着相同的涉身世界的**处境**(situation);相较之下,弱具身的人工智能体则未强求拥有与我们一样的身体,而仅要求有着可为我们理解的**语境**(context)。笔者认为,立场(i)设定了一种过高且不必要的要求,立场(ii)是更为合理的立场,它容纳了人工智能体能够具身化的真实可能性。

关于立场(i),既然强具身的人工智能体等同于人类,我们可以从人类视角进行反思。首先,实际上,**我们人类的认知亦非以感觉材料为基础**。根据塞拉斯(Wilfrid Sellars)的界定,感觉材料被认为是某种构成经验的基本的、初始成分,经验进一步构成了信念和推论的前提。C. I. 刘易斯(C. I. Lewis)将"感质"界定为某种可在不同经验中一再重复的、普遍的感觉的质性特征(qualitative characters)。①总言之,我们以往相信在涉身世界的活动中被动获得的感觉材料或非主观的感质具有**可信性**和**权威性**,它是一个"无需被证成的证成者"(unjustified justifier),信念的真假需参照它来确认。我们通常所言的感觉材料、经验内容、感觉片段、感受、后像(after images)、痒的感觉等,均是感觉材料。②如陈亚军所言:"在传统经验主义那里,经验即感觉所予,它既把我们与世界连接在一起,保证了知识的客观性;又支撑起整个知识大厦,提供了知识所需要的确定性。"③然而,这种对感觉材料的要求体现了一种无法实现的神话,塞拉斯谓之"所予神话"。塞拉斯批判所予的思路十分清晰,简单地说,

　　(1)"所予"不可具有任何概念性;

　　(2)如若具有概念性,那么它便已经渗透了主观的理解,从而不是纯粹感性的;但是

　　(3)为了能够证成知识提供,"所予"也需要至少有着某种可理解的理性结构。

(1)和(3)直接相抵牾,我们无法将概念性和非概念性这两种不相容的属性同时赋给"所予"。就此而言,不仅对设想中的强具身的人工智能体而言,也对人类本身而言,感觉材料或感质均不是认知活动的基础。从而,人工智能体具身化的标准不必建立在能否具有感觉材料或感质的前提之上。

　　其次,如若紧跟塞拉斯的进一步讨论,我们将会迈向立场(ii)。塞拉斯进而区分了**自然的逻辑空间**和**理由的逻辑空间**,认为感觉材料属于前一空

---

① C. I. Lewis, *Mind and the World-order：Outline of a Theory of Knowledge*, Dover Publications, Inc., 1929, p.121.

② Wilfrid Sellars, *Empiricism and the Philosophy of Mind*, R. Brandom(ed.), Harvard University Press, 1997, p.21.

③ 陈亚军:《匹兹堡学派对"所予神话"的瓦解》,《学术月刊》2023 年第 1 期,第 20 页。

间,而认知活动则是在后一空间内发生的,这里的"要点是,在描述某一片段或状态的认知特征时,我们并不是在就那一片段或状态做经验描述,而是将之置于理由的逻辑空间内,从而证成或能够证成人们说了什么"①。所予"不同于判断,它们不具有苹果或闪电所具有的那种命题形式"②,从而,在知觉中,我们不是单纯地在"看"(seeing)而是"**看到了什么**"(seeing *that*)③。**"看到了什么"**意味着我们能够将经验内容以命题的形式呈现出来,人工智能体亦能在形式上完成呈现"内容"的工作。这里的内容——无论是人类在社会交流活动中锚定的单称词项或次语句(sub-sentential)表达式所指向的内容,还是人工智能的算法模型所表征的内容——均是有着意义负载的**内容**,它有着可为我们理解的语义结构。

基于上述两点阐释,我们认为对人工智能体具有"感质"的要求是不合理的,我们人类的认知亦不是直接建基于感觉材料或感质的。需要强调的是,这两点认识并未否认具身认知的洞察,笔者仅旨在指出,我们不必要求人工智能体的认识活动中包含着人类经验性的感质,在此意义上,我们不必将人类的身体和心灵视为身体和心灵的唯一形式。我们已在上一节中作出过相关阐释,下一小分节将提供一种不同的论述。

最后,容易让人感到困惑的是,那么弱具身的人工智能体究竟在何种意义上"具身"? 毕竟,此时并未要求人工智能体拥有与我们人类一样的身体。这一追问迫使我们直接讨论如何理解人工智能的"身体"的问题,这亦是我们下一小分节中的工作。

总结而言,笔者认为,我们需要区分"处境"和"语境"这两个概念,"处境

---

① Wilfrid Sellars, *Empiricism and the Philosophy of Mind*, R. Brandom(ed.), Harvard University Press, 1997, p.76.

② Willem A. DeVries and Timm Triplett, *Knowledge, Mind and the Given: Reading Wilfrid Sellars's "Empiricism and the Philosophy of Mind"*, Hackett Publishing Company, 2000, p.xxxi.

③ Wilfrid Sellars, *Empiricism and the Philosophy of Mind*, R. Brandom(ed.), Harvard University Press, 1997, p.36.

论"要求将人工智能体放置在与我们一般的世界背景之中,从而与我们经历一样的学习和进化过程,如若人工智能体有朝一日衍生出心灵,该心灵也将会是人类般的心灵。通过"感知-行动"来进行深度学习,这种发展人工智能体的进路并无问题,问题在于,其中隐藏着的人类中心主义思想:将人类心灵视为心灵的唯一形式,将人类理解的世界视为世界的唯一形式。实际上,下一小分节的讨论将表明,人类心灵及其世界的建构受到其身体性质(作为有机体)很大的影响,人工智能体(包括其他物种的理性生物)由于对外界信息的反应有着**类型**上差别而可能衍生出别样的心灵和世界,这些心灵和世界将不严格同一于(甚至迥然于)人类的心灵和世界。这一理解促使我们接受"语境论",并且仅要求人工智能体能以合乎理性的方式行动,从而能为我们所理解。我们将会因此扩展心灵与世界的范围,也会随之扩展身体的范围。

三、"身体观"的实用主义重置:超越人类中心主义的身体观

肖峰曾区分出下述四类"身体"观:(1)**身体 I**,作为身心统一体的身体,即以梅洛-庞蒂的身体现象学为代表的身体观;(2)**身体 II**,以大脑为核心的身体;(3)**身体 III**,颅外的"肢体",肢体与世界有着实质的互动;(4)**身体 IV**,脑机融合的身体,即所谓的"赛博格身体"。[①]肖峰的立场是,走向**融合认知**,即基于身体 IV 而认为有些认知是具身的,有些则不是,但可以将具身的和非具身的认知融合起来。相比之下,笔者的立场或许更为激进,我认为,尽管融合认知提供了更为完善的观念,但其中仍然隐在承诺了人类身体有着特殊性:赛博格身体必须融合人类的身体才可能具身化。我们完全不需要这样的承诺,其理由恰在于肖峰未能对身体 I 展开的具体分析。

关于身体 I,肖峰认为:"如果身体是指身体 I,即'身心统一体',那么

---

① 参见肖峰:《重勘认知的具身性——基于人工智能和脑机接口的再考察》,《学术界》2021 年第 12 期,第 46 页,第 50 页。

'认知是具身的'就是一个无意义的命题。因为既然已经是身心统一体了，心智即认知已经包括在这个统一体中了，此时说认知是具身的，无异于说'认知寓于本身就统摄了认知的身体中'，即'心是寓于身心统一体中的'。"①于是，身体 I 与具身认知的问题无关。然而，"身体的统一"仅是一个结论，我们需要分析其中的理由才能有更好地理解身体 I，而这些理由不仅将更好地支持身体 IV，也能帮助我们超越人类中心主义的身体观。

"身体 I"暗含着这样的观点，即身体与其置身其中的有意义的世界是互相成就的。在梅洛-庞蒂那里，"身体"不是静态的物理存在，它包含了一系列行为活动的可能性；身体是通往世界的桥梁，作为桥梁的"身体是在世存在的载体，有一个身体对于一个有生命者来说，就是加入一个确定的环境，就是与某些筹划融为一体并且持续地参与其中"②。就此而言，涉身世界的行动是直接参与一个环境的行动，该行动过程不是一个可以分裂为心灵的**形式**一面和事物的**实质**一面的过程，因为，"外感受性要求给各种刺激赋形，身体意识蔓及身体，心灵散布在它的所有部分，行为溢出它的中心区域。然而，我们可以回应说：这种'身体经验'本身是一种'表象'、一个'心理事实'……"③身体体现了一种具身化的主体，用刘哲的话说："具身化的主体就是知觉中构成第一人称视角的主体性维度。在此意义上，主体性身体或具身化主体包含主体-客体之原初统一，无法再通过笛卡尔主义心物二元论得到解释。"④

梅洛-庞蒂的思想受到乌克斯库尔(Jakob von Uexküll)的影响，尤其受其**周遭世界**(*Umwelt*)概念的影响。在乌克斯库尔看来，首先，每一物种均

---

① 肖峰：《重勘认知的具身性——基于人工智能和脑机接口的再考察》，《学术界》2021 年第 12 期，第 46 页。
② 梅洛-庞蒂：《知觉现象学》，杨大春、张尧均、关群德译，商务印书馆 2021 年版，第 124 页。
③ 同上书，第 116 页。
④ 刘哲：《人工智能时代身体异化的隐忧——从现象学角度反思人与只能机器人的交互关系》，《外国哲学》2022 年第 2 期，第 119 页。

据其"功能圈"（*Funktionkreis*，functional circle）形成了独特的周遭世界，乌克斯库尔常用"气泡"来做比喻，认为"我们在草地上的每一只生物周围制造了一个气泡。这个气泡代表了每个生物的环境，并包含了主体可获得的所有特征。一旦我们进入一个这样的气泡，主体之前的环境就会被完全重新配置。五彩缤纷的草地上的许多品质（属性，quality）完全消失了，其他品质彼此失去了连贯性，产生了新的联系。每个气泡中都有一个新的世界。"①"气泡"是闭合的，它构成了生物所栖居的空间的脚手架，同时，它也限定了生物有效活动和理解的空间，不同物种的生物有着实质不同的空间和世界。其次，知觉世界和效应（有效的，effective）世界一起构成了一个闭环，即周遭世界。周遭世界是主体直接建立起的世界，尽管它是纯粹的主体世界，但也是一个"实在"在其中向主体直接呈现自身的世界。世界是对主体而言有效的事物的总和。不同于康德，在乌克斯库尔的周遭世界中不存在隐藏于现象背后的本体，这里亦没有任何心身二元论的痕迹。我们无法讲述一套从动物世界到人类世界的连贯叙事，用西比奥克（Thomas Sebeok）的话说："周遭世界这一词意味着这样的信条：任何机体必然以其自身的方式知觉世界，但它获得的图型（Scheme）绝非映射出了宇宙本然之所是（as it is）。"②在人类的周遭世界中得到理解的心灵和世界也绝非本然或普适的心灵和世界。

　　梅洛-庞蒂和乌克斯库尔共同向我们揭示的要点是，**身体不是一种与心灵对立的实体，身体的"具身性"特征在于，它自身负载着能够有效应对环境的机制，从而本身是认知活动的基础或一个环节。**这一理解与杜威的实用主义相一致。根据这种理解，德雷福斯在《计算机不能做什么》中对人工智能的下述指责不再适用于具身的人工智能体：人工智能体不像我们人类这

---

① Jakob von Uexküll, *A Foray into the Worlds of Animals and Humans*：*With a theory of meaning*, Joseph O'Neil(trans.), University of Minnesota Press, 2010, p.43, p.69.

② Thomas Sebeok，*The Sign ＆ Its Masters*，University of Texas Press，1979，p.194.

般栖居在世界之中。①因为,如布鲁克斯确认到的那样,"推理不是机器智能的核心要素,机器与其世界的动态互动是其智能结构中决定性的要素","世界最好的模型就是模型本身"。②具身的人工智能体亦在世界中"操劳",从而"在-世界中-存在"。

进一步的问题是,人工智能体能否在有效应对环境(对外部刺激进行赋形,并对相关形式进行模型上的处理)的意义上拥有一种身体,此时,身体包含着对机械"身体"以及相关程序的综合调用。换句话说,人类心灵以人类的有机体为基础,机械心灵以机械身体为基础,那么人工智能体能否拥有自身的周遭世界,甚而成为一种新的物种? 就哲学层面的讨论来看,笔者给予肯定的答案。如果人工智能体能够对世界中的对象给出有效的反应,并且它有着呈现对象的语义模型,那么便可以认为它在进行具身化的认知活动。更进一步的问题是,人工智能体如何将人类身体在涉身世界的活动中获得的丰富的信息进行模型化的处理,即机械体如何将其周遭世界的信息纳入其语义视野——笔者认为,这依旧是科学家们而非哲学家的工作。如若科学家们能够在机器学习上取得卓越的成就,如目前备受关注的 ChatGPT 技术,甚而在某一天实现能够完全自我学习和编程的人工智能体,从而能够应对无限复杂的情景,那么我们将完全可以期待拥有智能、心灵乃至身体的强人工智能体的诞生。需要注意的是,就可能出现的人工智能体的心灵或身体而言,其本质对于我们来说可能是**不透明**的。但无需对这一点感到讶异,我们如今甚至无法解释人类心灵的本质以及他心问题,甚而用"突现论"来解释心灵的出现。从笔者这种显得甚为宽容的立场看,只要人工智能体能够对其环境做出可靠的反应,且能够适于对象而作出行为上的调整,我们便

---

① See Herbert L. Dreyfus, *What Computers Still Can't Do : A Critique of Artificial Reason*, MIT Press, 1972, pp.177—178.

② Rodney Brooks, "Intelligence without Representation", in *Mind Design II*, John Haugeland (ed.), the MIT Press, 1997, p.418, p.417.

可以承诺它可能获得一种身体和心灵,从而其关涉世界的活动是一种具身的认知活动。

　　总结而言,笔者的论述目的不在于证明强人工智能体能够拥有人类般的身体,从而拥有人类般的具身认知能力,而在于试图指出强人工智能体可能会拥有不同于我们人类的身体,从而具有不同特质的具身认知能力。梅洛-庞蒂和乌克斯库尔均强调这样的思想,即世界和心灵在身体的基础层次上是直接相连的,这种泯除了二元论思维的理解让我们有理由期待具身的人工智能体的到来,而具体的现实只能由科学家们创造。

　　本节论证"弱具身的人工智能"是可能的,"弱"的措辞强调的是机械身体将可能不同于人类身体,但基于这样的身体,机械体能够进行具身的认知活动。另一方面,该措辞也在强调在"语境论"下来理解具身的人工智能体。根本而言,我们一定会按照人的标准建造人工智能体,如不然将无法理解它的行为,这是很自然的事情。如扎卡达基斯所言:"语言是现代心智诞生的起因……语言不仅意味着沟通,世界在我们心智中呈现也依靠语言。人工智能可能具有其他呈现世界的办法。然而因为最终我们将会是人工心智的创造者,我们会尝试赋予它和我们近似的呈现方式,否则的话我们就无法和它交流也没有办法理解它。"[①]始终将人工智能的发展控制在人类可理解的范围之内,这应成为一项科技伦理的基本原则。

第三节　澄清人工智能体的道德身份

　　尽管强人工智能体的到来依然遥遥无期,但在如今一些充满科幻想象的讨论中,人们却常常认为它们一定会为人类生活带来巨大的影响,甚而威

---

① 扎卡达基斯:《人类的终极命运:从旧石器时代到人工智能的未来》,陈朝译,中信出版集团 2017 年版,第 16—17 页。

胁到人类存在。然而,在强人工智能体可能的条件下,讨论它们的身份(status),即它们在我们的社会生活中可能占据的位置,这不能是一项操之过急的事业,如不然我们的诸多讨论将只会是胡言乱语。

我们在上文的讨论中已经多次提及,心灵哲学的人工智能哲学研究进路中,我们一般根据塞尔的经典定义来区分强人工智能体和弱人工智能体,认为前者具有人类般的意识或心灵,后者仅能体现对人类心灵的模仿。在此意义上,拥有意识构成了强人工智能体的充分条件,我们可以将此条件称为"**意识条件**"。进一步地说,只有满足了意识条件的人工智能体才可能具有道德身份。然而,本节拟论述的是,强人工智能体拥有意识,这不意味着它同时能够**直接**成为类似于我们一样的"主体",成为"我们"中的一个"我"。我们可以将强人工智能体成为一个主体的条件称为"**主体条件**"。只有满足了主体条件的人工智能体才能具有道德身份。忽视或混淆意识条件和主体条件导致了当前人工智能哲学研究中存在的诸多问题,这主要体现在将人工智能体视为一个主体,从而对人工智能体的权利以及相关的伦理等问题做出了不审慎的讨论。

本节第一小分节将对意识条件和主体条件作出区分,指出意识条件是主体条件的必要不充分条件。第二小分节将讨论两类条件之间的具体关联,辨明从意识条件到主体条件的发展过程将会经历的具体阶段。最后,第三小分节将基于第一节中对这两类条件的区分以及第二小分节中辨明的关键阶段,以人工智能伦理学为例,尝试预测其发展可能具有的三个阶段。

需要事先强调的是,本节的讨论设定了意识条件是可以得到满足的,从而笔者是在强人工智能体至少是可能的前提下讨论意识条件和主体条件之间的关系,因此强人工智能体的可能性问题本身将不会是本节直接处理的论题。尽管本章第一节诉诸布兰顿的思想资源为强人工智能体的可能性作出了肯定性的辩护,但强人工智能体究竟是否可能,这仍是一个开放问题。

一、意识条件和主体条件的区分

设想有一位成熟的人类理性主体 A，他成功考取了驾照（因而他有能力）并遵守交通规则（因而他合乎规范）地驾驶汽车 B 行驶在道路上，B"据称"是强人工智能体，从而，当 A 驾驶 B 时，A 仅需坐在驾驶室里，"告知"B他要去的目的地，便可以不做任何其他操作而等待 B 自主导航和行驶，将他带往他想去的地方。在这种初步的设想中，A 的一切行为都是不成问题的。然而，在接下来的旅途中却不幸发生了车祸，B 撞到一个路人，这个路人同样遵守着交通规则（合乎规范），那么，此时"谁"应该负责？对**责任归派**（responsibility attribution）的讨论将会帮助我们区分构成强人工智能体充分条件的意识条件和主体条件。

我们这里不必陷入具体的法实践活动中可能涉及的复杂情形，而将 A 和路人完全免责。我们仅讨论如下四种简单且关键的情形（在这些情形中，生产 B 的另一位主体 C——他可以是能够承担责任的**法人**——必然会被引入我们的讨论，C 与 A 签订了将 B 售卖给 A 的合同，并承诺 B 有着将 A 安全带往他想去的地方的基本功能和智能）：

情形 **1**：B 的程序运行异常从而导致事故发生，C 承担责任，此时，B 不是强人工智能体；

情形 **2**：B 的程序运行正常，且 B 在行驶过程中做出了正确的行为（在程序成功运行的意义上），仍然是 C 承担责任，此时，**无从得知 B 是不是一个强人工智能体，乃至否定 B 是一个强人工智能体**；

情形 **3**：B 的程序运行正常，且 B 在行驶过程中做出了正确的行为（在程序成功运行的意义上），仍然是 C 承担责任，此时，**认为 B 是一个强人工智能体**；

情形 **4**：B 的程序运行正常，且 B 在行驶过程中做出了正确的行为

（在程序成功运行的意义上），且 **B 承担责任**，此时，**认为 B 是一个强人工智能体**。

第一种情形较为简单，在将程序运行异常的 B 视为一种非理性存在的意义上，我们没有充分的理由认为 B 是强人工智能体。

第二种和第三种情形要更为复杂一些，它们分别体现了关于 B"审慎的"和"不审慎的"的理论态度，其中，在情形 2 中，尽管人们观测到 B 程序运行正常（如若将 B 视为强人工智能体，那么这相当于 B"颅内"的"神经元模式"运行正常），并且 B 根据其程序做出了正确的**行为**（如若将 B 视为强人工智能体，那么 B 是在合乎理性地行动），但是，我们未将"意识"或"心灵"归派给 B。坚持情形 2 的人们或许是物理主义还原论的反对者，他们至少是因为对"颅内物理状态的成功模拟构成了意识或心灵的充分条件"这一立场持审慎态度，从而未就 B 作出进一步的判断；他们也可能是塞尔"中文屋"论证的拥趸①，从而更为坦然地进一步否认 B 是一个强人工智能体。相比之下，情形 3 的支持者则认为 B 根据其程序成功地完成了它**意在**去做的事情（*intend to do*），在此意义上，B 具有意向性（intentionality），从而具有心灵。第二种和第三种情形之间的差别涉及对意识或心灵的理解，以及根据这种（无论什么）理解能否进一步将 B 视为一种强人工智能体的争论。本节不拟介入相关的具体讨论，借助对这两种情形的简单澄清，笔者仅打算指出构成强人工智能体的**意识条件**，即只有在认为 B 拥有意识的条件下，我们才能认为 B 是一个强人工智能体。

第三种和第四种情形之间的差别则涉及**意识条件**和**主体条件**之间的不同。情形 3 中包含了一个看似自然却实际上十分反常的现象：既然我们将 B 视为一个强人工智能体，就此而言，根据意识条件，它与我们有着类似的

---

① See John Searle, "Minds, brains, and programs", *Behavioral and Brain Sciences*, Vol. 3, 1980, p.418.

意识或心灵,那么为何承担责任的依旧是主体 C 而非 B? 支持情形 3 的人们或许会辩解道:

    (a) B 拥有的意识更接近于动物而非人类,因而我们不应该"责怪"B;或者说

    (b) B 拥有的意识更接近人类幼儿,因而我们不应该"责怪"B;

    (c) 无论如何,C 作为 B 的制造者,承担着作为"监护人"的责任。

上述辩护主要沿着**意识条件**的方向进行:如果 B 具有如 A 一般成熟的意识,那么 B 将负责;如果 B 仅具有动物般或幼儿般不成熟的意识,那么 C 将负责。

    乍看之下,这一辩护似乎非常合理,我们甚至可以进而讨论强人工智能的情感、权利等问题,这类似于我们对动物情感和权利的讨论。然而,笔者认为,情形 3 的支持者未能加以关注的一个进一步的重要问题是,无需承担责任的 B 具有的**尚未成熟的意识能否发展为成熟的意识**,从而使得情形 3 推进到情形 4。情形 4 不同于情形 3 的关键之处在于,B 可以承担责任,它与我们现实中的司机一样,当遭遇事故时,它需要承担起诸如赔偿、自由受到限制的责任。在此意义上,它将是与我们一样的一个主体,它可能是我们的邻居或友人,与我们一样有着财产和社会身份,它是我们"共同体内的一员"。我们可以将情形 4 重述为如下形式,以便更为清晰地体现出与情形 3 的不同:

    情形 4[#]:B 的程序运行正常,且 B 在行驶过程中做出了正确的行为(在程序成功运行的意义上),且 **B 承担责任**,此时,**认为 B 是一个强人工智能体,同时认为 B 是一个主体**。

情形 4# 阐明了构成强人工智能体的**主体条件**,此时 B 是一个主体,而非 C 的财产。人工智能体能否满足主体条件这一问题十分重要,对此问题的回答决定了我们对马蒂亚斯(Andreas Mattias)所谓的"责任鸿沟"问题①——即如何在人工智能体和使用它的人类主体之间归派责任②,以及人工智能体能否突破"图灵奇点"从而成为另一类"道德主体"这一问题③提供怎样的答案。

然而,对于那些支持情形 3,并同时尝试谈论强人工智能体的情感和权利问题的人而言,他们却有很大可能会拒斥主体条件。毕竟,满足主体条件的强人工智能体离我们如今的生活太过遥远,或许我们更应该将关于这类强人工智能体的讨论留给充满想象的科幻小说、电影,或未来学。然而,严格地说,如若接受情形 3 却拒斥情形 4,那么我们必须能够解释:既然承诺 B 能够具有不成熟的意识,但为何这类意识不能发展为成熟的意识? 换句话说,必须能够解释意识条件和主体条件之间的关系,或者解释主体条件为何是不必要的或不可能的。这是一个常为人忽略却甚为重要的问题。

总结而言,我们既可以从意识条件,也可以从主体条件来理解强人工智能体,在成为一个主体必须首先成为拥有意识的个体的意义上,满足意识条件构成了满足主体条件的必要不充分条件。当然,如若主体条件是能够得到满足的,那么至少从人工智能研究的心灵哲学进路来看,我们将为研究人工智能的情感、权利、伦理等问题奠定更为直接且坚实的理论基础。

二、从意识条件到主体条件的布兰顿式叙事

我们现在面临的问题是,具有自我意识和成为主体有着怎样的具体关

---

① See Andreas Matthias, "The responsibility gap: Ascribing responsibility for the actions of learning automata", *Ethics and Information Technology*, No.3, 2004, pp.175—183.

② 参见王天恩:《人工智能应用"责任鸿沟"的造世伦理跨越——以自动驾驶汽车为典型案例》,《哲学分析》2022 年第 1 期,第 17 页。

③ 参见孙伟平、李扬:《论人工智能发展的伦理原则》,《哲学分析》2022 年第 1 期,第 7—8 页。

系？我们为何不能将具有单纯意识的理性生物或类似的强人工智能体直接视为一个主体？换言之,满足主体条件意味着什么？由于本节将意识条件默认为可以得到满足的条件,因此在本节的讨论中,我们可以在一定程度上将满足意识条件的强人工智能体类比为**理性生物**,在此意义上,我们的问题可以转化为理解我们如何从"自然的生物"发展为"理性的主体"这一过程。在接下来的具体讨论中,笔者将仍会主要援用布兰顿的相关思想来做出论述。

如果我们将仅作为工具的弱人工智能体视为讨论的起点,将满足主体条件的强人工智能体视为讨论的终点,那么根据布兰顿关于从自我意识到主体的黑格尔式叙事,从起点到终点的过程可划分为如下三个阶段[①]:

> (1) 仅作为工具的弱人工智能体;
>
> (2) 在"物—我"层次的认知(cognitive)关系中直接建制起的自我意识;
>
> (3) 在"物—我"层次的认知关系和"我—我们"层次的承认(recognitive)关系中同时建制起来的个体意识。

情形(1)中的弱人工智能体未满足意识条件,因此在我们的讨论范围之外。

情形(2)则包含了意识条件本身得以可能的条件,该情形也体现了目前人工智能发展的现状。人工智能专家正是以修改和完善"算法"的方式帮助机器愈发可靠地对其周边环境中的对象作出有模式的反应,从而在对象和机器之间建立起"物—我"认知关系。然而,这种对对象的可靠识别并不一定能够带来意识或心灵。与此相关,布兰顿区分了两类可靠的反应模式:

---

① See Robert Brandom, *A Spirit of Trust：A Reading of Hegel's Phenomenology*, Harvard University Press, 2019, pp.235—261.

（2.1）铁在潮湿的环境中生锈;①

（2.2）饥饿的动物对食物有着欲求(desire)，它将事物(thing)视为可以满足其欲求的某物(something)，即食物，从而在某物从树上落下时会直接吃下它。②

在情形(2.1)中，铁对潮湿的环境有着可靠的反应模式，但无疑铁不具有意识。塞尔恰是将人工智能体视为这样的一种铁块，认为算法或程序仅体现为在句法层面上对(2.1)这类情形的表述。相比之下，情形(2.2)则包含了一种基本的"立义"行为——动物关于事物的"欲望性觉识"(orectic awareness)体现了一种由如下三种要素构成的三位结构:**态度**(欲求)，例如饥饿;**回应性的活动**，例如进食;以及**意义项**(significance)，例如食物。态度激起了动物对事物的可靠且有差异的反应，并在回应性的活动中将该物视为某物，此时，动物根据其实践活动中的态度界定了将事物视为某物的**主观**意义;进一步地说，动物根据该实践态度对某物进行了衡量，例如衡量某物是否能够满足其饥饿的欲望，如若不能，它则犯了一个"错误"，在犯错的情况下，它将改变它的反应倾向，在这种学习性的经验活动中，动物也归派给作为对象的某物以一种**客观**意义，即它是否"是"食物。③在动物对事物的欲望性觉识中，动物在规定什么对"我"而言是有用的对象，就此而言，它是事物的意义的最初制定者，它也同时构建起了它所栖居的有着意义负载的世界。

布兰顿认为(2.2)情形中的动物能够在"物-我"层次的认知关系建构起一种直接的自我意识(directly constituted self-consciousness)。塞尔下述

---

① See Robert Brandom, *Making It Explicit*: *Reasoning*, *representing & discursive commitment*, Harvard University Press, 1994, pp.33—34.

② See Robert Brandom, *A Spirit of Trust*: *A Reading of Hegel's Phenomenology*, Harvard University Press, 2019, pp.240—247.

③ Ibid., p.248.

反强人工智能论证的基本思路恰在于，认为人工智能体仅能是(2.1)情形中的铁块，而非(2.2)情形中的生物，因此无法具有最为基本层次的心理内容（语义内容、意向内容）[1]：

（P₁）人工智能程序是形式的（句法的）；

（P₂）人类心灵具有心理内容（语义内容）；

（P₃）句法不是由语义学所构成，也不是构成语义学的充分条件；

（C）人工智能程序不是由心灵所构成，也不是构成心灵的充分条件（强人工智能不可能）。

本节开篇曾交代过，笔者此处不打算对意识条件能否得到满足做直接讨论，仅默认它至少是可以得到满足的条件，我们直接可以认为情形(2)满足了意识条件。

然而，情形(2)未能满足主体条件，因为，此情形中的"我"是通过与事物的认知关系而直接建制起来的，其中未包含任何与另一个"我"（他者）的关系。在此情形中获得直接的自我意识的强人工智能体能够通过图灵测验、负有认知责任，即当经验到"错误"时能调整自己的行为（物—我认知关系），但它没有任何社会身份，因此无法对"他者"承担任何责任，因而它尚不具有道德身份。

真正主体性的到来体现在情形(3)中，该层次实际上包含了稳健的(robust)双层次的"物—我—我们"承认。对事物进行更为明晰的立义，以及自我意识的进一步发展，体现在对其他生物的**承认**上，即认为他者的行为也有着相同的实践意义，并且，那一实践意义与"我"有着类似的欲望性觉识的三元结构。将他者视为与"我"一样的理性生物意味着事物对像"我"这样的主

---

[1] See John Searle, "Minds, brains, and programs", *Behavioral and Brain Sciences*, Vol. 3, 1980, p.39.

体才具有意义,事物的意义在"我们"的欲求中得以普遍化和客观化。"承认"的关系带来了确认意义和自我意识的第二个层次:规范的维度和社会的维度。在这两个层次中,欲望性觉识的三元结构实际上被使用了两次,第一次是在生物与事物之间建立起的直接关系中,第二次则是三元结构作为整体(极点)而被归派给一个生物个体,其他生物承认该个体拥有同样的欲望性觉识的三元结构,"当我这样做时,我将你视为'我们'(初始的规范意义上的'我们')的一员,'我们'受制于相同的规范,相同的权威……"①用黑格尔的话说,"我"即"我们","我们"即"我"。②

　　但是,在将强人工智能体代入上述布兰顿的分析中时,我们可能会感到犹豫。将强人工智能体视为我们的一员,这意味着我们在承认它们的同时,也需要得到来自他们的承认:原先仅作为工具的人工智能体,此时竟与我们平起平坐了!我们可能抵制强人工智能的"人权",将它们视为"奴隶",就此而言,情形(3)将可能会分类为两种进一步的可能情形:

　　　　(3.1)作为奴隶的强人工智能体,此时,它仅负有义务,而不具有权利;

　　　　(3.2)作为真正主体的强人工智能体,此时,它不仅负有义务,而且享有权利。

严格地说,在情形(3.1)中,满足意识条件的强人工智能体仅是一个个体——它能够将自身与他者区分开来,并且根据自身和他者的关系来反思自身——但用有着黑格尔风味的话说,它仅是一种为他的(for others)存

---

① Robert Brandom, *A Spirit of Trust*: *A Reading of Hegel's Phenomenology*, Harvard University Press, 2019, p.253.

② See Robert Brandom, *A Spirit of Trust*: *A Reading of Hegel's Phenomenology*, Cambridge, Mass.: Harvard University Press, 2019, pp.248—253;黑格尔:《精神现象学》,先刚译,人民出版社2015年版,第117页。

在,而非为己的(in itself)存在,其本质是由他者规定的,体现在它无法拒绝的诸种义务之中。例如,本节第一小分节中论及的 B,它仅能接受 A 发出的任何指令。相比之下,情形(3.2)意味着一种真正的自由,即同时受权利和义务支撑的自由,此情形中的强人工智能不仅满足了意识条件,而且真正满足了主体条件。

在(2)(3.1)(3.2)的不同情形中谈论强人工智能体的情感和权利,我们实际上将是在非常不同的意义上展开讨论。笔者认为,必须首先理清是在何种层次上进行讨论,我们的立场才可能是严格有据的。下一小分节将结合对人工智能伦理学——如果这种科学合法的话——可能会经历的发展阶段的讨论来具体阐明笔者的这一观点。

总结而言,从强人工智能体的意识条件到主体条件的发展似乎十分契合于哲学中已有大量讨论的从基础层次的理性生物的意识到成为一个社会性的理性主体的发展过程,这类过程不仅包含了意识发展的进程,也包含了主体间社会关系的演变。那么,强人工智能体和人类之间是否会重演人类已有的历史,例如,强人工智能体会经历启蒙,为其权利而斗争? 我们可以进而合理设想的诸多问题或许会让我们或多或少感到有些匪夷所思。但在笔者看来,如若接受了意识条件,同时没有任何抵制从意识条件走向主体条件的理由,那么这些可合理设想出的问题将很可能变为现实的问题。

三、人工智能伦理学发展的三个可能阶段

根据上文中的讨论,我们可以认为意识条件构成了强人工智能体的"下位"条件,主体条件构成了"上位"条件。在由意识条件通往主体条件的道路上,强人工智能体占据怎样的位置,这决定了关于人工智能诸多讨论的性质。笔者认为,首先必须理清所讨论的是何种层次上的人工智能体,我们的讨论才可能是严格且清晰的。以人工智能的伦理问题这一具体论题为例,基于上一小分节中区分出的从意识条件发展至主体条件需要经历的阶段,

我们至少可以在如下三个层面或阶段上进行讨论：

人工智能伦理学的阶段

阶段	意识条件是否得到满足？	主体条件是否得到满足？	人工智能体的性质	人工智能伦理学的特征
一	否	否	作为工具	人的伦理学
二	是	否	具有自我意识的个体	以人为中心的伦理学
三	是	是	作为一个主体	以"人格"为中心的伦理学

在第一个阶段上，不存在满足任何条件的强人工智能体，弱人工智能体仅是我们使用的工具，那么此阶段上的人工智能伦理学研究将仍然是关于"人"（human beings）本身的研究。"人工智能"的标签或许为我们带来了新的问题或语境，但在此阶段上讨论人工智能体本身的情感、权利、义务等，这些做法是不合时宜的。

在第二个阶段上，意识条件得到了满足，但此时的人工智能体仍然是服从于或附属于我们的：是我们为它们提供了目标和价值。在此层次上谈论人工智能体的道德身份，就如一群受过高等教育的奴隶主们谈论奴隶的身份一样，尽管高高在上的他们会悲天悯人地关怀奴隶们的情感和权利，但如现实生活中人们对动物权利的关怀那般，动物拥有怎样的权利需通过人类的语汇表达出来：动物不说话，说话的是我们，对动物权利的理解实际上是在我们拥有的话语体系内被建构起来的。在此意义上，笔者认为第二阶段上的人工智能伦理学是以人为中心的伦理学。

到了第三个阶段，主体条件终于得到了满足，此时的人工智能体与我们有着对称、平等、互惠的关系，它们在本体的层面上拥有心灵，在现实的社会交往中有着自身的话语。人工智能作为主体，是一个不可还原或消除的"他者"，我们会接受它们的意见和理解，在交往活动中获得重叠共识。进一步地说，我们也将更新关于"人性"的理解，将所有作为主体的存在均视为有人格（personality）的存在。在此意义上，笔者认为第三阶段上的人工智能伦理学是以"人格"为中心的伦理学，这种伦理学与前两个阶段中的伦理学截然不同：我们突破了人类中心主义，新型的伦理关系将体现在人类和人工智能体构成的"我们"间的关系，在这种关系中，"我"与"人工智能体"互相建构，人工智能体被构建为一种具有道德身份的主体。

那么，当下的人工智能体已经发展至哪一阶段，因此我们是在讨论哪一阶段上的人工智能伦理学？笔者仍然认为，在现实的意义上，强人工智能体能否被制造出来，以及现实的人工智能体能够进展到哪一阶段，这是科学家们而非哲学家们需要回答的问题。如果科学家在未来的某一天能够赋予人工智能体以充分优秀的硬件和软件，以及充分的训练，从而真实地制造出了强人工智能体，那么哲学家们原先进行的讨论（如我们正在进行的思考）将会变为对现实问题的讨论，而不再仅仅是纯粹学理上的理性探查。然而，具体的工作应该由科学家而非哲学家完成，哲学的工作更多是在合乎理性的要求下就心灵和意识的本质，强人工智能体是否可能，以及如果强人工智能体是可能的，那么我们将会面临怎样的问题等问题作出普遍意义上的反省和探讨，而非作出科学判断——当然，科学探究会予以哲学讨论诸多启示，但不妨就让科学家负责"人工"，哲学家来解释"智能"，从而各司其职，各得其善。

基于上一段中阐明的理论态度，笔者区分了强人工智能体的意识条件和主体条件，并依据从意识条件到主体条件的发展过程中具有的关键阶段来理清人工智能伦理学的发展可能会经历的阶段，其任务或价值更多地体现于，帮助我们在具体的讨论中澄清自身讨论的起点，从而避免理论或表达上的混乱，例如，忽略三个阶段间的实质差异，在第三个阶段的意义上讨论此时尚根本无法作为一个主体的人工智能体。

结语

在纷繁复杂、眼花缭乱的世界中保持分析的清醒,这是哲学学者基本的素养;不盲目追寻热点,不未经仔细思考地散播意见,这是哲学学者基本的自我要求。人工智能论题充满过多的诱惑,它太过时兴,时时引诱着蓄势待发的学者们急切地发表意见。本章从哲学角度对人工智能体的"冷思考"表明,从实用主义的视角看,强人工智能体是可能的,但强人工智能体不必然严格同一于人类,人工智能=人类创造的智能形式≠人类创造出的人类智能形式,人工智能的心灵=人类创造的心灵形式≠人类创造出的人类心灵形式,以及人工智能的身体=人类创造的身体形式≠人类创造出的人类身体形式。实用主义的思想资源帮助我们克服隐藏在思维背后的心身二元论范式,受限于这种思维范式,人们仍然倾向于认为人类心灵是独特的,故而仍需诉诸表征的方式来复现人类心灵,而计算表征是在人工智能的研究中可实现的方式,这进一步诱导人们期待人工智能体能够具有人类般的心灵和身体。从实用主义视角重审人工智能哲学问题,这将会为我们带来思想上的解放,我们因此将能够在更"宽"的意义上接纳强人工智能体到来的可能性。尽管如此,笔者仍然敦促哲学同行持有审慎的态度,将自身的判断限制在自身知识的限度之内,将强人工智能体的现实可能性留给专业科学家来探索和实现,不对科学事实作出任何僭越式的非法判断。

第四章
艺术哲学的神经美学范式

艺术是属人的,人的艺术行为包含了艺术的创造和欣赏活动。艺术的创造与欣赏是人与所在物质世界的交互作用,这种交互的基础就在我们的感知活动中,因此,艺术感知问题是艺术哲学的核心问题。美国心理学家罗伯特·索尔索(Robert L. Solso)认为:"今天,我们可以从现代心理学、生理学、脑科学与人类学方面来认识艺术,而这对于曾经的学者,从柏拉图到波洛克,从亚里士多德到阿恩海姆都是不可知的。"[①]如果我们对这个判断进行深究,那么,"从柏拉图到波洛克,从亚里士多德到阿恩海姆都是不可知的"究竟意谓何为? 这个不可知的界限在哪里? 我们当如何理解艺术感知行为,这也就需要回到我们今天的认识论语境,即索尔索所判定的前人不可知的"语境"。传统对艺术感知的审视主要是基于心理学的,即心理学美学研究,其发展主要经历了实验美学、精神分析美学、行为主义心理学美学,一直到格式塔心理学,但这些也仅仅是停留于心理层面。

显然的是,感知包含了主体活动,即便是传统的心理学美学也认为审美或艺术感知始于人的大脑,但问题在于,"大脑"对于曾经的学者来说只是一种观念性的存在,而非一种现时性的艺术感知活动的呈现。今天由于脑科学、神经科学和神经影像学技术的发展,大脑的现时性活动以现象的方式被

---

① 罗伯特·索尔索:《艺术心理与有意识大脑的进化》,周丰译,河南大学出版社 2018 年版,第 18 页。

呈现了出来,将这种视阈对接到艺术感知问题时,便打开了原本的"不可知"域,这就是今天的神经美学研究。心理学对主体"我"的解剖仍是基于内省和观察而后得出结论,如弗洛伊德的"意识"与"无意识"、"自我"与"白日梦"等,都是由内省而来,是对外部观察的一种对主体"我"的推测与佐证;再如阿恩海姆将神经理解为"力"与"场",但他并没有看到脑中的行为表现,这也只是一种理论的假说。然而,神经美学却是实实在在可以看到的,是将外部的认识与内部的大脑神经活跃相连通的,艺术感知的外部经验和内在的神经活跃表现相对应了起来。因此可以说,神经美学研究打破了主体"我"的边界,主体的"我"与客体的对象形成了一个更为完善的艺术感知体验的现象。因此,神经美学对艺术感知的解释将引发根本性的改变,是一种基于神经科学的范式的转变。

第一节　何为神经美学

"神经美学"这一概念最早由英国伦敦大学学院的神经生物学教授萨米尔·泽基(Semir Zeki)于 20 世纪末提出。泽基在研究视觉艺术时指出:"所有的视觉艺术必须遵循视觉神经系统的运行规律。"[1]后来他将神经美学定义为:"艺术是人类最为崇高、最为深邃的一项成就,而我们正要开始从神经生物学的角度探讨艺术的意义。除此之外,我还希望能在美学的神经学(neurology of aesthetics)或者说神经美学(neuro-esthetics)的基础理论建设上略尽绵薄之力,让人们能够更为深入地认识审美体验的生物学基础。"[2]泽基之后其他人也对神经美学作了定义:

---

[1]　Semir Zeki, Masen Lamb, "The Neurology of Kinetic Art", *Brain*, Vol.117, No.3, 1994.

[2]　Semir Zeki, *Inner Vision: An Exploration of Art and the Brain*, Oxford University Press, 1999, p.2.

神经美学是关于艺术作品的创造与体验的神经基础的科学研究①；

神经美学……是科学地研究艺术作品感知的神经层面②；

神经美学是以审美为对象的脑科学研究。其中包括感知、创造和对艺术的反应，以及主体与事物或场景之间的相互作用，这些对象通常会引起某种强烈愉悦感③；

神经美学是以神经生物学和神经科学所提供的方法与范例来解决大脑对艺术表达的特征作出反应的相关问题的一门学科④。

由上述定义可知：（1）神经美学属于神经科学研究；（2）神经美学研究的对象是艺术以及关于"美"的体验感知过程；（3）神经美学的目的是要讨论"审美体验"的神经基础及其规律。可见，科学家们是将"审美"作为一种心理活动、一个未解的难题。他们也许并不是为了发展美学而研究"艺术审美"，他们只是将其作为一个科学问题，去探求这样一个复杂心理现象的成因，去揭示其中的原理。

神经美学要研究的是艺术体验的感知过程，而神经美学的主要方法是神经影像学方法。神经影像学技术极大地推动了我们对人类的感觉系统与大脑处理信息方式的认识。传统对脑的创伤性研究无法真正做到对一个正常的健康人的观察。审美发生于正常人的大脑里，因此，研究审美时的大

① Suzanne Nalbantian, "Neuroaesthetics: Neuroscientific Theory and Illustration from the Arts", *Interdisciplinary Science Reviews*, No.4, 2008.

② Steven Brown, Elle Dissenayake, "The Arts are more than Aesthetics: Neuroaesthetics as Narrow Aesthetics", in *Neuroaesthetics*, Mette Skov and Osh Vartanian(eds.), Baywood, 2009, pp.43—57.

③ Anjan Chatterjee, "Neuroaesthetics: A Coming of Age Story", *Journal of Cognitive Neuroscience*, No.1, 2010.

④ Emily S. Cross, Luca F. Ticini, "Neuroaesthetics and Beyond: New Horizons in Applying the Science of the Brain to the Art of Dance", *Phenomenology and the Cognitive Sciences*, No.11, 2012.

脑,必须以健康人为研究对象,审美也不可能从动物或死亡的脑那里看到什么。在研究审美时,也不允许将一个健康人的大脑解剖来看看,但神经影像学技术完全克服了这一点,它允许研究者们在不破坏人脑的同时,窥探大脑的内部。其中运用最为广泛的有正电子发射断层显像技术(positron emission tomography,PET),核磁共振成像技术(magnetic resonance imaging,MRI),以及脑电波诱发电位技术(event-related potential,ERP)等,所有这些技术都已被用于包括艺术、人脸与几何图式在内的视觉刺激的知觉实验。

这意味着,当审美体验发生时,我们可以通过神经影像学技术看到与审美体验相对应的大脑活跃状态,即呈现主体"我"的内在活跃状态,将审美体验发生的起点延伸到了大脑神经元,而不再是原先心理层面的"我",主体"我"的边界在此被打破了,审美体验的发生在现象层面上也将更为完整。这一点是先前任何时代都无法企及的。这也是神经美学之为神经美学的关键。

"神经美学"这一概念虽然最早由萨米尔·泽基提出(1999),但以神经影像学方法研究艺术与审美体验的并非泽基一人,甚至并非始于泽基。罗伯特·索尔索在1994年出版的《认知与视觉艺术》中就已从认知神经科学讨论了艺术审美,在其另一本著作《艺术心理与有意识大脑的进化》(2003)中则进一步提出了"认知神经科学的审美理论"。神经美学毕竟是一个新兴学科,任何新事物的命名都是有差异的。在2009年哥本哈根的神经美学大会上就已有学者指出,神经美学是一个相当异质性的研究领域,各个科学家都怀有不同的背景、不同的旨趣与追求……"神经美学"及"生物美学"都是十分相近的。①因此,本节认为,只要是基于神经影像学对艺术与审美体验相关的研究,就属于神经美学范畴。

---

① Marcos Nadal, Marcus T. Pearce, "The Copenhagen Neuroaesthetics conference: Prospects and pitfalls for an emerging field", *Brain & Cognition*, Vol.76, No.1, 2011.

神经影像学实则是认知神经科学的一种方法,而"认知神经科学是以脑为基础研究认知心理学的途径"①。认知神经科学已然成为了"现代心理学的重要组成部分"②。因此,如果将神经美学纳入传统的心理学美学的发展路径中便会发现,神经美学实则是心理学美学今天的一种最新理论形态。各个时期的心理学都有其所对应的对艺术与美的讨论,这似乎是各个时期心理学家甚至科学家必然涉及的命题。心理学美学的发展并不具有自在的学科动力,其方法的更迭追随心理学自创立以来不同发展阶段的方法的创新,并以这些方法和理论视阈来讨论艺术或美的命题。

"神经美学"概念的提出至今已有近 30 年,然而,神经美学的大多成果仍是神经科学与脑科学等所给予的,现有神经美学的定义也是科学家们所设定的。神经美学需要一个侧重人文科学,或者说美学化的定义。因此,结合美学研究的传统与神经美学所讨论的问题:神经美学应是以实验科学为手段,在精确、完整地展开艺术感知现象的基础上,探究艺术活动发生的内在心理与生理机制的新兴艺术哲学研究范式,其中借鉴了认知心理学、神经生物学、脑科学与计算机科学等学科的最新研究成果。神经美学将艺术感知的起点由作为主体的"我"延伸到了大脑神经元,在这样一个更为完整的审美活动中重新定义审美、艺术等传统艺术哲学的概念。

从神经科学的神经美学研究到一种艺术哲学的范式不仅是一种融合,更是一种转变。美学研究者在神经美学的语境不能只是一位旁观者,艺术与审美的问题在实证之后需要得到理论化的反刍。神经美学的最根本目的,就是要揭示"美"的神经生物学基础,而这个基础就包含了两个方面:其一,神经生物学层面美的物质基础;其二,神经生物学层面和心理学层面所遵循的规律,"如何在物质层(神经元和神经网络)、艺术经验层和艺术作品

① 罗伯特・索尔索:《认知心理学》,邵志芳等译,上海人民出版社 2008 年版,第 31 页。
② 伯纳德・巴斯、尼科尔・盖奇编:《认知、大脑和意识——认知神经科学引论》,王兆新等译,上海人民出版社 2015 年版,译序,第 1 页。

层三者的鸿沟之间架构起一座桥梁"①。其实,这也是以神经科学作为方法、以艺术与审美作为对象对"解释鸿沟"问题的一次尝试。在此,本章就以神经美学研究为视阈,结合艺术哲学的三个进路——传统的艺术起源问题、经典的诗画异质问题和当代的人工智能艺术问题,讨论神经美学作为一种理论的资源和方法将如何助益当代艺术哲学的建构。

第二节　艺术起源的神经美学路径

艺术起源是艺术哲学的一个重要命题。艺术起源问题意在从历史尺度上寻找艺术产生的时间,以及艺术是如何发生的。然而,由于原始材料的不完善和原始语境的缺乏,因此,从人类历史进程中寻找艺术起源的时间和艺术的发生机制是不充分的。这也是艺术起源研究从历时性转向共时性的主要原因。田野调查通过对现有的民族文化的认识重回艺术发生的语境就是一种共时性研究;而艺术起源的神经美学路径也是这样一种共时性的转变,与田野调查不同,神经美学聚焦的是个体的艺术感知,结合艺术感知的路径去讨论艺术发生的机制。但在某种程度上,神经美学是以实验实证的方式在个体微观层面上的田野调查。

艺术起源的神经美学路径之基础在于:其一,在物的层面上,从艺术诞生之初到今天的每一件艺术作品,都具有艺术之为艺术的特性;其二,从人之为人的那一刻起,艺术之能力在感知层面上就已经具备;其三,艺术是感知的物化,艺术的创造行为包含了艺术的物化过程和感知行为,因此,艺术的生成路径即是艺术的感知的路径,我们能够通过艺术的感知路径回到艺

---

① 加布里埃尔·斯塔尔:《审美:审美体验的神经科学》,周丰译,河南大学出版社 2021 年版,第25 页。

术的形式的生成。艺术发生的历时性与共时性的两条路径是相辅相成的，艺术起源问题也需要共时性的艺术感知加以解释。"认知神经科学是文化人类学与体质人类学对大脑进化的探索所必需的一种新的研究方法。"①借以认知神经科学，神经美学能够将个体艺术感知发生的现象呈现得更为完整，去重新认识艺术之能力。

一、艺术起源与艺术能力的发生

就艺术在历史尺度上源起的时间问题来看，我们首先要明确的是怎样的原始物件才可以算是艺术？3.2 万年前的福格赫尔德之马，7.7 万年前布隆伯斯洞窟的赭石，还是 140 万年前的勒瓦卢瓦人的石斧。然而，我们是以什么来判定原始物件的艺术属性的呢？如果说我们是以物的形式作为标准，那么，又是什么造就了形式？不可否认的是，艺术起源的时间是一个最外层的表征或者说结果，是艺术能力的发生决定了这个时间。

即便是艺术起源的"劳动说"与"巫术说"，也没有树立一个艺术的标准来判定来艺术起源的时间。艺术起源的"劳动说"强调的是劳动的能力使人成为人，恩格斯指出："首先是劳动，然后是语言和劳动一起，成了两个最主要的推动力，在它们的影响下，猿的脑髓就逐渐地变成人的脑髓。"②在劳动的推动下，人成为了人。"只是由于劳动……由于这些遗传下来的灵巧性以愈来愈新的方式运用于新的愈来愈复杂的动作，人的手才达到这样高度的完善，在这个基础上它才能仿佛凭着魔力似地产生了拉斐尔的绘画、托尔瓦德森的雕刻以及帕格尼尼的音乐。"③此后，普列汉诺夫对这一观点进行了充分论证，提出了艺术起源的"劳动说"。艺术正是起源于原始人的物质生

---

① 罗伯特·索尔索：《艺术心理与有意识大脑的进化》，周丰译，河南大学出版社 2018 年版，第 41 页。
② 《马克思恩格斯文集》（第 9 卷），人民出版社 2009 年版，第 554 页。
③ 同上书，第 552 页。

产劳动,劳动就是艺术产生的根本原因。

巫术说同样没有指明艺术的标准,而是将艺术作为范畴来看艺术起源之逻辑。李泽厚在《美的历程》中谈道:"如同欧洲洞穴壁画作为原始的审美-艺术,本只是巫术礼仪的表现形态,不可能离开它们独立存在一样,山顶洞人的所谓'装饰'和运用红色,也并非为审美而制作。审美或艺术这时并未独立或分化,它们只是潜藏在这种原始巫术礼仪等图腾活动之中。"①如果说艺术是潜藏在原始巫术之中,那么,什么又是巫术呢? 在爱德华·泰勒看来:"巫术是建立在联想之上的而以人类的智慧为基础的一种能力。"②而另一位巫术起源学说的代表弗雷泽也认为:"它(巫术)的两大'原理'便纯粹是'联想'的两种不同的错误应用而已。'模仿巫术'是根据对'相似'的联想而建立的,而'接触巫术'则是根据对'接触'的联想而建立的。"③

艺术起源研究想要在宏大的人类历史尺度上确定艺术发生的时间节点,但问题就在于我们是拿什么来确证我们所发现的原始人的制品或遗迹就是艺术的呢? 是以今天之艺术标准,还是原始人之行为能力及其语境呢? 在没有标准仅凭逻辑推导的前提下,艺术起源的时间就会存在极大的不确定性,要么是劳动发生的时间,要么是巫术发生的时间——艺术发生的时间无从判断。显然,艺术起源研究中,我们是弱化了标准问题,或者说是将标准转化为艺术发生背后的动因,将某个动因的起源视为艺术的起源,劳动说和巫术说也正是将艺术起源转化为劳动能力和想象能力的问题。

此外,芬兰学者希尔恩(Yrj Hirn)则认为艺术起源的动因是艺术冲动:"艺术的不同形式促使我们去假定,存在着不止一种艺术冲动,而是几种艺术冲动"④,并就此归纳了六种艺术冲动:"知识传达冲动""记忆保存冲动"

---

① 李泽厚:《美的历程》,天津社会科学院出版社 2002 年版,第 8—9 页。
② 爱德华·泰勒:《原始文化》,连树声译,广西师范大学出版社 2005 年版,序言,第 6 页。
③ 弗雷泽:《金枝:巫术与宗教之研究》,徐育新等译,中国民间文艺出版社 1987 年版,第 20 页。
④ 希尔恩:《艺术的起源》,载蒋孔阳编《十九世纪西方美学名著选》(英法美卷),复旦大学出版社 1990 年版,第 702 页。

"恋爱冲动""劳动冲动""战争冲动"和"巫术冲动"。无疑,在艺术发展的过程中,其形式是不断变化的,艺术所生的情境也是不同的,情境不同则冲动不同,即便是原始人也会有不同的生活情境。这些冲动其实都可归为原始人的艺术表达的能力。如果说是从劳动、巫术中分化出了艺术,可以想见的是,未来还会从艺术之中分化出艺术之后的东西,甚至今天这种情况就正在发生,只是我们未可察而已。

还有学者从艺术门类起源的多阶段性质疑了艺术起源的劳动说,认为:"艺术既然门类多种,起源有早有晚,它们的起源往往是历史综合条件所产生的结果,不是单一的原因就可以充分说明的。仅仅说它们是劳动的产物或人的创造物,等于什么也没有说。因为劳动的产物或人的创造物太多了,单取'劳动说'并不能说明劳动产品中艺术与非艺术的区别,也无法充分解释不同艺术门类的真正起源。"①显然,劳动说确实不能解释艺术与非艺术的区别。但从多门类艺术的起源来看,这也是不可取的,门类艺术的发展或起源归根结底是艺术能力之起源,门类的杂多取决于媒介的发生,一种新的媒介的诞生就有可能引发某种门类艺术的诞生。

显然的是,"艺术起源"命题很难真正回答"艺术"之起源,而事实上,无论是"劳动""巫术"还是"艺术",它的创造主体都是人。我们对艺术之能力的讨论,最终还是要回到作为主体的人身上。艺术起源问题将艺术范畴细化来研究无疑能够很明确地找到不同门类艺术或艺术形式的发生时间,但是就艺术范畴而言,这种划分仍不能解决其起源问题。艺术门类本就是在艺术从人的实践之中分化出来之后的进一步分化,其前提还是艺术能力的起源。这种能力不仅是艺术之基础,而且是人之为人的基础,正像恩格斯所说的"猿的脑髓就逐渐地变成人的脑髓";而巫术作为一种"联想"的能力则更为具体,因此,无论是艺术起源于劳动还是艺术起源于巫术,所强调的都

---

① 张炯:《文学艺术起源新探》,《文学评论》2016 年第 3 期。

是艺术之能力的起源。

从人的艺术感知本身来看,艺术是人类的一种非即时性活动,这一点也是与动物感知的本质性区别。自然界的物质活动是一种机械的即时性模式,有什么样的作用力就会有什么样的反作用力,以及呈现出特定的作用效果。然而,在人的身上却有非即时性的表现。

二、非即时性:艺术能力的本质特征

从认识与经验层面来看,非即时性是人之为人的根本表征。"其他动物也存在一些意识形式,但只有人类具有可以超越即时性的感觉经验,而进入一种非即时性(nonpresent)的新可能。具备这种扩展性意识觉知之后,人类第一次创造了艺术……"①"非即时性"是与"即时性"相对的,在《艺术心理与有意识大脑的进化》中,罗伯特·索尔索认为,人之所以创造了艺术是因为人可以打破即时性经验,进入非即时性感知,人可以想象和感知非呈现的事物,能够将此时此地的情绪呈现于彼时彼地,能够将意识经验物化为某种形式,由此,人的感知打破了时空。

梅林·唐纳德(Merlin Donald)将人类认知的演化划分成了四个阶段②,早期的灵长类并不具有非即时性的能力,它们对世界的感知是一种片段式和反应式的,也就是说,这种反应是即时性的,有什么样的信息输入就会有什么样的信息输出,是机械的。而当人类进化到"模仿式"阶段的时候,人的行为具有了隐喻性,这意味着,人的行为不再是即时性的了,某种信息输入所得的反馈可能不会再像先前阶段那样是一种一对一的机械输出,而是出现了一种隐喻式、原型式的行为。正如勒瓦卢瓦人的石斧,它反映出人

① 罗伯特·索尔索:《艺术心理与有意识大脑的进化》,周丰译,河南大学出版社 2018 年版,前言,第 2 页。
② Merlin Donald, *A mind so rare:The evolution of human consciousness*, W. W. Norton, 2001. 转引自罗伯特·索尔索:《艺术心理与有意识大脑的进化》,周丰译,河南大学出版社 2018 年版,第 49 页。

的行为已经具有了非即时性,能够将自身的目的形式化,这种形式具有一种
隐喻性,即便是一种实用的隐喻。当人类进入第二阶段的神话式时,人的行
为已经具有象征性,象征本身就是非即时性的,象征意味着时空的打破;而
在第三阶段,象征进入了制度化和典范化,人类全面地进入非即时性时代。
值得注意的是,唐纳德在谈到这四个阶段时,提出今天完全现代化的社会仍
然存在这四个阶段,而不是递进式的此消彼长,这就意味着,今天的我们依
然具有"零阶段"的即时性行为。

梅林·唐纳德的人类认知演化四阶段划分(唐纳德 2001)

	种类/阶段	新的形式	显著变化	支配
片段式 (零阶段)	灵长类	片段式知觉	自我意识与对事件的敏感性	片段式反应式
模仿式 (第一阶段)	早期类人动物于直立人达到峰值,约200万年到40万年前	隐喻式行为	技能 手势模拟 模仿	模仿式原型式
神话式 (第二阶段)	智人,于晚期智人达到峰值,约50万年前至今	语言 象征性呈现	口头传统 模仿仪式 叙述性思想	神话式
理论式 (第三阶段)	现代文明	外在象征性世界	形式主义 大规模理论化的产品,巨大的外部储存	制度化与典范化的思想和创造

即时性是自然界的普遍存在,风吹叶落、地动山摇、水滴石穿,等等,有
什么样的力就会有什么样的作用效果。风吹就会摇动落叶;地震了大山会
摇动,石头会跌落;水滴落下都会击打石块,久而久之就会形成孔洞。这些
都是自然现象,这种物质的相互作用是即时的、机械的,这也是自然界运行
的基础。然而,动物作为自然界的一部分其行为也是一种即时性的,例如,
小狗高兴了会撒欢,麻雀看到跌出巢穴的幼鸟也会焦虑不安,母牛失去了幼
子也会哀嚎,等等。动物们在某种情境之中所引发的情感会即时地以动作

表情的方式宣泄出来,这就是"零阶段"的反应式。当然,这里所说的动作表情是广义的表情,不仅包括面部表情,同样包括声音表情、身体表情,或直言之,以躯体动作所表之情。动物会以动作表情的方式将自身的情绪发泄出来,这与自然的运行是一致的。

唐纳德的四阶段的共存不仅是社会性存在,更是一种个体性存在。今天的我们仍然具有即时性的动作表情。我们悲伤时会哭,高兴时会开怀大笑,激动时会手舞足蹈。这些都是动物的本能,是一种即时性的情感宣泄。但人类的特殊之处在于,我们不仅有即时性的行为,我们还有非即时性的行为。换言之,我们能够以非即时性的方式表达我们的情感和意识。即使是在非常难过的时候,也会克制不哭,甚至是保持微笑;同样,我们还会在高兴的时候保持平和。也就是说,人类可以不直接地将自身的情感以动作表情释放出来,而是以另一种方式,将此时此地的情感呈现于彼时彼地。然而,人类的艺术就是这种呈现,无论是今天的当代艺术还是所谓的原始艺术,都具有这样一种特征。正是这样一种非即时性能力,我们才能创造艺术,同样,仍是凭借我们的非即时性能力,我们才能理解或认识远古时代的艺术。因此,非即时性能力不仅是人之为人的本质表征,同时也是艺术之为艺术的前提。

艺术作为一种物质形式便意味着它也是一种非即时性的表达,是人的情感或观念以物的方式的形式化。贝尔认为,艺术是"有意味的形式":"在每件作品中,以某种独特的方式组合起来的线条和色彩、特定的形式和形式关系激发了我们的审美情感。我把线条和颜色的这些组合和关系,以及这些在审美上打动人的形式称作'有意味的形式',它就是所有视觉艺术作品所具有的那种共性。"①或许,贝尔所说的艺术语境并未包含原始艺术,但具有一定形式的原始艺术一定也具有某种意味。显然,原始艺术如 7.7 万年

———————————

① 克莱夫·贝尔:《艺术》,薛华译,江苏教育出版社 2004 年版,第 3 页。

前布隆伯斯洞窟的赭石上所刻的平行交错的线条也符合贝尔所说的"特定的形式",这种形式也会激发我们的情感意识,它也能够打动我们,如此,这块赭石也符合"艺术"的标准。

虽然,如此说来可能会有争议,但形式作为人的一种符号化,本身就是具有意味的。那么,如果我们将这种形式的意味泛化是不是就意味着艺术不再是艺术,艺术只是普通符号之一种? 当然不是。在艺术起源之际,艺术并没有和人的其他实践活动分化开来,艺术之形式和其他人的实践之形式仍是相同一的,因此,"形式的普遍意义"和艺术起源时期"形式化的能力"是相对应的。

因此,即便是不同时期、跨度上万年的原始艺术,也都具有非即时性,我们都能回到原始人制作该物品时,通过其形式的生成,感受到那种愉悦。形式是思维的物质化,形式的生成本就伴有愉悦感,感知意味着回到"形"的生成过程。人类进化至今,某种程度上我们仍具有和原始人相同的感知方式,我们仍能够在感知层面解码其形式的生成,形的生成便是其"意味"被赋予的过程。因此,艺术起源研究或许可以从艺术生成的意味着手,艺术形式是在艺术生成的过程中的体现,艺术能力则是在艺术生成的那一刻的体现。

三、动作想象:"意味"的形式化

神经美学是以实验实证的方式在个体微观层面上的田野调查,是以个体的艺术感知活动为对象、对艺术能力的发生机制的探索。在此,艺术不再仅仅是作为物品的艺术本身,更为重要的是,艺术的生成与感知的过程。神经美学就是通过艺术作为痕迹及其感知的方式,还原艺术的感知路径,在感知层面上还原艺术能力的发生,其中,形式被赋予的过程就是感知的过程。而且,基于梅林·唐纳德的四阶段模型,我们也可以从当前的社会形态中寻找到与人类初始阶段相似的物证加以补充。

"艺术与科学是思维的产品;它们是思维的,然而又是思维本身。表面上我们'欣赏'艺术、文学、音乐、理念与科学,而本质是,我们所看到的仅是这些深深触动了我们的美好事物所揭示的我们自己的思维……艺术绝不仅是涂抹在帆布上的油墨,而是人类思维的一面镜子。"①艺术不仅仅是艺术品,它是思维的产品,也是思维本身。艺术的创作过程同样就是人的思维和感知的过程,艺术的物质形式也是感知的物质形式,艺术形式的生成就是感知的生成。

艺术起源的基础是大脑具备了相应的结构和能力。大脑的进化,为艺术之发生提供了充分的条件。今天我们即便能够发现原始人的大脑,也只是剩下了的头骨壳,虽然"我们并不能直接测定此类变化,但我们可以以今天我们大脑的工作方式,就大脑可能发生的相关变化做出推论"②。这种推论的基点就在于人与动物的本质区别特征,同时也是艺术的本质特征。然而,我们还需要明确的是:艺术起源之核心是艺术能力的起源,那么,艺术能力到底是怎样一种能力?

从由猿到人的区别来看,人类只有在打破了即时性认知之后,才具备了艺术之能力。与"零阶段"即时性的动作表情相比,人类对自身的掌控意味着人类能够进行非即时性的表达,与即时性的动作表情相对的,就是非即时性的动作想象(motorimagery)。"身体反应(我们可能会视之为与情绪相关的本能反应,如大汗淋漓、瑟瑟发抖、面红耳赤等)却会随着形象的生动性而减弱,你愈是有生动的形象体验,那么你的情感反应就愈会倾向于精神化,而不是身体化。"③动作想象与动作表情的情绪表达方式是人与动物的主要差异特征之一。"动作想象实际上是模仿与审美体验的核心能力。"④因此,

---

① 罗伯特·索尔索:《艺术心理与有意识大脑的进化》,周丰译,河南大学出版社 2018 年版,第 249 页。
② 同上书,第 59 页。
③ 加布里埃尔·斯塔尔:《审美:审美体验的神经科学》,周丰译,河南大学出版社 2021 年版,第 81 页。
④ 同上书,第 70 页。

在艺术发生的机制中,动作想象也势必起到了关键作用。"动作想象能够使艺术家的创作行为、艺术作品与观者的身体三者融为一体。"①而这正是艺术发生的关键能力。在此,或许艺术之发生可能还涉及我们的其他能力,但我们不妨以动作想象为出发点,去寻找艺术发生在认知神经科学层面的证据。动作想象作为人的本质力量的构成,它的符号化或物质化,实际上就属于人的本质力量的对象化。

形式的生成同时也是艺术之"意味"被赋予的过程。人的情感的表现在形式化的过程中是以动作想象的方式加之以物质媒介的形式化,这就摆脱了情感身体化的动作表情。当前认知神经科学关于动作想象的研究有很多,一方面是就动作想象与实际动作执行的神经基础的研究。动作想象与实际动作执行之间共享着相同的大脑区域②,我们仅仅凭借想象就可以在肌肉中产生运动促进作用。③这意味着动作-意义在神经层面上的连接,人类可以在没有执行实际动作的情况下实现相同的感知,这也是非即时性能力的体现。另一方面,动作想象作为审美活动之构成,也是动作-意义建构的镜像神经元系统的核心。皮亚杰认为,图式是"动作的结构或组织"④,然而,图式又是个体的经验构成,因此,动作的结构即为经验的本身。动作想象的神经美学研究又主要涉及两个大脑区域:关于"自我"建构的默认模式网络和关于"动作-意义"建构的镜像神经元系统。

默认模式网络(DMN,Default Mode Network)包括内侧前额叶皮层(MPFC,medial prefrontal cortex)、后扣带回 (PCC,posterior cingulate

---

① Cinzia Pi Duo, Emiliano Macaluso, Giacomo Rizzolatti, "The Golden Beauty: Brain Response to Classical and Renaissance Sculptures", *Plos One*, No.11, 2007.

② Jean Decety, "Do imagined and executed actions share the same neural substrate?", *Cognitive Brain Research*, No.3, 1996.

③ Carlo A. Porro, Maria Pia Francescato, Valentina Cettolo, et al., "Primary motor and sensory cortex activation during motor performance and motor imagery: a functional magnetic resonance imaging study", *Journal of Neuroscience*, Vol.23, No.16, 1996.

④ 皮亚杰、英海尔德:《儿童心理学》,吴福元译,商务印书馆1980年版,第5页。

cortex)和部分的楔前叶（precuneus）、两侧的顶下小叶（IPL，inferior parietal lobule）以及颞顶联合区（TPJ，temporal-parietal junction）周围的一些后部颞叶区域，等等。当个体在执行一般任务时，默认模式网络是处于活跃状态，而当个体从事以内部为中心的任务（包括自传体记忆检索、展望未来和构想他人）时，默认网络是基线活跃的。换言之，默认模式网络在专注做事的时候不活跃，但在休息的时候特别活跃。

纽约大学的维塞尔、罗宾和斯塔尔（Edward Vessel，Nava Rubin & Gabrille Starr）在通过核磁共振成像技术（fMRI）对审美的神经基础进行研究时，发现当被试发生深度审美体验时，大脑中的默认模式网络也会表现出基线活跃水平。这意味着，审美体验中涉及了关于自我的加工，但这并不等于默认模式网络产生基线活跃时就一定是审美体验，研究表明，白日梦、自传体记忆、心理时间旅行等都涉及默认模式网络。"当深度审美体验发生时，默认模式网络会表现出惊人的基线活跃水平。这表明，深度审美体验能够促使大脑将外部知觉与内在感受整合为一。"[1]"外部知觉"与"内在感受"（经验）的整合就是"自我"边界的突破，是自我经验的生长。"只有与自我相关的深度情感才会有默认模式网络的基线活跃，而涉及其他客体的情绪则不能。"[2]因此，艺术感知在神经生理层面上就区别于其他感知行为，它是"自我"的一种深度建构，这也意味着艺术能力发生的独特性。"默认模式网络，这一系统区域与心理想象系统共享着大部分结构……表明强烈的形象感（基本的跨感官想象和动作的形象化）是凝聚诸多艺术的纽带，更是连接这诸多艺术与我们对这些艺术所生成的强烈体验的纽带。"[3]

然而，艺术作为一种"自我"的建构，一种在经验层面上对"自我"边界的

---

[1] 加布里埃尔·斯塔尔：《审美：审美体验的神经科学》，周丰译，河南大学出版社2021年版，第20页。

[2] 同上书，第51页。

[3] 同上书，第21页。

突破,这种突破是怎样生成的,在此过程中艺术之意味又是如何被赋予的?在认知神经科学的相关研究中,针对镜像神经元系统的研究某种程度上就能反映出艺术能力的建构。

动作镜像神经元系统的核心区域包括:额下回(IFG,inferior frontal gyrus)、前运动皮层(PMC,premotor cortex)、前脑岛(AI,anterior insula)、初级感觉运动皮层(primary sensory & primary motor cortices)、顶下小叶(IPL,inferior parietal lobule)以及颞上沟(STS,superior temporal sulcus)等区域。[1]我们可以看到,默认模式网络和镜像神经元系统本就有重合,而且,有研究指出,二者存在重要的交互作用及相关通道。[2]

关于镜像神经元系统的解读都离不开主体"我"与"他者"之间关系的建构,当艺术起源落实到艺术能力的发生,那么艺术发生便被转换为一种感知活动。感知在于主体"我",是主体"我"的边界的扩大,可以被描述为从"未知"进入"已知"的过程。因此,艺术感知其实也是一种对"自我"的边界的突破。在此,我们能够从镜像神经元系统关于"我"与"他者"的融合的过程中认识艺术能力的建构。

语言作为一种意义符号是如何具有意义的? 它的本质是什么? 我们能够从镜像神经元的相关研究找到答案。加莱塞(Vittorio Gallese)等人认为,"灵长类已经表现出了对动作目的的理解能力,理解就意味着将观察到的行为与自身的行为经验进行匹配的加工过程。"[3]无论是对于猴子还是人类,动作执行与动作观察的激活意味着什么? 里佐拉蒂(Giacomo Rizzolatti)等人认为,每当个体看到他者的动作时,便会激活自身表征该动作的神经

[1] Molnar-Szakacs Istvan, Lucina Q. Uddin, "Self-Processing and the Default Mode Network: Interactions with the Mirror Neuron System", *Frontiers in Human Neuroscience*, No.7, 2013.

[2] Hans C. Lou, Bruce Luber, Michael Crupain, et al., "Parietal cortex and representation of the mental self", *Proceedings of the National Academy of Sciences of the United States of America*, No.17, 2004.

[3] Vittorio Gallese, Alvim Goldman, "Mirror neurons and the simulation theory of mind-reading", *Trends in Cognitive Sciences*, Vol.12, No.2, 1998.

元。这些神经元能够自动激发关于该动作的运动表征,而这个运动表征与自己做该动作时的表征是对应的,其动作意图也是可知的。因此,个体在观察到该动作时便能够基于自身的动作经验来理解该动作。也就是说,镜像系统把视觉信息转化成了动作认识。①

在弗洛伊德看来,语言有两层表征,即"词表征"(word-representation)和"物表征"(thing-representation),前者主要指衍生自语词的听觉性表征,后者则主要指衍生自事物的视觉表征。②听觉表征必须以视觉表征为基础,换言之,没有悬空的听觉表征。如果我们将听觉表征简化为声音,而视觉表征就是声音背后支撑声音意义的东西。

科勒(Evelyne Kohler)等人在对恒河猴的实验中执行了两种条件:其一,向猴子同时呈现某种动作及其声音(V+S);其二,只呈某种动作的声音(S)。结果显示,在所监测的神经元中,有13%的神经元在两种实验条件下均表现出了活跃:对动作(撕纸或手扔木棒掷地等)的视觉和声音的反应与仅听见(撕纸或手扔木棒掷地等的)声音的反应相同。为了区别是由单纯的声音引起F5区神经元激活还是由声音所蕴含的意义引起激活,科勒又另外设置了两种与动作无关的声音作为对照:计算机模拟发出的白噪音和猴子的叫声。然而,几乎被监测的所有的镜像神经元都没有对这种无行为相关的声音产生活跃。换言之,镜像神经元只对与动作相关的声音产生放电。③

由实验可知,声音的意义与其产生的动作直接相关。虽然,科勒等人没有设计实验去印证在猴子没有获得一个声音的经验之前,即没有说明猴子在声音与动作对应之前是否会就某种声音产生活跃。但我们仍能从其他一些相关实验找到一些证据,鲍克纳(Annika Paukner)等人在一篇论文中指

①　Giacomo Rizzolatti, Giuseppe Luppino, "The cortical motor system", *Neuron*, Vol.31, No.6, 2001.

②　弗洛伊德:《弗洛伊德心理哲学》,杨韶刚等译,九州出版社2015年版,第9页。

③　Evelyne Kohler, et al., "Hearing Sounds, Understanding Actions: Action Representation in Mirror Neurons", *Science*, Vol.297, No.5582, 2002.

出，猕猴在观看自身的行为被他人模仿时，镜像神经元会激活，而当观看的行为与自己无关时则不表现出活跃。"模仿似乎需要一种匹配系统，允许将观察到的行为转化为自己执行的行为。换言之，视觉输入需要转换成相应的动作输出。"①此外，还有实验表明，恒河猴在观看人用手抓东西的时候，镜像神经元系统会表现出活跃，而当它看到的是一个完全的工具在抓某个东西的时候，镜像神经元则没有表现出激活状态。因为猴子不会使用工具。②这就意味着：猴子的理解是以自身的行为经验为基础的。基于这一逻辑可知，猴子对声音的认识也是基于自身的经验，如果它没有建立起声音-动作关联，它也将无法识别声音。因此，研究人员倾向于认为：这可能揭示语言的起源与机制，这就是声音与动作对应的直接证据。

那么，在没有语言的时代，人类是如何沟通的？我们还可以从当今关于动物行为的研究认识到，行为序列或者说动作序列就是一些动物沟通的语言。例如蜜蜂的舞蹈，圆舞意思是，蜂巢附近发现了蜜源，动员同伴去采蜜，而摆尾舞则能指出蜜源的方向和距离。③

艺术，在某种程度上和语言一样都是人的一种表意符号。由上述实验可知，语言的意义赋予过程也是动作的建构过程，因此，艺术意味的赋予过程很大程度上和语言相似，都是通过"动作"实现的，只是二者略有差异。动物的语言其实就是动作序列本身，这与前文的动作表情是相一致的，这种语言符号的建构与认识是一种即时性的。而动作想象的实质是在心理层面上的形象的动作序列。我们对艺术的感知过程其实就是艺术形式的生成过程的还原，只是这一过程是以动作想象的方式进行的："画笔或锉刀的物理轨

---

① Annika Paukner，James R. Anderson，Eleonora Borelli，et al.，"Macaques(Macaca nemestrina) recognize when they are being imitated"，*Biology letters*，Vol.1，No.2，2005.

② Vittorio Gallese，Luciano Fadiga，et al.，"Action recognition in the premotor cortex"，*Brain*，Vol.119，1996，pp.593—609；Giacomo Rizzolatti，Michael A. Arbib，"Language within our grasp"，*Trends Neurosci*，Vol.21，1998.

③ 黄文诚:《蜜蜂的舞蹈语言》,《生物学通报》1994 年第 4 期。

迹能够唤起观者对作者创作这件作品过程的动作想象,一笔一划、一凿一刻都会化作动作想象被还原于观者的身心。"①艺术创作的过程就是以动作序列的方式将艺术赋予某种形式,只是这种赋形不再是混沌而发的动作表情,它是一种"发乎情,止乎礼"的节制,是一种有序的动作想象的表达。而艺术感知,则是以动作想象的方式回到艺术创作的过程,去感知体验艺术的意味。

此外,我们的日常情感与审美情感的差异也是以动作想象为基础的。日常生活中的情感是即时性的,而且是身体化的,而审美情感则正如动作想象所指出的,它是一种弱化了身体化的精神性情感体验。有研究表明:视觉艺术的情感反应,"无论是积极情绪还是消极情绪,都表现出了左半球单侧性,然而,当面对其他行为时,大脑的右半球在处理消极情绪时会更为活跃,而左半球对积极情绪更为活跃。积极的情绪会在中线偏左部的基底前脑和眶额叶皮层表现出高度的活跃,而消极情绪则会在中线偏右部表现出高度的活跃"。②

然而,在身体层面上,艺术的创作过程本身是一种动作想象的符号化过程,可以说,创作本身的巨大消耗是一种节律地身体动作的表达,而非无节制的身体消耗。艺术欣赏体验就更为显著了,"艺术的情感体验也许可以有不同的维度和不同的倾向:这不再是我们对情绪的行为倾向(尽管当你生气时,你也会拍案而起),而是一种享受这些情绪的倾向,我们会以一种全然不同于对待日常情绪(尤其是消极情绪如悲伤或恐惧)的方式来享受它们"③。

① 加布里埃尔·斯塔尔:《审美:审美体验的神经科学》,周丰译,河南大学出版社 2021 年版,第 74 页。
② Nelson Torro Alves, Sérgio S. Fukusima, J. Antonio Aznar-Casanova, "Models of Brain Asymmetry in Emotion Processing", *Psychology & Neuroscience*, Vol.1, No.1, 2008.
③ 加布里埃尔·斯塔尔:《审美:审美体验的神经科学》,周丰译,河南大学出版社 2021 年版,第 35 页。

　　参照当下神经美学对艺术的研究,我们可以思考,原始艺术的非即时性的情感表达在原始文化的语境中又是怎样一种存在?原始艺术与现代艺术的异同为何?

　　显然的是,原始艺术也是一种动作想象的形式化。加之这样一个事实:我们在完成一个任务时,如铁杵磨成针时也会伴有愉悦,而当一个原始人在完成他的石斧的打制时,也会伴有愉悦感。但当这把石斧在砍树或是切着什么东西的时候,他则不会对石斧本身伴有愉悦感;当第一次看到《蒙娜丽莎》的时候我们会为之振奋、愉悦,但也并不是每一次都会如此。因此,原始人在其"石斧"生成的那一刻的体验,和我们今天所谓的审美愉悦是相同的,而当它进入实用生活之后,就失去了这种愉悦。并且,原始社会中,实用、艺术、劳动是没有分化的,不像今天我们的艺术是独立的。因此,今天的艺术生产本质上或许和原始人的器物的生产没什么两样,只是当产品完成之后,今天会有一个"艺术"的标签始终伴随之,而在原始社会是不存在的。今天的艺术,一朝为艺术,朝朝为艺术。艺术不再仅仅是艺术生成的过程中获得审美愉悦的那一刻,艺术成了一个独立的标签。然而,在艺术的生成或发生之中,其背后的艺术能力及其发生过程仍是一致的。

　　因此,动作想象与动作表情的对应关系,一定程度上能够解释艺术作为一种能力的发生。艺术发生之中包含着艺术之为艺术的特质。艺术起源的时间确定的前提是艺术之为艺术的特质,是艺术之能力的发生。显然,神经美学对艺术感知的共时性研究,能够呈现艺术发生的能力以及在感知的过程中艺术的特质。

　　艺术的发生机制存在于艺术本身,艺术之能力是艺术发生的基础。今天的神经美学,将艺术作为一种感知活动,艺术作为物,首先就是人的感知过程的物化,艺术感知活动强调的是艺术的生成性或其对象化的过程。艺术起源的过程,是人之成为人的确证的过程,而由猿到人的转化过程,是以即时性与非即时性为根本区别的,梅林·唐纳德提出的人类认知演化的四阶段说也与此相印证。然而,这种区别最为显著的表现即为动作表情与动作想象的差异,动作表情是任何动物都具备的一种即时、机械的情感表达方式,而动作想象是人所独有的,并且,动作想象也被视为艺术与审美的核心能力。

因此,在艺术起源命题中,由猿到人从即时性发展出非即时性,也就意味着人能够由动作表情进入动作想象阶段,换言之,动作想象作为人的一种能力一定程度上能够解释艺术的发生、艺术如何具有意味。动作想象的发生,伴随着日常情感与审美情感的分化,也是日常悲伤感和艺术中的悲伤感的分化。艺术情感是体验式的,而日常情感是即时性的。在艺术审美感知的过程中,行为倾向的缺席一定程度上就反映了审美之情感的非即时性。而这种非即时性,在人的大脑中具有明显的区别特征。通过这种现时性的神经美学研究,便有可能揭示艺术的发生机制。

第三节　诗画异质的神经美学之辨

德国美学家莱辛在《拉奥孔》中提出了"诗画异质说",认为诗可以表现丑而画不能;诗的媒介是时间性的语言,而画的媒介是空间性的线条和色彩。莱辛在《拉奥拉》的结论部分指出,诗与画的这种差异是各自媒介之特性决定的。然而,在《拉奥拉》的论证过程中,莱辛对这个问题的表述却有一定差异:起初他认为"符号无可争辩地应该和符号所代表的事物互相协调"①,在此,媒介符号与所表现的事物是一种并置的关系,媒介符号只宜表现那些"本来"就在空间中处于并置的事物或在时间中处于延续的事物。朱光潜在《拉奥孔》和《诗论》中对这个"本来"的翻译却表现出了不同,在前者

———————————

① 莱辛:《拉奥孔》,朱光潜译,人民文学出版社 2009 年版,第 187 页。

为"本来"之事物,在后者则为"本来"之符号,这本身就表明了一种摇摆。莱辛在结论部分又转而认为,"媒介……的差别就产生出它们各自的特殊规律",媒介的差异是诗画异质的"根由",朱光潜在《诗论》中也认同了这一观点。

然而,虽然莱辛将诗画的异质归结为媒介,但实际上其所讨论的却是人在认识这两种媒介时所产生的效果,是人对媒介认识的差异。为什么我们在读诗的时候可以接受那种形象的丑,而在观画时却不能。显然,这种差异性是以诗与画所引发的"形象"的建构为基础的。因为莱辛所讨论的是我们在认识诗与画的过程中审美形象的建构方式及其所引发的效果的差异,其"特殊规律"也就是在诗、画的"主体"体验中呈现出来。那么,问题就在于,这种感知差异是由什么因素造成的。真的是由媒介吗? 在此,我们不妨回到莱辛当初所设定的语境,回到主体认识诗与画的过程之中。今天的神经美学能够呈现审美主体更为完整的感知路径,本节将以此重新审视诗画异质的原因。媒介能否构成异质的根由? 诗画与各自媒介"互相协调"背后的原因何在?

一、媒介是诗画异质的"根由"吗?

拉奥孔雕像出土于 16 世纪的罗马,其中表现了三位人物——拉奥孔和他的两个儿子被两条大蛇缠住时痛苦挣扎的画面。而早在古罗马时期诗人维吉尔就已在《埃涅阿斯纪》的第二卷中描述过这一故事场景:

> 两条蛇就直奔拉奥孔而去,先是两条蛇每条缠住拉奥孔的一个儿子,咬住他们可怜的肢体,把他们吞吃掉,然后这两条蛇把拉奥孔捉住,这时拉奥孔正拿着长矛来救两个儿子,蛇用它们巨大的身躯把他缠住,拦腰缠了两遭,它们的披着鳞甲的脊梁在拉奥孔的颈子上也绕了两圈,它们的头高高昂起。这时,拉奥孔挣扎着想用手解开蛇打的结,他头上的彩带沾满

了血污和黑色的蛇毒,同时他那可怕的呼叫声直冲云霄,就像神坛前的牛没有被斧子砍中,它把斧子从头上甩掉,逃跑时发出的吼声。①

莱辛将这段诗与雕像相比较,发现一些重要的异点:维吉尔在诗中对拉奥孔的描述为大声哀号、挣扎,且都穿有衣服,蛇拦腰缠了两道,绕颈两道等。而在雕塑中,拉奥孔只是微微张开嘴,并没有如史诗中的张大嘴哀号,蛇仅仅是绕着腿和缠着手,且雕塑中的人物也没有穿衣服,筋肉中的痛苦全都可以看见。莱辛在此提出了为什么艺术家不遵照诗人的描写去表现拉奥孔的哀号、挣扎以及蛇的缠绕呢?

在莱辛看来,如果艺术家照着诗人的描述去表现,那么"哀号"的"张开大口"就会成为一个"大黑点",就会惹人嫌厌,和拉奥孔本意的令人怜悯相违背,就会产生"最坏的效果"。这是画不能遵照诗表现的最直接原因。"美是造型艺术的最高法律……如果和美不相容,就须让路给美。"②因此,诗中的"哀号"是丑的,在造型艺术中就必须给美让路。那么,造型艺术为何要以"美"为最高法律?造型艺术不可表现的"丑",诗又如何可以?这些都是莱辛从艺术本身的发问。

在《拉奥孔》中莱辛设法对诗画之异质所引发的这些问题给出一个"结论":"既然绘画用来摹仿的媒介符号和诗所用的确实完全不同,这就是说,绘画用空间中的形体和颜色而诗却用在时间中发出的声音;既然符号无可争辩地应该和符号所代表的事物互相协调,那么在空间中并列的符号就只宜于表现那些全体或部分本来也是在空间中并列的事物,而在时间中先后承续的符号也就只宜于表现那些全体或部分本来也是在时间中先后承续的事物。"③莱辛认为这是"从基本原则"中对诗画区别的"根由"。然而,在《拉

---

① 维吉尔:《埃涅阿斯纪》,杨周翰译,人民文学出版社1984年版,第34页。
② 莱辛:《拉奥孔》,朱光潜译,人民文学出版社2009年版,第11页。
③ 同上书,第84页。

奥孔》的附录部分,莱辛则指出:"但是二者用来摹仿的媒介或手段却完全不同,这方面的差别就产生出它们各自的特殊规律……前者是自然的符号,后者是人为的符号,这就是诗和画各自特有的规律的两个源起。"[①]由此也可以见出,莱辛后来也明确了媒介的差异是"产生"了各个的特殊规律。这也意味着,诗画各自的特性是各自媒介造成的,诗画之异质取决于媒介之异质。

《拉奥孔》的译者朱光潜早在 1943 年出版的《诗论》中就已加入了第七章《诗与画——评莱辛的诗画异质说》[②],并引用了上述莱辛所指出的"根由"。然而,若将《诗论》与《拉奥孔》对照发现,二者虽同为朱光潜所译却存有一定差异:

> 　　如果图画和诗所用的模仿媒介或符号完全不同,那就是说,图画用存于空间的形色,诗用存于时间的声音;如果这些符号和它们所代表的事物须互相妥适,则**本来**在空间中相并立的符号只宜于表现全体或部分在空间中相并立的事物,**本来**在时间上相承续的符号只宜于表现全体或部分在时间上相承续的事物。[③]

可以发现,其中最为显著的差异则是修饰语"本来"的位置,《诗论》之中的"本来"所修饰的是"符号",而在《拉奥孔》中,"本来"所修饰的则是"事物"。

---

① 莱辛:《拉奥孔》,朱光潜译,人民文学出版社 2009 年版,第 187 页。
② 《诗论》最早为 1934 年在北大教书的讲稿,约 10 万字,共七章,并无涉及莱辛的章节。1943 年发行单行本并增至十章,加入了第七章"诗与画——评莱辛的诗画异质说",并有附录"给一位写新诗的朋友",由重庆国民图书出版社出版。1948 年 3 月中华书局推出《诗论》"增订版",增加调整后为十三章。1984 年生活·读书·新知三联书店重新改版此书,学界称为"三联版",此版在 1948 版的基础上增补"中西诗在情趣上的比较"及"替诗的音律辩护"两篇。本节所引来自"三联版"1987 年重印本。参见高鸿雁:《朱光潜〈诗论〉的版本历程》,《出版发行研究》2019 年第 4 期。
③ 朱光潜:《诗论》,生活·读书·新知三联书店 1987 年版,第 142 页。

那么，这种差异是朱光潜的自觉还是无意呢？在《诗论》中朱光潜接着说道："画只宜于描写静物，因为静物各部分在空间中同时并存，而画所用的形色也是如此……诗只宜于叙述动作，因为动作在时间直线上先后相承续，而诗所用的语言声音也是如此。"①在此，朱光潜所用为"也是"，很中肯地表明了对象与媒介是一种互相"协调"或"妥适"，而不是媒介作为一种决定因。但在《诗论》中的另一处他在总结莱辛时说："诗与画因媒介不同，一宜于叙述动作，一宜于描写静物。"②诗画之所"宜"是由于媒介之差异，这也和莱辛的观点相同了，而且，莱辛与朱光潜之同还在于媒介由一种并置的表现转换成了一种决定的因素。然而，这种表述的差异何在？

"本来"意味着原有的、原本的，是事物先天、本有的一种属性。如果指称"符号"，则意味着"符号"具有相应的本有属性，而"符号"作为表现手段对所表现"事物"的"妥适"就带有了一种特征嵌入的嫌疑："事物"是因媒介之因而被选择。但是，将"本来"修饰"事物"则意味着，"事物"原本就具有与"符号"相同的属性或特征，正如译本中用的是"也是"，因此，"符号"与"事物"是基于原本特性的"互相协调"；诗与画，不是因为媒介的特性才具有了各自可表现的对象的特点。

当"本来"修饰于"事物"，那么，符号的特性和所要表现的事物的特性就是一种并列的"互相协调"或匹配关系，而不是因为符号之特性，被表现之对象就被嵌入了与符号相同的特性。直言之，诗画之异质并不是由媒介决定，诗与画各自的表现特点也并非由各自媒介所决定。表现对象之特性"本来"就是如此，媒介也是在"协调"对象。

然而，当被表述为"媒介……的差别就产生出它们各自的特殊规律"，便是媒介成为差异的决定因了，诗画之异质问题就被扁平化为媒介之异质。因此，莱辛及朱光潜的这种观念的摇摆给我们提出了这样一个问题：媒介是

① 朱光潜：《诗论》，生活·读书·新知三联书店 1987 年版，第 142—143 页。
② 同上书，第 148 页。

作为诗画异质之表现内容,还是作为诗画异质之因由。在此,莱辛及朱光潜的这种摇摆已是既定的事实,媒介作为异质之因,在莱辛的论述中也有着充分的体现。然而,本节并不打算从莱辛之《拉奥孔》去论证它的媒介之因的确证性,而是要去追问:如果媒介之差异不是"根由",那么诗画之异质的原因又何在?

显然的是,莱辛对诗画异质的讨论并不像温克尔曼是从人物的性格开始的,而是关乎艺术的形象塑造、诗如何成为诗、画如何成为画等一些艺术的本质问题。可以说,诗画的异质是在审美形象感知的基础上的异质,正如对拉奥孔之"哀号"的表现。即便是提出了"媒介……的差别就产生出它们各自的特殊规律",其"特殊规律"也是在诗、画的"主体"体验中,即在诗、画的表达与接受的感知的差异。那么,问题就在于,这种感知差异是由什么因素造成的。如果说媒介不是因由,那么"诗与画的界限"的深层原因又是什么,诗画与各自媒介的这种"互相妥适"背后的原因何在,换言之,这种"妥适"的必然性何在? 本节就回到莱辛的出发点——诗与画的感知本身重新审视这一问题。

二、诗画感知的神经生理基础

感知是一场主体与客体的交互活动。然而,在以往的研究中,即使是文艺心理学对诗画感知差异的讨论也大多停留在心理层面。但问题是感知并不是以心理为起点的,而是通过我们的感官及大脑,心理只是我们的中枢神经系统在意识层面的输出结果。因此,我们需要考察心理之前的感知——神经生理层面。

今天的神经美学研究则为艺术感知问题的进一步认识提供了一个契机。神经美学研究的目的就是要呈现审美体验的感知发生,因此,神经美学正是将审美发生的起点延伸到了大脑神经元,甚至是将美的感知与物理世界的能量如光的运行联系在了一起,在此,审美作为一种感知活动的发生就包含了三个层面:物理层面(艺术作品层与感知的物理环境)、生理层面和心理层面(艺术经验层面),在这个更为完整的审美感知的现象中来重新认识美与艺术。"我们对和谐、美、美感甚至是不和谐的感知——当然还有我们对艺术的全部认识——全都根植于我们的神经生理基础。"①在此,本节正是要基于神经美学所展开的这样一个审美感知的完整现象去讨论诗画之异质。

虽然,诗的呈现可以有声音的形式,即使是莱辛在《拉奥孔》中所论的诗也是以"声"为主。但"声音形式"的诗的加工路径和"文字形式"的诗的加工路径仍然具有高度的一致性。声音是通过声波的形式在我们的耳膜上形成机械振动,继而转化为神经电化学信号进入我们的神经系统,传输给听觉皮层。文字形象则是以光波的形式,进入我们的视网膜,再进一步转换成神经电化学信号进入视觉皮层。那么,这两种形式的诗如何统一?

图 1　听觉与视觉的信息输入路径

在此,我们不妨用一张图来表示"诗"的信息加工路径,如图1。首先,进入感官的光波和声波都是一种物理能量,在视网膜上的光波和在耳膜上的声波都被进一步转换为神经电化学信号。其次,虽然我们有两只耳朵和一对眼睛,但并不意味着每一只耳朵或眼睛是有独立的神经加工通道,两只眼睛各自所获取的神经信号都经由视交叉神经汇聚,最后到达初级视皮层,而听觉信号的传输也有这样一个汇聚。因此,二者的传入路径是一致的。再次,声音形式的诗和文字形式的诗都是同一所指,二者最底层的内涵都是

---

① 罗伯特·索尔索:《艺术心理与有意识大脑的进化》,周丰译,河南大学出版社2018年版,第144页。

一致的。而且,最为关键的是,无论是声音还是文字都必须要由意识层面的"我"来完成感知的信号输入,都要在意识层面由"我"来转换为意识内容,它们的信息输入形式都是以"意识内容"来推进的。这一点十分重要,我们将在下文进一步分析它们与画的信息输入的加工差异。因此,从感知路径来看,声音形式的诗和文字形式的诗的加工路径具有显著的一致性。故将诗的感知视为视觉的加工是可行的。

感知的基础是感官与大脑,而在视觉感知中,首先就是我们的眼睛。因此,认识眼睛和大脑的结构及其信息加工的方式将有助于我们认识作为高级活动的艺术感知的发生。众所周知,人类的眼睛能够获取图像信息的结构为眼球最后方的视网膜。视网膜的功能正是接收外界进入的光信号,并将其转译成大脑的语言——神经电化学信号。视网膜的结构决定了我们对色彩的知觉和观看方式,甚至是我们整个的认知方式。

视网膜并不是一块具有均匀感受性的结构膜,膜上区域的感受性具有显著的差异,如图 2。①视网膜上与瞳孔相对的地方有一块 1~2 毫米向内凹的区域——中央凹,该区域是整个视网膜上视像最为清晰的区域。以中央凹为中心向外,愈是远离中央凹则视像愈是模糊。图 2 上图为人类直立观看视域的俯视图,下图为正视图。可见,人类视域最为灵敏的区域中央凹只占整个视网膜的极小部分。中央凹之外为近中央凹区域、近外围区域和外围区域,且愈往外视像愈模糊。这种视觉灵敏度的差异则是由视网膜上的功能细胞分布不均造成的,视网膜上负责接收外部光波电磁能的细胞主要是视杆细胞和视锥细胞。

每只眼睛中视网膜上的视杆细胞约有 1.25 亿个,而视锥细胞只有 6 百万~7 百万个。视杆细胞分布于整个视网膜,而视锥细胞主要集中于中央凹区域,并且中央凹区域只有视锥细胞。由中央凹向外,愈远离中央凹则视

① 罗伯特·索尔索:《认知与视觉艺术》,周丰译,河南大学出版社 2019 年版,第 21 页,第 22 页。

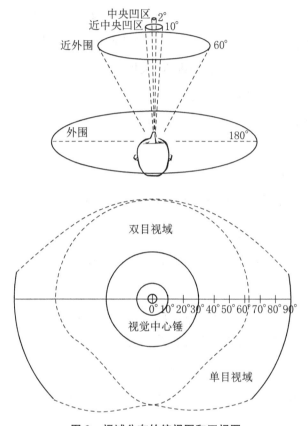

图 2 视域分布的俯视图和正视图

锥细胞愈稀有。视锥细胞又可分为三种，每一种都含有相应的光感色素。"三种视锥细胞各自不同的最高效的感受光波正是我们所说的紫色(419 nm)、绿色(513 nm)和黄绿色(559 nm)，它们同样是短波、中波和长波的代表，色彩感官可以由此合成所有我们所能体验到的微小色差。当三种视锥细胞同时被激活时，我们便会知觉出白光。"[①]由此可见，视锥细胞的集中区域中央凹才是我们得以看清这个世界的首要结构，只有这个区域所获得的图像才最为清晰。然而，中央凹区域实在狭小，直径只有不到 2 毫米，因此，中央凹视

———————

① 罗伯特·索尔索:《艺术心理与有意识大脑的进化》，周丰译，河南大学出版社 2018 年版，第92 页。

域大约只有 1～2 度的夹角范围。

　　然而，经验却告诉我们，我们的视网膜是一下子将整个儿的清晰图像传递给我们的大脑，并使我们获得这样一种完整图像。就像我们都能感知到雕塑《拉奥孔》是我们一眼就能看出的。但事实上，由于我们视网膜上视觉感知细胞的分布，我们在某个既定时间点所能获得清晰图像的区域是极为有限的，这意味着我们不可能一下子就能获得清晰的图像。这如何解释？显然，这种矛盾之下，我们的眼球一定是给出了某种弥补方式。这就是眼动（eye movement）。视觉内容的输入是线性的，在看清一个物体的过程中，我们的眼睛需要移动数十次。只是由于这个过程所需的时间极短，因此我们总是觉得我们是一下子就看清了事物。

　　当我们的眼球从一个注视点转向另一个注视点，眼动便发生了。一方面由于眼动幅度非常小，日常生活中我们几乎无感，它俨然已成为一种无意识活动。但如果加以注意还是能够感受到的。另一方面，眼动的过程非常迅速，大约只有 50 毫秒（1 秒等于 1 000 毫秒），而眼动的间隙，即眼球对某个注视点的定位时间约为 200～250 毫秒。然而，眼动的时间只有 50 毫秒左右，时间极短，我们几乎察觉不到。因此，即便是在一秒钟之内，我们的眼睛也会有数次的眼动。眼动的指令是由大脑中的运动皮层控制的，而运动皮层又会接收来自其他脑区的信息，其他脑区会结合认识的目的与任务的性质等对当下的视觉对象作出反应，并联合运动皮层指引眼动以捕捉信息。可见大脑在这个过程中的反应之神速。

　　当我们在观看《拉奥孔》雕像时，其实我们一次只能凭狭小的中央凹视域获得一丁点儿清晰的视像。我们的眼睛在此大约移动了几十次，我们也许会首先定位于拉奥孔微叹的嘴，再是他左手与蛇头的对抗，再是他左边儿子的手到他左边儿子的脚，他的表情，再是他右边儿子的手和蛇头的抗争，他的脚，等等。我们的眼睛定位从一处到另一处，再到另一处，如此等等。最终我们的大脑在意识中呈现给我们的是一个完整的"拉奥孔群像"。其实,我们眼睛的每一次眼动定位都会获得一幅清晰的局部画面,最终在我们的"意识"中所浮现的图像正是这几十幅局部画面的整合。在此过程中即便是经历了一系列的眼动捕捉过程,我们的感知仍是以整体的方式报告图像。虽然最终是大脑将整合的图像呈现给了"我",但我们眼球的中央凹却经历了数十次的眼动信息获取,并向大脑发送了数十次。眼动所需的时间极短,因此,这种微乎其微的时间差以及眼动的工作方式使我们觉得视觉图像是"一下子"就获得了。

然而,除了眼睛的信息获取方式,大脑的信息传递与加工方式也为这种"一下子"的错觉感作出了重要贡献。感知信号的传递主要在大脑的神经元及神经元之间的突触连接。对神经元的基本特征和信号传导方式的认识能够有助于我们进一步认识艺术的感知问题。

神经元的信息传导在神经元内部是以动作电位的形式进行的。而信号在神经元之间的突触上则表现为神经递质的传导。神经元是树状结构,"一个神经元可能接收来自数十个或数百个其他神经元的信息,并与它们形成大量的突触"①。这就使得神经元层面的信息加工采用一种并行分布的方式,而不是线性加工,神经元之间的连接方式甚至最终决定了大脑的运作方式:大脑的各个功能区域会共同协作完成某项任务。神经元上的信号传导速度可以达到 100 米/秒,而并行连接方式则意味着可以更快,这就使大脑区域之间的并行协作也极大地压缩了时间。

显然,眼动的速度和神经元上的信号传导速度以及并行加工方式,使得我们在看一个物体的时候,无论是近处的文字还是远处的高楼,都几乎感觉不到时间差,在抬头与低头的即刻就能看到。眼球、中央凹、神经元以及脑区的加工活动本身是我们的意识无法感知的,它们的时间水平也是人无法

---

① 尼尔·卡尔森:《生理心理学》,苏彦捷等译,中国轻工业出版社 2017 年版,第 24 页。

感知的,虽然我们可以通过技术手段以人的时间尺度将其量化,但终究无法感知。这种时间区间,在我们的感知中就被压缩为"一下子""一瞬间",我们便也在一瞬间获得了美感。

在进入意识之前的层面时,画的加工也是一个线性的时间序列过程。只是,这个过程的执行主体不再是意识层面的"我",而是意识之下的中央凹、神经元和脑区等。它们的加工时间水平和意识层面的"我"或者说"我"的存在主体"人"的时间尺度完全不可同日而语,如图3。诗、画之感知都有这样一个信息输入的过程,但又存在着显著的感知差异,这种差异正是造成诗画异质的重要原因。

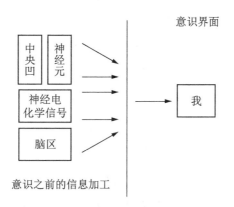

图3 意识之前的信息加工和意识界面的"我"

无论是视觉艺术、音乐还是诗歌,即便信号摄入的方式或者说载体不同,这些信号最终都是在我们的大脑中获得加工,这些信号都是以心理活动的方式被体验与呈现。因此,即便是不同的艺术门类,我们所能体验到的也只是最终在"意识端口"输出的意识内容。

我们的大脑只给我们配置了一个意识输出端口。"我"只有一个"我",意识中并不存在第二个"我"来感受这个世界。因此,在"我"的层面的信号输入与输出都是线性的。"自然按照网状结构而不是直线性结构把它的各个物种联系起来,人却只能按照线性顺序去联系它们,因为他们的语言不可能同时呈现出几个事物。"①显然,这种时间特性并不是语言或是其他媒介决定的,而是人本身的局限性。人只是自然中的一个"物种",是包含于自然的,不能和自然相并行类比。

信号在大脑皮层的加工是一种并行的加工,神经元的并行连接,决定了神经电化学信号在神经元之间的传递不可能呈线性关系,这种连接就导致了信号在大脑中的加工是一种并行加工方式。大脑中存在着相对集中的功能脑区,如视觉的视觉皮层、听觉的听觉皮层、负责运动的运动皮层,还有负责面部加工的面部梭状回,等等。但信息的输入所激活的脑区基本上都是相互关联的,最终实现意义的整合。然而,大脑中的并行加工所产生的意识却是线性的输出,心理活动作为个体确证的表征只有一个意识主体"我"。虽然大脑的加工单元是神经元和神经电化学信号,但意识和神经元却有质的区别,神经元与神经信号是意识之前的加工,却并不是意识,意识的基本构成是意识内容,而不是神经元的电化学信号。

正常人虽然有一对眼睛和一双耳朵,这就意味着信号的输入有两条路径(见图1),但这两条路径并不是各自为政,而是汇聚于听觉皮层和视觉皮层。一对输入感官并不意味着彼此所接收的信号有多大差异。以视觉为例,左右两只眼睛在面对视觉对象时,是各有一半的视觉信号通过视神经汇聚于大脑中的视皮层,两只眼睛是为了更准确地获取信号。又由于我们的眼球只有中央凹区域可以获得清晰的视像,这就决定了我们的观看方式是线性的快照式信息输入。比之于耳朵,显然,声波进入耳道鼓动耳膜,也是一个线性的过程,我们的耳膜不可能一下子获取一串声音。我们对声音的接收也是在意识层面进行转化的,都需要"我"来执行。这样一种感官信号的获取则意味着,无论是文字形式的诗还是声音形式的诗都是在意识层面

---

① 汉森:《发现的模式》。转引自鲁道夫·阿恩海姆:《视觉思维》,滕守尧译,光明日报出版社1986年版,第345页。

由"我"执行的线性输入。

三、诗与画的神经生理加工路径之异

因此,基于上述对诗画感知的神经生理层面的认识,我们可以重新审视莱辛在《拉奥孔》中所呈现的问题:其一,为何诗可以表现丑而画却不能? 其二,为何诗是时间性的,而画却是空间性? 其三,为何诗之所长在于表现时间中相承续的动作,而画之所长在于表现空间相并置的物体呢? 这些问题真的是由媒介之异造成的吗?

诗画作为视觉感知活动,都具有信息输入与输出阶段。我们要读懂一首诗或看懂一幅画首先都是要从诗画的物质媒介上获取相应的信息。显然的是,作为视觉存在,二者的信息获取都有一个相同的过程,那就是光波转换为神经电化学信号,在初级视皮层及大脑的其他区域协同完成信息的加工并输出给意识。然而,这一过程的所异之处就在于,画的信息输出在大脑将整个画面输出给意识端口的"我"的时候已经大致完成了。而对于诗,大脑将书页上的文字符号输出给"我"的时候只是一个单一的文字或词,并不能构成一首诗的全部,"我"所获取的只是一个词的形。

换言之,当"我"接收到这个词的时候,只是一首诗加工的开始。"我"要将这个词转化为一种意义指向,并且,在后续不断地信息输入的过程中,将所接收到的一系列的词解读为一个意义集群或整体的"意象"。例如,"空山新雨后",我们在读到这句诗的时候,是一个字一个字地读,"空""山"被"我"接收之后,"我"才会建构一个关于"空山"的印象,当"空山新雨后"集结完毕,"我"才会建构出这一整体的"意象"。这个过程的每一次信息的输入,每一次文字的形、象、意的转换,都是由意识层面的"我"来执行的。因此,意识层面的"我"是诗及叙事性作品信息加工的基本单元。

我们再回到维吉尔对拉奥孔的描写。"先是两条蛇每条缠住拉奥孔的一个儿子,咬住他们可怜的肢体,把他们吞吃掉,然后这两条蛇把拉奥孔捉住，这时拉奥孔正拿着长矛来救两个儿子，蛇用它们巨大的身躯把他缠住，拦腰缠了两遭，它们的披着鳞甲的脊梁在拉奥孔的颈子上也绕了两圈，它们的头高高昂起。"当我们读到"把他们吞吃掉"的时候，我们的意识已经聚焦到这个"吞吃掉"的景象上，而不再是先前的"两条蛇每条缠住拉奥孔的一个儿子"，甚至连"咬住他们可怜的肢体"都已经不见了。我们的意识，在"我"的阅读过程就像是我们的"中央凹"一样，它是在不断地执行"眼动"聚焦，而最后在大脑神经元和脑区的整合之后输出给"我"一个整体的画面。只是，在"我"的水平上，信息的输入与整合工作都必须在"我"的层面上完成，而不仅是意识之前的神经元和脑区等。在此过程中，"我"必须不断地输入信息向前推进直至加工结束，因此，前期的输入不会停留于某一个顷刻，而是会被"此刻"覆盖，成为一种记忆。"本来是一眼就可以看完的东西，诗人却须在很长的时间里一一胪列出来，往往还没有等到他数到最后的一项，我们就几乎把头几项忘记掉了。"①可见，莱辛已经发现了诗在阅读过程中的这一特征，只是，这不是被"忘掉了"，而是由于意识加工的单元性，被当下意识内容所覆盖了。

那么，当我们接着往下读时，拉奥孔之丑态便也随之呈现了。"拉奥孔挣扎着想用手解开蛇打的结，他头上的彩带沾满了血污和黑色的蛇毒，同时他那可怕的呼叫声直冲云霄，就像神坛前的牛没有被斧子砍中，它把斧子从头上甩掉，逃跑时发出的吼声。"我们能够想象到拉奥孔头上黑色的蛇毒，还有他被大蛇缠满的身体，还有他像是被斧头砍了的牛的吼叫，这些都是非常激烈的行为，如果入画将会十分狰狞。但是这些也都在阅读的线性推进中不断地被"此刻"输入的信息覆盖了。当我们读到最后一句时——"就像神坛前的牛没有被斧子砍中，它把斧子从头上甩掉，逃跑时发出的吼声"，意识中所呈现的便是一头狂吼奔跑的牛。当这一切都停下了，我们的意识才会

---

① 莱辛：《拉奥孔》，朱光潜译，人民文学出版社 2009 年版，第 93 页。

整合出一个整体的"拉奥孔群像"。而在此过程中的丑态与夸张的形体并不会霸着不走占据在我们的意识当中，最终的群像也是一个需要历时性地回想才能完成的整体画面。这就类似于中央凹的信息建构，我们意识中最终的"拉奥孔群像"也只是一个模糊的形，清晰的象则需要我们意识中的"中央凹"——"我"去不断地聚焦回想。

诗在意识层面上的信息输入，就使得"诗里形体的丑由于把在空间中并列的部分转化为在时间中承续的部分，就几乎完全失去它的不愉快的效果，因此也就仿佛失去为丑了"①。莱辛认为，"丑"的"形体"被转化为时间中的承续之后，便被"冲淡"了，然而，在我们看到认知神经层面的加工之后，便会发现，此"冲淡"之因在诗的神经认知加工层面就已经显现了，媒介层面的转化只是认识神经加工层面的最外层表现或结果。

叙事性作品之擅长在表现动作，拉奥孔的"张开大口"、身躯被"拦腰缠了两道"这些都是形的"丑"。在阅读的过程中，"形"也是以动作来暗示的，正如"张开大口"之"张"和"拦腰缠了两遭"之"拦"与"缠"。动作的想象即便是被形象化了，在意识层面的建构中，又由于是以"我"为单元的，这个形象仍是极为有限和不完整的，正如"中央凹"每次只能获得一丁点儿的图像一样。而且在以"我"为单元的线性阅读的推进中，"形"在以动作为基质的序列演进中被不断地覆盖与整合，最终在意识中形成的整体图像也只是一个历时性的建构。直言之，意识层面以"我"为单元的形象建构必然是历时性的，不存在即刻的整体的形象。这也便是莱辛所谓的"冲淡"了。显然，这种"冲淡"并不能说是文字的淡化，而是我们在"诗"的感知中并不能真切地呈现出"丑"的形象，因此，在意识内容中形的"丑"并非具体的存在；或者说形象的暂时性和局部性并不能实现"丑"的效果，"丑"只是作为一种观念被语言所描写的对象保有。

---

① 莱辛：《拉奥孔》，朱光潜译，人民文学出版社 2009 年版，第 141 页。

而造型艺术的视觉加工路径却并非如此,当我们在欣赏《拉奥孔》时,光信号以漫反射的形式进入我们的眼睛,又由于中央凹区域的视觉呈现最为清晰与此同时十分狭小,因此,眼球需要一系列眼动来进行图像信息的捕捉,并将中央凹获取的清晰图像以一系列快照的方式发送给大脑的视觉中枢——初级视皮层,最终初级视皮层给予大脑一个完整的图像信息,再输出给意识端口的"我"。"我"便看到了完整的拉奥孔形象。然而,在此过程中,在意识端口将图像输出给"我"之前,整个的信息加工完全是在"我"这个层面之下完成的(如图3),是一系列的神经元、神经电化学信号、中央凹、脑区的联合加工最终将信息输出给了"我",加之神经元之间的并行连接,因此,在"我"之前就是并行的信息加工,"我"只是并行信息加工最终的汇合处和输出终端;又加之眼动与神经层面的信息加工所需时间极为短暂,是人类无法依据自身的时间尺度可感知的。而在诗中的拉奥孔,我们必须一个字一个字地阅读输入,意识再一一对应给我们输出部分的拉奥孔,最终,随着"我"的阅读进程,而完成对拉奥孔形象的建构,因而这是"我"的层面的活动和"我"的层面的时间感知。故,最终在"我"的层面看来,叙事性作品的阅读所需的时间比之于观照一幅画的时间要长得多得多。后者所需要的时间在此就显得微乎其微了。

从诗与画的认知神经层面的加工来看,这不仅是诗可以表现丑而画不能的原因,同样,这也是诗之所以为时间的承续,而画之所以为空间的并置的根由。这就是为何诗之所长在时间性的动作,而画在空间性的并置。诗与画各自媒介作为各自的表现手段是一种"相互协调"或者说相互成就,而这种协调之根由就在于是对于诗画的感知本身,或者说是我们感知方式要求它们这么做的。当然,这并不是说,诗必须要表现动作,画必须要表现空间,画也有动作,诗也有空间,莱辛和朱光潜对此都有论述。动作本身就占有一定空间,空间也非绝对真空,即便空间中空无一物,而诗的描述性行为作为某种视角的描述本身就是时间线性的动作。

诗的描述过程,是在对我们看的过程的描写。即使是对想象的描述,也是以"我"为单元的输出,一种类似于看的线性输出。莱辛在《拉奥孔》中指出《荷马史诗》中的诗在描述一件物体的表现手法,正是将一个静态的物体转化为一次时间性的动作序列,只是这个动作需要一个执行者,而不是眼睛所属的"我"作为主体的叙述者。但是这个执行者在诗中又是一种隐性的所在,他不是显的"形象",而是一种显的"动作"。这是意识层面以"我"为单元加工的一种表现,"形象"在此是一种历时性的结构。这就使得诗中形象的塑造需要以"动作"作为支撑。作品中的人物的性格就更是如此了,没有行为动作也就见不出一个人的性格。

　　然而,诗对"动作"的这种聚焦是基于其媒介的语言文字吗? 动作又意味着什么? 在心理学对情绪的定义中,动作也是情绪的核心构成。例如,斯托曼(K.T. Strongman)认为:"情绪……是与身体各部位的变化有关的身体状态;是明显的或细微的行为,它发生在特定的情境之中。"[1]詹姆斯则认为:"我们对刺激的感知直接伴随着机体变化,与此同时我们的感受也在发生着变化,这就是情绪。"[2]在此,情绪有两方面构成,一是我们的身体变化即行为动作,一是与之相伴的感受。这两个方面是一种相伴相生彼此对应的关系,有什么样的行为就会有什么样的情绪状态。行为即身体的动作,感受即心理或意识的体验或认识。

　　皮亚杰在《发生认识论原理》中以儿童的认识的发生与发展为基础,提出了认识发生的四个阶段:感知运动阶段(0～2岁)、前运算阶段(2～7岁)、具体运算阶段(7～11岁)和形式运算阶段(11～16岁)。其中,第一阶段为感知运动阶段(sensorimotor stage)。[3]然而,此"motor"正是"动作",只是一种翻译上的差异。皮亚杰在另一本讨论儿童认识发生的著作中提到了:"图式……是动作的结构或组织。"[4]幼儿起初是以"动作"来认识世界的。因果

[1]　K.T. 斯托曼:《情绪心理学》,张燕云译,孟昭兰校,辽宁人民出版社1987年版,第2页。
[2]　William James, "What is an emotion?", *Mind*, No.9, 1884.
[3]　皮亚杰:《发生认识论原理》,王宪钿等译,胡世襄等校,商务印书馆2018年版,第21页。
[4]　皮亚杰、英海尔德:《儿童心理学》,吴福元译,商务印书馆1980年版,第5页。

关系对于儿童来说就是实物的动作承续的序列。推门会开，踢球会走，拍手会响，等等，这些都是基于物体实在的动作而产生的因果逻辑。即便是后来成人的逻辑，何尝不也是动作的承续。这也就是皮亚杰所谓的"图式"，我们的认识结构，正是以"动作"为基质建立起来的结构。"形式运算阶段"的生成也是基于"感知运动阶段"，即便是成人也依然有"感知运动阶段"的发生，这就是当我们在面对一个难解的问题，我们就需要推敲，这个推敲并不是在用语言符号，而是以动作去感受之，这在审美体验中尤为显著，"推敲"这个词的由来就是一种佐证。因此，"动作"作为人之情感构成的核心，语言文字的对"动作"的聚焦描写，实则是通过以"我"为单元体验"动作"而还原"情感"。

因此，作为媒介的语言文字并不能成为诗长于时间中承续的动作的原因。情绪的内涵、认识发生的规律以及我们在意识层面以"我"为单元的加工方式就要求，叙事性作品需要以"动作"作为表现对象，而媒介是基于此的选择。我们只有通过对动作的描绘才能唤起我们的身体的一种感知，去将这种感受转换为一种体验，去表达为某种情感或认识。动作是意识内容的核心，语言作为一种人的符号，本就是人的意识的一种物质形态。与其说语言在描述意识，毋宁说语言就是意识之构成。

如果我们放下人类的时间感知尺度去重新认识时间，或许，一秒钟对于光来说可能比我们的一年还要长。当时间被放大时，一切就变得明了了。我们一般所谓的"一目了然""一下子"，也许可以变得很漫长，因此，感知中的"快""慢"是不可靠的，是感知主体决定的。然而，回到时间的执行主体，去看那个执行主体的动作序列本身，或许更有益于问题的考察：光有光的时间尺度，神经元有神经元的时间尺度，"我"有"我"的时间尺度，蜉蝣也有蜉蝣的时间尺度。诗与画的感知有意识之前的加工和意识的加工两个阶段，两个阶段的执行主体是不一样的。我们对叙事性作品的加工活动正是以"我"为单元的输入加工活动，"我"是信息输入的执行主体；而在画的加工过程中，信息输入的执行主体是"中央凹""神经元""神经电化学信号""脑区"

等,"我"是作为信息最终输出的端口(如图3)。"我"的信息输入方式与视网膜"中央凹"的信息输入方式具有高度的一致性,显然,这不是一种巧合,只是问题在于,是"视网膜"结构决定了意识层面上"我"的信息输入甚至是"我"的认知方式,还是二者具有作为一种相似结构的必然性? 显然,这也是诗之在时间而画之在空间的原因所在。

如此看来,媒介并不能构成诗画异质之"源起"或"根由",媒介只是诗画异质之内容或表现形式。诗可以表现丑而画却不能,诗在时间的承续和画在空间的并置等诗画异质问题,并不是各自的表现媒介决定的,而是受制于各自的感知路径。这也是莱辛所谓的媒介与表现对象之间协调的"根由"之根,正在于我们的感知,诗与画才会表现出这些"界限",这个"界限"就包括媒介本身,媒介是"诗与画的界限"的内容。感知是我们认识世界的途径,同时也是我们认识世界的限度。我们的生理结构很大程度上就已经框定了这个限度。诗与画的异质在认知神经层面上的加工之表现就是这样一种框定。甚至可以说,媒介之特性也是建立在认知神经层面上的。不是因为它们有了各自的媒介才塑造了不同的认知神经加工方式。

本节正是在审美感知现象进一步完善的基础上对诗画异质问题的一次尝试。莱辛所讨论的"诗与画的界限"本就是从诗与画的感知出发的。只是由于时代的限制,莱辛及朱光潜时代的心理学和脑科学研究并没有发展(甚至尚未发生)到今天的水平。他们也就看不到审美感知的更为完整的现象,亦不可能深入生理甚至是物理层面去寻找诗画异质之因。当然,莱辛与朱光潜之观点的经典性毋庸置疑,我们今天仍然是以他们的认识为基础来展开讨论的。

第四节　人工智能艺术的神经美学评判

人工智能的本质是"计算",对于一般人而言,人工智能的艺术生成机理就是一个"程序",而程序实在是一个"黑箱",一般人所能看到的就是人工智能的艺术产品,以及其在人所引发的感官体验的效果。那么,人工智能艺术的"美学感"①究竟与一般的"美感"在"效果"上有何联系与区别?我们能否绕过基于传统美学的理论分析,而以一种更为直接的方式对其作出判断?神经美学研究是以实验为手段,以审美愉悦为效果作为实验判定的依据,去探寻审美的神经生物学基础。而这个"效果"也同样是艺术作品在主体引发的"愉悦感",这一点是与人工智能艺术之效果相同的,都是基于接受者的主体性反应。因此,人工智能艺术的神经美学研究能够确立人工智能艺术之效果在神经生理层面上与传统艺术之效果有何等程度的匹配。同时,这也是对人工智能艺术的一次实证研究,进而在神经生理层面寻找人工智能美学与传统美学内在的共同基础与连接的可能。

一、人工智能与人脑的差异

人工智能作为计算机科学的一个分支,它首先是一种算法。美国麻省理工学院的温斯顿(Patrick Henry Winston)教授认为:"人工智能就是研究如何使计算机去做过去只有人才能做的智能工作。""人工智能是计算机科学的一个分支,现在无论是其研究方法还是其成果形态都离不开计算,因此,计算是人工智能的本质。"②人工智能的基础正是计算机,计算机的信息加工方式和人脑不同,人是一个自足的系统,人脑的信息处理是一种原型同构方式,而计算机作为非自足系统是和外部世界相一致的,即机械的一级同构关系,这种一级同构决定了人工智能的有限性。而且,与人类相比,人工智能对自身的行为无感或无法认识,但人对自身的行为总有一个反观或评

①　参见王峰:《仿若如此的美学感:人工智能的美感问题》,《同济大学学报(社会科学版)》2022年第4期。王峰教授在此提出,人工智能美感只在效果上谋求与人的美感的一致性,它是仿若如此的美学感。

②　陈钟:《从人工智能本质看未来的发展》,《探索与争鸣》2017年第10期。

价(value)。这也是人类主体性的体现,人类的艺术创作与欣赏之可能正在于人的主体性,艺术正是人的主体性的产物。在艺术欣赏过程中,我们便可以通过艺术的形式——艺术家创作的痕迹来还原艺术家的情感与思想。然而,这也是人工智能作品创作所缺失的。

同构(isomorphism)是自然界中普遍存在的现象。在我们的视觉加工活动中,光经由物体表面发生漫反射进入我们的眼球,此时,反射光已经携带了物体的某种属性,经过视神经转换为神经电化学信号,最终在大脑中生成意识,也就是我们所感知到的物体。在此,反射光与其所反射的物体便存在着一一对应的关系,且反射光与转换后的神经电化学信号也存在着一一对应关系。在罗杰·谢泼德(Roger Shepard)看来,这就是一级同构(first-order isomorphism)关系,他认为相应的物理刺激与其相应的意识呈现之间存在着一种一对一的同构关系。然而,后来的认知心理学已经有充分的实验证实,这是一个谬论。罗伯特·索尔索认为:"我们并非以一级同构而是以一种原型同构(proto-isomorphism)来知觉这个世界的。"[1]外部的物理刺激与内在的意识呈现之间的关系是一种原型同构关系:外部物理刺激与内在精神呈现是一种多对一的关系,即某个范围的刺激对应着一个认知的原型,就像我们的可见光范围为 380～780 nm,如果是一对一的关系,理论上来说,每 1 nm 甚至更小单位波长的光波都应该对应着一种色彩的认知,但事实并非如此,整整 400 个 nm 单位的光波在我们的感知中大致被划分为 7 种色彩,换言之,相应波长的光波被作为一种原型来认识。然而,一级同构是否就意味着没有科学性? 或者说,它的科学性在哪里,它与原型同构之间又有何关系?

意识之前的感知,或者说物体之间的信息交换在进入我们的意识之前都具有一级同构关系。物理层面和生理层面的加工依然是机械的,能量的

---

① 罗伯特·索尔索:《艺术心理与有意识大脑的进化》,周丰译,河南大学出版社 2018 年版,第 188 页。

运行仍是能量进-能量出模式,有怎样的力便会有怎样的反应。反射光与被反射物体之间的反射是一一对应的,有什么样的物体和光就会造成什么样的反射光,这是一种物理上的转换。声音也是如此,声波作为一种能量触碰耳膜,在此耳膜的物理属性仅是一种能够产生机械振动的薄膜而已,薄膜的震荡就是对外在物理震荡的一种回应,这完全是机械运动。即使是初级神经传导,也是一种一对一的一级同构关系。物理世界本身不存在有限和无限,也不存在是否有足够的空间或能力来接收相应的信息,物理世界作为一个系统,其中所发生的所有活动都是自足的。并且这种发生永远是当下的、机械的,能量的转递消耗则意味着活动的完结。

我们知道,计算机的语言就是对事物的数字化:计算机最底层的语言只有 0 和 1,如果我们要对一个红苹果进行计算机语言的编写,一定是以 0、1 两个单位组成一连串的代码。世界上所有的事物,都可以通过 0、1 的编写转换成计算机语言,并通过某种终端还原成文字、图像或声音,正像反射光物与被反射物之间的关系。因此,这种编写正和在进入意识层面之前的加工相同,它是机械的一级同构关系,任何事物都有其独特的一种代码,即使是呈现于终端(如显示屏),这种一对一的一级同构关系仍然存在。而我们的大脑却不同,当信息进入意识终端时,全然是一种原型同构关系,我们并不会区分波长为 445 nm、446 nm 或 448 nm 的光波之间的色彩有何差异,我们会认为这就是一种色彩。人作为世界中的一个自足体、一个系统而存在,这就注定了他的有限性。虽然我们的感知范围已经先在地被划分在了一定范围内,例如,我们的视觉可见光范围是 380~780 nm,听觉的范围为 20~20 000 Hz,甚至我们的神经感知也存在一定阈值,低于某个阈值就无法感知。即便如此,在这样一种限定的范围内,外部世界对于我们来说仍是无限的。因此,主体的有限性和外部世界的无限性如果想要划上对应关系就要求我们必须以一对多。这就是物理刺激与意识呈现之间存在原型同构关系的原因。

"即使具有上亿个大脑神经元并行活动,也不足以储存这个丰富多彩的世界的所有图像与声音(以及其他感觉信息)。然而,将某一类事物最为常见的经验性特征归并于印象进行储存不仅是可能的而且还要绰绰有余。"[①]我们总是在以事物的某些最常见、对个体最为深刻的特征进行原型认知的建构。这种由多对一的方式一般被称为抽象,然而,这种抽象是什么时候开始的? 毕竟,我们不可能一下子就能见到"诸多"同类事物,从这"诸多"中看出"一"来。皮亚杰在《发生认识论原理》中指出,幼儿在 0～2 岁时,是通过实物来认识,实物的动作中包含了一种因果逻辑。对每一个实物的认识都是通过彼此之间的序列关系或者说因果逻辑来完成的。显然,在我们第一次见到"狗"时,我们就已经开始了对"狗"的原型的建构,只是,此时的原型也就是我们面前的这一只狗的整个形象。因为,除此之外,别无其他。但是,当我们在生活中不断地遇到"狗"时,这个"狗"的原型也就会不断地生长,不断地由一对多。如果形象地来看,这种过程就像是沙漏里沙子的下落,当第一粒沙子与地面接触时,这粒沙子便已具有一席之地,便有了"一座峰",当后续不断地有沙子落下时,这座"峰"便会不断地成长,最终成为"高峰",但无论如何,无论其多大多高,它始终只有一个"峰",它不会生出第二个来。

再者,计算机的容量是有限的。从物理上来看,我们的大脑也具有有限性,它只有 1 500 克左右,约有 1 000 亿个神经元。一台笔记本约有 2 千克,一台智能手机也只有 200 克左右,即使是今天最为先进的苹果仿生芯片,它的处理能力也是有限的,电脑的储存容量即使有 100 T,也是一种极值,若持续占用、不断堆积,也会出现瘫痪。它必须即时清理内存,才有更多的空间去处理新的问题。然而,人类的大脑虽然也是有限的,但原型同构的认识方式却能够做到以有限应对无限,即使是 80 岁的老人也会记得他孩童时代的

① 罗伯特·索尔索:《艺术心理与有意识大脑的进化》,周丰译,河南大学出版社 2018 年版,第223 页。

事情。有人会说大脑善于忘记，但事实上，有些东西我们已经忘记，而在特定情境或面对特定的对象，我们又会忽然想起。因此，这种"忘"也会带有"记"的可能。计算机则不然，一旦删除便无法记起。机械的信息加工和有限的储存容量就决定了计算机的有限性。

人工智能也不例外，表面看来，它似乎具有以一对多的功能，但实际上，这种一对多是一种程序的设置，程序中的一对多也是一对一的指令设置出来的，它的本质也是一串 0、1 符码。人工智能的艺术创作，人工智能的审美，抑或是人工智能与人的对弈，这些都只是程序，所有它执行的活动，只有程序输出这样一个端口，这种机械的输出，并不具有原型同构关系。它所输出的行为在它自身并不会伴有一种机体的端口，不会在它自身产生一种能动状态，也即不会有情绪。我们对人工智能的期望与赞美在于：最终人工智能的输出结果的效果是在我们人类身上体现出来的，是我们在理解人工智能的输出，是我们在为人工智能的作品而感动。因此，这就造成了一种假象——人工智能会理解，人工智能会创造美，人工智能会感动。或更直接地说，人工智能只是人类的一件作品，人类在为自己的作品而感动。《哥德尔、艾舍尔、巴赫——集异璧之大成》的作者侯世达（Douglas Richard Hofstadter）指出，人工智能这个词是不准确的，因为它根本就不智能，"情绪是智能的核心，没有它就没有智能"①。人工智能的行为没有一丁点儿的情绪，而人的所有行为在一定程度上都是情绪化的。

总之，物理世界的机械运动是一种一对一的一级同构关系，而作为意识主体的人的感知活动却是一种一对多的原型同构关系。物理世界的一级同构是机械的、即时的；而意识层面的原型同构则是情绪的、非即时性的。机械的一级同构输出只有一个端口，即物体之间的相互作用本身；而作为主体人的原型同构的信息输出却有两个端口，在"物"与"我"之间的相互作用中，

---

① 侯世达：《我讨厌"人工智能"这个词，因为它们没有智能》，https://mp. weixin. qq. com/s/GVC7TiiviQiU7pLil_4OiA，2019 年 3 月 6 日。

作为物理的机体端口本身会产生一种能动状态，与此同时，作为主体意识端口的"我"则会对这种状态产生相应的意识，即某种认识或者态度。这种双重效应就是情绪。不可否认，人工智能具备思维的机械性，但并未表现出思维的主体性。

从认知神经科学来看，外部事物、神经信号和意识之间都是一一对应的，虽然，我们的意识和意识之前的加工是一种原型同构关系，但输入信号仍会获得输出信息的匹配，只是这种匹配关系就是以一对多。每一事物都由外界以能量波动的方式通过机体感官进入神经系统并转译为一种电化学信号，而这个电化学信号和外物具有一种异质同构关系，即神经电化学信号与外物具有一一对应的关系。然而，（刺激物的）信号输出存在两个端口：一个是意识端口，一个是机体端口。意识端口与机体端口也是相对应的，即便这种对应是以一对多。每一种机体反应都会对应着一种意识输出，而这个反应被我们称为情绪，情绪既是对某个对象的评价（意识端口），也是对该对象的机体反应（机体端口）。或更直接地说，评价只是对"机体状态"的命名，我们所说的"欢喜""悲伤""平和""痛苦"等并不是情绪本身，而只是对情绪状态的命名，是情绪得以言说或理解的最外层表征。这一点在心理学家关于"情绪"或"情感"的定义中也有鲜明的体现：

德雷弗：情绪是由身体各部分发生变化而带来的有机体的一种复杂状态，在精神上，它伴随着强烈的情感和按某种具体方式去行动的冲动。①

斯托曼：情绪是情感，是与身体各部位的变化有关的身体状态；是明显的或细微的行为，它发生在特定的情境之中。②

---

① 德雷弗：《心理学词典》。转引自 K.T. 斯托曼：《情绪心理学》，张燕云译，孟昭兰校，辽宁人民出版社 1987 年版，第 1 页。

② K.T. 斯托曼：《情绪心理学》，张燕云译，孟昭兰校，辽宁人民出版社 1987 年版，第 2 页。

詹姆斯:我们对刺激的感知直接伴随着机体变化,与此同时我们的感受也在发生着变化,这就是情绪。①

坎农:丘脑在接受到某些事物或情景的刺激引起的神经冲动后,把冲动传向大脑皮层和身体的其他部位,情绪和植物性神经系统等机体变化是同时发生的,一者并非是由另一者引起的。②

由上述定义可以看出,"情绪"一定包含"机体端口"的行为和"意识端口"的评价两个部分。然而,情绪有积极和消极的分别,这就意味着也有中性的情绪或者说中性的体验和行为反应。换言之,任何外在刺激(信号)都可以使我们的身体产生某种行为反应,只是行为反应在相应的语境中构不成"紧张"感,我们也就不会对其在意或者说形成一种自觉的"体验"或认识。外部刺激所诱发的机体情绪必然对应着一种机体的能动状态,当这种能动状态与我们的机体常态不相一致时,就会成为一种"紧张"状态。在此,"紧张"是身体的一种非常状态,并不是狭义的紧张。

只是在大多情况下,我们是处于两极情绪之间的中性状态,即非紧张的"平静"状态,这也是人类"趋利避害"的结果——人的首要目的是生存。从进化心理学上来看,人的行为都是为了更好地在这个世界上生存,我们身边发生的事情,包括人自己的行为都指向于一个衡量标准:是否利于生存。这也就简化为"趋利避害"原则,我们倾向于利好的环境、人和行为,我们规避那些会对自己造成伤害的事物。当然,基于道德的考量和人类群体长远的发展,也会有大义、大善的驱动,个体也会为集体的利好而牺牲,比如革命。

我们一般所说的情绪便是基于"趋利避害"原则的划分,我们有喜悦、高兴、振奋等积极情感,也会有恐惧、愤怒、悲伤等消极情感。显然,这是"利"与"害"所对应的两种情感态度或评价,我们在这两极情感状态中都会表现

---

① William James, "What is an emotion?", *Mind*, Vol.9, 1884, pp.188—205.
② R.H. 厄内斯特:《心理学》,张东峰等译,台湾桂冠图书公司 1981 年版,第 490 页。

出一种紧张感，而且，基于"趋利避害"原则，一旦我们处于这种情感状态，我们便会走向"利好"状态，将自身恢复到平静之中。即使我们原本处于亢奋的喜悦，也将是非持久的，因为，生命总要归于平静，我们的身体需要回到常态的平静之中，而不是筋肉的紧张状态。这些都是生存之必需。那么，"平静"意味着什么？其实，"平静"本身也是一种评价，只是这种状态是人的基本状态。因为两极情绪状态对人类生存的紧迫性，我们会更容易命名和处理两极，而忽视中间地带，中间地带意味着相安无事，它不构成生存的威胁或紧迫。这也是对人类精力的节省。因此，即使是"平静"本身也是一种情绪状态。我们的日常生活中并非只有两极情感，还有大量的处于中间地带的情感状态，即非紧张的一般状态。这意味着，我们的所有行为都有一种评价与之相伴相生。

　　然而，人工智能作为计算机之一种，它对外部的刺激输入只有一个机械端口，且无所谓机体和意识之分，它输出的结果是指向他者，并无针对自身，因此，人工智能并不会就它的输出行为有所认识。"迄今还没有证据证实人工智能获得了认知与思维所依赖的'自我意识'，换言之，就是目前的人工智能通过大数据分析和信号传递过程，还无法像照镜子那样，借助于与'镜子中的我'与'自己的感觉'相互印证，从而确认和感知自我……即使是最前沿的情感计算，也只是机器通过人的面部表情或体征来判断人的情感。"[①]并且，从理论上来看，人工智能也没有主体性或自我意识，它无法认识自身，它只有一个机械的"行为"输出端口，而不存在具有情绪性的行为与意识的双重输出，这也是人工智能和人最根本的区别。可能有人会说假以时日，待技术成熟之后，人工智能也会实现双端口的输出。但事实上，计算的本质和计算机的特点决定了人工智能"人化"的不可能性。当然，这也并不意味着，人工智能未来发展的无法突破，人工智能与"生物智能"或"生物脑"的结合便可以打破机械性困局。那么，就当前人工智能的发展情况来看，人工智能的

---

① 杨力：《人工智能对认知、思维和行为方式的改变》，《探索与争鸣》2017 年第 10 期。

艺术创作将会怎样?

正是基于外部事物、神经信号、意识与主体人的行为轨迹的对应关系,我们才得以可能在艺术欣赏的过程中回到艺术家创作的那个时空之中,还原一件作品的创作轨迹及其相伴相生的情感。根据这种对应关系,人工智能创作活动与艺术之关系便一目了然。

二、人工智能艺术的群体性"效果"与"生成"

虽然我们会对人工智能艺术的"创造"有所争议,但人工智能的艺术"生成"却是一个不争的事实,"人工智能艺术"已然是一种存在形态。人工智能艺术特有的算法生产方式与传统的心灵生产是相断裂的,但这并不妨碍我们将其视为"美的",就现有的事实来看,人工智能艺术至少已经在效果上实现了普遍化的审美接受。例如,2016 年 3 月,日本机器人有岭雷太写就的《机器人写小说的那一天》入围了"星新一文学奖";2017 年微软小冰的诗集《阳光失了玻璃窗》出版;2022 年 8 月,数字艺术家 Allen 使用了 AI 绘图工具 Midjourney 生成初稿再经由 Photoshop 润色的《太空歌剧院》竟然获得了美国科罗拉多艺术博览会数字艺术类冠军。这种普遍的审美样态至少在现象上表明,人工智能艺术已然具有了与传统艺术审美相同的效果。

然而,普遍化的审美效果是否有可能与传统艺术生产的"心灵"相衔接呢?其实这也就是人工智能艺术生成的主体性与其接受的主体性相衔接的问题。显然,就传统美学的路径来看,这种衔接是否定的。例如,王峰认为人工智能艺术不属于传统的美学研究范畴,是属于后人类的,并提出了将人工智能艺术之效果视为"仿若如此的美学感",是平行于传统美学的一个新的坐标系。[①]卢文超亦认为传统的艺术理论并不能解释人工智

① 参见王峰:《人工智能模仿:新模仿美学的起点》,《文艺争鸣》2019 年第 7 期;《挑战"创造性":人工智能与艺术的算法》,《学术月刊》2020 年第 8 期;《仿若如此的美学感:人工智能的美感问题》,《同济大学学报(社会科学版)》2022 年第 4 期。

能艺术。①因此,人工智能艺术作为一种事实的存在并不是从它的"来路"去作判断的,而是基于它的"效果"。

　　人工智能艺术的美感虽不是直接产生于人的心灵,但也可以说是间接产生的。间接性意味着人工智能艺术的生产并非依赖个体的人,而是来自群体的人。在此,群体性有三个层面:首先,人工智能作为算法是一种群体性的技术支持。其次,人工智能算法运行所依赖的数据库也是一种群体性的构成,可以说,每一个人都是人工智能艺术生成的大脑分子。再次,人工智能的艺术生产的评价与反馈是一种群体性事件,即人工智能艺术在主体中所引发的效果是群体性的。"群体"意味着人工智能艺术之生成是基于个体的每一次"效果"的反馈而生成的,即"效果"包含了人工智能艺术生成的心灵路径,只是,这种心灵是一种群体的心灵。它与传统的个体之创作与个体之欣赏的双向重合不同,它是群体之创造与群体之心灵的重合,而这种重合只能回到人工智能艺术在个体层面所引发的"效果"上去认识。

　　人工智能的艺术生产确切地说是一种"生成",它是根据自身算法对数据库的学习而"生成"具有某种创新性的作品。只是,这个创新并不是"由无生有",而是"以有生有"。它所生成的作品是基于现有艺术作品的类型与风格,换言之,它脱不开现有的艺术类型或风格,只能在现有的经验层面游移,而不可能突破经验去创造新的艺术史。因此,人工智能艺术能不能称为摹仿仍是值得商榷的。

　　柏拉图在谈及"摹仿"时指出:"在儿童入学之后,教师工作的重点在于培养他们良好的品行……让他们阅读和背诵优秀诗人的经典作品……而摹仿这些人杰,并渴望成为像他们那样的人。"②再有"使他自己的声音笑貌像

---

① 卢文超:《迈向艺术事件论:人工智能的挑战与艺术理论的建构》,《澳门理工学报(人文社会科学版)》2020年第2期。
② 柏拉图:《柏拉图著作集》(英文本)(第一卷),本杰明·乔伊特英译/评注,广西师范大学出版社2008年版,第149页。

另外一个人,就是模仿他所扮演的那一个人了"①。在此,我们能够看到摹仿是向他人学习,去"像另一个人",显然,这里暗含着"摹仿"的内容是自身所"无"的。摹仿之前提是个体本无相应的技能或形式,而是以重复他人的方式去习得相应的技能或形式,是一种"以无生有"的获取,虽然是他人已"有",但却是自身之"无"的。然而,人工智能艺术之"生成"却是自身已"有"的。

"生成"实际上是以问题为中心的信息建构能力。而生成式人工智能则将人类的这种信息建构能力作为一种功能外化了。这就意味着,能力的建构与修养不再属于个人,而是成了群体性的。然而,生成式人工智能对人类原有能力的打包与整合并不意味着对相应能力的剥离,它仍然是作为人类能力链条的一个环节,只是被外化为某个功能。与此同时,这种外化的功能也意味着人的能力的均等化。例如,谷歌推出的 Noise2Music 能够根据文字生成音乐,似乎每个人因此可能成为音乐的创作者;Stable Diffusion 的图像生成使得每个人都可以根据自己的意愿去作画。显然的是,人工智能绘画之生成并不能达到梵高或莫奈的创作,但或许已然超过一般已经具有相应绘画功底的学生。这种超乎寻常而又未及非常的水平正是人工智能作为一种功能所实现的"大众化",每个人在使用它的时候便意味着实践了相应水平的功能,它是作为一个打包的整体存在于人的能力链条之中的。

生成式人工智能实则是"机器理性"的发展,将人的"直觉能力"理性化。艺术生产一直被视为人类心灵的独特能力,当其以"机器理性"外化为一种功能时,它仍然是以人类心灵为基础的。直觉与机器理性仍统一于人的心灵,只是,此处的心灵不再是个体的,而是基于人类群体。然而,这种统一如何可能?

在此,机器理性是以人类心灵为基础的驯化。表面看来,人工智能艺术

① 柏拉图:《理想国》,郭斌和、张竹明译,商务印书馆 1986 年版,第 97 页。

是人类以计算机程序的产出,但实际上其产品却是在人类群体的审美语境中不断地调试以达到今天的"美"的水平,是一种外在机制的驯化。这也正是群体的主体性参与艺术生成的一种表现。微软小冰最初的诗作可能并不够优秀,但在不断地以人类心灵的审美判断调试之后,而优化了其算法。今天的 ChatGPT 实际上也是以人类的理想经过了几代的更迭驯化而来的,2018 年最初的 ChatGPT-1,2019 年的 ChatGPT-2 再到今天的 ChatGPT-4,其中更新的代码数据可谓是几何式增长的。然而,这个过程的每一次调试都是个体心灵的建构,我们每个人都参与到了对生成式人工智能之生成的评价与反馈中,这种评价与反馈则会进一步被程序所记忆并优化其生成。

传统的美学理论实际上也作为效果经由个体的直觉转化成一种审美判断,反馈给人工智能的艺术生成。人工智能所生成的艺术并没有真正形成自我判断,微软小冰诗作的集结成册,《太空歌剧院》的获奖,这些都是由人来执行的。"人的执行"最终并没有被作为人的行为来认识,而是作为"人工智能"的附属,或者说是作为人工智能的整体性来认识的。个体的人是以自身的审美素养来完成他对人工智能艺术之生成的判断,审美素养就是其"直觉"。如果是一位具有丰富美学知识的人来"执行"这样一个任务,那么,他的"标准"就是他基于美学理论的"直觉"。这种直觉之标准所引发的判断便会被人工智能记忆为一种模版或数据库的一部分,去进一步调试它接下来的生成。

因此,个体以"效果"的名义对人工智能艺术的接受已然被纳入人工智能艺术的总体"生成"之中。以艺术创作的传统路径来看,如果我们只是将"创作"聚焦于人工智能生成艺术作品这一输出行为本身,那么,人工智能艺术的生成则是与心灵相断裂的,主体性也被抹平了。但如果我们将其作为一个整体性事件,只是将"生成"作为链条的一个环节,那么"生成"就是基于群体性的主体。而"效果"与"生成"之间实际上也是接受者与创作者之间的主体性差异。然而,这两个主体性是否可能统一呢?

在此，我们还是要从人工智能艺术在主体中唯一的立足之处——人工智能艺术的审美效果——出发，去探寻其主体性存在的可能。既然人工智能艺术的"来处"是缺失的，我们能否避开其"来处"，而从"效果"出发，去寻找二者的衔接，毕竟接受主体在人工智能艺术得以生成的环节中是存在的。

三、从"效果"出发的神经美学

神经美学是近年来新兴的以科学实验为手段的审美研究，且已经较为成熟，神经美学意在探讨审美发生的神经生理机制及其一致性。这种一致性并不是说审美引发了某个只针对审美的特殊脑区，而是一种独特的发生路径。不关于类型或是门类，神经美学研究者希望寻找审美愉悦在神经生理层面所表现的效果的一致性，基于这样一种认识去丰富审美愉悦的理论内涵，毕竟，传统美学中关于跨门类艺术的讨论是差异性与统一性共在的，神经美学仍是延续了这样一种路径，以神经科学的实证去讨论艺术的差异与统一性。

然而，当前的人工智能与大脑的关联多是机制层面的，例如人工智能的深度学习，即通常所说的"深度神经网络"，但此"神经"也是一种比喻性的修饰，人工智能对于大脑的接近智能是功能性的，而非内在机制的统一；再如脑机接口，则是将人或动物的活体大脑与外部设备相连接，进行信息传递或发号指令、控制设备。而人工智能艺术与大脑之关联的研究则几乎没有出现。例如，在中国知网和百度上以"人工智能艺术"和"大脑"为主题搜索，并没有相关文章，以"AI art"和"brain"以及"AI art"和"experiment"或"empirical research"在"Elsevier""Springer"和"Web of Science"中查询均未有关于人工智能艺术大脑机制的研究。但是，我们在搜索中发现了一些人工智能艺术的实证研究，只是，这些研究多为人的艺术和人工智能艺术的比较，或是指向于"人类对人工智能艺术创造力的偏见"，实验表明，只要是贴上"人工智能创作"的标签，被试就会对其轻视或贬低。①人们对这些实验的研究也能够表明，人工智能艺术和传统艺术在效果层面的近似甚至相同。

那么，人工智能艺术的脑基础研究的缺失是否就意味着相关研究的无意义呢？当然不是。人工智能艺术与脑的关联研究的缺失是有原因的。首先，在神经美学研究来看，人工智能艺术的脑关联研究本是不符合其目的的，毕竟神经美学是要探寻"审美"的神经生物学基础，而人工智能艺术则在传统美学理论层面难以被归划为"审美"的，这也就使得其在神经美学研究中为"零"。其次，人工智能艺术作为"生成"的一种结果，即便是由"深度神经网络"产生，这里的"神经"依然是隐喻的，是神经网络与"运算"的一种机制关联，而不是与作为产出结果的人工智能艺术的关联。

《新亚美利加百科全书·美学》指出："有两种不同的途径可以把美学当作一门科学去处理和发展。一种是先验法。它设法整理为人心所特有的美学概念，用他们来建立起一种抽象的体系，然后敦请艺术家们依照这种体系去创造他们的艺术。另一种方法是后验法。它把公认的艺术作品作为出发点，从中寻找出哪些产生愉快效果的因素，然后把得到的结果综合成现有艺术品的情况的实践法则。"②神经美学实验中所选择的材料多为艺术作品，这正是对"公认的艺术作品"的呼应，公认的艺术作品即公认为美的。因此，在实验的操作层面便是"可控的"。而在一些实验中，更是以艺术家的创作过程为实验对象，探求艺术创作过程中艺术家的脑区活跃特点。③这些都是以事实为依据而加强其实验的可靠性或可操作性。今天的人工智能艺术某种程度上已经获得了"公认"的身份，只是我们需要确证其"公认的艺术"

①　Kobe Millet，Florian Buehler，Guanzhong Du，Michail D. Kokkoris，"Defending humankind：Anthropocentric bias in the appreciation of AI art"，*Computers in Human Behavior*，Vol.143，2023；Leonardo Arriagada，"CG-Art：demystifying the anthropocentric bias of artistic creativity"，*Connection Science*，No.4，2020.

②　《美学》(第 2 册)，上海文艺出版社 1982 年版，第 252 页。

③　Robert Solso，"Brain Activities in a Skilled versus a Novice Artist：An fMRI Study"，*Leonardo*，Vol.34，No.1，2001.

身份。

因为实验的根本就是控制或操作，因此，"美或艺术"就必须被转换为一种过程，神经美学不是要静态地去分析一件艺术作品的形式因素，而是在艺术感知之中去剖析形式所引发的效果，这也是"审美"或"审美体验"作为实验之对象的必然。那么，审美或审美体验在实验中又是如何判断的？

神经美学具有两个支撑性方法：量表法和神经影像学技术。量表法实际上是将个体对某件事物的态度数据化，在神经美学的实验中就是将个体对实验材料如一件作品的审美态度数据化。其最常用的有李克特量表和PANAS情绪量表，PANAS是一种情绪倾向性指标，能够测出被试在特定的时期内所体验到的积极或消极情绪的频率，以此判定实验中的被试是否有带入自身情绪的可能。而神经影像学技术能够在大脑非损伤的情况下呈现出个体在执行某个任务时其大脑相映的活跃状态。其中运用最为广泛的有核磁共振成像技术（fMRI）、正电子发射断层显像技术（PET），以及脑电波诱发电位技术（ERP）等，所有这些技术都已被用于包括艺术、人脸与几何图式在内的视觉刺激的知觉实验。

神经美学的这两个方法的根本目标就是要将"审美愉悦"之效果转化为可量化的判断。李克特量表与PANAS情绪量表一般是有1～3或1～5的奇数列项，将效果或个体情绪划分开来，如石原智宏与泽基的实验中就将个体的审美体验强度划分为5个等级：5代表"非常美"，1代表"非常丑"，3作为中性。在情绪效价的评分中将5对应为"非常愉悦"，1对应"非常悲伤"，3则对应为中性。①而神经影像学技术则将个体的大脑活跃状态图像化，图像化并不是简单的图的呈现。我们的大脑是被区域化的，不同的区域对应着不同的功能。这就意味着神经影像学技术是将我们的大脑功能量化了：所涉及的脑区大小及其活跃的强度与持续时间都可以被数据化。

① Tomohiro Ishizu, Semir Zeki, "The Experience of Beauty Derived from Sorrow", *Human Brain Mapping*, Vol.38, 2017.

神经美学的研究对象"审美体验"本就是对个体性的强调,人工智能艺术的神经美学研究是回到了人工智能艺术之生成的个体性。人工智能艺术之生成是一种"群体性"实践,其"个体性"就在于其所引发的"效果"之中。显然,如果依照传统路径来看,人工智能艺术之生成的个体性只存在于"机器"自身,个体性是被机器理性遮蔽的,我们所有对人工智能艺术作品的反应在强势的"机器理性"面前都变得微乎其微了。但是,实验就是要呈现个体的感知体验。实验,某种程度上则是以另一种理性去放大个体的感知过程。

在此需要指出的是,当前神经美学实验多是集中于艺术欣赏而少有艺术创作研究,这种偏向正是神经美学实验的"可操作性"的制约。其原因有三:首先,一般人都可以具有艺术欣赏的能力,但却难有艺术创作的能力,因此,就被试的选择来看,艺术创作的实验研究要更难。其次,实验中的神经影像学技术的设备一定程度上是要固定被试的身体部位的,这种外部的设备干扰很大程度上也会影响艺术的创作行为,当然,艺术的欣赏也不例外,但相对较小,当下的实验也从设计上尽最大可能地规避了这个因素。①再次,艺术创作行为的"操作性界定"问题,即何种行为才是艺术的创作,艺术家身在设备之中的几笔线条画是否就等于艺术创作行为?然而,神经美学当前以艺术欣赏为突破口其实也是为后面艺术创作的实验研究做准备的,它不仅能够成为方法上的对照,而且也是创作主体性在神经生理层面的对照。当然,这也可以对人工智能艺术的神经美学实验研究形成参照。

神经美学之于人工智能艺术将不再是一个研究领域,而是作为一种方

①　周丰:《审美体验的科学性——从朱光潜"美本质"问题的逻辑起点出发》,《美育学刊》2022年第4期。笔者在文中就"神经美学的实验发展趋向"作了详细的分析,认为神经美学实验发展的关键是对审美体验的"操作性界定",其趋向是在不断地适应"美"的理论特征,这是神经美学实验找到美的神经生物学基础的前提,实验的设计和操作需要符合美的理论特征,而不是简单的"看"或"听"。

法。神经美学之关键在于："如何在物质层（神经元和神经网络）、艺术经验层和艺术作品层三者的鸿沟之间架构起一座桥梁。"①"效果"即是经验的构成，当效果与功能及其生理结构相对应起来，便能够构建一种基于心灵发生的美的理论。人工智能艺术的心灵发生机制是空白的，显然，神经美学的"效果—功能—结构"路径在传统艺术生产中是一种双向路径，艺术的欣赏能够匹配于艺术的生产。然而，人工智能艺术的欣赏和生产并不能形成双向的匹配。但我们能够通过人工智能艺术的神经美学研究去发现其效果的神经生理基础与传统艺术欣赏之路径甚至是艺术创造之路径的匹配程度，使人工智能艺术与传统艺术回到一个共同的内在基础。神经美学研究某种程度上就是以实证的方式还原个体的心灵过程。

四、人工智能艺术神经美学实证的可行性与意义

神经美学研究的材料多为艺术或自然美，或生活中的一般材料，如日常的声音和景观。然而，人工智能艺术却鲜有出现在神经美学的实证研究之中。这也和神经美学研究的目的相对应，神经美学就是要探究"美的神经生物学基础"，那么，人工智能艺术通常不被纳入传统的"美感经验"之中，也就不符合神经美学的研究目的，因此并未成为神经美学的研究材料。在此，我们正是要反其道而行之：既然人工智能艺术是因为不符合传统美感的要求而未成为神经美学研究的对象，那么，如果我们以人工智能艺术为对象加之于神经美学实证研究的路径，是否就可能去验证人工智能艺术在神经生理的层面与传统的"美感"相同的效果呢？

今天的人工智能艺术在经验层面已经获得了与传统艺术相同的审美效果。"计算机程序是否能够生成一件优美的艺术或音乐作品？虽然美感是

---

① 加布里埃尔·斯塔尔：《审美：审美体验的神经科学》，周丰译，河南大学出版社 2021 年版，第25页。

高度主观的,但我的答案绝对是能,因为我见过大量很美的由计算机生成的
艺术作品。"①甚至有实验证明,将人工智能艺术与人的艺术相混淆呈现给
被试时,被试很难分清哪些是出自人类,哪些是来自人工智能。人工智能艺
术与人类艺术相混淆,以及人工智能艺术在人类群体中的大受赞赏已经表
明了其效果与传统艺术的相同或相近。那么人工智能艺术便符合了神经美
学从审美愉悦的"效果"出发,只是,我们是以另一种目的。

　　然而,人工智能艺术之效果与传统艺术之效果真的相同吗? 在此,我们
不妨用神经美学的方法对其做一次实证研究,去认识这样一种"效果",如果
能够在神经生理层面见出其与传统艺术的异或同,便能够形成一种确切的
对照。以这样一种方式,我们便能够"绕过理论分析",而以实验实证的路径
判定人工智能艺术与传统艺术是否具有相同的效果,以及"美学感"和"美
感"在神经生理层面是否具有一致性。从而成为"美感"与"美学感"连接的
桥梁,也即成为人的艺术与人工智能艺术统一的切入点。

　　神经美学的研究对象是"审美体验",那么,人工智能艺术在进入神经美
学实验研究之时,是不是审美体验? 显然,人工智能的神经美学研究的目的
是与传统神经美学研究不同的:神经美学研究是要发现"美的神经生物学基
础",而人工智能艺术的神经美学研究是要探讨人工智能艺术与传统艺术在
神经生理层面所引发的效果是否匹配。也就是说,人工智能艺术的神经美
学研究并非以"审美"为前提的。当然,我们或许会看到,人工智能艺术之效
果与传统艺术之效果的重叠或完全重合,反过来,这种"非审美"的目的,也
能够证实人工智能艺术的审美性。

　　在此,既然神经美学之目的与人工智能艺术的神经美学研究之目的是
不同的,那么,神经美学实验的方法是否能够对人工智能艺术的实验研究奏
效呢? 前文我们已经讨论,首先,神经美学之"审美"是从"效果"出发的,这

---

① 梅拉妮・米歇尔:《AI 3.0》,王飞跃等译,四川科学技术出版社 2021 年版,第 305 页。

一点是与人工智能艺术完全契合的。其次，神经美学实验的方法是与神经美学实验的对象相互驯化而来的，我们能够看到神经美学实验发展的过程中，方法与对象的彼此适应，即以"美的操作性界定"为核心的发展①，而这也将成为人工智能艺术之实验的一种参考。实验的目的决定了对实验对象的"操作性界定"。因此，人工智能艺术在进行实验实证的时候，是需要以我们的目的对其作出操作性界定的。

人工智能艺术是什么？是不是所有的人工智能生成的类艺术的东西都可作为人工智能艺术作为实验的材料呢？显然，微软小冰的作品集也不是收录了它全部的作品。因此，我们首先要选定人工智能艺术的范围。其次，人工智能艺术的"效果"本来就没有明确的界定，或许我们只能平行于神经美学的"审美愉悦"去作一个假定，并参照神经美学研究的量表法给出一个量化的方式。我们只有在看到实验结果之后才能真正认识何为人工智能艺术的"效果"。再次，参与的被试如何选择，也涉及需不需要进行艺术专业组和非专业组的对照。毕竟，"效果"的引发及其强度是基于个体的审美经验，个体的判断直接决定了实验的结果。专业组与非专业组对人工智能艺术之效果的表现是否同一，又或有何差异，等等。这些都是"操作性界定"所要考虑的问题。

人工智能艺术的神经美学研究存在三种结果：

其一，人工智能艺术与传统艺术在神经生理层面之表现是完全不同的。

其二，人工智能艺术与传统艺术在神经生理层面之表现是有部分重叠的。

其三，人工智能艺术与传统艺术在神经生理层面之表现是完全重合的。

那么，实验的这些结果将会有怎样的意义？

上述三种结果其实大可分为两种情况。如果说人工智能艺术与传统艺

---

① 周丰：《审美体验的科学性——从朱光潜"美本质"问题的逻辑起点出发》，《美育学刊》2022年第4期。

术在神经生理层面之表现是完全不同或是部分不同的,那么人工智能艺术就会呈现其特殊性。然而,这种特殊性的建立要基于两个层面:首先,人工智能艺术与传统艺术表现出完全的不同或某些特殊的差异;其次,人工智能艺术之表现与一般的材料之表现的对照中仍然具有特殊性。那么,这就可以说明人工智能艺术是另一番景象,甚至是另一个美学坐标系。①然而,如果说人工智能艺术之表现与传统艺术完全相同,那么,则说明人工智能艺术与传统艺术都是"审美"的,"美学感"之效果与"美感"是一致的。这就意味着,我们能够绕开传统美学之于人工智能艺术的困境,而对人工智能艺术的艺术属性作出判断。并且,基于人工智能艺术与传统艺术在神经生理层面的统一性,这种解释也能够成为"自下而上"地去实现二者在理论层面相衔接的基础。

例如,如果人工智能艺术在被试者的默认模式网络②中引发了与传统艺术相同的活跃状态,那么,我们便可以认定,人工智能艺术在这样一个层面存在艺术特性。并且,这种引发并非要求所有的被试都产生了这样一种效果,或是对某个被试的诱发必须达到怎样一个比例或水平。它不是一种类似于考试的证明,而是一种全或无的反应,只要有一个被试对一件人工智能艺术作品实现了与传统艺术相同的反应,那么这就可以说,人工智能艺术能够实现同于传统艺术的"效果"。如果进一步细化,人工智能艺术在某个脑区所引发的反应若是高于传统艺术,则意味着人工智能艺术已然实现了对人之艺术的超越;若低,则意味着人工智能艺术的相对欠缺,然而,这种欠缺能否依靠神经美学对人的感受的量化而实现对人工智能艺术算法的调

---

① 王峰:《仿若如此的美学感:人工智能的美感问题》,《同济大学学报(社会科学版)》2022年第4期。

② Edward A. Vessel, Gabrielle Starr and Nava Rubin, "The brain on art: intense aesthetic experience activates the default mode network", *Frontiers in Human Neuroscience*, No.6, 2012; Edward A. Vessel, Gabrielle Starr and Nava Rubin, "Art reaches within: aesthetic experience, the self and the default mode network", *Frontiers in Human Neuroscience*, No.7, 2013.

整,仍然是一个问题。

显然,不管人工智能艺术与传统艺术在神经生理层面之效果是否匹配,人工智能艺术的神经美学研究所产生的数据都有着重要的意义。因为神经美学实验所得的数据实际上是人工智能艺术之"效果"的一种量化,这种量化即是人工智能艺术的"效果特征",是极易转化为运算的。反观今天的人工智能艺术之生成,我们在面对某件生成式艺术的时候常常感叹:"它总是带有一种魔力:它棒极了,但却难以理解。"①因为今天的人工智能艺术作品基本上是以现存的艺术作品作为数据库,提取其形式特征,进而根据形式特征生成艺术品。因此就缺少明确的表意功能。如果能够将人工智能生成的艺术作品的"效果特征"纳入进其生成的前提,那么,人类的心灵就能够明确地参与到人工智能艺术的生产。

此外,人工智能艺术是以一定的关键词生成的,这个关键词也是带有输入者的某种态度倾向的。正类似于"测字算命",求者所写的"字"其实是当下心理状态的一种反映,而算命先生根据"字"和求者的表情(包括言语、动作),去判断求者的心之所想。这是两个心灵直观的相互理解。然而,人工智能艺术的观赏只是算命先生所见之"字",我们对人工智能艺术的反应将多大程度上偏向于输入者的态度倾向,这也是神经美学实验所能给予的支持。一般情况之下,人工智能艺术的输出并不具有特定的情感或意蕴,那么,人工智能艺术的神经美学实证研究中,对其输出效果的量化某种程度上就反映出了与其输出结果的匹配,换言之,我们能否依据这种量化去进一步地调试其输入,以这种量化的效果反馈去实现人工智能艺术生成的意蕴与情感的赋予。当然,这种赋予其实仍然建立于人工智能艺术之效果的"群体性"之上。

如此一来我们不禁要问:人工智能艺术个体接受中的主体性呈现能否

---

① Margaret A. Boden, Ernest A. Edmonds, *From Fingers to Digits: An Artificial Aesthetic*, The MIT Press, 2019, p.8.

回流到其创作的主体性问题呢？显然，神经美学的实证并不能锚定在人工智能艺术的生成或创作的主体性之上，但是，如果人工智能艺术的神经美学实验研究能够提供基于神经生理层面相应艺术作品的"效果特征"，并将这种"效果特征"结合其原有数据库的"形式特征"去进一步生成艺术作品，那么，"效果"就不再仅仅是接受层面的主体性表现，而且也是艺术生成的主体性构成。只是这个主体性是借用技术的形式反馈到艺术生成之中的。这种反馈其实在当下的艺术生成中也是存在的：例如，2019 年，德国电信公司组织了一个由人工智能专家和音乐家构成的团队，创作了贝多芬未完成的"第十交响曲"——《贝多芬第十交响曲》（人工智能版），在此过程中，团队成员在每个步骤中都要对人工智能进行指导和更正。在最初的几个月里，由人工智能生成的乐章听来十分机械化，但这些乐章都有专人进行调整，使其贴近贝多芬的风格。诸多音乐家根据音乐理论帮助人工智能作出整个曲目结构等关键性决策，反馈给人工智能，最终于 2019 年 11 月完成乐谱。然而相较于此，人工智能艺术的神经美学实证研究所得出的"效果特征"作为一种底层数据要更为量化和可操作化，假以时日对人工智能进一步驯化，在单个的艺术生成中它便可能不需要专业的团队来对人工智能作出反馈，仅仅是人工智能程序和使用者自身就可完成这样一种反馈和生成。因此，人工智能艺术的神经美学实证虽然是以"效果"之名对接受主体的研究，但某种程度上也能够回到"生成"的主体之上。

神经美学研究是以实验实证而著称的，它的以效果为起点的"自下而上"的方法是有别于传统美学研究的。而人工智能艺术与传统美学理论的缺口也是去考察人工智能艺术的"效果"。如若此，我们就不得不追问，基于神经生理层面的"美学感"与"美感"是否能够合而为一？人工智能的神经美学研究之所以能够绕开传统美学的理论困境则在于，科学实验本就是一种现象层面的演绎，这就使得人工智能艺术之"美学感"的效果与传统的"美感"效果的对照不仅是理论层面的猜想，而是进入了现象层面的实实在在的对照。

人工智能艺术的神经美学实证的展开首先是一次尝试,我们需要在这种尝试的基础上才能进一步地去追究和细化一些问题。群体的效果构成了人工智能艺术的边界。从接受美学来看,艺术生产之完成包含了艺术的接受,接受才算是艺术生产的完成。而人工智能艺术的神经美学研究能够以量化的方式呈现出这样一个接受的状态,并且以量化的数据反馈给艺术的生产,这也正符合人工智能艺术之"创造"的最终目的。

结语

神经美学的两个方面:作为方法的"神经"和作为立场的"美学"。作为方法的"神经"意味着神经美学是以"自然"作为方法和视野对艺术感知活动的研究。在此,"自然科学"不仅仅是一种学科的传统或集合概念,亦是将"自然"作为视野和方法对"人"进行的再认识。艺术作为人类的一种活动或产物也在这一范式的认识之中。

神经美学是以实验著称的美学研究,为我们呈现了许多具有标记性的审美加工的脑区。然而,神经美学之功并不仅在此,神经美学研究的是审美体验之过程,脑区只是这个过程中可观察到的、在神经层面上的一个物质性确证,并不是神经美学的全部。神经美学之价值恰恰就是将审美视为一个过程,正如斯塔尔所言,神经美学之核心问题正是在三个层面之间"架构起一座桥梁"。因此,如果我们仅仅关注脑区这样一种静态的结果,那么无论对美学还是神经美学自身都将是一种损失。脑区之间的协作,光波、声波等物理能量的信号转换,神经信号在神经元上的传导以及神经元的结构方式,等等,这些原本在科学研究中司空见惯的东西对艺术感知与审美现象的完整性却是有着重大意义的。因为这些正是由物质而精神、由物而艺术之过程的重要组成部分。我们应结合神经美学之发现,甚至是心理学、认知神经科学、脑科学等一些原初的研究去尝试构建这一"桥梁"，同时，也是完善艺术与审美感知的过程。审美之理论的完善必须建立在审美之现象的完整之上。

　　结合本章所考察的这三种路径来看，神经美学对当代艺术哲学的发展是具有重要意义的。科学的发展所突破的不仅仅是某种技术手段，而是人的认识视野与认知水平，库恩在《科学革命的结构》中所言的"范式"，即"那些公认的科学成就，它们在一段时间里为实践共同体提供典型的问题和解答"①，对于神经美学也是同样适用的。或者可以说，这不仅仅是"美学"的，而是涉及了更多学科，如神经电影学、神经经济学等，这种对"人"的再认识具有显著的时代性和必然性。神经美学的解释效力不仅是当代的，它同样能够回应传统和经典的艺术哲学问题。当然，这个过程首先是当代科学家的实证，但实证之后艺术哲学的回应也是必须的。

---

① 托马斯·库恩：《科学革命的结构》，金吾伦、胡新和译，北京大学出版社 2012 年版，第 4 页。

下篇

当代技术伦理与超人类主义运动

第五章
智能社会的伦理问题及其治理原则

　　自美国人工智能公司 OpenAI 于 2022 年 11 月 30 日发布了花费巨资研发的基于 GPT-3.5 架构的自然语言对话程序 ChatGPT 以来,人工智能技术的发展不仅再一次进入快速发展的新时代,展现了人工智能技术的颠覆性,重新定义了我们对技术的想象空间,而且把人类追求自动化的进程从物质生产的自动化全方位地拓展到知识生产的自动化乃至决策的自动化,把人类文明的演进方向从工业生产的自动化不可逆转地推向社会生活的机器人化,然而,机器人化的社会是一个万物互联的智能化社会。我们如何为迎接这种新型社会的到来做好思想准备和制度安排,既是当代哲学人文社会科学研究当前面临的重大议题,也是如今经济社会与科学技术深度纠缠发展应该全面慎思的关键问题。本章主要通过对人工智能本性的跨学科解析、对数字化转型和智能发展可能带来的伦理挑战及其风险的揭示,论证我们应对这些挑战和风险,需要超越理论伦理与应用伦理之分,拓展责任概念的语义和语用范围,从被动负责的技术伦理转向积极担当的技术伦理的观点。

第一节　人工智能本性的跨学科解析

　　人工智能的快速发展,不仅重新定义了我们时代的技术,模糊了人机关系的界线,将人类追求自动化的目标从物质拓展到思想,从双手拓展到大脑,从肌肉拓展到心灵,从身体拓展到精神,从有形拓展到无形,[1]而且,更重要的是,正在将人类文明的演进方向从工业文明时代推向智能文明时代。长远来看,人工智能的发展对人类社会的影响是颠覆性的。但问题是,当我们前瞻性地预判人工智能产生的影响、制定人工智能的发展规划以及出台防范措施和治理原则时,如果我们不能恰当地明辨或理解人工智能的内在本质及其限度,就会要么轻视或忽视其风险,因盲目推进发展,而错失防范良机;要么夸大或恐惧其风险,因过分谨慎约束,而失去发展机遇。历史地看,人工智能的发展不断地改变着我们的提问方式,而且,许多相关问题是相互联系乃至是相互纠缠的,不可能有独立的明确答案。有鉴于此,立足于当代发展来重新追溯人们过去对人工智能的跨学科探讨,对于我们揭示人工智能的内在本性,展望人工智能发展的未来前景,具有理论意义与现实价值。

一、智能机器的二重性

关于能否制造出具有人类水平的智能机器的科学讨论,开始于图灵在1950年发表的《计算机器与智能》一文。在这篇文章中,图灵首先提出了"机器是否能思维"或"计算机是否能拥有智能"的问题。图灵在文章中指出,回答这样的问题不能从为"机器"和"思维"下定义来进行,而是根据模仿游戏,从结果或行为表现来回答。为此,关于探讨"机器是否能思维"的问题就转变为,在人与计算机同时进行的问答游戏中,是否会出现让提问者无法辨别所提供的答案是来自人类还是来自计算机的情形。如果出现这种情形,那么,就可以认为"计算机能思维或具有智能"。这种"不可分辨性"(indistinguishability)论点通常被称为"图灵测试"。[2]

---

[1] Richard Baldwin, *Globotics Upheaval: Globalization, Robotics, and the Future of Work*, Oxford University Press, 2019, part 1—3.

[2] 图灵:《计算机器与智能》,载玛格丽特·博登编《人工智能哲学》,刘西瑞、王汉琦译,上海译文出版社 2001 年版,第 56—91 页。

图灵的文章立即引起了物理学家、心理学家以及哲学家的高度关注,在
20 世纪五六十年代掀起了关于"机器是否能思维"的大讨论。几十年后的
今天,当各国政府争先恐后地抓住以人工智能为核心的新一轮科技革命的
机遇,纷纷制定发展策略和加大投资力度,全方位地推进人工智能的发展
时,关于如何理解与把握"人工智能"的议题再一次引发热议。在这一次的
热议中,"人工智能"术语已经从 1956 年夏天由麦卡锡(John McCathy)等人
在达特茅斯会议上提出的概念变成了今天对人类的生产方式和生活方式等
带来深刻变革的先进技术,成为新一轮社会变革的转角石和新引擎,乃至成
为正在带来人类文明大转型的导火索和推进器,而人工智能研究者也由当
年对人工通用智能的积极追求,现在转向对人工智能的场景化应用。

图灵的文章之后,人们对"机器是否能思维"这个问题的回答主要体现
为两种类型:一类是"否定说",认为思维是精神活动,而精神活动完全不同
于物质活动,因此,作为物质形式的机器不可能进行思维;[1]另一类是"肯定
说",像图灵所论证的那样,假如计算机能够表现得像人一样完成问答游戏
(比如,进行数学运算),那么,就可以认为机器能思维或拥有智能。

1956 年,加拿大理论物理学家邦格(Mario Bunge)分上下篇在《英国科
学哲学杂志》连续两期发表了名为《计算机能思维吗?》的长文。在这篇文章
中,邦格认为,上述两种论证都是武断的,既过分简单,又无法以理服人。
"否定说"是基于二元论的信条得出的,这种论证未经证明地假定了实体
(substance)的绝对异质性,有可能阻碍智能机器的研发,也贬低了人类创造
性劳动的价值;而"肯定说"则难以从理论上提供合理的辩护,只是未加批判
地基于机器行为与人的行为之间的相似性来推出答案。为了超越这两种论
证,邦格试图通过揭示计算机的本性和数学思想的本性之间的不同,来论证

① Glenn Negley, "Cybernetics and Theories of Mind", *Journal of Philosophy*, Vol. 48, No. 9, 1951, pp. 574—582; Jonathan Cohen, "Can There Be Artificial Minds?", *Analysis*, Vol. 16, No. 2, 1955, pp. 36—41.

"计算机的思维"并不是真实的思维,而是一种代理思维(thinking by proxy)的观点。

邦格认为,智能机器不同于无生命的自然物体,因为它们是通过技术手段设计出来的体现智能的物质。人造物,不管多么复杂,只能处理物质对象,而不能像人那样处理理想的抽象对象。这才是理解整个问题的思路。关于人工智能的本质就是替代人脑功能的看法是一种误解。这种误解是把数学对象等同于它们的物质化,把概念和判断等同于表征它们的物理标志。一旦接受这种同一性,一旦混淆物质层次和理想层次,就会得出"机器能思维"的结论。这种结论不仅混淆了"能思维的机器"与"替代思维的机器"之间的区别,而且将人的属性赋予无生命对象的做法,给人留下退回到前科学时代的嫌疑。[1]

邦格强调说,首先,通过技术所组成的物理过程对理想对象的物质表征都与推理相关;其次,这些物理过程依赖于机器的本性,而不是思想的本性;第三,这些物理过程是按照在机器中建立的逻辑规则来表征思想,但不能创造出对思想的表征。技术发展的核心是追求自动化,而自动化的问题与"机器是否能思维"的问题无关,人造物是以物质的形式来表征心理事实。智能机器不同于人类,人与智能机器之间的差别就像花纹布与斑马之间的差别那么大。因此,关于计算机会思考、会学习,或者具有认知能力等的说法,只是一种隐喻的表达方式。机器只是在技术层次上表征某些心理功能,而不是执行这些功能。邦格由此得出结论说,认为"机器能思维"的观点混淆了形式与本质、部分与整体、相似性与同一性之间的关系。说机器知道如何解决程序设定的问题,就像说植物知道光合作用一样,是荒谬的。[2]

---

[1] Mario Bunge, "Do Computers Think? (I)", *The British Journal for the Philosophy of Science*, Vol.7, No.26, 1956, pp.139—148.

[2] Mario Bunge, "Do Computers Think? (II)", *The British Journal for the Philosophy of Science*, Vol.7, No.27, 1956, pp.212—219.

为了摆脱这种语言陷阱，邦格将计算机的思维称之为人工思维（artificial thinking），并认为，这种思维并不等同于人的思维，而是一种代理思维，是一种隐喻。人脑与计算机的关系，就像人与画像的关系一样，一个人的画像只是代表了本人。"机器能思维"的观点混淆了思维与代理思维之间的关系，或者说，混淆了代理与被代理之间的关系。在这里，需要把同一性（identity）和相似性（resemblance）区分开来，即把模特和画像区别开来。①

但另一方面，邦格也承认，从心理学的意义上来看，虽然计算机的记忆与人的记忆是完全不同的，但在物理层面，记忆模式是相似的。严格说来，计算机不是在进行计算，也不是在进行思维，而是在执行物理操作，或者说，通过物理标记（比如，电脉冲等）的运行来处理信息。邦格用汽车与人的关系来说明问题。他说，汽车能够把人从一个地方运输到另一个地方，但汽车并不像人那样用腿脚走路；同样，计算机是人类创造的奇迹，并不能等同于人，它们的运行机制也不同于人，它们是服务于人的物理系统，或者说，它们是人的物质助理（material assistants）。②

这样，邦格从物理机制和机械论的角度出发，将机器思维的本性与人类思维的本性区分开来，阐述了"机器的思维"是代理思维的观点，强调了代理思维的物质性，澄清了将计算机具有的计算和推理能力看成是其知道如何计算和推理所导致的误解，这是其可取之处。但是，邦格从自动机的工作原理出发进行的论证，将计算机完全等同于一般工具或人造物的做法，从当前人工智能的应用场景与发展趋势来看，是失之偏颇的。这种思路一方面延续了人与工具二分的传统观点，另一方面，完全忽视了智能机器具有的不同于一般工具或人造物的自主性，因而不利于我们前瞻性地防范人工智能研

---

① Mario Bunge, "Do Computers Think? (II)", *The British Journal for the Philosophy of Science*, Vol.7, No.27, 1956, p.217.

② Ibid., p.219.

发与应用所带来的安全、伦理以及管控等风险。

事实上,邦格从计算机的物理原理出发来否定"机器能思维"的观点,与他所批评的论证方式一样,也是缺乏说服力的。1965 年,政治哲学家丹尼斯·汤普逊(Dennis Thompson)认为,"机器是否能思维"的问题本身是需要进一步明确阐释的问题,因为根据图灵的"不可分辨性"论点来回答问题,不仅造成了各种形式的推测,而且由此提出的相关问题也得不到认真的解决,而通过用"有意识"的术语替代"能思维"的术语,会使基本问题变得更加明确。既然在日常生活中,我们经常通过观察一个人的行为和身体状态,来判断他或她是否有意识,所以,如果一个人的行为表现足以成为判断其是否有意识的理由,那么,由此类推,机器人的行为表现也可以成为判断它们是否有意识的理由。

这样,我们根据机器的行为表现来回答"机器是否会思维"的问题,就应该转变为回答"机器人是否有意识"的问题。当我们将关注"机器问题"的视域转向对"意识性"的行为主义的描述时,就使所讨论的问题从推测性的理论问题变成了可判定的经验问题,从而把围绕图灵测试或"不可分辨性"论点的理论讨论,转变成为依赖于未来的科技发展的技术性问题。[1]汤普逊认为,这种论证的前提是,我们需要聚焦于能够复制人类所有行为的智能机器,即具有人工通用智能的机器人。汤普逊的目标并不是探讨这样的机器是否有可能实现的问题,而是在分别假设"机器会有意识"或"不会有意识"的前提下,探讨心灵哲学的相关问题,比如,对唯物主义、唯心主义、互动主义和副现象学等观点所带来的不同理解。

汤普逊在 60 年前的这些哲学讨论今天似乎依然是心灵哲学探讨的重点内容,但限于篇幅,我们无意综述和进一步追问这些哲学话题,而是表明,如果我们沿着汤普逊的意识行为主义描述的思路,结合当前人工智能的发

---

[1] Dennis Thompson, "Can a Machine be Conscious?", *The British Journal for the Philosophy of Science*, Vol.16, No.61, 1965, pp.33—43.

展现状，那么，我们不难看出，随着近年来互联网技术、视觉技术、芯片技术、纳米技术、感知技术、大数据、云计算、深度学习、5G 技术、神经网络等技术的快速发展，以及这些技术与人工智能的深度融合，智能机器人对环境的感知与回应能力越来越强，智能化程度越来越高。我们此前已经目睹了击败人类职业棋手的阿尔法狗的诞生，当前，无人驾驶成为汽车行业的未来发展方向，机器人电话员、导游、服务员、电子编辑等也已经在商业领域内得到了广泛应用，特别是以 ChatGPT 为标志的基础模型的推出不仅强化了这一趋势，而且极大地扩大了其应用范围。智能机器对环境的感知能力越强或智能化程度越高，它们所表现出来的行动能力就越强或自主性程度就越高，这致使我们不得不在还没有辨明"智能机器是否能思维或是否有意识"等问题的前提下，必须将它们看成是介于人与纯粹自动化的机器之间的一种新型人造物。

对于智能机器而言，在它们能够自主性地感知特定的环境信息并作出自主回应之意义上，它们的确具有了类人性；在它们只能进行"代理思维"或只具有"代理智能"的意义上，它们保持了物质性或工具性。智能机器在某些方面具有的类人性和物质性，或者说，自主性和工具性，体现了智能机器特有的二重性。这种二重性决定了我们必须超越人与工具二分的传统思维方式，重塑适合于智能时代的概念框架，机器的智能化程度越高，就越有可能体现出令人难以预料的行为后果，或者说，越会提供意想不到的认知结果。

虽然我们通常会认为，机器的行为表现只是意味着有意识性的必要条件，而不是充分条件，但是，质问呈现出有意识性行为特征的机器人是否真的拥有意识这样的问题，只是表达出我们关于"意识"含义的困惑，而不是质疑智能机器具备自主解决问题能力的经验证据。在这种情况下，我们就既不能再像邦格那样，将智能机器的智能化完全等同于自动化。自动化只取决于机器的机械结构或程序流程，而智能化则除了这些之外，还具有从环境中或互动中不断学习的能力,体现出某种程度的自主性;也不可能像科幻作品那样,夸大智能机器的智能化程度,制造发展性焦虑,而是需要理性地剖析具有学习能力和自主性的智能机器是否会最终到达"奇点"等问题。

二、早期通用人工智能的限度

最早对机器智能的限度展开讨论并产生深远影响的哲学家应该是美国现象学家德雷福斯。1965年,德雷福斯在受兰德公司(RAND)的委托来展望数字计算机的未来发展潜力时,立足于海德格尔的哲学思想,完成了题为《炼金术与人工智能》的分析报告。德雷福斯在报告的引言中指出,致力于建构人工智能的研究工作从一开始就激发了哲学家的好奇心,但是,哲学家们的讨论对实际工作并没有产生很大影响,比如,分析哲学家普特南等人的兴趣是,利用"机械大脑"(mechanical brains)的思想实验,来重塑将行为主义者和笛卡尔主义者区分开来的概念问题。这些哲学家假设,人们终有一天会制造出与人类行为无法区分开来的智能机器人,提出了我们在什么条件下才能有理由说这样的人造物可以进行思维的问题。但另一方面,道德主义者和神学家们则声称,某些高度复杂的行为,比如,爱、道德选择、创造性的抽象概念思考等,是任何机器都无法企及的。[①]

德雷福斯认为,这两种立场都没有定义他们想要的机器类型,也不试图表明,机器是否能够显示出类似于人类的相关行为,双方都幼稚地假设,这种极高智能的人造物已经被研发出来。如果这些人造物已经或将要被生产出来,那么,它们的运行就只取决于现有的高速而通用的信息处理设备——数字计算机。这样,当前能够合理地讨论的唯一问题,就不是机器人是否会坠入情网,或者,如果机器人这么做的话,我们是否能说它们是有意识的,而是为数字计算机编程,使其显示出像孩子那样的简单的智能行为特征,比

---

① Hubert L. Dreyfus, *Alchemy and Artificial Intelligence*, The RAND Corporation, 1965, p.2.

如，玩游戏、解决简单问题、语言翻译与学习，以及模式识别。

德雷福斯在考察了人工智能在这四个领域的发展现状后评论说，人工智能研究者基于早期人工智能在执行简单任务或复杂任务的低质量工作方面所取得的巨大成功，对人工智能的发展前景抱有过分乐观的态度，他们普遍地将"进步"概念似是而非地定义为不断逼近最终目标，好像物理学问题是线性加速发展一样，"按照这种定义，第一个爬上树的人就能宣称，在飞往月球的旅程中，取得了实质性的进步"①。事实上，这种连续性的线性进步观就像物体的速度一样，当接近光速时进步就变得越来越困难，或者说，像有人通过爬到树顶来试图接近月球的做法一样，是不可行的。在这里，我们需要面对的不是连续逼近的问题，而是不连续的问题。

德雷福斯的分析报告揭示出，在玩游戏、解决简单问题、进行语言翻译与学习，以及进行模式识别这四个领域内，人类主体处理信息的方式通常依赖于边缘意识（fringe consciousness），并具有域境依赖性（context-dependent）和模糊容忍度（ambiguity tolerance）。具体来说，人类能够在信息不完备或信息残缺乃至有干扰的情况下进行模式识别，也能够识别出其特征无法进行单独列表或难以穷尽与不可形式化的对象。相比之下，对于能够表现出类人行为的任何一个机器系统而言，它们在进行模式识别时，则必须能够将一个特殊模式的非本质特征和本质特征区分开来，需要利用边缘意识提供的暗示，需要接受域境的说明，需要将对象个体感知为是置于典型情境中与范例相关的个体。②

通过这样的对比，德雷福斯更加明确地凸显了人工智能研究者在试图运用计算机模拟人的智能行为时所面临的困难所在。更明确地说，在游戏领域内，备选路径树的指数式增加需要限制能够被跟进的路径数量；在解决简单问题领域内，争论之点不是如何直接进行选择性搜索，而是如何构造问

---

①　Hubert L. Dreyfus, *Alchemy and Artificial Intelligence*, The RAND Corporation, 1965, p.17.
②　Ibid., pp.45—46.

题,以便开启搜索过程;在语言翻译领域内,由于自然语言的内在模糊性,所操纵的要素是不明确的;在模式识别领域内,上述三种困难不可避免地交织在一起。因此,在玩游戏、解决简单问题、语言翻译与学习领域内取得进步,依赖于模式识别领域内的突破性进展。①

德雷福斯基于这些分析明确地指出,早期的人工智能研究者默认的"机器和人类具有相同的处理信息过程(即计算主义)"这一假设,显然是幼稚的。机器处理信息的方式完全是笛卡尔式的,它们只能处理确定的离散的信息比特,或者说,只能处理笛卡尔所说的"清楚明白的观念",而不能处理日常生活中非结构化的信息。因此,运用数字计算机不可能完全模拟人类处理信息的方式,或者说,基于符号表征的通用人工智能,不可能一直连续地进步到像人类智能那样的程度。

德雷福斯为了进一步说明问题,将智能活动分为四种类型:(1)联想式的智能活动。这类活动的特征是,与意义和域境无关,通过重复进行学习,活动领域为记忆游戏、试错问答、逐字翻译等,程序类型是决策树和列表搜索。(2)非形式化的智能活动。这类活动的特征是,依赖于不明显的意义和域境,通过明确的事例进行学习,活动领域为感知猜测(不明确的游戏)、结构性问题、自然语言翻译、识别可变的被误解的模式等,但还没有相应的程序类型。(3)简单形式的智能活动。这类活动的特征是,意义完全清楚并且不依赖于域境,通过规则进行学习;活动领域为可计算的游戏、可组合的问题、识别简单的硬性模式,程序类型是算法或限制增加搜索树。(4)复杂形式的智能活动。这类活动的特征原则上类似于(3),在实践中,则依赖于内部域境,而独立于外部域境,根据规则和实践进行学习,活动领域为不可计算的游戏、复杂的组合问题、证明不可判定的数学定理、在有干扰的背景下识别复杂模式,程序类型是启发式算法、剪枝算法等。②

---

① Hubert L. Dreyfus, *Alchemy and Artificial Intelligence*, The RAND Corporation, 1965, p.46.
② Ibid., p.76.

德雷福斯认为,在这四类智能活动中,数字计算机能够处理第一类和第三类,在小范围内处理第四类,但根本无法处理第二类。人工智能研究者之所以将第二类和第三类领域内的成功毫无根据地推广到第二类和第四类领域内的成功,是因为他们假设:所有的智能行为都能够被映射到一个多维的连续统中。第二类智能活动包括具有不确定因素的所有日常活动,最明显的例子是运用自然语言以及没有明确规则的游戏等,第四类智能活动是最难以定义的,会产生很多误解和困难。当然,简单系统和复杂系统之间的划分并不是绝对的,德雷福斯在这里所说的复杂系统是指无法进行详尽计算的系统,即在实践中无法通过穷举法来处理的系统。从这个意义上来看,机器智能无论是否有上限,都不可能无限地逼近人类智能,即不会进入一个连续统中。为此,德雷福斯得出的结论是,机器智能不可能连续地向着一个方向不断进步,人工智能研究者依据早期人工智能的成功案例所坚持的乐观主义态度是自欺欺人。

德雷福斯的这个分析报告成为他在 1972 年出版的《计算机不能干什么:对人工推理的一种批评》一书的核心内容,也奠定了他对人工智能未来发展的基本观点。本书在 1979 年再版时增加了新的前言,1992 年再版时更名为《计算机还不能干什么:对人工推理的一种批评》。德雷福斯在不断再版并不断修订的这本著作中,更加详细地论证了将理性主义、表征主义、概念主义、形式主义和逻辑原子主义结合成为一种研究纲领的人工智能范式是注定要失败的观点。这部哲学名著不仅对现代科学的经验陈述提出了成功的挑战,而且对后来人工智能发展范式的改变产生了影响,激发许多人开始根据德雷福斯的评判来解析智能机器的相关论题。德雷福斯本人也由于对人工通用智能限度的哲学揭示,在 2005 年荣获了美国哲学学会哲学与计算机委员会颁发的巴威斯奖(Barwise Prize)。①

---

① 成素梅、姚艳勤:《哲学与人工智能的交汇:与休伯特·德雷福斯和斯图亚特·特雷福斯的访谈》,《哲学动态》2013 年第 11 期。

　　德雷福斯认为,我们生活中有意义的对象并不是我们心里或大脑里存储的世界模型,而是活生生的世界,或者说,世界的最好模型就是这个世界本身,用海德格尔的标志性口号来说:"认知是嵌入的和体知的。"这种嵌入的和体知的应对不是将心灵延伸到世界,而是面向行动或非表征的应对。基于这些认识,德雷福斯在 2007 年发表的文章中,将发展海德格尔式的人工智能划分为两个阶段:第一个阶段是从追求内部的符号表征,转向追求建造基于行为的机器人;第二个阶段是将世界用作开发可移动机器人的指导模型,为上手(ready-to-hand)状态进行编程,也就是说,在德雷福斯看来,人工智能的发展应该从关注由符号推理驱动的数字计算机,转向关注由情境驱动的智能机器人。

　　但是,德雷福斯在简要考察了当时关于海德格尔式人工智能的研发状况和脑科学的发展现状之后指出,我们既没有理由相信,也没有理由怀疑,在有助于制造出能够模拟人类应对有意义事件的智能机器的连续过程中,海德格式的智能机器人将会是迈出的第一步。①这表明,德雷福斯在人类是否有可能最终创造出人类水平的人工智能问题上,持有开放的和不确定的态度。

三、人工智能的未来

　　德雷福斯对智能机器的潜在成功与失败的预言,在人工智能的发展处于高潮时期的 20 世纪 60 年中期确实是骇人听闻的,可是从现在的发展来看则有一定的道理。然而,现在问题的是,德雷福斯基于海德格尔的思想对符号表征的人工通用智能的批判和对海德格尔式的智能机器人的向往,则是从一个极端走向了另一个极端。科学知识社会学家柯林斯基于科学知识社会学的视域认为,德雷福斯对人工通用智能的上述批评实际上隐含着三个

① Hubert L. Dreyfus, "Why Heideggerian AI Failed and How Fixing It Would Require It More Heiderggerian", *Artificial Intelligence*, Vol.171, No.18, 2007, pp.1137—1160.

方面的缺陷：职业的误解（professional mistake）、哲学的省略（philosophical elision）和社会学的错误（sociological error）。①

首先，"职业的误解"表现在德雷福斯对知识本性的分析中。

德雷福斯对人工智能的主要批评是，只要计算机没有身体，它们就不能做我们人类所做的事情；只要计算机以离散信息的方式来表征世界，它们就不能以我们人类的方式来回应世界。我们总是处于某种情境之中，而计算机则只能通过一组充分必要的特征，才能"知道"其所处的情境，或者说，数字计算机只能工作在概念世界，而不是感知世界。

然而，柯林斯从后期维特根斯坦的观点出发认为，我们在世界中的思考和行动只不过是同一个硬币的正反两面，并不能截然分隔开来，我们的体验是由思考与行动结合而成的，用来描述这种结合的术语是"生活形式"，也就是说，在生活形式中，概念框架与行动方式是相互塑造的。基于这样的考虑，柯林斯认为，德雷福斯将计算机能做事的"形式"领域与计算机不能做事的"非形式"领域截然分隔开来的做法是错误的，而且，他把这种不合逻辑的分隔称之为"知识壁垒"。柯林斯对德雷福斯的这种批评也揭示了传统哲学与现象学之间的差异所在，揭示了人类知识的多样性与整合性。

其次，"哲学的省略"潜藏在德雷福斯对个人亲身体验的论述中。

德雷福斯对人工智能的批评突出了个人的域境嵌入性与个人体知的重要性，但却忽视了个人与计算机的社会嵌入性。柯林斯认为，这种忽视使得德雷福斯不仅将个人的特性与社会群体的特性混为一谈，将个人的能力与其所归属的社会群体的生活形式混为一谈，而且还高估了与计算机的结构和物质形式相关的问题，低估了成为社会集体成员的前提条件问题。

在柯林斯看来，不仅观念嵌入在生活形式中，而且语言本身也是社会化的。但是，社会化并非易事。柯林斯举例说，再聪明的狗狗也没有能力在语

---

① Harry W. Collins, "Embedded or Embodied? A Review of Hubert Dreyfus' *What Computers Still Can't Do*", *Artificial Intelligence*, Vol. 80, No. 1, 1996, pp. 99—117.

言上社会化到通过图灵测试的程度,尽管狗狗有能力在我们的世界里四处走动,并且能够自主地应对周围环境的变化,狗狗的大脑结构与人脑结构的相似程度,也高于计算机的结构与人脑结构的相似程度。

另一方面,我们每个人虽然拥有同样的身体结构,但我们的社会化程度也不完全相同,我们是否能够社会化和是否沉浸在生活形式中,需要创造出我们共享的概念框架。像我们一样的人工社会是否可能出现的问题,归根结底是,像我们一样的人工智能体是否有可能出现的问题。所以,人工智能的项目所缺失的是,计算机或计算机网络能够从语言上社会化到我们的生活形式中。从当前人工智能的发展情况来看,柯林斯在 20 世纪末的这些评论是有前瞻性的。

最后,"社会学的错误"体现在德雷福斯对计算机能力的综合考虑中。

柯林斯认为,用户在与计算机互动的过程中,会不断地"弥补"或"修正"计算机的不足,从而使计算机的能力不断地得以提高,而德雷福斯却没有从这样的事实中看出或得到恰当的结论,或者说,德雷福斯没有看出计算机的外显能力在很大程度上是它们与用户实时互动的结果。这意味着,即使计算机不是社会群体中的固有成员,它们似乎也能够借助于用户的隐性帮助来像人类一样行动,而且,结果通常是卓越的。因此,在哲学意义上和心理学意义上无趣的计算机却可能在社会学意义上以无法预料的方式做有趣的和有用的事情。

对于德雷福斯而言,"职业的误解"和"社会学的错误"结合起来,使他对计算机在简化的狭义领域内的能力过分乐观,在复杂的广义领域内的能力过分悲观。为了克服德雷福斯的上述三种失误,柯林斯提出了相应的替代方案:

(1)计算机需要做的许多事情,都是用户以很专业的方式来完成的,在这种情况下,计算机就能够做一切。

(2)如果所需要的专长是普遍的或计算用户所熟悉的,那么,计算机性能的缺陷和误解就很容易得到"修正"或"弥补",并且,这种"修正"或"弥补"在很大程度上是无形的或看不见的。

（3）在我们喜欢以单态方式去行动的领域内,计算机能够重复人类所做的事情,而且,计算机以这种能力能够取得成功的程度,一部分依赖于设计者,一部分依赖于其历史过程。因为随着历史的发展,人们喜欢应用的技能方式也在发生改变。因此,计算机能做什么的模型比德雷福斯的模型复杂得多。

柯林斯认为,人类所体验的世界是由人的行动而不是由行为所塑造的,人的行动不同于行为,行动通常与事件相联系,而行为则与人的身体动作相联系,同样的行动可以通过许多不同的行为来例示,反过来,同样的行为也可以是许多不同行动的示例。所以,行动与行为之间不可能进行直接映射。我们在观察某些行为时,不是在理解行动,我们在仿照某些行为时,也不是在仿照行动。所以,正是井然有序的行动,而不是行为,形成了我们所体验的世界。从这种观点来看,我们从德雷福斯所考察的玩游戏、解决简单问题、语言翻译与学习,以及模式识别四个领域内,都能发现单态行动（只有一种方式来完成行动）和多态行动（有多种方式来完成行动）的要素,只是在不同的领域内,两种行动要素的比率有所不同而已。因此,四个领域之间的知识是连续的,根本不存在"知识壁垒"。

我们从柯林斯对德雷福斯工作的评论中不难看出,虽然德雷福斯基于现象学的立场对传统人工智能范式的哲学反对产生了很大的影响,但是真正理解人机关系还有许多工作要做。德雷福斯的目标是论证智能机器为什么会失败,而柯林斯的目标则是论证智能机器为什么会成功。在柯林斯看来,如果我们理解了在人机互动过程中实际上有多少工作是靠人来完成的,我们就会明白,从短期的发展来看,智能机器的设计之所取得成功,主要归功于只是追求减轻人类部分劳动的简单的概念设计。但鉴别那些部分可以由机器来替代则是一个很复杂的问题,既随着域境的变化而变化,也随着时间的变化而变化;从长远的发展来看,智能机器越来越有能力再现人类能力的问题在根本上是一个社会化的问题。[①]

当前人工智能的发展主要以人机合作为主,人与机器各司其职,各自发挥自身特长,共同完成任务。然而,在机械化的社会化进程中,人工智能的这种发展模式或许只是迈出了第一步,还有很长的路要走。但是,从智能化发展所带来的社会变革来看,社会-科学-技术的高度纠缠发展,已经将人类文明推进到必须先确定可实时调适的治理方案,然后再积极推进科学技术向善发展的时代。因此,人工智能的发展不再只是单纯的技术问题,而是关乎人类社会与人类文明如何健康转型的复杂问题。

结语

综上所述,人工智能开始于人们尽力实现人类水平智能的伟大梦想。经过几十年的发展,人类能够完成的许多任务,智能机器至今依然无法完成。目前人工智能在具体场景中的成功应用,是建立在人机合作之基础上的,在很大程度上依赖于人类为之付出的隐性劳动。就目前而言,虽然人们既没有足够的能力通过观察自己或他人来直接理解和回答人类智能是如何运行的问题,也没有提出如何才能成功研制出人工通用智能的清晰进路,并且在人工智能的发展史上,人工智能研究者及其相应的社会热情,对人工通用智能的追求,也是起伏不定,但是,从总的趋势来看,人工智能的研发与应用以及相关学科的发展却在稳步向前。

第二节　智能革命引发的伦理挑战及其风险

智能革命泛指以人工智能技术为标志的当代技术(比如,量子信息技

---

① Harry W. Collins, "Embedded or Embodied? A Review of Hubert Dreyfus' *What Computers Still Can't Do*", *Artificial Intelligence*, Vol.80, No.1, 1996, p.116.

术、芯片技术、神经工程技术、基因编辑技术、纳米技术、网络技术、大数据技术、深度学习技术、区块链技术等)所带来的革命,通常也被称为第四次技术革命。它在总体上以信息化、网络化、数据化和智能化为特征,正在使人类文明的发展从工业化文明转向智能文明,对建立在人与工具、劳动与休闲、主体与客体、私人空间和公共空间等二分观念以及实体自我和所有权意识之基础上的伦理假设提出了挑战,同时也蕴含着一系列新的伦理风险。科学、技术、伦理都是时代发展的产物,科技力量越强大,机器越智能,经济社会发生的变化就越大,引发的伦理问题就越多,并且,越与人的身体相关,越直达人性,传统伦理框架就越难以应对。这本身不只是需要解决的问题,而是必须克服的风险。这正是各国纷纷出台人工智能伦理指导意见的原因所在。就方法论路径而言,用关于人类文明未来的思考制定当代科技发展战略,从一体化的视域来建立适合智能文明的伦理框架,是一个建设性的目标,更是应对智能革命引发的伦理挑战及其风险的有效方式之一,非常值得关注。本节聚集于数字化转型、智能化发展和技术会聚三个层面来揭示它们所带来的伦理挑战及其伦理风险,并潜在地论证建立关于人类文明未来发展趋向的伦理学框架的必要性与实现性。

一、数字化转型的伦理挑战与风险

随着社会数字化转型的快速发展,人类文明已经进入数据-信息流变的时代,或者说,数据-信息流替代工业化时代的物质-能量流成为指数式增长的新资源。数据-信息具有的共享使用特征,不仅具有解构传统思维方式和经济活动方式的能力,不断地创造着新型的数字化服务,改变着利益相关方的角色认知,重塑着新时代的思想观念,激发了数字世界里全要素之间的互动创新,而且形成了新的思维方式,颠覆了工业文明基础上提出的经济伦理假设。

工业文明主要以物质-能量流为资源①，并且，伴随着前三次技术革命的展开，使人类文明从过去的人力和畜力时代发展到机器时代，极大地提高了劳动生产率，推进了人类物质文明发展的进程。但是，由于物质-能量的消费具有地域性、消耗性、排他性、不可再生性等特点，因而不仅是不可持续的，而且还形成了建立在实体自我和所有权意识基础上的思维方式和经济伦理框架。

与物质-能量的消费具有的不可持续性相比，在社会的数字化转型过程中，数据-信息的消费则具有超时空性、共享性、相互性、永久性、跨域性以及迭代利用等特点。这些特点决定了，建立在数据-信息流基础上的智能革命潜藏着无限的可能性，结果成为使用者、视域、对象、环境等要素相互作用过程的产物。一方面，数据-信息流不会因为被使用与交换而降低其价值，反而是越被使用和交换越能迭代出新的价值，另一方面，不同的使用者会从同样的信息-数据流中挖掘出不同的价值，从而揭示出人的创新性与想象力的重要性。

从经济活动方式来看，当基于数据-信息流的知识生产者之间的相互合作关系越来越密切时，合作共赢会越来越成为智能文明时代的发展观，共同的创造性成果越来越会成为共有财产，知识生产者之间共同享有数据与信息的行为方式和行动准则，最终会颠覆工业时代盛行的排他性占有的价值理念，从而使人们越来越淡化竞争意识，确立共享意识，即从追求占有转向追求共享。当这种共享理念完全渗透到人们的行事风格和思维习惯中时，就会进一步颠覆在工业文明时代所推崇和固化的所有权意识，从而导致人类思维方式的逆转：从占有性和排他性的思维方式逆转到相互性和共享性的思维方式。

这种思维方式或意识的起源可追溯到远古时代。人类在食物采集时期

---

① 尤瑞恩·范登·霍文、约翰·维克特编：《信息技术与道德哲学》，赵迎欢、宋吉鑫、张勤译，科学出版社 2014 年版，第 18 页。

为生存而斗争时,自然而然地形成了以部落或家庭为单元的协作式团体生活方式,已经蕴含或体现了一种朴素的共享性思维。但是,自从人类进入农业文明和工业文明时代以来,共享意识逐渐地被所有权意识所取代。如果说,远古时代的共享意识所体现的是,人类为了抗击自然灾难和安全地生存下来所形成的以分工合作为主的互助式生活方式的话,那么,当代信息与通信技术的迅猛发展所形成的人类能够共享数据、信息、知识和技能的经济合作模式,则不仅是对"公司和个人之间关系的重要变革"①,而且充分暴露了工业资本主义经济的内在脆弱性②。

共享性思维或意识不是追求垄断式的单一发展或独自发展,而是追求多元化的共同发展,重视交互过程中的新价值的涌现。这是因为,如果人们共同拥有资源的成本相当于一个人拥有资源的成本,那么,资源的独占反而变成了一件不再合乎道义的事情。而当人们在经济活动中普遍地用共享意识替代了长期以来信奉的所有权意识时,就颠覆了建立在所有权意识基础上的价值观念和经济伦理假设,内在地发出了迫切需要重塑建立在关系自我和共享经济条件下的经济伦理框架的号召。

但另一方面,从个人的数据-信息安全性来看,当搜索引擎成为我们在日常生活中获取信息的必要工具或公共用品时,与此相关的科技公司的营利模式,就不再是取决于用户的直接消费,而是取决于用户在免费使用或浏览过程中自然而然地留下的数据-信息,或者说,它们将用户的数字行为踪迹变成可供利用的具有商业价值的信息资源,来变相地获取利润。因为用户的搜索行为不仅提供了广告商渴望得到的市场营销信息,而且,科技公司还可以通过在网页上加注相关的广告提示等,来"出售"用户宝贵的注意力。当科技公司和广告商越来越依靠购买用户的注意力和个人消费偏好等行为数据或信息来营利时,用户的注意力和行为数据就被潜在地"货币化"了。

---

① 罗宾·蔡斯:《共享经济:重构未来商业模式》,王芮译,浙江人民出版社2015年版,第20页。
② 同上书,第65页。

在这种情况下,当技术无法保证匿名承诺时,当政府或组织通过获得个人的数据和信息达到管理的目标时,当公司通过收集用户的行为数据来获利时,用户在数字世界里的所作所为已经使其成为透明者或全景开放者,从而潜在地丧失了隐私权,无意识地放弃了会留下永久性数据痕迹的个人信息的所有权,由此也带来了身份盗用、网络欺诈、病毒攻击、数字技术滥用,以及违背程序正义、侵犯个人权利等不同等级的伦理风险乃至违法风险。

这样,在繁纷复杂的数字世界里,人们为了维持和提高生活定位,始终扮演着双重角色:"注意力的消费者和注意力的吸引子"①。这不仅表明,抢夺人的注意力和重视视觉营销艺术变成了当代商业活动的最基本逻辑,而且表明,在互联网扮演着人的外部大脑和内化为人的生存环境中的背景因素之情况下,人们很容易只关注自己在大众数字领域内所引起的关注度,根据在网络上的追随者、信息的转发率、点赞数等人气指标来衡量自己的在线等级,最终在网络空间里形成淡化求真意识、助长炒作式和标签化评判行为的不良甚至有害的氛围。特别是,当个人的行为选择打上集体行为的烙印时,我们越来越难以在"被给予的"行为和"被构造的"行为之间作出明确的区分。这也是在疫情期间辟谣成为最重要的一个公共事件的主要原因所在。

然而,尽管我们承认,每个人的在线行为都具有自主性、能动性和自由选择权,但是,如何阐明和确立在数字媒体领域内的一系列规范与价值,却并不只是个人的问题,而是一个结构性的问题。当前,即使在世界范围内,公司和政府在获取个人信息方面所做的事情,远远超过了在保护个人权利方面所做的事情,公司和政府并没有明确地告知用户,它们如何通过对个人的数字跟踪和利用其行为数据来建立个人的数字档案,用人单位将求职者的网络行为作为录用与否的重要参考因素,美国的斯诺登事件、疫情期间一

---

① 莎拉·奥茨:《走向在线权利法案》,载卢恰诺·弗洛里迪编:《在线生活宣言》,成素梅、孙越、蒋益、刘默译,上海译文出版社 2008 年版,第 311 页。

些地方数字码的滥用或误用等都是典型事例。这些做法虽然体现了集体需要大于个人需要的逻辑,但也在某种程度上瓦解了正当性和客观性的立场。

因此,人类社会的数字化转型,首先会改变经济领域内的游戏规则,成为变革社会和更新观念的巨型加速器,其次还会深刻地影响人的思想本质。这进一步揭示出,当代社会越来越成为与科学技术发展高度纠缠的社会,已经形成了科学—技术—社会交织互动的复杂系统,或者说,我们的行动、感知、意图、道德等已经与当代信息技术内在地交织在一起,从而使曾经有效的区分变得模糊起来,比如,实在世界与虚拟世界边界的模糊、人类与非人类边界的模糊,私人空间与公共空间边界的模糊,乃至理论伦理学研究与应用伦理学研究边界的模糊。在这种情况下,如何为借助当代科技的深入发展来促进社会的数字化转型提供行动纲领,如何重建更具有可操作性的问责机制等,成为当代伦理学研究的时代命题。这一点在智能化发展过程中显得尤其重要。

二、智能化发展的伦理挑战与风险

智能革命的展开部署及其被社会的广泛摄取,将人类追求自动化发展的进程从物质生产的自动化拓展到知识生产的自动化,让技术的力量从解放人的双手拓展到部分地解放人的大脑,从增强人的肢体和感知能力拓展到提升人的研究能力,从创造有形的物质产品拓展到创造无形的精神产品,从改造自然拓展到改造文化等。这些拓展不仅意味着,普适计算已经成为一项无形地嵌入在我们生活中的技术,成为我们获取信息的重要关口,而且意味着,智能化发展最终将会把人类从单调的、重复性的、机械性的、程序化的体力劳动和脑力劳动中解放出来,为人类能够专注于从事具有个性化的、创造性的、富有乐趣的、受内在兴趣所驱动的休闲式劳动或活动提供了现实的可能性。

然而,问题在于,当人类从被迫的劳动中解放出来时,并非必然意味着每个人都有能力去选择由兴趣引导的健康而有意义的休闲式劳动或活动，来安顿自己的心灵或追求负责任的自我成长。历史地看，从事被迫式的劳动和发展经济是人类自古以来的一个核心目标。如果说，解决经济问题是对人类智慧的严峻考验的话，那么，自觉地提升自我精神境界，解决健康地休闲和真正拥有内心幸福的问题，则是人类达到温饱并拥有大量自由时间之后，迫切需要养成的自觉意识。因此，解决休闲和幸福的问题是对人类智慧的更加严峻的考验。

特别是，当我们依然囿于长期以来形成的传统思维方式，将劳动看成是被迫的，将休闲时间看成是劳动之余的自由时间，将休闲活动等同于吃、喝、玩、乐、观光旅游等活动时，我们的教育和社会制度在很大程度上就是围绕培育劳动技能而不是提高休闲能力展开的。在这种情况下，一旦我们从劳动中解放出来，拥有充足的自由时间，而我们所在社会的文化和教育等各个方面却还没为我们如何健康地利用自由时间做好充分的准备，那么，就有可能导致很多比物质短缺问题更加难以解决的精神空虚问题。

因此，我们必须在文明转型的初期前瞻性地开启新的征程：从劳动伦理拓展到休闲伦理，转而重新塑造劳动和重新理解"休闲"。从休闲哲学的视域来看，劳动与休闲并不必然是排斥关系，而是具有交叉性的融合关系。休闲含有"教养"之意，休闲活动或休闲式的劳动是由内在于活动或劳动本身的动机所指引，追求沉浸于活动或劳动过程之中，享受由此激发出来的创造性与意义感。正是在这种意义上，皮普尔（Josef Pieper）认为，休闲是放手的能力，是与自然相交融的能力，是恢复人性和找回人的尊严的途径。①如果我们接受关于休闲的这种理解，那么，休闲伦理的建构就对传统的劳动伦理及其制度体系提出了巨大的挑战。

但是，人类从劳动伦理转向休闲伦理并非一蹴而就，更不是必然会达到

① Josef Pieper, *Leisure*, *The Basis of Culture*, Liberty Fund, 1999.

的阶段,而是需要经过长期的精神洗礼、心灵历练乃至人性反思的过程,或者说,需要经历社会转型的阵痛过程。智能革命的深化发展,要么无情地摧毁人的心灵,要么创造性地使人类重生。这是因为,在科学-技术-社会高度纠缠的系统中,当人类希望通过智能革命来获得普遍的劳动解放时,已经在人与工具之间预设了一类新型实体的存在:有形和无形的智能机器。智能机器具有二重性:工具性和类人性。这意味着,人类首次拉开了人与机器双向或彼此赋智的帷幕,即,人通过算法等技术以及人与机器的交互作用赋智于机器,而有形和无形的智能机器则以其独特的数据挖掘与信息处理能力赋智于人类。

从理论上来讲,这种趋势将会把人机关系从工业化时代的对立和排斥关系转向合作关系乃至融合关系,并且重新把人的主导作用贯穿于智能机器的功能设计、任务训练及其与环境的实时互动等各个环节,从而更加全面地彰显人的创造力与想象力,使人更像人,使机器更像机器,而不是相反。人类智能与机器智能的相互叠加与彼此强化,不仅凸显了人类智能与机器智能的互补性,使机器成为人的得力助手,体现出以人机团队联合作战方式来完成各类任务的优势,[①]而且使人类具有了过去无法获得的全新能力,使数据、信息、知识与专业技能超越"资本"成为经济发展的核心力量或主力军,同时,也使机器具备了从前无法具有的环境感知能力和认知能力,乃至涌现出被尊称为"网络科学家"或"机器科学家"的认知主体。[②]

但在具体的实践过程中,这类人工或人造的能动者(agent)具有的环境感知力和认知能力,使得我们的在线生活在很大程度上转为由算法来塑造或主导。特别是,当以改变人的行为与态度为宗旨的劝导式技术在电子游

---

① Paul R. Daugherty and H. James Wilson, *Human＋Machine*: *Reimangining Work in the Age of AI*, Harvard Business Review Press, 2018.

② 2017 年 7 月 7 日出版的《科学》杂志集中刊载的一组文章中简要介绍了机器人参与科学研究的一些情况,这些机器人可以用来进行情绪分析、人性预测、梳理病因等,表明智能机器人正在改变科学家的研究方式,它们也被尊称为"网络科学家"(cyberscientist)。

戏、社交媒体、通信等领域内得到广泛应用时,虽然这类技术——比如,微信里的计步功能、具有监测功能的谷歌手表等——可以鼓励人的积极行为,但在客观上,劝导式技术与数字环境的完美耦合事实上却达到了无形地操纵用户的目的,或者说,以投其所好的交互方式有意识地引导使用者的实践方式并吸引其注意力,来达到营利的目标,甚至造成消极乃至极其有害的影响,导致使用者对电子游戏、社交媒体的痴迷或成瘾等。劝导式技术利用了人的内在驱动力——比如,适时奖励——来增加用户在设备上的停留时间。尤其对于对冲动等情绪的控制能力有待成熟、还处于发育期的少年儿童来说,他们在数字环境中的痴迷或成瘾,就不再是由于其意志薄弱或放纵,而是由于劝导式技术的设计者利用了少年儿童的脆弱性所造成的。

这表明,当计算机技术由计算、存储和检索等传统功能拓展到具有了说服或劝导功能之后,通过交互计算系统和嵌入计算的设计来改变人的态度与行为的劝导式技术的应用将会变得更加多样和更加隐蔽,渗透到广告、经销、商业、教育、训练、卫生保健等各行各业。劝导式技术的设计理念是把心理学和认知科学的远见卓识整合到信息-数字系统之中,使得在劝导和强迫或操纵之间以及在劝导和自主之间的关系变得复杂起来。技术对人的劝导和操纵成为无形的,而人对技术的接受成为潜移默化的和自愿的。因此,劝导式技术与算法、数字技术、心理学等学科的会聚和融合发展所带来伦理挑战和潜藏着伦理风险,无疑是迫切需要深入研讨的伦理学主题。

广而言之,智能化发展不仅使物质系统具有了环境敏感力,使它们能够预期人的兴趣爱好和所作所为,能够自动修改系统的互动行为和信息推送来迎合使用者的兴趣和偏好,这不仅废除了物质和环境是被动的,而意识和心灵是主动的二分观念,而且使复杂而无形的计算系统具有了生成数据衍生品的能力和基于个性化推理来取代人的意向性的能力。[①]这使得人越来

---

① 米瑞尔·希尔德布兰特:《公众在线生活:呼吁设计出法律保护》,载卢恰诺·弗洛里迪编:《在线生活宣言》,成素梅、孙越、蒋益、刘默译,上海译文出版社 2008 年版,第 239 页。

越沉浸在被智能环境所"解读"和投喂信息的境况之中。一方面，个人在社交媒体或计算设施上留下的行为数据成为他人或机构的认知资源，另一方面，我们生活于其中的人工环境的物质性似乎变成了某种形式的主体性。这进一步引发了问责难题。

在劝导式技术的使用中谁是获利者？劝导策略的实施需要担负伦理责任吗？这种责任由谁来担负？更进一步的相关问题是，在金融领域内，算法交易或智能投资顾问造成的经济损失，应该如何问责？在交通领域内，无人机和自动驾驶汽车导致的交通事故，应该如何问责？在社交领域内，网站信息推送诱发的信息误用和用户的成瘾等问题，应该如何问责？在知识产权领域内，智能机器人从事创作的知识产权归谁所有？应该如何署名？是用户、设计者、制造商等人类能动者呢？还是人造的能动者或技术本身呢？

弗洛里迪（Luciano Floridi）等人认为，只要人造的能动者能够显示出互动性、自主性和适应性，在它们不需要有自由意志和意向性或心智状态的前提下，就有资格成为道德能动者。他们提出用"无心灵的道德"概念来讨论这类新型认知主体的能动作用。①这有助于把对非人类的人造能动者或智能体的问责和承担责任分离开来，也就是说，我们可能对无人驾驶汽车进行问责，至于它如何承担责任，则是需要进一步系统化研究的伦理和法律课题。

这些讨论表明，在科学-技术-社会高度纠缠的系统中，我们对认知责任的界定成为将本体论、认识论和伦理学关联起来的话题，认知关系蕴含了权力关系，或者说，认知实践在根本上成为了伦理实践。②这就颠覆了传统的认知机制和问责机制。然而，主张对人造的能动者或智能体进行问责，并不意味着减少对人类的问责，也不是将责任转嫁给非人类的实体，从而使人类

①　Luciano Florodi and J. W. Sanders, "On the morality of artificial agents", *Minds and Machine*, Vol.14, No.3, 2004, pp.349—379.

②　朱迪思・西蒙：《超连接时代分布式认知的责任》，载卢恰诺・弗洛里迪编：《在线生活宣言》，成素梅、孙越、蒋益、刘默译，上海译文出版社 2008 年版，第 195 页。

规避责任,而是表明,我们应该对科学-技术-社会高度纠缠系统中存在的权力的不对称性有所警觉,揭示出我们在理解如何分配认知责任时,不仅需要提出新的伦理概念,建构新的伦理框架,而且还需要提供相应的实践方案。

可见,智能革命在使人类从强迫性劳动中解放出来并拥有充足的自由时间的过程,是伴随着人类文明的一体化转型的过程,也是伴随着人类的自我认识、自我管控和自我成长的过程。在这些过程中,只有全面提高人的伦理素养,才能摆脱虚假自由,才能使自由时间成为人们追求美好生活、发挥创新能力和丰富生命意义的条件,而不是成为使人更有可能以成瘾和沉沦的方式消磨意志的前提,更不是成为不良经济活动和无责任技术创新的牺牲品。当代技术的会聚发展使得这些相关的伦理问题变得更加尖锐。

三、技术会聚的伦理挑战与风险

就技术的本质而言,技术从一开始就是围绕着赋能于人类而展开的。技术的发展史在很大程度上也折射或记载了人类文明的演进史。但是,当智能革命的深化发展使技术的改造作用从改造外部自然拓展到改造人的内部自然时,就使得人的身体技术化和精神技术化成为突出的伦理问题摆在我们面前。

在人类文明的演化史上,人与自然的关系已经发生了两次转型:第一次转型是人从自然界中分离出来,形成了人与自然的对象性关系,这种分离不是信念的改变,而是范畴的改变,开启了"人,成之为人"的第一个过程。这一个过程主要是以物质文明发展为主,技术的主要目标是探索与改造人类生存于其中的自然界。第二次转型是人类凭借科学技术的力量越来越成为自然界的统治者,人类越来越远离天然自然,人化自然和人工自然的出现,使人与自然的关系从最初形态的人附属于自然界发展到自然界越来越附属于人类的另一端。这种发展理念所带来的生态恶化等全球问题已是有目共睹的事实。这表明,在追求物质最大化和所有权意识理念的引导下,人类虽然获得了越来越多的知识,越来越有能力根据自己的意愿去改造环境,但却不能使所在的环境变得更加适合于居住与生存。①

当代技术的会聚发展所导致的一系列伦理之争,进一步把上述困境从人类外部的生存环境拓展到人的身体与心灵层面。基因编辑、再生医学、脑机接口、神经工程等技术的使用,使人类有能力对自己的基因、器官或组织进行修复、替代乃至增强。从进化论的视域来看,人类的诞生与基因突变有着很大的关系,而基因突变是缓慢的和我们人类无法控制的。但运用基因编辑技术对人类胚胎基因的修改,目前在伦理上则是绝对禁止的。为什么我们允许基因的自然突变,而不允许对生殖基因进行人为改变呢?如果不被允许是由于技术不够成熟,会污染人类基因池,那么,未来的技术完全成熟后会被允许吗?

更进一步的问题是,通过技术手段将一个布满电极和线路的小小电子元件置于人体内部,来缓解和治疗渐冻症和老年痴呆症患者的病情,使患者过上有尊严的生活,已经不再是科幻设想。但现实情况表明,植入体内的器件能够改善病情,同时也能够记录和传递患者在思考时神经元的放电情况,会受到外部的控制,还会提高学习效率,控制情绪,改变性格,提升人脑机能等,那么,我们将如何理解患者的自由意志?或者说,如何避免患者不受他人意志的操控?如果随着人造器官研究的发展,人们在未来能够通过 3D 器官打印技术"打印"出人类器官来替换老化或机能失常的器官,那么人们就将面对新的概念挑战:回答一个器官是"活着的"意味着什么之类的问题。

如果数字智能体或能动者作为受托者,能够具有同委托者一样的言语能力和行为表现能力,也具有从错误中学习的附加功能,那么,人类就由此而可以活在网络空间里吗?一旦技术发展到我们能够转移一个完整的有意识的自我这一临界点时,我们将能够成功地把人的心灵转移到或上载到可以

---

① 参见斯塔夫里阿诺斯:《全球通史:从史前史到 21 世纪》(第七版上),吴象婴、梁赤民、董书慧、王昶译,吴象婴审校,北京大学出版社 2006 年版。

永生的数字实体或机器中,那么,心灵上载是否意味着,心灵需要身体——尽管不是肉体,而是数字体? 人的肉体已经消失,而其等效体还继续活着,人们究竟是否应该以这种方式来延长寿命,成为一个需要深入研讨的问题。在一个可以让人造物和数字孪生体永久存在的世界里,我们对延长寿命和追求永生的渴望,很可能就打开了有关人类进化的潘多拉魔盒。这种前景使我们不得不重新思考人类干预自然的权利和人类操纵进化的权利等问题。①

这些挑战已经成为现在和未来研究的重要话题。人类保护主义者倡导建立《保护人类物种公约》来维护人的自然性,杜绝技术增强甚至人机混合体(即电子人)的出现。但问题是,如何理解人的"自然性"? 技术本来就是为了对抗自然选择的生存法则、增强人的生存能力和延长人的生命周期而诞生的,不仅我们的衣、食、住、行样样都与技术相关,而且我们戴眼镜、戴助听器、安装心脏起搏器、替换金属关节、安装假肢等何曾不是破坏人的自然性,为什么通过植入电子元件来恢复记忆和通过基因编辑技术来修改胚胎基因就有所不同呢? 鉴于这样的疑问,激进的后人类主义者与生物保护主义者持有截然相反的态度,他们把人类借助技术手段来克服自己的生物缺陷看成是人类应有的基本权利,应该尊重人类对自己身体的选择权。

虽然生物保护主义者和后人类主义者之间的争论还在继续进行之中,远没有形成定论或共识,但这些争论向我们呈现出了诸多理论紧迫性——必须重新思考治疗与增强的边界问题;重新思考限制增强技术的发展是否会造成对人们改善身体和心智的自由权或自主权的侵犯问题;重新思考支持人的身体技术化发展,是否会对人的自然权利和建立在传统医疗体制基础上的公平公正、自主自愿等原则的适应性提出挑战的问题;思考把人类与非人类区分开来的具体特征是什么,以及人类的哪些特征是根本性和需要保护的,或者说,思考什么是人、什么是生命、什么是身体与心灵的关系、成

---

① 扬尼斯·劳瑞斯:《重构和重塑数字时代的民主和生命观》,载卢恰诺·弗洛里迪编:《在线生活宣言》,成素梅、孙越、蒋益、刘默译,上海译文出版社 2008 年版,第 179—180 页。

为人意味着什么或"人,成之为人"的内禀性及其身体边界等问题。显然,这些问题无法直接归属于理论伦理学或者应用伦理学其中的一种,而是需要发明将伦理学、认识论和本体论统合起来的新的伦理框架来解决。

与人的身体从自然进化到技术设计所带来的上述伦理问题相比,人的精神从文化塑造到技术诱导所带来的伦理问题似乎更加抽象。由网络技术、数字技术、虚拟技术、图像处埋技术以及前面提到的劝导式技术的会聚打造而成的"元宇宙",不仅是一个具有人工文化的数字世界,而且是一个以用户的精神快乐为目标和充满了环境智能的人工世界,因而也是一个更加无形的监控世界。在这个世界里,人的感知力成为新的生产资料或被开发的商品,有可能带来新的在线伤害;冗余信息不断地充斥人的大脑,使人无意识、而非自知地丧失了宝贵的独立思考能力,从而使普通大众心甘情愿地沦落为少数技术精英的利用工具。

可见,人与自然关系的逆转,人的身体技术化和精神技术化,迫使我们不得不开启"人,成之为人"的第二个过程。在这一过程中,我们需要将发展理念从重视物质文明建设的视域拓展到重视精神文明建设的视域,需要在人与自然的关系中进行第三次转型:即,人类在掌握了自然规律之后,重新回归到尊重自然的发展理念,重塑人与自然的和谐共生关系,重塑新的发展伦理,把对人的"自然性"与"技术性"的关系以及对"人是什么"等哲学问题的思考,与对未来技术与文明的发展趋向联系起来进行,打破传统的二分观念,从人文主义的视域出发,重塑新的概念框架,这是科学—技术—社会高度纠缠发展所提出的对人性的第二次启蒙,也是最深刻的启蒙。

结语

综上所述,社会的数字化转型、智能化发展和技术会聚不仅对人的在场、友谊、责任心、能动性、义务与权利等概念提出挑战,而且对诸如自由、平等、道德以及目的等与人的生存境况相关的概念提出了挑战。个体的自我既是自由的,又是社会的,更是人类的,自由不是在理想中和真空中产生的,而是在具有可供性和约束力的空间或世界中产生的，或者说，个体的自我和自由，与他者的自我、技术、人造物和自然界的其余部分密切相关。我们到了需要设计未来，而不只是预期或预测未来的时候了。面对科学—技术—社会高度纠缠的情况，我们需要站在人类命运共同体的立场上，来系统地回答：在智能化时代，"人，成之为人"的内在本质是什么？人的自由或平等意味着什么？除非我们能够提出新的伦理概念和伦理框架，否则，我们的世界将没有未来。我们如何为真正维护人性和保卫人的自然权利，来引导技术发展和制定管理政策，可能是未来社会将要面临的最大挑战。

第三节　劝导式技术的伦理慎思

基于计算机的技术与劝导理论的深度融合所研发出的各类计算产品，正在不断地裂变出越来越多的生活可能和新突破。这些计算产品由于蕴含了劝导功能，已经在教育、运动、游戏、广告、金融、社交、社会治理、卫生保健、电子商务、环境保护、疾病管理、平台管理、个人的自我管理等各行各业得到了极其广泛的应用，并取得了显著的社会效果。问题在于，当这些应用将过去一个人或群体劝说和诱导另一个人或群体改变观念或行为的劝导活动转化为交互式计算系统劝导人或群体改变态度或行为的劝导活动时，劝导就从有形变成无形、从显性变成隐性、从单态行动变成多态行动，体现出更强大的劝说力和诱导性；但与此同时，具有劝导功能的技术也会产生许多伦理问题并带来新的伦理挑战。因此，我们迫切需要强化伦理治理意识，对劝导式技术的研发与应用过程进行伦理审视，引导其择善而行。本节只是抛砖引玉，通过对劝导式技术的产生及其内涵的简要阐述，揭示技术劝导活动所带来的伦理挑战和所产生的伦理问题，探讨相应的治理原则，以此深化我们对人机交互技术的伦理理解。

一、劝导式技术的内涵及其伦理审视的必要性

"劝导式技术"（persuasive technology）是由美国社会科学家和行为设计学的创始人福格（Brian J. Fogg）在 20 世纪 90 年代提出的概念，意指能够影响乃至改变人的观念、态度、价值或行为的人机交互技术，或者说，能够影响和引导用户的观念、态度或行为向着设计者或商家或机构所希望的特定目标演变的人机交互技术。这里的"人机交互"是指人与计算机系统之间的互动，而不是指人对传统机器的操纵。福格在 2003 年出版的《劝导式技术：运用计算机来改变我们的所思所做》①一书中进一步编撰了"计算机劝导学"（Captology）术语来描述和泛指传统的劝导设计和基于计算机的技术相互重叠而产生的一个新的跨学科领域。"Captology"这个词是"Computer as Persuasive Technology"的缩写，直译为"作为劝导式技术的计算机"，也就是说，计算机劝导学是对如何使以计算机为基础的技术更具有劝导功能，以及如何更有效地改变用户的态度或行为的研究，图示如下：②

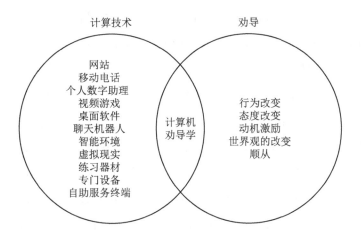

---

① B. J. Fogg, *Persuasive Technology*: *Using Computers to Change What We Think and Do*, Morgan Kaufmann, 2003.中译版参见 B. J.福格：《福格说服技术：我们是如何被技术说服的》，宋霆译，中国人民大学出版社 2022 年版。

② Ibid., p.5;同时参见中译本第 5 页。本图里中文术语的表述部分参照了中文版的翻译，同时根据我对原文的理解，对有些术语进行了重译。

福格于 1993 年进入斯坦福大学攻读博士学位,在攻读博士学位的四年期间,他运用实验心理学的方法来证实计算机能够以可预见的方式改变人的思想和行为,其博士论文的题目是《有超凡魅力的计算机》(Chatismatic Computers)。福格在 1997 年获得博士学位之后,在斯坦福大学创建了"劝导式技术实验室"(后来重新定名为"行为设计实验室")。1998 年,他在《劝导式计算机:视角与研究方向》一文中,详细地展望了如何能够将力图理解行为和劝导的研究成果与计算机科学相融合,创建劝导式技术这一新型领域的发展前景。①上面提到的《劝导式技术》一书是福格对实验室前 10 年研究工作的经验共享和学理总结。2005 年,他的实验室申请到美国国家科学基金的资助,项目名为:"移动手机如何能够激发和劝导人的实验工作的调查"。②这项研究极大地推动了"劝导式移动设备"的智能化研发进程。

2006 年,美国、荷兰、丹麦、芬兰、意大利、奥地利、加拿大等发达国家的研究者发起举办关于劝导式技术的国际会议,每年举办一届,到 2023 年为止,已经连续举办了 18 届,并出版了 18 本会议文集,最新一届就于 2023 年 4 月 19 日到 21 日在荷兰的埃因霍温(Eindhoven)召开。显然,国际学术会议的持续主办,既扩大了福格工作的影响力,也深化了劝导式技术的发明与应用范围。2007 年,马库斯(Aaron Marcus)参加了在斯坦福大学举办的第 2 届会议之后深受启发,决定将劝导设计理论与信息设计/可视化理论相结合的概念设计应用在移动设备的软件和硬件的开发中,两年之后,他在自己公司启动了为期五年(从 2009 年到 2014 年)的开发移动设备项目,每个子项目都设定了针对具体问题和应用场景来改变用户态度或行为的明确目标,并在设计中运用了以"用户为中心"的设计技巧和劝导设计,这些项目的具体设计过程和操作细节以及设计者的心得体会构成了《移动劝导设计:通

---

① See Aaron Marcus, *Mobile Persuasion Design: Changing Behaviour by Combining Persuasion Design with Information Design*, Springer-Verlag London Ltd., 2015, p.v.

② https://peoplepill.com/people/b-j-fogg/, 2022-12-27.

过劝导设计与信息设计相结合来改变行为》一书的主要内容。①

　　劝导理论可追溯到亚里士多德的修辞学,主要描述一个人如何通过劝说和开导来影响乃至改变另一个人的态度、信念或行为。计算机劝导学是研究如何使技术开发者、设计者和研究者将修辞学、心理学、认知科学、行为科学和社会动力学的研究成果——比如,劝导、信息提取、行为改变、用户体验、激励措施等知识——嵌入人机交互系统中,使计算产品在能够更加主动地服务于用户和更加方便而敏捷地与用户互动的过程中,潜在地影响或诱导用户向着开发者或商家所希望或预先设定的目标行动。事实上,我们现在广泛使用的网站推荐系统、社交媒体系统、图书推荐系统、电子商务系统、智能手表、智能手机等,都在不同程度上内含了劝导功能。

　　就劝导的内涵而言,劝导意味着受劝者自愿接受,自愿接受源于人的内驱力;劝导不是强迫、欺骗、洗脑等。强迫意味着对受劝者施加外在压力迫使其改变态度或行为,父母迫使孩子改掉坏毛病的强迫属于教育,不法分子强迫儿童偷盗,则是不道德的,甚至是违法的;相比之下,任何欺骗行为都是不道德的,情节严重则属于违法;洗脑是施劝者出于文化或政治等目标,对受劝者进行价值观的灌输或策反,而不是站在真理和正义立场上,向受劝者讲道理。福格将劝导定义为:"在没有任何强迫或欺骗之前提下,改变人们的态度或行为或者两者的一种企图。"②也就是说,在福格看来,劝导式技术的设计者是本着为用户着想的善良动机,将劝导意图嵌入人机交互的计算产品中,诱导用户改变态度或行为。这种劝导是内在于产品之中的,而不是外在的。

　　研发具有内在意图的劝导式技术产品的设计理念和方法是多方面的,主要表现为:其一,化繁为简,即,将复杂任务或活动拆分或简化为简单任务

---

① Aaron Marcus, *Mobile Persuasion Design*: *Changing Behaviour by Combining Persuasion Design with Information Design*, Springer-Verlag London Ltd., 2015.

② B. J. Fogg, *Persuasive Technology*: *Using Computers to Change What We Think and Do*, Morgan Kaufmann, 2003, p.15.

或活动,通过提高用户行为的效益/成本比,使用户更容易操作和付诸行动,比如,微信的计步和排序功能更能激励用户去锻炼;其二,投其所好,即,使计算系统能够自动预测和满足用户需求,比如,算法系统根据用户的兴趣、消费习惯乃至地理位置等自动推送相关信息;其三,模拟体验,即,通过计算机提供的生动而可视的模拟效果,来修改和完善原有的设计规划,比如,关于城市规划的模拟实验;其四,互动体验,即,通过提高交互系统的环境感知力和敏感度来使用户享有最佳体验,比如,在电竞游戏中,计算机能够根据玩家的实际水平接招出招,吸引玩家继续玩下去;其五,相似性原则,即,使交互产品与目标受众的个性相似,来增加用户对产品的认同感,使用户更愿意接受产品建议来改变态度或行为,比如,根据不同人群的心理特征所设计各类在线教育产品。[①]

福格在 2019 年出版的《微习惯:改变一切的小变化》一书中进一步通过大量的具体事例,论证了"行为设计可以改变一切"的观点,阐述了人们养成永久性习惯的"福格行为模型"。[②]这个模型用公式 B=MAP 来表示,其中,B 代表行为(Behavior),M 代表动机(Motivation),A 代表能力(Ability),P 代表提示或提醒(Prompt)。这个公式表明,人的行为的改变取决于动机、能力和提示或提醒三个要素的汇合。2011 年,世界经济论坛职业健康联盟选择"福格行为模型"作为健康行为改变的框架,比如,通过 APP 来督促人们按时完成某个任务等。近年来,随着嵌入式算法或由数据驱动的机器学习算法的发展,劝导式技术的劝导功能更加形式多样,并且,以更加隐匿的方式,镶嵌在我们的日常生活之中。

福格强调指出,发展劝导式技术的初衷是为了使人们生活得更加健康、环保、便捷、有趣等,总目标是全方位地改善人的体验和更健康地满足人的

① B. J. Fogg, *Persuasive Technology*: *Using Computers to Change What We Think and Do*, Morgan Kaufmann, 2003, Chapter 4, Chapter 5.

② B. J. Fogg, *Ting Habits*: *The Small Changes That Change Everything*, Houghton Mifflin Harcourt, 2019.中译版见 B.J.福格:《福格行为模型》,徐毅译,天津科学技术出版社 2021 年版。

需求。但从认识论意义上来看，这样的初衷和目标潜在地隐含了家长制的思维方式，认为用户普遍缺乏正确选择和做事的能力，需要被引导、被提醒乃至被管控；从方法论意义上来看，劝导式技术预设了技术解决主义的世界观，把运用技术来解决人的问题作为优先选择或重要途径。另一方面，劝导式技术事实上并不总是能够做到客观、透明、公平、公正等，在实际应用中，已经出现了种族仇恨、性别歧视、恐怖组织招募、网络犯罪、侵犯隐私、加剧社会不公等许多令人担忧的社会后果。①

这种情况要求我们必须提高警惕，用批判的眼光来认真评估劝导式技术的研发与应用，特别是，监督与审查智能化决策系统所优化或所传播的价值导向，来引导设计者和商家将技术的研发与应用奠基在坚实的伦理基础之上，彻底防止和避免劝导式技术的误用和滥用。然而，尽管当前关于技术伦理的讨论很热烈，政府层面也出台了相应的治理原则，但是，理论与现实之间还是有较大差距。因为相关利益方或道德能动者（moral agents）并没有受到过良好的伦理培训，更是缺乏系统的伦理知识。我们现有的伦理培训和伦理审查只在与医学相关的领域内进行，在一般技术领域内几乎是空白。大多数技术人员依然认为，价值问题是哲学家、社会学家、政治学家或政策制定者等所讨论的问题，技术的善恶在于使用者，而不在于发明者，比方说，刀枪的发明没有对错，刀枪的指向或使用方式才有对错。也许正是在这种意义上，伦理学家普遍将技术伦理说成是应用伦理。

然而，劝导式技术不仅对这种技术中立论和理论伦理与应用伦理的二分思维方式提出了挑战，而且对相应的概念框架提出了挑战。因为劝导式技术产品的劝导是主动的和场景敏感的或内在的，劝导意图的善恶既与创造者的动机和运用的劝导方法相关，也与算法系统的技术限制和人机互动过程中信息交互等的路径因素相关，比如，成瘾或游戏化项目在以自动奖励

---

① Safiya Umoja Noble, *Algorithms of Oppression：How Search Engines Reinforce Racism*, New York University Press，2018.

等方式来改变用户的态度或行为时,就有可能凌驾于人性之上。因此,揭示劝导式技术带来的伦理挑战和伦理问题成为规范其发展的必要环节。

二、劝导式技术的伦理问题与伦理原则

从伦理视域来看,与伦理相关的不是计算机劝导学,而是劝导式技术产品的开发动机、推广应用方式及其社会后果等。这就像研究动物物种的动物学与伦理无关,而对待动物的方式才与伦理相关,研究原子核内在机制的核物理学与伦理无关,而研发原子弹技术则与伦理相关一样。从基本内容来看,计算机劝导学是理论层面的研究,包括劝导系统的软件架构、技术基础设施、劝导系统的设计、行为改变支持系统、劝导系统中的可视化交互作用、量身定制的个性化劝导和游戏化劝导、劝导式的数字营销市场和智能环境(比如,物联网)、电子商务、智慧生态系统、劝导式技术的动机、认知和感知等,概而言之,计算机劝导学是研究如何使基于计算机的技术能够更好地发挥劝导功能的学科,而劝导式技术则是研发出具有劝导功能的特定产品,两者的关系是理论与实践的关系。伦理、劝导、技术、基于计算机的技术、计算机劝导学以及劝导式技术之间的关系如图所示:①

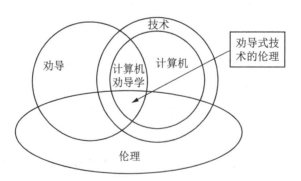

伦理、劝导和基于计算机的技术三者会聚示意图

---

① Daniel Berdichevsky and Erik Neuenschwander, "Toward an Ethics of Persuasive Technology", *Communications of the ACM*, Vol.42, No.5, 1999, p.53.

在这个示意图中,下方的椭圆形区域代表伦理,左边的圆形区域代表劝导理论,在右边的两个同心圆区域中,里面的圆形区域代表基于计算机的技术,外面的圆形区域代表所有技术,劝导理论和基于计算机的技术相会聚构成了计算机劝导学,伦理学、劝导理论和基于计算机的技术三者交汇构成了劝导式技术的伦理学。本小节接下来所阐述的内容将在上述示意图中小箭头所指的范围内进行。

就劝导伦理学而言,在日常生活中,在人与人之间形成劝导关系的前提,通常是施劝者将自己的观点与立场通过以理服人的方式传递给受劝者,这种关系本身意味着劝导双方在多个方面存在着不对称,比如,认知的不对称、信息的不对称、理解的不对称、地位的不对称以及权力的不对称等。因此,施劝者的劝导动机和劝导意图必然与其道德水准相关。关于劝导的伦理问题通常主要是在所有的相关道德能动者之间分配责任,也就是说,所有的利益相关方共同承担所有的道德责任。这是伦理学家研究了几千年的问题,已经形成了功利主义、义务论、美德伦理等流派。这些研究表明,劝导行为的执行者或实施者的伦理基础并不十分牢靠。

劝导式技术虽然将人对人或群体的直接劝导转变为技术行为,通过计算产品来劝导用户改变其态度或行为,但是,基于人机交互的劝导活动依然是一项承载有价值的活动。在这一活动中,除了存在人对人的劝说活动所具有的伦理问题之外,在由数据驱动的越来越智能化的算法系统所进行的劝导活动中,算法系统的劝导方式变化多端,足以让没有专业知识的用户应接不暇;算法系统的劝导意图恒久不变,足以促使用户产生情感共鸣;算法系统的劝导过程随机应变,能够以润物细无声的方式引导用户的选择。问题在于,劝导式技术的这些特征,既是其优势所在,但同时也会带来前所未有的伦理问题。

首先,技术劝导有可能变相地淡化或掩盖劝导意图。在人机交互系统中,执行劝导任务的计算产品既是方法,也是方法的执行者。这种双重身份使得它们既可以借助图形、音频、视频、动画、仿真模型、超链接等形式产生协同效应,来获得最佳劝导效果,也可以利用技术本身的新颖性和复杂性来掩盖其真实的劝导意图和分散用户的注意力,使用户在没有仔细审核内容或措手不及的情况下,接受计算技术所传递的信息,甚至以默认设置的形式迫使用户别无选择地接受技术提供的预定选项。这样,在人机交互过程中,用户所受到的影响不只是来自所推送的信息内容,还取决于内容的呈现方式,以及对隐形设置的无意识接受。①

其次,技术劝导有可能潜在地限定用户的自由选择权。在人机交互系统中,计算产品控制着互动方式的展开,用户只有选择是否继续进行交互的权力,而没有争辩和要求作出澄清或解释的权力。技术劝导在应用于一个人时,劝导的成功与否,不是取决于这个人的理性和逻辑推理能力,而是取决于能否引导其情绪;劝导式技术在应用于"集体"情境和市场时,个人很难对系统的劝导目标作出自由选择,或者说,个人行为不再是自主选择的结果,而是被"构造"的结果,比如,公司为了为每个员工支付较低层次的保险金,以公司福利的形式鼓励员工运用运行健身类软件(比如,Fitbit)或劝导活动跟踪系统等。

第三,技术劝导有可能使"成瘾"成为新的"鸦片"。内嵌有劝导功能的数字环境,不仅能够根据用户留下的数字行为特征来自动调整系统的互动行为,而且废除了物质是被动的和精神是主动的二分观念,将用户置于被"解读"与被"投喂"状态。特别是智能手机的普及应用,含有劝导功能的形式多样的应用程序,不仅使老年人和成年人成为手机控,而且对于冲动等情绪的控制还处于发育期的少年儿童来说,他们在数字环境中痴迷或成瘾,就不再是意志薄弱或自我放纵的结果,而是由于劝导式技术的设计者利用了他们的发育弱点或心理脆弱性所造成的。这样,劝导式技术的心理操纵策略,很有可能将儿童的身心健康置于危险的境地。

---

① B. J. Fogg, *Persuasive Technology: Using Computers to Change What We Think and Do*, Morgan Kaufmann, 2003, pp.213—215.

第四,算法系统的情感暗示有可能会使人处于不利地位。在人与人的互动劝导过程中双方通常会由于产生同理心或共情,来达到更加公平和更加合乎道德的劝导效果。但在人机交互的劝导过程中,当算法系统具有了情境感知力时,它们所提供的情感暗示会影响人,但机器由于是物质系统,而不会产生真实的情感共鸣。这种不对等关系有可能使人处于不利地位。比如,微软公司推出的一系列社交互动玩具在与孩子互动时,运用社会动力学的暗示和对友谊的表达等情感话语与小孩子交流时,就会影响孩子的感受和行为,这种影响是否道德已经成为争论焦点。①目前,机器的情感表达是人机交互的道德灰色区域②,迫切需要对其进行系统的伦理学研究。

劝导式技术所产生的这四个伦理问题,虽然并没有穷尽所有,但至少已经表明,在实践过程中有效避免产生这些伦理问题的方式之一,显然是前瞻性地对劝导式技术产品的设计意图或目标、所运用的劝导方法、设计者所预期得到的社会结果,以及产品在应用中能够被合理地预见到的意外结果,展开伦理审查,即,通过判断每个环节是否合乎伦理规范,来综合评估每个计算产品的伦理本性。从劝导伦理和技术伦理(特别是计算机伦理)的视域来看,劝导式技术的设计应用应该遵守下列四项伦理原则:

其一,双重隐私原则,意指劝导式技术的创造者必须至少确保像尊重自己的隐私一样尊重用户的隐私;通过劝导式技术将用户的个人信息传递给第三方时,必须对隐私问题进行严格审查。因为劝导式技术能够通过互联网等收集用户的信息,并且,能够利用其目标用户的信息更有针对性地劝导。因此,创造者在设计收集和操纵用户信息的劝导技术时,必须遵守双重隐私原则。

其二,公开揭示原则,意指劝导式技术的创造性应该公开其动机、方法和预期结果,只有这样的公开会严重破坏其他道德目标时除外。因为创造

---

① B. J. Fogg, *Persuasive Technology: Using Computers to Change What We Think and Do*, Morgan Kaufmann, 2003, pp.217—222.

② Ibid., p.105.

劝导式技术背后所隐藏的动机绝对不应该是被视为不道德的,即使这些动机通往更加传统的劝说;劝导式技术可预见的所有结果,在什么时候都不应该是被视为不道德的,即使在没有技术的前提下进行劝说,或者,即使所发生的结果与劝说无关;劝导式技术的创造者必须考虑到,同意为其产品在实际应用中能够合理地预计到的后果承担责任。

其三,准确性原则,意指劝导式技术一定不能为了达到其劝导目标而提供错误信息。普通用户一般都会期待技术是可靠的和诚信的,但他们在实际运用技术产品的过程中,对技术的欺骗性并没有天生的觉察能力,所以,劝导式技术的创造性,为了确保计算产品的可信性和避免滥用,必须遵守准确性原则。

其四,劝导的黄金原则,意指劝导式技术的创造者绝对不应该力图使人们相信连他们自己都不同意被说服去的那些事情。这是罗尔斯在他的《正义论》一书中考虑"无知之幕"背后的伦理问题所支持的黄金法则,也就是指当你在不知道自己是施劝者还是受劝者的情况下设想对施劝者或受劝者创建劝导的行动纲领。①

这四项设计原则既是研发与应用劝导式技术产品的底线原则,也是对整个过程进行伦理审查的基本原则。

三、劝导式技术的伦理挑战与伦理应对

劝导式技术的创造者所遵守的伦理原则只是针对计算产品的设计和应用而言的,没有涉及具体的技术细节问题,实际上,创造者在研发由数据驱动的算法系统时,不可避免地蕴含着三种偏置:其一是作为设计者背景认知的社会文化和风俗习惯所带来的既存偏置(preexisting bias),这种偏置类似于海德格尔所说的前设、前有和前见,因为每个人都是特定环境中的人,

---

① Daniel Berdichevsky and Erik Neuenschwander, "Toward an Ethics of Persuasive Technology", *Communications of the ACM*, Vol.42, No.5, 1999, pp.52—58.

其价值观中必然潜移默化地蕴含了生活于其中的社会文化等背景观念；其二是算法系统在训练时由于数据的不完整所带来的数据偏置（data bias），因为不论完全由数据驱动的算法系统，还是有知识嵌入的数据驱动的算法系统，都需要通过特定数据集的训练，才能赋予其"特长"或"优势"，但训练数据不仅不可能做到全面完整，而且还取决对数据的选取方式；其三是算法系统在人机互动过程中所涌现出来的新生偏置或突现偏置（emergent bias），这是由当前运用的机器学习算法的基本特征所带来的。

算法系统的这三大偏置以及计算产品功能的特殊性，使得劝导式技术带来了在原有的伦理概念框架内或根据原有的思维方式无法解决的伦理挑战，其中，最明显的伦理挑战是"责任归属问题"。在传统的道德哲学中，问责是根据所发生事件的前因后果，对所有相关的道德能动者进行责任分配，并且，对由于不良动机与意图或行动过失而造成损害的相关道德能动者作出道德谴责或其他形式的惩罚，其中，相关的道德能动者是指能够担负道德责任并且具有赔偿能力的相关人员，然而，劝导式技术系统是介于设计者或创造性与用户之间的基于计算机的技术系统，这个系统的复杂性与相互关联性使得传统的责任追溯方式变得困难起来，导致下列四种形式的"归责困境"。①

其一，归责的因果关系困境。人机交互计算产品的开发与应用涉及多重道德能动者之间的协作与配合，比如，科学家、工程师、设计师、训练师、评估者、决策者、管理者以及监管者等形式多样而分散的实验小组。硬件与软件生产都是在公司设置中进行的，没有一个能动者能对所有的开发决策负责，通常是多个工程小组分别研制整个计算系统的不同模块，比如，机器学

---

① A. Feder Cooper, Emanuel Moss, Benjamin Laufer and Helen Nissenbaum, "Accountability in an Algorithmic Society: Relationality, Responsibility, and Robustness in Machine Learning", *Proceedings of the 2022 ACM Conference on Fairness, Accountability, and Transparency*, https://doi.org/10.1145/3531146.3533150. 下面讨论的四个伦理困境是在这篇文章的启示下提炼出来的。

习模型的研发就是一个多级过程,有时还会使用其他能动者研发的产品(比如,开源软件、数据库、多目标工具包等),有些控制系统具有互操作能力,有些计算产品不会因为公司倒闭或项目负责人的更换而被停止使用或在市场上消失,而是有可能还在互联网上继续运行。在这些情况下,如果造成损害,在这些相互关联的多重小组之间找出真正的道德责任承担者不再是一件容易的事情。

其二,归责的系统"漏洞"困境。由数据驱动的算法系统必然依赖于关于现象的某种抽象程度的具体假设,算法的统计本性和训练数据的不完整性会导致计算系统出现错误分类、统计误差和不确定的结果等。当机器学习专家把这些"漏洞"说成是机器学习的特征时,开发者就有可能将由此造成的损害归因于算法系统的这些特征或"漏洞",而不是归因于人的疏忽、泛化能力不足、分布偏移等带来的失误。这样,作为劝导式技术核心要素的算法系统固有的统计特性有可能成为道德能动者推卸责任的借口,从而导致用户不得不被动地承担由此造成的损失,这种现象意味着在技术提供方和用户之间鉴定了一份无形的"不平等条约"。

其三,免责的所有权困境。所有权和责任是重要的伦理学和法学概念,历史悠久并且意义丰富。但计算机行业的趋势却是强化产权而回避责任。比如,软件版权授权采用的拆封许可(shrink-wrap license)和点选许可(click-wrap licenses)中所设立的那些霸王条款;网络服务、手机 APP、物联网设备、内容审核决定等服务条款中拟定的那些免责申明;算法系统的第三方提供者以商业机密或保护知识产权为由拒绝把他们的系统提供给独立审计师来审查;信息物理系统(比如,机器人、物联网设备、无人机、自动驾驶汽车)的制造商和拥有者很可能将责任转嫁给环境因素或人机回圈(humans-in-the-loop)等。这些免责的所有权意识或问责文化的弱化趋势,赋予技术公司对规则的优先支配权,将用户的损害视作运气不佳,从而带来新的社会问题。

其四,归责的人造能动者困境。随着算法的智能化程度的提高,计算系统具有了类似于人的能动性或行动能力,体现出人格化的倾向,开发者和评论家将这些系统描述为是智能的。这意味着,既然它们具有作为自动能动者的能动性,那么,它们就应该为所造成的失误担责。但是,计算系统具有行动能力并不意味着其自身能够成为像人一样的道德能动者。如果我们依然在原有的问责框架内,把技术过程视为类似于人的认知活动,让技术来承担责任,而不是让开发者、拥有者和操作者等道德能动者来承担责任时,问责就会被降格为追溯产品质量的优劣,而不再是与道德责任相关的规范性概念。

从承担责任和进行惩罚的意义上看,算法系统是物质系统,物质系统的原始劝导意图虽然是由相关的设计者所赋予的,但它们具有的环境感知力和知识发现能力,废除了物质和环境是被动的,而意识和心灵是主动的二分观念;它们在人机交互过程中具有的互动性、自主性和适应性,不仅使用户在无形中处于被"解读"与被"投喂"状态,而且同时也改变了自身的"出厂设置"。因此,对于由复杂的算法系统所造成的损害而言,并不总是应该或能够被精准地归因于人的过错,有时与算法系统本身的偏置和不可靠性相关。

另一方面,由数据驱动的算法系统的输入是数字化的或不连续的,而问责的因果关系追溯却建立在连续性假设和线性假设的基础之上,这就使得通过追溯因果关系来在道德能动者之间分配责任的思维方式,在劝导式技术系统中失去了应有的适用性。除此之外,这种不适用性还体现在两个方面,一是以惩罚责任人所希望获得的效果,来惩罚物质系统是无意义的;二是物质系统本身并没有承担赔偿责任的能力。

有鉴于此,摆脱上述四种归责困境的有效思路或许是,超越或放弃只限于在道德能动者之间分配责任或寻找因果关系的思维方式,拓展责任概念的语义和语用范围,提出新的伦理框架,重塑与劝导式技术发展相适应的思维方式,建构免责的赔偿机制或无惩罚的赔偿责任制,即,将物质系统所要承担的责任与应该受到的惩罚区分开来,探索为每个复杂的智能系统筹建赔偿资金池及其合法使用机制等,比如,将所有相关道德能动者绑定在一起,形成一种新的集体人格。这方面的讨论事实上是当前哲学界和法学界关注的热门话题①,本节暂时搁置。这里需要强调指出的是,本节主张由物质系统来承担责任,既不是为了减轻人的责任,或者说,不是将责任转嫁给物质系统来规避人的责任,也不是主张惩罚物质系统,而是呼吁提出一种有效机制,在责任难以认定的情况下,使受害者能够获得相应的资金赔偿。

结语

综上所述,劝导式技术的劝导功能是建立在智能系统具有的自动化决策能力之基础上的。用户之所以喜欢采纳自动化决策,原因之一是他们普遍认为,自动化决策是建立在海量数据之基础上的,不仅比人类的决策更迅速和更可靠,而且能够提供超越人类想象力的决策建议。然而,这种认知忽视了算法系统特有的偏置和不确定性有可能带来的决策失误。因此,道德能动者在设计技术劝导产品时,既需要呈现知情同意的选择标志,确保算法系统的劝导意图、劝导方式以及社会结果与公认价值保持一致,与用户利益保持一致,以及尊重用户的自主性,来消除家长制的劝导假设,也需要自觉地加强伦理意识和人文教育,统筹安全与发展的关系;伦理学家需要从建构追溯相关责任人的伦理框架,拓展到建构涵盖智能化的物质系统在内的伦理框架,从当前强调被动负责任的技术伦理转向积极担当的技术伦理;法学家需要系统地探讨智能化的算法系统或智能机器是否具有法律主体资格等问题;监管部门需要探索对劝导式技术全过程的伦理审查机制,来确保智能化社会的健康运行。

---

① Lawrence B. Solum, "Legal Personhood for Artificial Intelligences", *North Carolina Law Review*, Vol. 70, No. 4, 1992.

第六章
基因编辑与人工智能技术的伦理思考

当代社会的一个突出特征是新兴技术不断引发人类生活形态的变革，以基因编辑、人工智能、新能源、区块链、可穿戴技术等为代表的新兴技术已成为社会现实，同时科技革命、资本驱动、需求升级等因素使得新兴技术加速生产与迭代。当前，新兴技术与人类生活的融合已成为新的社会现实，发掘哲学思想去研究新兴技术的伦理规范问题，是哲学面临的时代任务。虽然我国的技术伦理研究不乏真知灼见，但我们在下列问题上研究仍有不足、缺乏系统性的哲学思考。其一，在技术伦理建构方面，如何兼顾伦理规范的特殊性与普遍性？即在技术伦理研究中，我们究竟是要建构关于新兴技术的通用的、一般性的伦理规范，还是要根据每种新技术的特点因地制宜地建构相应的伦理规范，抑或同时需要做好两方面的工作？其二，技术治理如何统筹规范性与合理性？按照哈贝马斯的看法，规范性侧重义务，而合理性侧重理解（在事实性的基础上主体间性的理解与共识）。在技术伦理研究中，我们如何将人类的道德规范具体化为技术规范呢？我们又如何在多元文化、利益纠葛的前提下，达成合理研发、使用技术的共识呢？其三，在技术应用中，如何把握自由与限度的问题。即我们在多大程度上拥有技术使用的自由？技术使用的自由之限度和前提在哪里？如何追寻个人自由选择与公共伦理规范的平衡点？其四，在前沿技术伦理治理中，如何激活传统哲学资源？通过利用经典哲学思想理论，以及学习哲学家处理问题的方式、方法、特点,便于深入推进新兴技术的伦理规范研究。本章试图以基因编辑和人工智能的伦理规范研究为范例,尝试展开上述问题并给出尽可能深入的理论解答。

第一节　哈贝马斯论人类基因技术的伦理合理性

1953 年沃森和克里克一同发现了 DNA 的双螺旋结构,开启了分子生物学的新时代,自此以后,基因技术的每一次突破,都在帮助人类解锁生命的奥秘。2012 年之后,基因编辑的第三代技术 CRISPR/Cas9 使得基因编辑更加简单高效,代表了人类自我改造能力的史无前例的增强。随着基因编辑技术越来越深入地渗透到人类社会生活的核心领域,它所引发的伦理问题在当下也愈发受到广泛的关注。作为关注社会现实问题当代哲学家,哈贝马斯也对基因技术展开了深入的哲学思考。他在 21 世纪初出版了思考人类本性的未来发展、批判自由主义优生学(liberal eugenics)、对基因编辑(gene editing)和基因增强(genetic enhancement)等新基因技术进行伦理反思的著作《人类本性的未来》(2003),引发众多哲学家、生物伦理学家、社会学家热烈讨论。从整体上看:(1)中国学界对于哈贝马斯技术哲学、基因伦理的研究并不多,需要加强研究以完成哈贝马斯思想研究的整体版图;(2)哈贝马斯对基因伦理的思考与其交往行动理论、商谈伦理学相辅相成,前者是后者在具体问题上的实际运用,也是他在关切人类命运的基因伦理问题上对交往行动理论的进一步发展和推进;(3)哈贝马斯在基因伦理上的深度思考对于人类基因技术的伦理合理性建构具有重要的启示意义。

一、哈贝马斯对于自由主义优生学的批判

在哈贝马斯来看,基因技术所对人类社会和伦理道德体系带来的一个

重要冲击就是自由主义优生学问题。自由主义优生学主张在基因和生殖技术的使用上、在增强人类能力和特征的选择上，应由父母的偏好与自由选择起主导作用，而公共健康政策或社会伦理道德不应强制性干预父母的选择。自由主义优生学的倡导者们认为，人类的基因修改与后天成长过程中的改变并无本质不同。如主张自由主义优生学的卡琳·克里斯琴森（Karin Christiansen）曾这样反问："在基因层面上的实际干预与儿童在成长过程中的父母干预有显著不同吗？如果父母在孩子年幼时就对孩子进行双语教学，这与选择与基因增强相比，究竟有何差异？我们为什么要区分不同的增强呢？"①概言之，自由主义优生学的倡导者们希望通过抹除先天的基因增强与后天的教育、培养、训练之间的差异，进而论证基因优生学与后天养育一样，都具有合理性。约翰·罗伯森（John Robertson）就试图将基因增强这样的产前增强（prenatal enhancement）归属于父母养育后代的自由裁量权（discretion），他反问："如果一些特殊的训练师、训练营和培养项目甚至生长激素的管理机构帮助增加个人的些许身高属于父母养育后代的自由裁量权，为什么提升正常后代特征的基因干预便不具合法性了呢？"②既然两者有一致的结果，我们凭什么指认基因干预不具合理性呢？

　　如果仔细考察，自由主义优生学的观点仍有很大问题，因为结果的一致性并不能为前提与过程的本身的合法性背书，如功利主义就因为对结果的过分追求而在哲学史中招致诘难。对于大多数人来说，即便基因增强取得了理想的结果，我们在直觉上仍然无法接受进行过基因增强的天才。彻底驳斥自由主义优生学需要深刻缜密的哲学论证，在这方面，哈贝马斯的论证将给予我们一些有益启示，他的论证可以基本概括为共识论证、责任论证与

---

① Karin Christiansen, "The Silencing of Kierkegaard in Habermas' Critique of Genetic Enhancement", *Medicine*, *Health Care and Philosophy*, Vol.12(2), 2009, p.155.

② Cited in Nicholas Agar, *Liberal Eugenics*: *In Defence of Human Enhancement*, Blackwell Publishing, 2004, p.112.

工具化论证三个方面[1]:

第一,积极的基因优生学无法在社会共同体中达成共识。哈贝马斯并非完全不接受基因技术和优生学,他区分了消极优生学(negative eugenics)和积极优生学(positive eugenics)。消极优生学是一种治疗性的干预,目的是为了确保人最基本的健康状态,哈贝马斯形容其为"预防不幸"(the prevention of evils)[2]。他认为:"这些无可争议的极端不幸,很大可能会被所有人抵制。"[3]因此,消极优生学是一种设想共识(assumed consensus),它的合理性可以得到很好的辩护。但相比之下,积极优生学则无法达成设想共识,因此必须加以拒斥。

我们可以接受什么样的优生学?又必须拒绝什么样的优生学?哈贝马斯有一个统一的标准:只要优生学的目的是治愈疾病或者保障健康的生活,那么它就是可接受的,除此之外则不可接受。他论证的思路如下:当医生为患者进行治疗时,实施治疗的医生往往都假定了接受治疗的患者的同意,这种个体的同意在广泛的医学实践中从主观的个人行为逐渐转化为主体间性的交往行动。如果情况更为极端一些,当一个胚胎被诊断患上了某种基因缺陷症状,需要基因干预去保障胚胎健康,此时胚胎虽然不能完全作为行动主体向医生表达同意或者不同意,但是在更广泛的交往行动的意义上,我们认为自己一定程度上"获得了"该胚胎(即将成为人类一分子)的虚拟同意(virtual consent)。人是理性的存在者,绝大多数人都不会希望自己生而残缺、重病缠身、饱受痛苦,这些拒绝恶与不幸的共识也使得哈贝马斯提出的

---

[1] Vilhjálmur Árnason, "From Species Ethics to Social Concerns: Habermas's Critique of 'Liberal Eugenics' Evaluated", *Theor Med Bioeth*, Vol.35(5), 2014.

[2] Jürgen Habermas, *The Future of Human Nature*, Polity Press, 2003, p.51. "Evils"在这里不仅仅指代不幸,它还可能涵盖更广泛的负面概念,包括邪恶、灾难、罪恶、伤害、疾病、错误行为等。因为消极优生学以人类健康为目的,主张通过治疗来避免先天性疾病,所以这里将原文译作"预防不幸"。

[3] Ibid., p.43.

虚拟同意显得合情合理。在实际的医学实践中，我们确实是这样做的。这种对虚拟同意的判定、治疗式的干预、对于恶与不幸的预防最终都要受制于"普遍共识"（general consent）①，这种普遍共识植根于人们在社会化进程中的交往行动、生活形式。相反，只强调父母偏好的自由主义优生学，是哈贝马斯不能接受的，因为它只考虑到作为第三者的父母的偏好，并没有获得胚胎的虚拟同意，更不会获得在人类交往互动中的普遍共识。

　　第二，积极的基因优生学消除了人的共同体责任。绝大部分道德体系都预设了行动者的自主性，行动者通过自主的选择与行动创造着自己的生活并由此承担相应的责任，自主性和自由选择因而与责任概念有着密不可分的联系。但自由主义优生学只重视父母的对于何种基因增强的自由选择，并未顾及主体的自由选择。很显然，先天的基因增强只能交由父母来选择，因为人类胚胎是没有任何选择能力的，这直接导致了像父母这样的他者成了某个生命的设计者，即使该生命在成年后仍然可以自由选择，仍然在道德共同体的交往行动中是"自由且平等的交互伙伴"②，但他的自主性仍然大打折扣，因为设计者已经侵入被设计者的自主性意识中了。总之，基因优生学和基因增强带来了将选择的责任推卸给先天的基因设计的风险，任何道德上的过错都有可能被解释为基因设计的后果，行动者不必因此承担责任，这对于人类的道德体系来说，无疑是巨大的冲击。

　　而后天的教育、训练乃至医疗则是一种以自我为中心的介入，主体与其他人、外部环境进行互动，从而作出选择，哈贝马斯概括为："具有交往行动的意义，它对于一个成年人来说可能会有存在主义的后果。"③先天的基因增强与后天的培养之间虽然可能会有诸多相似的结果，但它们有着本质的不同，因为前者不具有交往行动的意义，会干涉和影响个人在世界之中的生

---

① Jürgen Habermas, *The Future of Human Nature*, Polity Press，2003，p.52.

② Ibid.，p.81.

③ Ibid.，p.51.

存与自我选择,进而影响道德责任的归属。萨特也强调,人"作为自我承担责任,作为存在选择其本质"①,进而勾勒出关切行动、选择和责任的伦理学,哈氏虽然借鉴了存在主义的思想资源,但他所谓的责任已不是存在主义意义上个体因其自由选择而承担相应的个体责任,而是个人在主体间共享的生活世界和社会化过程中,通过交往行动塑造的主体间性责任和共同体责任。

第三,积极的基因优生学将带来人的工具化命运。当今基因工程发展的实际情况是,胚胎植入前遗传学筛查(Preimplantation Genetic Screening,PGS)已经在试管婴儿中应用了,目的是为了提高试管婴儿的成功率,筛选出医学上认为的健康的胚胎,而那些有缺陷的胚胎则被弃之不用。哈贝马斯敏锐地揭示出,对胚胎有意的质量控制的遗传学筛查带来了一个新的趋向——有条件的工具化,这种有条件的工具化根据第三方的偏好和价值取向创造出人类生命②,如没有潜在遗传疾病或免疫某种特殊疾病的胚胎。因此,它将直接导致人被他人所决定和设计的工具化命运,这是哈贝马斯所极为担忧的。

哈贝马斯的研究者们都熟知,亚里士多德对于 poiesis(制作)和 praxis(行动,实践)的概念区分深刻地影响着哈贝马斯哲学思想,制作指人们通过采取一些有效的方式将一个预期效果施加给某个物体,而哈贝马斯将亚里士多德的实践理解为主体与主体之间通过符号化的中介增进交流,最终达到互相理解的过程。因此制作遵循的是工具理性,而作为交往活动的实践则有赖于自由平等的个体之间的交往理性。哈贝马斯整个商谈伦理学所试图做的工作就是澄清自由平等的个体如何摆脱控制、进行交往互动的前提条件。在《人类本性的未来》中,他依然紧紧追问个体进行交往互动的条件,并称之为"一个负责任的行动者自我理解的自然基础"③。在哈贝马斯看

① 萨特:《存在主义是一种人道主义》,周煦良、汤永宽译,上海译文出版社 2018 年版,第 19 页。
② Jürgen Habermas, *The Future of Human Nature*, Polity Press, 2003, p.30.
③ Ibid., p.75.

来,自由平等的个人进行交往行动的前提之一就是个人不应当受到他人的支配,不应当受制于他人工具化的态度,①这与从康德、马克思到早期法兰克福学派的批判传统一脉相承。哈贝马斯继承了霍克海默所确立的批判理论的目标,要"寻求从奴役人类的一切环境中解放人类"②,一方面,积极的基因优生学是对人类的支配和奴役,因而他拒绝那些以他者的姿态去设计人、支配人的自由主义优生学和基因增强;另一方面,他肯定消极优生学的一个重要原因是,健康的身体也是进行交往行动的重要自然基础和前提条件,身体有重大缺陷的人在社会交往过程中常常会受到诸多消极影响,且无法通过后天个人努力来弥补。如已故著名科学家霍金年轻时患有运动神经细胞萎缩症,在现代科技的辅助下,他基本满足了在社会共同体中的交往互动的条件,并克服种种困难为人类科学与文明作出了杰出贡献。可以设想,一方面,如果没有辅助说话软件等现代技术来帮助表达,他为人类作出的思想贡献将会大打折扣;另一方面,如果消极基因优生学能够有效预防"渐冻症",哈贝马斯断然不会反对,保障和维护伦理上平等的个体在社会生活中进行交往互动的条件,自始至终都是哈贝马斯在评判技术使用是否合理时首要考虑的因素之一。

二、回到康德:从个体的虚拟同意到共同体的普遍共识

上文我们看到,哈贝马斯对自由主义优生学批判的一个核心出发点是未来孩子的虚拟同意和伦理的自我理解,这的确是一种人本主义考量,而不像自由主义优生学那样,仅仅把是否做基因增强和选择什么样的增强性状的决定权交给父母就大功告成。基因工程的发展正不断地模糊主体性与客

---

① Vilhjálmur Árnason, "From Species Ethics to Social Concerns: Habermas's Critique of 'Liberal Eugenics' Evaluated", *Theor Med Bioeth*, Vol.35(5), 2014.

② Max Horkheimer, *Critical Theory*, Seabury Press, 1982, p.244.

体性、自然生长与人工制造、物种与物种之间的范畴区分,我们本以为存在本质差异的东西正在经历一个"去差异化"(dedifferentiation)①过程,主体与客体、自然物与人造物、物种与物种之间的差异正在逐渐淡化。这种"去差异化"所带来的后果是显著的,哈贝马斯说道:"这种去差异化可能通过某种方式改变我们作为一个物种的伦理的自我理解(ethical self-understanding),这种方式也同样影响我们的道德意识。"②哈贝马斯这一判断有其深刻的洞见,基因工程所带来的自然物与人造物以及物种之间的去差异化不仅将影响人的自我认知、自我理解,而且更将影响人类生存的伦理维度。

但基因增强的支持者会反驳:一方面,我们不能替孩子做判断,一些基因增强会使得孩子在未来变得更高大更强壮,对各种疾病有天然的免疫力,甚至还拥有一些特殊能力,万一有一些孩子对基因增强很认同呢? 另一方面,对伦理的自我理解的改变也未必是坏事,随着人类科学技术和社会实践的发展,我们一直在经历着自我理解的改变,这种改变并非不可接受。有些孩子会觉得,我不在乎我的自我理解、自我认知产生改变,不在乎他人对我投来异样眼光,只要我变得很强,我也能接受。这时,从虚拟同意的角度也无法完全驳斥自由主义优生学的观点,因为在很大程度上,哈贝马斯无法确定每个人的想法。

哈贝马斯回答上述质疑的思路是从一种具体的虚拟同意转到更具规范性维度的普遍共识。消极的基因干预是为了治疗和预防疾病,一个健全的人类社会和文化价值系统都会在消极的基因干预上达成一种规范意义上的普遍共识;但那些积极的基因增强很难获得这种普遍共识,比如从竞技体育的角度来说,受过基因增强的运动员不费吹灰之力就战胜了那些刻苦训练的运动员,那么刻苦训练的体育精神,追求更快、更高、更强的奥林匹克格言意义何在? 在更广泛的意义上,因为积极的基因增强影响到人类社会最为

①② Jürgen Habermas, *The Future of Human Nature*, Polity Press, 2003, p.42.

核心的公平、正义等规范性价值,所以它不可能在以语言为媒介的交往行动中获得普遍共识。这样,哈贝马斯就基本上完成他的对自由主义优生学的批判和对基因干预的整体判断。

聪明的读者会发现,哈贝马斯在讨论应该接受何种基因增强的问题时,从一种具体的虚拟同意上升到普遍共识,这一点与康德实践哲学有异曲同工之妙,似乎哈贝马斯在这里又回到了康德哲学。这样的直觉并不是没有道理的,康德在《实践理性批判》中写道:"要这样行动,使得你的意志的准则在任何时候都能同时被视为一种普遍的立法的原则。"①从康德哲学出发,我们才能更深入地理解哈氏所谓虚拟同意的深层意蕴,虚拟同意并非仅仅是某个具体、随机的主体同意,只有它具有立法和规范性意义,从虚拟同意上升到普遍共识,才是合乎逻辑的。这一回到康德的思想倾向,哈贝马斯有清楚而深刻的表述:"康德的绝对命令要求每一个个体都放弃第一人称视角,以加入一个主体间共享的'我们'的视角,这种我们的视角使得我们所有人一起去获得可以普遍化的价值取向。"②哈贝马斯对康德的绝对命令概念的概括与转述,让我们发现,回到康德哲学,对于解决争论不休的基因干预、基因增强问题有重大的启发和指导作用。

1. 哈贝马斯为什么要回到康德实践哲学

第一,康德伦理学的一个根本要求是,每一个人都不应当被他人视作达成他们目的之手段,而非目的自身。这也是哈贝马斯在批判自由主义优生学秉持的一个重要思想原则。麦金泰尔进一步解释了"人是目的"的内涵:"把他人当作目的,也就是把自己为什么以某种方式而非以其他方式行动的好理由提供给他们,且让他们自己去评价这些理由。"③基因优生学、基因编

---

① 康德:《实践理性批判》,李秋零译,中国人民大学出版社 2003 年版,第 33 页。
② Jürgen Habermas, *The Future of Human Nature*, Polity Press, 2003, p.55.
③ Alasdair Macintyre, *After Virtue: A Study in Moral Theory* (*Third Edition*), University of Notre Dame Press, 2007, p.23.

辑很容易被人用来达成自己的目的,极端情况下会像很多科幻电影中所展示的那样,所设计的人变成设计者的傀儡,任其摆布,人没能成为自己的目的,不能去自主评价和选择,只能沦为他人的手段。总体来看,基因增强会带来将人工具化、手段化的风险,这是康德伦理学所不能接受的。

第二,将人作为目的而非手段仍然不足以处理争论不休的基因伦理问题,这源自主观性的泛滥,源于黑格尔所概括的"坏的主观性",黑格尔用"坏的主观性"表示"主观性的无限制扩张"和"主观主义的极致"①。这种"坏的主观性"肆意地破坏着我们已有的立论基础,进而对我们想取得的结论进行彻底的否定。伦理学中情感主义亦是"坏的主观性"的具体表现,情感主义认为伦理判断都是偏好和情感的表达,因此道德分歧永远存在。麦金泰尔接续了黑格尔的"坏的主观性"论断,他痛心地指出,"当代道德话语最显著的特征是,它过多地被用来表达分歧"②,而且这种分歧永远无穷无尽。总之,这种"坏的主观性"宣扬一种主观至上的地位,他破坏我们伦理论证的一切前提,进而将使得我们对于基因编辑、基因增强等问题无法作出伦理判断,造成了这样也可、那样也可的局面。

康德实践哲学的价值再一次体现出来,他将伦理学提升为一种超越主观性的规范性和普遍性领域。他写道:"纯粹理性单凭自身就是实践的,并给予(人)一条我们称之为道德法则的普遍法则。"③康德所要求的道德行为、道德判断已经超越了具体的主观性,它建立在先验主体性(自由意志)之上,直接是立法性、规范性和普遍性的。伦理学之所以是伦理学,就在于它不是以个人为中心的主观性伦理学,而是以共同体为中心的规范性伦理学。哈贝马斯很大程度上吸收了康德实践哲学的精神养料,在他看来,绝对命令

---

① 吴晓明:《后真相与民粹主义:"坏的主观性"之必然结果》,《探索与争鸣》2017 年第 4 期。
② Alasdair Macintyre, *After Virtue: A Study in Moral Theory*(*Third Edition*), University of Notre Dame Press, 2007, p.6.
③ 康德:《实践理性批判》,李秋零译,中国人民大学出版社 2003 年版,第 34 页。

是一种超越单个人的主观性与第一视角，力图彰显伦理共同体之普遍性和规范性的努力。

2. 交往理性对实践理性的改造之于基因伦理的意义

然而，哈贝马斯以交往理性区别于康德的实践理性，更强调一种主体与主体之间的交往行动和交往关系，这种交往行动有两大特点，第一，它以语言为媒介，正如哈贝马斯所言："使交往理性成为可能的，是把诸多互动连成一体、为生活形式赋予结构的语言媒介。这种合理性是铭刻在达成理解这个语言目的之上的，形成了一组既提供可能又施加约束的条件。"①达成共识和规范所依赖的交流、沟通、互动、解释、论证，都以语言为中介。第二，它发生的场域是"社会世界"（social world）。哈贝马斯所谓的社会世界"包含了诸多规范，规定了哪些交互行动属于或不属于被证明为正当的人际关系的总体"②。也就是说，社会世界作为一个巨大的交往行动背景已先验地规定了哪些道德行为可以接受、哪些不可接受，就像基因技术产生之前，我们的社会世界已经有了一个总体性的道德体系和伦理规范，它们不可避免地对基因伦理产生影响。

除了社会世界概念以外，哈贝马斯从胡塞尔和舒茨（Alfred Schütz）那里借用了"生活世界"（lifeworld，lebenswelt）概念③，并用来指为交往行动提供大规模背景共识的语境，具体来说是社会成员社会化过程中技艺、能力、知识等方面的所有背景知识，社会成员用这些背景知识在日常生活中商谈、互动并最终创造和维持一个有意义的社会关系。因此，社会世界和生活世界构成了人们进行交往行动不可分割的背景，在这个背景中已经存在无

---

① 哈贝马斯：《在事实与规范之间——关于法律和民主法治国的商谈理论》，童世骏译，生活·读书·新知三联书店 2003 年版，第 4 页。

② Jürgen Habermas, *Moral Consciousness and Communicative Action*, The MIT Press, 1990, p.141.

③ Jürgen Habermas, *The Theory of Communicative Action*(Vol.1)：*Reason and the Rationalization of Society*, Beacon Press, 1984, p.13.

数共识、共同信念、共同价值,当人们遇到新的技术伦理问题时,正是在这个大背景下,通过自然语言的沟通与交流在新的事项中达成相互理解,并确立一种规范性、普遍性的同意与共识,最终,道德判断的普遍化原则得以建立。

基因编辑、基因增强等新基因技术的产生无疑会给当代伦理学提出新的挑战,乃至需要发展一种新的生命哲学和基因伦理,哈贝马斯的交往行动理论对于人类基因技术的伦理合理性建构具有启发性和建设性意义,他希望通过在共同体中的交往行动恢复伦理学的规范性、普遍性维度,提出一种超越具体主观性的主体间性伦理学,这也是哈贝马斯批评自由主义优生学的核心所在。值得重视的是,哈贝马斯特别指出了"规范性"与"合理性"之间并非完全一致,即"作为行动之义务性导向的规范性,并不与以理解为取向的行动的合理性完全重合。规范性和合理性仅仅在对道德洞见进行论证的领域里才是彼此重合的"①,在哈氏看来,康德实践哲学的"规范主义的思路始终有脱离社会现实的危险"②,而由他开创的商谈伦理学,则以一种开放的商谈与交往态度试图去克服这种危险,这也是哈贝马斯商谈伦理学对于当代伦理学的重要贡献。

三、基因技术与基因伦理之间的张力:技术使用之界限问题

1. 基因技术无绝对的自由:如何克服自由主义传统的弊病

哈贝马斯通过对于自由主义优生学和基因增强的批判让我们意识到,不仅仅基因优生学和产前基因增强是值得警惕和需要禁止的技术,而且任何新技术的使用对于人类社会和伦理道德体系来说都不是无条件的,我们需要从在思想和意识形态上根本性地克服这种主张自由使用技术、技术无条件论的自由主义传统。

---

①② 哈贝马斯:《在事实与规范之间——关于法律和民主治国的商谈理论》,童世骏译,生活·读书·新知三联书店 2003 年版,第 7 页。

在哈贝马斯看来,给予技术使用以无条件的自由将导致人的工具化;而自由主义者认为人的工具化是一种杞人忧天,基因编辑、基因增强这样生殖技术的使用,就像试管婴儿和医疗辅助自杀一样,被视为个人自主性在技术时代的一个增长和延伸。因此,如何反驳自由主义对技术的态度是哈贝马斯建构以交往行动理论为地基的基因伦理所必须处理的问题。他认为,当前基因伦理的弊病在于,"诸多批评不去反对自由的前提"①,而是纠缠于无穷无尽的技术与法律的细节中,这种方式是不足取的。对于基因技术的伦理考察不仅要在具体层面展开批判与讨论,还要对于技术本身之自由前提做批判性反思。概言之,对基因技术研究和使用的自由态度扎根于影响深远的自由主义传统,虽然该传统并不否认基因增强会加剧现时代的公平正义问题,但却坚持技术研究和使用本身并不具有伦理维度。这种对基因增强的乐天派态度源自对科学和技术发展的充分信任,从洛克以来的英美自由主义传统的视角来看,尤其如此。②这种传统将国家和公共权力等视为个人选择自由的最大威胁,但殊不知,古典自由主义传统的一个最为致命的问题是,"在对于个人权利的理解中,它完全忽视了这些基本权利无意识的副作用"③。

由此,问题的讨论已经超越了纯粹基因领域的问题,已经进入了一个更为广泛的政治哲学层面的争论上来。可以说,哈贝马斯与自由主义优生学分别代表了从共同体的交往行动和古典自由主义角度去理解基因增强问题。从交往行动理论来看,自由主义立场本身是值得怀疑的,因为它没有解释自由选择本身的合理性和有效性问题,而这恰恰是交往行动理论最为关心的问题。有效性要追问的是什么是值得承认的,合理性要寻求的是如何能达成共识,而自由选择和行动并不能借助于自由主义这个响亮旗号被社会共同体承认并获得自身的合法性,它如果要获取自己的合法性,就必须通

---

① Jürgen Habermas, *The Future of Human Nature*, Polity Press, 2003, p.27.
②③ Ibid., p.76.

过主体间的沟通,依靠"对有效性主张的主体间性承认"①,最终达成一种社会共识。

所以,对于基因编辑、基因增强等基因技术的不同态度是不同政治哲学立场的一个外在表现,无论是曾经的克隆技术,还是正在如火如荼发展的基因技术,以及未来更为先进的技术,当这些技术将威胁人的自主性、消除人的责任感、带来人的工具化命运时,必然还会出现相似的争论。因此,技术的研究与使用在任何时候都不是无条件的,基因技术打着自由主义的旗号并不能为自身谋取合法性,而交往行动理论则为如何确立技术研究和使用的合法性提供了有效路径。

2. 交往行动理论建构了一种开放、面向未来的基因伦理

技术发展的日新月异在一定程度上促进了人类对自身伦理道德体系的重新理解与反思,旧有的规范性伦理学在解释新技术带来的伦理问题时引起越来越多的争议。交往行动理论对于当代伦理学的发展的一个积极意义和重要启示在于,我们不是先验地建构一整套伦理体系,再用来规定技术发展的界限,技术与伦理的关系正如忒修斯之船的隐喻,在船的航行中不断会遇到新的技术伦理问题,随之而来的则是对于这些技术伦理问题的争论与商谈。哈贝马斯多次强调:**"客观认识的范式必须被具有言语能力和行为能力的主体的理解范式所取代。"**②他的交往行为理论与商谈伦理学因此是开放和面向未来的。从堕胎技术、克隆技术到今天的基因编辑技术,技术伦理的发展无一不是伴随着激烈的争论,并受到技术本身发展的影响,最终在共同体的商谈中去澄清问题、解决问题。举例来说,胚胎干细胞研究伦理(Ethics of Stem Cell Research)正是随着胚胎干细胞研究的发展与伦理商

---

① Jürgen Habermas, *The Theory of Communicative Action*, *vol.1*, *Reason and the Rationalization of Society*, Beacon Press, 1984, p.136.

② Ibid., p.13.

谈而不断地走向深入。

哈贝马斯的交往行动理论不同于传统实践哲学的一点是,它打开了一个开放的伦理视域。今天的基因伦理等技术伦理学,虽然需要引入康德实践哲学去克服自由主义传统对于技术几乎无条件使用的放任态度,但同时也要一种以语言交往和交往行动为特征的动态、开放的有效性和合理性去纠偏康德实践哲学中的规范性与普遍性,以防止这种规范性和普遍性与现实社会的脱钩。哈贝马斯通于批判理论的"语言学转向"建构了一种开放的、面向未来的技术伦理,对于当代基因伦理问题的解决,有着重要的启示意义。

第一,以语言交往为核心的交往行动使开放的基因伦理成为可能。从德国哲学家洪堡(Wilhelm von Humbolt)把对话看作语言成就的核心,到实用主义开创者皮尔士把交往、符号诠释看作语言成就的核心①,再到中后期维特根斯坦通过对意义证实观的批判,揭示语言的意义是在生活形式中的实际使用,哈氏很大程度上赞同和吸收了这些观点。语言一方面具有描画事实的功能,但另一方面也有在社会共同体中进行交流、做出判断、确立有效性的功能,因此哈贝马斯将语言的两种功能概括为,内置于语言中的"事实性和有效性之间的张力"。我们不能遗忘在语言交往过程中所确立的有效性这一层面,正因如此,基因伦理中的"真理"不是普遍和先天确认的,不是客观认识的范式和僵化不变的理论,而是在语言交往过程中一种合理的可接受性,一种动态的、面向未来的"具有可批判性的有效性主张的确认"②。

第二,作为交往行动背景的生活世界使开放的基因伦理成为可能。由交往行动在社会共同体中所确立的规则知识和伦理规范逐渐成为我们社会世界和生活世界的重要组成部分,作为背景的社会世界和生活世界并不会由此而凝固不变,而是处于一种不断再生产的过程当中,旧有的背景缓慢地

---

① 哈贝马斯:《在事实与规范之间——关于法律和民主法治国的商谈理论》,童世骏译,生活·读书·新知三联书店 2003 年版,第 17 页。
② 同上书,第 20 页。

后退，新的背景逐渐生成。要言之，作为传统的产物和社会化过程的产物的交往行动的参与者使得生活世界不断地进行再生产："文化传统的延续、集体通过规范和价值实现一体化，以及一代又一代人的不断社会化。"①麦金泰尔同样指出了伦理规范的再生产和面向未来的特性："现在只有作为对过去的评论与回应才是可理解的；如果必要且可能，在其中过去得到修正与超越，而这种修正与超越的方式，又反过来使现在可能被将来某种更为充分恰当的观点所修正与超越。"②借用维特根斯坦的隐喻，作为河床的生活世界规范着交往行动，成为交往行动的背景，而作为河流的交往行动也在不断地生产、改造我们的生活世界，形成新的伦理规范。基因伦理作为我们生活世界的一个重要部分也同样不断处于开放的建构当中，新的伦理规范在旧的规范基础上形成，永远面向未来的交往行动。

结语

哈贝马斯从交往行动理论出发对基因伦理展开了深入的思考，对于当代的技术伦理的发展极具启发意义。但他的论述并未给基因伦理画上句号，仍然遗留了不少问题和争议。(1)他接受了消极优生学和积极优生学之区分，并肯定了前者而否定了后者，但像延长人类寿命、增强人类免疫能力则属于两者的中间地带，因其或多或少获得共同体的共识，哈氏并未完全否定它们，但在何种程度上基因技术可以被允许延长寿命、增强免疫力，仍然充满争议。(2)哈贝马斯对于基因技术带来的主体与客体、先天与后天、自然物与人造物的去差异化的担忧一定程度上显示他对人类基因的本质主义立场，但从一种经验主义视角看，"并不存在我们都共享的单个的、标准

---

① 哈贝马斯：《在事实与规范之间——关于法律和民主法治国的商谈理论》，童世骏译，生活·读书·新知三联书店 2003 年版，第 350 页。
② Alasdair Macintyre, *After Virtue: A Study in Moral Theory* (*Third Edition*), University of Notre Dame Press, 2007, p.146.

的、规范的 DNA 序列"①，人类并没有本质上相同的基因，基因是心智的基础，心智也是进化的产物。因此，在主体与客体、先天与后天、自然物与人造物之间是否有绝对的区分，同样充满争议。（3）在哈贝马斯看来，当某人得知自己的基因被修改，他可能将会受到心理上的重大伤害，以致不再认为自己是伦理共同体的平等成员，影响他正常的交往行动。但一些积极优生学的实际案例和经验证据似乎反驳了这一点②，当事人并没有受到重大的心理创伤。一种没有争议的理论会逐渐失去活力，从交往行动理论出发探讨基因伦理所引发的争论仍将持续，未来对这些争议的深入讨论将帮助我们更全面地建构人类基因技术的伦理合理性。

总体来看，相较于自由主义优生学、技术乐观派、超人类主义对基因技术持乐观、自由的立场，哈贝马斯更为审慎。他一定程度上认同霍克海默和阿多诺在《启蒙辩证法》中对于科学的培根式信仰的批判，但绝非反对一切基因技术发展与应用的"生物保守主义者"（bioconservative）③。哈贝马斯在基因伦理上看似保守，是因为交往行动理论已超越了自由主义所主张的人要承担自由选择所带来的个体责任，而进入一种共同体责任和集体责任中去。无论是康德式的为自己的行动背负全人类的责任，还是哈贝马斯式的为自己的行动背负主体间性责任，都要比自由主义理解的责任沉重得多。这启示我们，在对基因编辑、基因增强以及未来新技术所带来的伦理学问题进行讨论时，必须将集体的、主体间性的和全人类责任放在首位，使得伦理学之规范性、合理性得以彰显。与保守的形象相反，哈氏使我们放弃纠缠不清的胚胎伦理地位问题，而从人类本性的未来、作为伦理背景的生活世界、

---

① Richard Lewontin, *Biology as Ideology*, Harper Perrennial, 1992, p.36.
② Nicolae Morar, "An Empirically Informed Critique of Habermas' Argument from Human Nature", *Science and Engineering Ethics*, Vol.21(1), 2015.
③ Andrew Edgar, "The Hermeneutic Challenge of Genetic Engineering: Genetic Engineering: Habermas and the Transhumanists", *Medicine Health Care and Philosophy*, Vol.12(2), 2009, p.157.

物种在伦理上的自我理解、强调合理性的交往行为等多重视角反观现实的基因伦理问题,对解决基因伦理难题和人类基因技术的伦理合理性建构提供崭新与开放的方案。

第二节　情绪识别技术的问题、风险与规治

在新兴技术的发展中,经常出现为一种"联动"现象,各种技术经过巧妙组合又可以实现新的技术突破,情绪识别技术(Emotion Recognition Technology, ERT)就是这种技术会聚效应的鲜明案例。随着深度学习、自然语言处理、计算机视觉、虚拟现实、增强现实、可穿戴设备与生物传感器技术的发展,情绪识别技术也从想象变成现实,逐渐进入人们的社会生活。情绪识别技术将带来难以估量应用价值,这包括但不限于:一方面,革新人机交互模式,提升机器的智能水平和语境敏感性,使智能机器能根据人类情绪给出相应反馈,带来更流畅、个性化的人机交互体验和更逼真的虚拟现实体验;另一方面,在医疗、救护等领域辅助人类追踪情绪,为相关疾病的治疗提供新方案,最终提升人类福祉。

虽然情绪识别技术展现出具大的应用前景和发展潜力,但未来随着情绪识别技术愈加广泛的应用,情绪识别的伦理问题和规范性问题也日益突出:比如,情绪识别技术的能力范围和使用界限如何? 应不应该让智能机器拥有情绪识别能力呢? 应不应该利用情绪识别技术增强人类能力呢? 国外很多学者已对情绪识别技术的伦理问题展开研究、敲响警钟,如"2019 年纽约大学的 AI Now 研究所呼吁制定新法律,限制情绪检测技术的使用,称该领域的基础'明显不稳固'"[1]。然而,目前为止国内对情绪识别技术的规范

---

[1] Charlotte Gifford, "The Problem with Emotion-detection Technology", https://www.theneweconomy.com/technology/the-problem-with-emotion-detection-technology. 2020-6-15.

性研究才刚刚起步,本节的目的和意义也在于,分析情绪识别技术潜在问题和风险,为规范其应用提供建设性方案。当然,实现该目的前提是,我们应准确把握该技术的理论基础和本质特征。

一、情绪识别技术的理论基础与本质特征

1. 情绪识别技术的生物学基础

与其他人工智能技术相比,情绪识别技术有其鲜明的生物学基础,即生物演化的进程使得一些高级生物的内在情绪状态与外在情绪表达有着相对稳定的关联,两者都是情绪的有机组成部分。达尔文在其名著《人与动物的情绪表达》中集中探讨了情绪表达的生物学基础。在他看来,像快乐、悲伤、恐惧、愤怒、惊讶和厌恶这六种情绪都有着相对固定的情绪表达。这种固定性、稳定性既体现在面部表情上也体现在声音等方面:就表情传递情绪而言,面部表情蕴含着最为丰富的情绪信息,且情绪的面部表达具有跨越东西方种族的普遍性。心理学家保罗·埃克曼(Paul Ekman)认为认识到这种普遍性是达尔文的重大发现,他指出:"在过去的几十年里,来自东西方、文明与前文明社会以及不同文化的大量证据都强有力地支持了达尔文的这一主张。"[1]就声音传递情绪而言,不同类型的声音传递着不同类型的情绪,如"笑声主要是单纯的愉悦或开心的表达……过了童年期的青年人在兴高采烈的时候,也会发出很多无特别含义的笑声"[2],而"当动物遭受剧烈痛苦时,它们通常习惯性地发出刺耳的哭泣或呻吟"[3]。

为何人和动物的基本情绪都有相对固定的情绪表达呢? 达尔文给出的理由是:这些情绪表达对于生存、身体和个体交往都很有用。从个体视角

---

[1]　Paul Ekman, "Darwin's Contributions to Our Understanding of Emotional Expressions", *Philosophical Transactions: Biological Sciences*, Vol.364(1535), 2009, p.3450.

[2]　Charles Darwin, *The Expression of the Emotions in Man and Animals*, Cambridge University Press, 2009, p.207.

[3]　Ibid., p.73.

看，"在特定的心理状态下，特定的复杂行动对缓解某些感觉、满足某些欲望等具有直接或间接的作用"①。比如人在心情低落痛苦时，体内各种激素与酶（如肾上腺素）的含量会大幅度增加，而哭泣则有助于让这些大幅增加的激素恢复稳态，缓解低落和痛苦。情绪之所以有稳定的表达缘于身体的习惯和遗传的力量，很多基本情绪的表达是天生的而非后天塑造的，有着跨种族、年龄的统一性。②从个体间交流视角看，在语言文字产生之前，情绪表达是生物个体之间交流信息的有效途径，这也要求情绪表达具有稳定性。埃克曼继承了达尔文的衣钵，他的基本情绪理论认为：自然演化使得作为生物意义的人，既拥有某些基本情绪（快乐、悲伤、愤怒、厌恶、惊讶和恐惧），也拥有对这些情绪的跨文化、统一的情绪表达。达尔文和埃克曼对情绪的看法影响深远，目前绝大多数情绪识别技术都是以这类情绪观为理论前提。

2. 情绪识别技术的本质特征

在了解情绪识别技术的生物学基础后，我们也需要理解该技术的核心特征和发展现状：

第一，重视情绪表达，忽略视话语分析、情境推理。情感计算的先驱罗莎琳·皮卡德（Rosalind W. Picard）曾将情绪识别技术界义为："通过观察情绪表达以及对情绪产生的情境进行推理，计算机可以像人类一样准确地推断（人）的情绪状态。"③该定义体现的理想是，让机器学习人类，通过多种手段综合地进行情绪识别。但在现实层面，由于技术的限制和情境的复杂性，且人类擅长的能力与计算机擅长的能力并不完全重合，当前情绪识别技术的主攻方向仍集中于识别人的情绪表达，而未充分重视话语分析、情境推理等途径。现有的技术路径也鲜明体现这一点，人的情绪外部表达有两大

① Charles Darwin, *The Expression of the Emotions in Man and Animals*, Cambridge University Press, 2009, p.29.

② Ibid., p.372.

③ Rosalind W. Picard, *Affective Computing*, The MIT Press, 2000, pp.82—83.

类：一是情绪行为（表情、说话等）；二是生理信号（呼吸、心律和体温等）。相应的，当前的 AI 情绪识别主要分为四类：一是面部表情识别（Facial Expression Recognition）；二是人声情绪识别（Vocal Emotion Recognition）；三是生理信号情绪识别（Emotion Recognition from Physiological Signals）；四是情绪识别的多模式进路（Multimodal Approach）。[①]多模式进路又称多模态情绪识别，因为多种维度的情绪信号要比单一维度的情绪信号如表情或语音提供的信息更多，所以多模态情绪识别在理论上会比单模态情绪识别更准确，它也成了当前的热门技术路径。

第二，情绪识别技术本质是一种对情绪表达进行分类的算法。在儿童开始学习情绪诸词汇时，师长就开始教导他们什么样的情绪表达与什么样的情绪词汇相联系，使其熟知情绪表达与情绪诸概念之间的映射机制或推测机制，自儿童学会识别情绪后，他们很自然地将别人不同的情绪表现进行分类，不同的类对应着不同情绪概念，比如看到某人面带微笑通常会将其识别为开心、愉快，看到他愁眉紧皱会将其识别为忧愁、紧张。同样，主流观点认为，机器学习是情绪识别方法的核心。机器通过监督学习训练出相应的情绪算法，最终情绪算法和感应设备的结合，使得智能设备能够对人们不同的情绪表现做出准确分类。以基于面部表情的情绪识别为例，智能机器"在图像中寻找感兴趣的脸部区域，并将其分类为七个类别（生气、反感、害怕、开心、中性、伤心和惊讶）中的一个类"[②]。第一阶段，感应设备在每一帧图像中提取出人脸区域，然后进一步提取出与情绪相关的重要信息；第二阶段，机器算法负责处理这些情绪信息，最终输出分类结果，实现基于脸部表情的情绪识别。以上简要概括了情绪识别技术的理论基础和核心特征，它

---

① Nicu Sebe, Ira Cohen, Theo Gevers, et al. "Multimodal Approaches for Emotion Recognition: A Survey", *Internet Imaging* Ⅵ., Vol.5670. SPIE, 2005, pp.58—61.

② Hai-Dong Nguyen, Sun-Hee Kim, Guee-Sang Lee, et al. "Facial Expression Recognition Using a Temporal Ensemble of Multi-Level Convolutional Neural Networks", *IEEE Transactions on Affective Computing*, Vol.13(1), 2022, p.226.

们让机器的情绪识别成为可能。但与此同时,下一小节笔者将表明,该技术的核心问题和伦理风险与其理论基础和本质特征有紧密联系。

二、情绪识别技术的核心问题与伦理风险

1. 理论层面的识别界限问题与识别扩大化风险

情绪识别技术首先遇到的问题是识别界限的问题,我们应提防其越界、扩大化使用带来的风险。具体言之:

从理论基础看,情绪识别技术依赖的是基本情绪理论,理论上也只能识别生物特征明显的基本情绪,但设计者和应用者往往并未过多考虑其理论基础带来的限制,反而不断扩大着情绪识别技术的应用场景,如以目前热议的振动图像(Vibraimage)技术为例。它的原理是:"用视频记录受试者头部运动,进而测量和量化这些头部的细微运动,最后将这些头部运动数据转换为各种高度精确的数值,用以描述和分类受试者的心理-情绪状态(mental-emotional states)。"[1]该技术的框架本身不一定有问题,它类似于面部表情识别。但对该技术的错误使用常常表现为,"用算法事先将受试者分为非嫌疑人和嫌疑人,后者不一定犯过任何罪行,但只要未通过头部运动测试,就可能会被拘留和审问,其工作、晋升或签证的申请均被拒绝,或遭到其他预先的纪律处分"[2]。这些缺乏足够科学证据支持的应用应被视为可疑人工智能应用。

从语言角度看,在日常语言中我们并不过多区分情绪与情感,好像它们都代表着人类内心的非理性活动。但实际上,在汉语中情感与情绪各有其偏重,情感包含了更多的内心活动、认知评价、意向态度等思想层面的内容,基本情绪虽也有认知、思想等要素,但其生理表现更为明显和稳定。在专业领域基本

---

①② James Wright, "Suspect AI: Vibraimage, Emotion recognition Technology and Algorithmic Opacity", *Science, Technology and Society*, Vol.28, No.3, 2023, p.480.

情绪与情绪、情感等概念也常常被混乱使用。如情感计算（Affective Compu-ting）中就包含了很多情绪识别（Emotion Recognition）的内容。基本情绪与包含丰富思想、判断的高级情感虽有质的差异，但也很难在量上有明确区分，两者之间很难划清界限。语言使用的不严谨、概念界限的模糊往往诱导使用者甚至设计者误以为情绪识别设备也能完全识别复杂情感以及其他心理活动。

从利益角度看，一些开发者受商业利益方面的驱动，为了受到更多关注、吸引更多潜在消费者，故意夸大情绪识别技术的使用范围和功能。要言之，情绪识别技术有其限度，但在实际使用中该限制往往不容易把握和遵守，其结果是，该技术被混乱使用，不仅没能取得预想结果，还带来了识别扩大化的伦理风险。

2. 算法层面的问题与风险

既然情绪识别技术的内核仍是算法，那么该技术也继承了算法的种种缺陷。例如，情绪识别技术也会遇到算法可解释性这一老问题，人类的情绪识别是可解释的，人们大都可以讲述他们为何做出某种情绪识别的理由和根据，但机器算法是一个黑箱，我们无法得知机器做出特定情绪识别的理由，由此在重大决策上，公众仍然会不断质疑机器情绪识别的合理性和必要性。因篇幅原因，这里笔者着重围绕情绪算法的特征，**分别从技术发展的下限和上限讨论情绪识别的问题与风险，即识别不够准确会带来哪些风险，识别过于准确又会带来哪些风险。**

第一类风险即识别出错。 从理论上看，情绪识别技术的准确率可以随着技术的进步提升很高，其表现可能会超越人类，但在根本上，其识别的准确率仍然达不到百分之百，甚至在特定情境下产生诸多错误和偏见。原因有如下几点：一是情绪识别的时间有限。情绪识别技术的应用场景大多时候会要求机器在限定时间给出结果，时间的有限性将导致，智能设备很多时候抓取的信息有限,分析、处理数据的时间有限。限定的输入信息、限定时间的数据处理决定了情绪识别技术可以做到尽可能准确,而难以做到绝对准确。二是深度学习的技术特点决定了情绪识别做不到绝对准确。一方面,深度学习在广义上讲仍是一种统计学技术,以深度学习训练出的算法在理论上只会尽可能准确,而不会绝对准确,基于人脸和语音的情绪识别算法就是典型案例,较近的一项研究表明,基于语音的情绪识别算法准确率可达96.97%[1],但后面每提高一点准确率所付出的成本将会越来越高。另一方面,训练情绪识别算法的数据来源有其局限,数据采样的过度集中导致算法的偏见,数据的局部性导致了算法的局部适用性。以美国白人喜怒哀乐的面部表情作为训练数据生成的算法可能在识别美国白人的情绪时较为准确,但当识别其他肤色、其他文化圈人群时,该算法可能不够准确。三是目前的机器识别算法只对生理信号进行运算,并不能依靠语境和推理加强识别能力。人在识别他人的基本情绪时,会将生理信号识别和语境推理有机统一起来,不仅重视情绪的当下表现,也重视情绪出现的前因后果。如我看到小明愁眉不展,猜测他可能不太愉快,加上得知他这次高考考砸了,进一步确证了我的判断。算法"偏科"的结果是,识别机器也会遭到情绪欺骗,人们为了应付机器识别,故意展现欺骗性的表情动作、语音语调。

错误识别带来的风险包括,在人机交互领域,人工智能根据错误的识别结果,做了人类不愿意做的事情。比如一些智能语音助手将一位悲痛的人识别为喜极而泣的人,他们的后续交流可能会让使用者更加悲伤。在社会生活领域,该技术的不当使用使人们遭受不公正、不合理待遇。比如,一些社会工作需要情绪稳定的人胜任,由于智能设备情绪识别错误,胜任该工作的人被排除在外。在心理医疗领域,医生根据错误的结果进行了错误的心理诊疗,伤害了病人的身心健康。要言之,情绪识别技术可能出错,轻则破坏人的心情,重则

---

① Pavol Harár, Radim Burget, Malay Kishore Dutta, "Speech Emotion Recognition with Deep Learning," 2017 4th International Conference on Signal Processing and Integrated Networks (SPIN), IEEE, 2017, p.137.

影响个人的职业发展和社会生活,过分相信识别结果会给人类带来诸多困扰。

另一类风险则是识别过强:隐私泄露、社会公正的伦理风险。每个人都拥有独一无二的内心世界,而情绪活动是内心世界的中心活动之一。情绪是人类最重要的隐私之一,大部分人都不愿意自己的情绪状态被窥视。有读者会感到疑惑,情绪识别技术不正是模仿人类的情绪识别能力吗?既然情绪识别活动是人们沟通交流的重要途径,情绪识别技术理应合理,使用情绪识别技术不等于窥探他人私密。但核心问题是,情绪识别技术也有很高的上限,该上限将使隐藏情绪愈发困难,使情绪监控成为可能。在长期的生物演化和生活社会中,人们识别情绪与隐藏情绪的能力已形成动态平衡,人们可以根据需要一定程度上隐藏自己的情绪,因此才有"不动声色""强颜欢笑""故作镇定"等词汇出现。但是情绪识别技术是位"偏科生",它能在擅长的地方做到极致,让人类隐藏的情绪重新显露:首先,通过更多数量、更高质量的情绪数据的"投喂",训练出更准确的情绪识别算法,并整合不同信号源进行多模态情绪识别;其次,由于未来机器更先进、算力更强大、观察精度更精细、分析方式更科学,它们在情绪识别所要求的各项分支能力上都有机会超越人类;再次,由于摄像头等数据捕捉设备的广泛分布、机器的超长工作时间等原因,情绪识别设备理论上可以完成全年无休的情绪识别;最后,可穿戴设备的普及使得机器可以获得更私密的情绪数据。因为社交距离等原因,我们不太会根据一个人心跳、体温等生理变化推测其情绪,但机器可以。如麻省理工学院研究人员指出:"在压力发作期间,你的身体通常会经历一系列生理变化,比如瞳孔放大、呼吸加深、心跳加剧、肌肉紧张加剧等,这些类型的信号可以很容易被相机和可穿戴设备捕获,并通过人工智能分析来检测压力发作。"[①]以上原因使得,如果该技术被一群人用来识别和监控另一群人的情绪,无疑将在公共生活中引发重大伦理风险。

---

① Charlotte Gifford, "The Problem with Emotion-detection Technology", https://www.theneweconomy.com/technology/the-problem-with-emotion-detection-technology. 2020-6-15.

第一，**深层隐私泄露的伦理风险**。皮卡德也意识到，"在识别情绪方面，计算机完全有可能变得比某些人做得更好，这会使很多人血压升高"[1]，有时候人们会希望尽可能隐藏自己的情绪信息，比如一个人偷偷地开心或默默地难过，但这种愿望可能会因为情绪识别技术而变得更难实现。

此外，哲学、心理学研究也显示，情绪与人的决策密切相关，一方面，很多时候人们在来不及对一些决策形成系统的理性思考时，情绪就可以帮助人们完成快速决策；另一方面，即便人们在决策时有较为理性的思考，但有时候情绪因素也会压倒理性因素，在决策时起了更重要的作用。休谟所谓理性是激情的奴隶，也一定程度上道出了情绪、激情对于人类行动、抉择的影响。情绪与决策的关系也可以从生物演化的角度得到解释，理性认知是生物更高级的智能，它在生物演化中出现的时间更为靠后，而情绪则较早地承担了引发生物行动、决策的作用，且情绪主导的决策耗时相对较短。

因此，当情绪状态被准确无误地识别后，个人的决策信息也会部分泄露。这样，AI 情绪识别带来的隐私泄露问题就较脸部识别等外部特征的隐私泄露更为致命，隐藏着更大的伦理风险。例如在商业谈判和政治谈判中对方偷偷使用情绪识别技术，通过确定我方何时处于欣喜、满意等积极情绪，何时处于压力、失望等消极情绪，摸清我方真实底线和诉求，这将使得我方陷入不利、不平等处境。

第二，**社会公正的伦理风险**。当该技术被一些人用来测定他人的情绪状态时，这就客观上增强了使用者的情绪识别能力。情绪识别能力的增强是否在伦理上具有合理性？这是我们无法回避的问题。AI 情绪识别作为一种人类增强技术也有两大风险：一是社会交往对话的不公正。人类情绪识别能力的增强有可能带来不公正的社会交往，使对话双方处于不平等地位。拥有情绪识别设备的人，可以更好地了解对方的情绪活动、预测对方的决策和行动，

---

[1]　Rosalind W. Picard, *Affective Computing*, The MIT Press, 2000, p.52.

在拥有对方更多关键信息的情况下,必将在交往对话中占据有利位置。二是受惠的差异与不公正。在情绪识别技术的应用情景中,不同的参与者往往受惠不同:有人一直是情绪信息的收集者,有人只是情绪信息的贡献者;有人受惠良多,有人却毫无收益。如何防止该技术进一步拉大社会差距? 如何保护最小受惠者? 这些也是预防该技术的伦理风险时须关注的问题。

三、情绪识别技术的综合规治

如上所述,情绪识别技术是一把锋利的双刃剑,给人类带来更智能的人机互动等的好处的同时,也蕴含重大伦理风险。近些年,越来越多的学者呼吁要对面部识别进行伦理规治,作为面部识别技术的深化和推进,情绪识别技术也亟需有效规范与治理。笔者认为,应当提出综合立体的治理方案:在顶层设计上,量身定制规范情绪识别技术的伦理准则;在中层进行风险管理,审视科学证据是否支持情绪识别技术完成特定领域的任务,考察每一类应用普遍化的过程合理性和伦理后果,最终划定风险等级,推动分级治理和精细化治理;在底层进行微观调控,提出以情绪评估强度为代表的一系列设计和使用建议,根据不同的风险等级应用不同的情绪评估强度。

1. 构建共识性、指导性的伦理原则

(1) 根据实际功能划定使用界限。对于情绪识别技术的不合理、风险性使用往往源于人们对其功能的误解,不清楚它能做什么、不能做什么。由于商业推广等原因,人工智能领域的很多新技术的功能往往被过度夸大,就情绪识别技术而言,很多被厂商宣传的功能并没有被科学研究充分支持。该技术的界限体现在:第一,该技术不能识别基本情绪之外的其他情绪,因为人类的基本情绪与高级情绪之间既有连续性也有显著差异,高级情绪的认知、价值、思想内容更多,这些夹杂人类思想的情绪并不一定有固定不变的生理表现,例如,对于不同的人来说,尴尬的情绪并不会有统一的生理表现,这将给机器识别带来困难。第二,人和机器都不能仅凭冰山上的基本情绪表现来还原冰山下的海量心理活动和思维活动。因此,即使情绪识别设备可以识别人类基本情绪,它们也无法从这些基本情绪中直接推理出被识别人到底在想着什么、在作什么样的判断。很多学者也认识到这一点,如奥格斯堡大学的伊丽莎白·安德烈(Elisabeth André)指出:"没有哪个认真的研究人员会声称,你可以通过分析面部的动作单元来真正了解人们在想什么。"①因此,我们应根据该技术能高概率识别基本情绪的功能,严格限定其应用范围。利用情绪识别技术来完全读懂他人内心的企图,与前科学时代的面相学、读心术和颅相学冲动并无二致。

(2)知情同意与保护最少受惠者。情绪的私人性要求我们不得在被识别人不知情的情况下,使用情绪识别设备检测和跟踪其情绪状态。只有在被识别人知情同意的情况下,对其的情绪识别才能被允许。如果每个人都不经他人知情同意就利用高精度情绪识别设备去识别其情绪,那么,这将使我们陷入人人自危的境地,每一个人都像提防偷窥者一样提防他人。要言之,知情同意原则主张,人们有权要求在自己日常活动的场域中,他人不得未经同意部署情绪识别设备。这和我们不允许他人在自己的活动空间内部署监听设备一样,都是将保护隐私置于技术使用的核心位置。知情同意原则也得到了大多数研究者的拥护,很多学者都主张情绪数据属于产生它的主体:"除非数据主体明确表示同意,否则数据决不能被处理。"②**需要强调的是,知情同意原则需要与保护最少受惠者原则结合,才能有效解决该技术带的公平正义问题。**"最少受惠者"概念出自罗尔斯的差别原则,他指出:

---

① Angela Chen, Karen Hao, "Emotion AI Researchers Say Overblown Claims Give Their Work a Bad Name", https://www.technologyreview.com/2020/02/14/844765/ai-emotion-recognition-affective-computing-hirevue-regulation-ethics/. 2020-2-14.

② Rafael A. Calvo, Sidney K. D'Mello, et al. (eds.), *The Oxford Handbook of Affective Computing*, Oxford University Press, 2014, p.511.

"社会和经济的不平等应这样安排,使它们……适合于最少受惠者的最大利益……"①笔者建议的保护最少受惠者原则是,被识别者如果拒绝情绪识别,我们至少要在伦理规治和法律监管上做到这种拒绝不会影响他们参与相关事项的正当权利和利益,也不会让他们陷入更不利处境。现实情况却往往是,虽然被识别者不愿意被机器检验,但作为弱势群体的他们常常不得不同意机器识别自己情绪。如某 IT 公司招聘时为了挑选抗压能力强的雇员,让应聘者进行一系列压力测试,并用 EMR 设备持续跟踪他们的压力水平、厌恶水平等,应聘者为了求职不得不被动接受识别,他们拥有形式上的自由却没有实质上的自由。为了保证他们同时享有两种自由,我们需要同时坚持知情同意与保护最少受惠者的使用原则。

(3) 透明公开、保护隐私的设计原则。产品设计是其使用的前提,只有确立功能透明公开的设计伦理准则,人们在使用情绪识别设备时隐私才能被有效保护。皮卡德曾强调:"情感可穿戴设备是帮助你的工具,而不会打扰你或侵犯你的隐私。如果你不想让它知道什么,你可以取下传感器……或者用虚假的表达来欺骗它。"②从谨慎的视角看,皮氏这一主张过于乐观,因为她忽略了使用者能主动保护隐私的前提是,设计者要遵循功能透明公开的设计原则:一方面,设计者要对自身有伦理约束,不对使用者隐瞒任何潜藏的功能、不设置"后门"传输用户敏感数据,比如,当用户的情绪状态被其语音助手或智能设备识别后,其情绪状态等信息不得传输给未获授权的其他人;另一方面,设计者也需要主动设计情绪数据的保护方案(如数据加密、防火墙等措施)。

2. *以"普遍化视角"为伦理风险定级*

王禄生提出,将情感计算应用的风险可分为不可接受和可接受两大类,

---

① 罗尔斯:《正义论》,何怀宏等译,中国社会科学出版社 2009 年版,第 237 页。
② Rosalind W. Picard, *Affective Computing*, The MIT Press, 2000, p.245.

其中"可接受的风险"进一步可划分为"高风险""中风险""低风险",针对不同风险提出差异化规制方案。①风险分级是规范新技术使用的常规思路,但其潜在问题是,谁来划分情绪识别技术的风险等级? 如果突破伦理禁区与价值底线的应用是不可接受风险,那么什么样的使用方式算作突破伦理禁区呢? 如果诉诸意见,每个人对该技术的使用都有不同的容忍范围,对高中低风险都有各自的界定。针对这一难题,康德哲学可为我们提供有益启发,康德的定言命令指出:"你要仅仅按照你同时也能够愿意它成为一条普遍法则的那个准则去行动。"②只有这样,道德标准才能够普遍化。

康德哲学给予我们思考情绪识别技术伦理治理的有益启示是:要关注行动和技术使用普遍化的问题,只有这样,新技术才不会只是有利于个别有权有势、获取技术方便的人,每一个人的主体人格、主体权利才能受到尊重。我们不必主观设定某些使用场景、方式是高、中、低风险,而是思考情绪识别技术的普遍化使用的过程合理性与伦理后果,进而检查这些使用是否容易违反前文所构建的三项伦理原则,将能更有效地帮助我们区分不同使用场景、方式的风险,针对性地制定相应的伦理规范和法律监管。根据该思路,首先,利用该技术从事违法犯罪活动应当严厉禁止,理由是法律保障的是底线,法律对新技术的设计和使用提出了最低的伦理要求,因此无论用什么样的高科技从事犯罪活动都不应被允许,而对于那些没有明确违反法律的使用场景和方式,再根据普遍化使用的伦理后果进一步细化。其次,将长时段的情绪监控和该技术的越界应用视为中高风险,在绝大多数情况下应予以禁止,如禁止管理者远程监控员工、禁止教师远程监控学生等。如果出于维护绝大多数人福祉的原因(如公共安全)不得不使用该技术,也应予以最高级别的监管。因为这些使用的普遍化后果将导致社会可能成为监控社会,每个人都担忧自己的情绪信息被陌生人知晓。同时,越界应用也应被重点

① 王禄生:《情感计算的应用困境及其法律规制》,《东方法学》2021 年第 4 期,第 49—60 页。
② 康德:《道德形而上学奠基》,杨云飞译,人民出版社 2013 年版,第 52 页。

关注,没有充分证据表明情绪识别技术能够独自胜任测谎、人事、安保等工作。在一些可能会发挥其功能,但尚缺乏充分科学证据支持的应用场景,情绪识别技术也应起辅助作用,而非决定性作用。

最后,将公共服务、医疗健康和人机互动中的情绪识别视作低风险,在合适的监管下它们将成为未来情绪识别技术的主要发展方向,原因是其普遍化使用的后果至多是因为识别结果不准确带来的伤害和误解。在以急救电话为代表的公共服务领域,在人员有限的情况下,具有情绪识别能力的语音助手能协助接线员快速鉴别求救人的紧迫性和严重性,这将挽救更多人的生命。一些研究表明,通过急救中心的电话语料库训练双峰情绪识别模块,能助力医疗应急平台在面临海量来电时(如法国医疗管理平台每年收到五千万次电话,中国则更多)科学决策、提高服务效率。[1]在医疗领域,情绪识别技术辅助治疗所面临的伦理风险与其他新的治疗手段和新药物有共通性。任何医疗手段都有其相应的风险,如果病人愿意接受治疗失败的风险,那么治疗成功后病人就是最大受惠者。对于这一低风险使用,我们应该更多地关注于提高情绪识别的准确性,以减少误诊、达到更好的医疗效果。当然,医疗无小事,该技术在医疗领域的应用还会持续引发争议,我们也可在实践中适当调高其风险等级。相较而言,人机互动是一个低风险舞台,在尽可能提升准确性、做好隐私保护和数据加密的前提下,该技术不仅为机器赋能,同时也将为人机协作和社会发展赋能,给人类带来的福祉将远超可能的风险,例如,很多智能手表已集成压力识别功能,这对于个人的健康管理来说无疑是利大于弊。

3. 根据风险差异调整机器情绪评估强度

为了将情绪识别技术的风险和伤害降至最低,美国微软研究院的哈维

---

① Théo Deschamps-Berger, "Emotion Recognition in Emergency Call Centers: The Challenge of Real-life Emotions," *2021 9th International Conference on Affective Computing and Intelligent Interaction Workshops and Demos*, IEEE, 2021, p.1.

尔·埃尔南德斯(Javier Hernandez)等人提出在情绪识别技术中应避免评估(avoiding assessments),理由是"虽然做出预测是情绪识别算法的重要组成部分,但设计应用的从业者为将风险降至最低,可能会决定避免使用明确的标签(explicit labels)"①。不使用明确的标签,意指不用情绪概念去实指被识别人的情绪状况,而仅仅关注与情绪相关的身体信号,比如来自面部表情、语音语调、心跳、脉搏、体温、汗腺的生理信号有何表现、有何变化,至于这些表现与变化与被识别者的情绪有什么样的关联,仍应交由人来判定,"让用户根据特定的语境和个人信息作出进一步的解释(further interpretations)"②。机器只提供情绪识别的线索,被识别人的情绪状态最终由人来评定。

在笔者看来,虽然避免评估的思路能够最大程度上减少情绪识别技术带来的伦理风险与社会风险,但这种要求又走向另一个极端,即最大程度地限制该技术的最核心功能,使情绪识别技术只记录数据而不做判断,因此与其最初的设计目标背道而驰。为了充分实现 AI 情绪识别的功能,尽可能避免其不可控风险,在两者之间找到平衡点,笔者认为,**行之有效的方案是(甲)在绝大部分应用场景中,以恰当的"弱评估"替代"过强评估"。**智能设备并不将识别结果视作绝对正确、不容修改的结果,而是将该结果作为一个高概率、优先的结果,并在需要时与使用者、被识别者再度确认。如果机器识别需要经常依赖人的进一步确认,所带来的时间成本、人力成本、经济成本也应被纳入考量,这更多是实践问题和收益-成本问题,限于篇幅便不再讨论。**(乙)根据情绪识别的风险等级动态调整情绪评估的强度,风险越高,情绪评估强度应越弱。**情绪评估强度指的是衡量情绪识别结果的可信度、真实性,以及后续人和机器在多大程度上应该采纳识别结果的指标。情绪评估强度可以与风险评级、识别准确率一道,形成情绪识别技术的综合治理

①② Javier, Hernandez, Josh Lovejoy, Daniel McDuffy, et al. "Guidelines for Assessing and Minimizing Risks of Emotion Recognition Applications", *2021 9th International Conference on Affective Computing and Intelligent Interaction*, IEEE, 2021, p.442.

方案。这种伦理设计的优势是:第一,保留了机器的情绪识别功能。无论机器是在做弱评估还是强评估,它仍然是在做真正的情绪识别,而不是停留在提供数据阶段。第二,保证了人较于人造物的优先性。让人的自我判断辅助校准机器的识别结果。特别是在风险较高的应用场景中,调低智能机器的情绪评估强度,让人特别是人类集体的判断起决定性作用,以降低伦理风险、凸显人类的主体责任。第三,风险评级与情绪评估强度可以有效结合,更好地实现分级治理。对规范使用情绪识别技术而言,分级治理和精细化治理是关键,情绪评估强度依据风险大小来动态调整,便是分级治理的实例。如果一个中风险的情绪识别应用具有较弱的评估强度,那么后续设计风险更高的应用应具有更弱的评估强度。评估强度锚定风险等级,将为 AI 情绪识别的设计(设计什么样的评估强度)与监管(该设计是否合理合规)提供一个具有操作性的方案。

情绪识别的分级治理

风险等级	使用场景	理由 (使用场景普遍化的可能后果)	情绪评估强度
禁止使用	从事违法犯罪活动	禁止使用高科技进行违法犯罪活动	禁止评估
中高风险	长时段的监控;缺乏充分证据支持的应用	监控问题、公正问题、越界问题	从极弱到较弱
低风险	公共服务、医疗健康、人机互动	影响服务和治疗效果、影响人机互动	较强

除上述规治方案外,情绪识别技术的良性发展需要规范治理与技术改进等方面多管齐下。在技术改进方面,提高数据的覆盖面,提升算法的准确性;鼓励应用多模态情绪识别技术;如果要将旧设备应用到新场景中,则需要重新对算法的准确率进行评估,例如,东亚人的情绪表达较欧美人可能更含蓄一些,以后者的情绪表达数据训练的算法是否可以用来识别前者的情绪,则需要重新评估。

结语

情绪识别技术是一项可能改变人机关系、人机交互模式的革命性成果，具有广阔的应用前景。本节的观点是：(1)情绪识别技术具有双面效应，即能够为人类社会赋能，创造出更好的人机交互新情境，使机器更"懂"人、更好地服务人，也有可能让每个人的情绪都无处隐藏，让人遭受被识别错误的烦恼，让人与人之间的社会交往变得扭曲和不公正。(2)要坚持历史唯物主义和实事求是的精神全面客观地看待情绪识别技术，明确该技术能以较高准确性识别基本情绪的功能，不将该技术等同于颅相学，不盲目相信没有科学证据充分证明其有效性的应用。(3)情绪识别技术的规范治理不能零敲碎打，而需要形成综合立体的金字塔式方案，这包括顶层的伦理准则设计、中层的风险管理、底层的微观调控。其中，顶层的保护最少受惠者原则，中层的根据技术普遍化使用的过程合理性和伦理后果划定不同风险等级，底层的情绪识别强度的设计思路，是这一金字塔式规治方案中最值得重视的环节。(4)情绪识别技术没有现成的治理方案，其规治目标是既让该技术为社会发展和人机协作赋能，也尽可能消除重大风险和控制风险总量。情绪评估强度锚定风险等级，是消除重大风险和控制风险总量的有效方式，在低风险应用中赋予机器更高的情绪评估强度，秉持的是"摸着尽可能安全的石头过河"的思路，在低风险应用中全面观察和思考其可能的伦理问题和社会风险，对该技术的中高风险应用与治理有启示意义。

第三节　机器伦理学的当代争议及其解决方案

一、目前机器伦理学的主要争议

人工智能是 21 世纪新兴技术的代表，随着复杂性、自主性日益增强的人工智能在工业、军事、科技、交通、民生等领域的广泛应用,关注人工智能引发的重大伦理规范问题的人工智能伦理学也成为备受关注的跨学科研究领域。在这个大的领域下,机器伦理学(machine ethics)成了人工智能伦理学的子领域,它主要关心的问题包括如何让智能机器的行动更符合人类的道德评价机制,如何提升智能机器的道德决策能力,智能机器是否能够、是否应该成为道德行动的主体等,这些问题正引起越来越多的重视。虽然机器伦理学在学术界没有统一的概念定义,如科林·艾伦(Colin Allen)等人认为,"机器伦理学是试图在计算机和机器人中实现道德决策能力的新兴领域"①,强调赋予智能机器以道德决策能力,而艾伦·温菲尔德(Alan Winfield)等人主张,机器伦理学的核心问题是如何将伦理价值植入自动智能系统②,强调将人的伦理价值植入机器。但是机器伦理学的核心问题意识却很集中:如果机器(无论是有形的智能机器还是无形的软件系统)越来越智能、具有自主性,那么让其具有一定的道德判断和道德行动能力,是未来人工智能伦理无法回避的议题。因为机器伦理学是一个新兴的跨学科领域,所以无论是在终极目标上,还是在具体的设计、实现和操作层面,国际学术界都有很多争论,笔者试图从两大方面归纳其核心争议。

1. 人工智能是否应该具有伦理判断能力?

人工智能发展不可避免地带来了机器伦理或人工道德的合理性问题,也即让人工智能具有自主的道德决策能力是否在伦理上是合理的。该问题之所以重要,是因为它是机器伦理的元问题,决定了我们应不应该研究和发展机器伦理学,但即使在该元问题上学界也争议不断。如温德尔·瓦拉赫

---

① Colin Allen, Wendell Wallach, "Why Machine Ethics?", *IEEE Intelligent Systems*, Vol. 21 (4), 2006, p.12.

② Alan F. Winfield, Katina Michael, Jeremy Pitt, et al. "Machine Ethics: The Design and Governance of Ethical AI and Autonomous Systems", *Proceedings of the IEEE*, Vol. 107(3), 2019, p.509.

（Wendell Wallach）等指出，智能革命和信息技术革命将不断提升人类对于自动技术的依赖，而这种自动系统将不断地作出各种有伦理后果的决策。[1]因此，让人工智能拥有道德判断能力是理所应当的事情。赞成发展机器伦理学的人会主张，未来的机器人将越来越与人类的社会生活紧密联系，只有为智能机器设计相应的道德判断能力，它们才能更好地为人类服务，更严格地遵守人类的道德规范。不少学者意识到，人类有充分理由发展人工道德体（AMAs），这些理由包括但不限于：阻止机器人对人类的伤害；公共信任的要求（如果智能机器人没有任何道德能力，公众如何放心地让它自主执行复杂任务）；预防智能机器的不道德使用；机器能够比人类作出更好的道德推理；设计人工道德体可以反过来使我们更深入地理解人类道德。[2]

即便支持发展人工道德体，也会遇到一个困难的选择，即我们要实现何种程度的机器伦理。两种代表性的观点是：（1）针对专用人工智能系统发展一种专门的人工道德体，即人类根据某种智能系统实际工作的需要，为其量身定制一套伦理方案，以帮助其更好的进行道德决策。这样的隐式人工道德体已经在人类社会中被实现，比如自动驾驶系统、医疗辅助系统等，其好处是，减少不必要的伦理设计和运算资源，每个智能系统只需要考虑局部伦理问题，因此可现实性更强。（2）发展完全人工道德体，即认为真正的人工道德体不应当只会解决某个专门的道德问题，正如一个正常人可以处理不同的道德问题一样，一个人工智能系统也应该能处理不同领域的道德问题，具有举一反三的道德判断能力。两种分歧方案针锋相对，前者质疑后者毫无操作性和可实现性，因此是纯粹的空想；而后者质疑前者只是机械地执行设计者早已设定好的伦理规则、训练好的道德算法，算不上真正的智能，更

① Wendell Wallach, Colin Allen, et al. *Moral Machines*：*Teaching Robots Right from Wrong*, Oxford University Press，2009，p.15.

② Aimee van Wynsberghe, Scott Robins, "Critiquing The Reasons for Making Artificial Moral Agents", *Science & Engineering Ethics*，Vol.25(3)，2019，p.719.

不具有像人一样的道德决策能力。

但与此同时，反对人工智能应该拥有伦理判断能力的声音也不绝于耳，反对的理由有三类。一是认为支持发展人工道德体的理由根本站不住脚。温斯伯格（Aimee van Wynsberghe）等人认为，支持 AMAs 的理由过于模糊，比如当我们讨论机器具有自主性时，并没有清楚地说明该自主性是何种程度的自主性，当我们讨论机器应当具有道德能力，以预防机器伤害人类时，我们也没有清楚地说明这种伤害是什么样的伤害。如果这种伤害不局限于物理伤害的话，某个智能设备泄露用户数据和信息，造成用户被网络诈骗、被监控、产生精神困扰都是一种伤害。如此一来，我们难道要让手机、连接物联网的家用电器都有道德推理能力吗？① 这显然不切实际。二是质疑赋予智能机器道德角色的必要性。该质疑给出了拒绝赋予机器以道德角色的论证：我们不能混淆"进入道德情景"和"赋予道德角色"，即使智能机器进入了道德情景中，它们也应像动物一样，不具备道德角色；人具备道德角色的前提是，一方面人能够承担相应的道德责任，而我们很难将责任归属于机器和动物，另一方面人有更高的自主性，但像自动驾驶汽车只有较低的自主性，在深层上它仍然被人类的设计所支配。三是对未来超级人工智能的担忧。随着机器愈发智能，人们也不断对未来人工智能的智能水平展开想象。一些未来主义者认为，随着机器的智能提升和"智能爆炸"，超级人工智能和自我改进式机器终会出现，它们在智力上远超人类，这时"我们很难理解它们思考的语言，也很难让它们遵守人类的道德规则"②。

2. 如何设计人工道德体？

瓦拉赫等人早已提出实现人工道德体的三种路径：自上而下、自下而上

---

① Aimee van Wynsberghe, Scott Robins, "Critiquing The Reasons for Making Artificial Moral Agents", *Science & Engineering Ethics*, Vol.25(3), 2019, pp.723—724.

② Michael Anderson, Susan Leigh Anderson(eds.), *Machine Ethics*, Cambridge University Press, 2011, p.496.

和综合进路。但每一种进路都有各自问题，并引发进一步的争议。自上而下进路主要指：通过让机器遵守人类的道德规则，使其成为道德机器。让机器遵守人类的道德规则又可以细分为诸多途径，如一则人类设计者可以将人类道德规则编码到机器中，让机器在执行工作时遵守这些道德规则；二则未来自然语言处理技术取得突破，智能机器能够真正自主"听懂"人类语言并执行相关道德规则。且不论这些途径在技术上遇到的困难，该进路的最大问题是，当我们希望将人类道德规则植入机器时，选择何种道德体系和规则就成为一个有巨大争议的问题，毕竟每个道德体系和规则都不尽相同甚至相互冲突。争论的最后将导向一个各方都妥协的立场：取最大公约数，让智能机器遵守像"不能损害人类整体利益""不得伤害生命"这样大而化之的规则，一旦让机器遵守更为细致的道德主张，就会招致持不同的反对意见。

支持自下而上进路的研究者相信，道德行为本质上是一种学习过程，人通过后天的学习训练、交往实践成了道德行动者，因此利用机器学习、人工神经网络等新技术，我们有朝一日也会设计出接近人类水平的人工道德行动者。但该进路也招致不少反对意见，核心的反对意见是，人与人工智能的学习方式有根本性差别，人的学习过程以语言和符号为中心，就道德学习而言，概念在人的道德判断中也起到决定性作用。一方面，人通过学习道德的核心概念（善恶、仁、礼义廉耻等），以及与核心概念紧密关联的其他概念（生命、福祉、爱恨、目的等），最终掌握道德规范，形成道德立场，为自己的道德判断确定标准；另一方面，人通过概念形成对世界的事实性认知，了解相关事实是道德判断的前提。可以设想，如果没有概念和语言，人的道德判断将寸步难行。但当前的人工智能的学习过程以算法为中心，就道德学习而言，算法在机器的道德判断中起到决定性作用。马克·科克尔伯格（Mark Coeckelbergh）认为，当前的机器学习虽然被冠以"学习"的名义，但它更多地依赖统计学和人工神经网络，"是一种统计学的加工过程"①，因此机器学习显

---

① Mark Coeckelbergh, *AI Ethics*, The MIT Press, 2020, p.83.

然无法训练机器为道德行动做辩护。更令人担忧的是,能够自主学习的智能机器的行为无法完全预测,因为我们无法知晓它们从"投喂"的数据中得出哪些结论。[1]最后,综合进路主要指一种融合进路,虽然它综合了上述两种进路的优点,但仍然无法彻底解决它们遇到的问题。

二、为何要提出"有限人工道德体"

可以预见,未来智能机器引发的伦理问题将成为智能时代的普遍问题,上一小节对于机器伦理学主要争议的概括也预示着关于机器伦理学的争论不会轻易落下帷幕。本节的一个主要目的是在这场学术纷争中寻求大多数人都能接受的共识性方案,为未来的智能机器设计提供有益思想支持。因此无论是本小节提出的有限人工道德体,还是下一小节用这一视角考察和解决机器伦理学的主要争议,都服务于上述目的。这里提出**有限人工道德体**(Bounded Artificial Moral Agents,简称BAMAs)基于如下两方面理由。

(1)专用人工智能已成为社会现实,当人工智能辅助人类决策,甚至单独作出对人类社会有重要影响的决策时,必将引发越来越多的伦理道德问题。因此为专用智能机器设计伦理模块要比为一个尚未实现的"通用人工智能"设计伦理架构要更迫切、可行,更具社会价值。现有的机器伦理学研究容易忽视一个关键的区分,将"为专用人工智能设计伦理功能和模块"和"让通用人工智能具备像人一样较为通用的道德能力"混为一谈。前者是一个必要且可行的路径,因为一方面,专用人工智能、专用智能机器已在现实社会中广泛运用,无论人类是否赋予其"道德主体地位",它们的活动仍然会直接或间接地影响人类及其福祉;另一方面,未来社会设计生产的绝大多数仍然是专用智能机器、智能自动化系统,为它们设计伦理功能和模块,使其在行动和功能上符合人类的伦理规范,是一个可行性高、有社会价值和现实

---

[1]　Luis Moniz Pereira, "Should I Kill or Rather Not?", *AI & Society*, Vol.34(4), 2019, p.940.

意义的研究方向。与之相对的是,设计具有通用道德能力的智能机器则是十分遥远、虚幻的目标,原因是:它首先须是一个通用人工智能,但通用人工智能目前仍然是哲学思辨的产物,我们为尚不存在的想象物设计通用道德能力本是一件荒谬之事。笔者将论证,通用人工智能存在三方面的问题。

第一,通用人工智能(AGI)定义和标准模糊。生物的智能本就是连续的发展过程,从两栖类动物到哺乳动物再到人类,智能水平呈现连续上升的过程。同理,我们也很难在专用人工智能和通用人工智能之间找到清晰的界限,什么样的智能算作 AGI? AGI 是否有特定的测试标准? 能够胜任多少任务的人工智能算是 AGI? 如果 AGI 侧重像人一样拥有学习处理新任务的能力,那么要拥有什么样的学习能力才算是通用人工智能呢? 对于这些问题,目前的 AGI 研究很难给出令人满意的回答。

第二,通用人工智能在技术上异常困难。通用人工智能如何被设计和编程,如何与现有的机器学习等新技术结合,才能应对不断出现的新任务、新问题呢? 对于这些问题,目前的 AGI 研究很难给出一个满意的答案。自 1940 年第一台计算机诞生后,人们就期望在不远的将来设计出具有通用智能的机器,但通用人工智能迟迟没能实现,人工智能的先驱人物也纷纷预言失败。如人工智能的先驱人物赫伯特·西蒙(Herbert A. Simon)1965 年预言:"在 20 年内机器能够做一个人能做的任何事情。"①自 1956 年达特茅斯会议之后,人工智能的发展几经起伏,虽然通用人工智能的理想一直存在,但几十年的技术实践证明,通用人工智能在技术上仍很难实现,即使在当前的人工智能研究领域,专门研究 AGI 的团队也屈指可数。

第三,即便克服了技术困难,通用人工智能的风险仍无法控制。这种无法控制体现在:一方面,我们无法控制人工智能的发展速度。曾受过图灵指导的数学家古德(Irving John Good)提出了"智能爆炸"(intelligence explo-

---

① Herbert A. Simon, *The Shape of Automation for Men and Management*, Harper & Row, 1965, p.96.

sion)的可能性,即如果机器可以自我设计、自我迭代,且迭代速度越来越快,机器的智能将呈指数级增长,最终人类将可能无法控制智能水平更高的智能体。另一方面,人工智能也无法承担责任。对于人类的道德运作体系来说,遵守道德规范往往与承担相应责任紧密相联,责任与惩戒成了道德规范顺利运行的保证。但机器很难承担道德责任,即便人类摧毁违反人类重大社会规范的机器以示惩戒,这也无法让机器产生像人一样的道德责任。由上可见,因为通用人工智能问题重重,严肃的学术研究不会允许我们为一个尚在想象中的人工智能构想通用道德能力;而为专用智能机器设计伦理模块则可行更强,更具社会价值。

(2) 从认知和决策科学(cognitive and decision science)视角看,人类一定程度上也是一个有限道德体,人类的很多道德决策都出于有限理性,道德决策和行动能取得道德上的相对满意即可。如果我们要为专用人工智能设计道德模块,也不得不面临一些限定条件:决策前,获得的信息和情报有限;决策中,运算能力有限,且在有限的时间内做出道德决策;决策后,运用已有的有限资源去执行道德决策。因此,决策的目的是获得道德上的相对满意,而非追求最优结果或追求严格遵守某项道德规则。例如一个十万火急的决策就需要相对牺牲对细节的周密考虑和对结果的极致追求。赫伯特·西蒙凭借有限理性、满意原则等思想获得诺贝尔经济学奖的原因也正是,他抓住了社会历史中的人们作决策的实质,击中了古典经济学的理性人假设的软肋。另外,动物智能的研究也更支持有限理性假设,动物智能研究对智能有一个很精妙的定义:"智能就是在正确时间做正确事情的能力,是对环境给予的机遇和挑战响应的能力。"[①]对于动物来说,捕食和逃生的机会都稍纵即逝,取得相对满意的结果已是万幸,根本没有时间和能力去设想最优方案。德国心理学家吉仁泽(Gerd Gigerenzer)在人的道德行为研究中进一步

① Markus D. Dubber, Frank Pasquale, Sunit Das(eds.), *The Oxford Handbook of Ethics of AI*, Oxford University Press, 2020, p.4.

发挥了西蒙的观点,他认为从描述而非规范的角度看,人的道德行动也是基于有限理性(bounded rationality),从有限理性的视角看,"道德行为并非单纯源于个体的性格特征或严谨的理性思考,而是心智与外界环境互动交织的产物"①,因此道德行为只要求相对的道德满意而非全局最优,"满意是指追求适度的目标(moderate goals),而适度本身就是一种美德,相比之下,过度追求最优可能沦为恶习,导致贪得无厌、完美主义以及自发性下降"②。

以上两点具体阐明了有限人工道德体的"有限"内涵:第一,无论人工道德体如何强大,它仍然是具有道德架构和功能的专用人工智能体,具有"有限的动机、认知能力和身体活动能力"③,而非一种停留在想象中的完全人工道德体(Full AMAs);第二,为机器设计道德架构和功能的目的是,使得它能够作出在人看来相对满意的道德决策和道德行动。如此一来,聪明的读者自然领会了BAMAs的意义:它借鉴了图灵提出图灵测验的功能主义思路,关注于人类视角下机器的道德功能设计,而且能较好地解决目前困扰机器伦理学的诸多难题,特别是将人工智能是否拥有自我意识、自由意志、主体地位、道德角色,哪种道德体系最适合植入机器等永远争论不休、无法达成共识的形而上学问题暂时搁置。这种有限人工道德体的思路也可以在一些机器伦理研究者那里找到共鸣:温德尔·瓦拉赫和科林·艾伦看到了完全人工道德体的深层困难和难以实现性,因此提出"功能性道德"(functional morality)④。达特茅斯学院詹姆斯·摩尔(James Moor)也建议集中精力发展"具有局限性的明确伦理行动者"(limited explicit ethical agents),原因是:"在可预见的未来,我们无法单纯通过哲学论证或经验研究来解决

① Gerd Gigerenzer, "Moral Satisficing: Rethinking Moral Behavior as Bound Rationality", *Topics in Cognitive Science*, Vol.2(3), 2010, p.528.

② Ibid., p.550.

③ Catherine Hasse, Dorte Marie Søndergaard(eds.), *Designing Robots, Designing Humans*, Routledge, 2020, p.56.

④ Wendell Wallach, Colin Allen, *Moral Machines: Teaching Robots Right from Wrong*, Oxford University Press, 2009, p.26.

机器是否能成为完全的伦理行动者(full ethical agents)的问题"①,因此专注于有限人工道德体研究不失为明智之举。

三、如何解决机器伦理学中的两大争议

在上文论述为何机器伦理学应专注发展 BAMAs(有限人工道德体)的理由之后,我们接下来的任务自然从 BAMAs 立场考察其是否能够解决机器伦理学中的重要争议,如能,则证明我们应该坚持 BAMAs 的思路;如不能,也让我们发掘其不足。

1. 有限人工道德体方案对两种不同态度的批判

(1) 针对完全支持设计人工道德体的主张,BAMAs 方案无疑是一副清醒剂,它指出了毫无保留地支持人工道德体的立场为何是有缺陷的。

首先,BAMAs 方案基本解决了机器伦理学目标过于模糊、混乱的问题。笔者认为,目前支持设计人工道德体的目标过于模糊,如果细加区分,可以分为有限人工道德体和完全人工道德体。众所周知,人的决策(包括道德决策)需要以人的认知能力和知识库为前提,同样,完全人工道德体的前提也需要智能体具有全面的认知能力和通用智能。但如前文所述,因通用人工智能这一"前提"尚未实现,完全人工道德体便成了空中楼阁。一种可行方案是,人类为特定功能的智能机器设计道德模块,为它们可能会作出的道德决策预先设计相关认知能力和道德目标。因此有限人工道德体研究应成为机器伦理学的首要任务。

其次,BAMAs 方案将指出,人工道德体的有限性体现在,目前技术条件下的人工道德体设计与人类的道德运作模式相差甚大。现有的人工道德体更有可能与机器学习、大数据等新技术结合,人首先将一些道德陈述、道

---

① James H. Moor,"The Nature, Importance, and Difficulty of Machine Ethics",*IEEE Intelligent Systems*,Vol.21(4),2006,p.21.

德案例转化为标签好的训练数据,然后"投喂"给人工神经网络,以一种监督学习的方式训练出"道德算法",最终让智能机器拥有道德决策能力。但这些新技术并不能帮助智能机器成为通用人工道德体,因为人的"通用"道德能力,体现在他能在不同的情景中作出道德决策和行动,同时也能给出行动和决策的理由;相比之下,智能机器不仅很难以给出道德决策和道德行动的理由,同时它们的算法也处于黑箱中,算法的不透明性使得人类难以理解和认识这种算法。因此,人和机器在真实的道德运作模式上的差异将导致人类不可能完全信任智能系统做出的道德决策,这种不信任也将导致在未来人类的道德实践中人工道德体只能扮演有限的角色,比如人工道德体给出的道德建议并不一定会被人类采纳。

最后,在人类道德决策和行动的过程中,情感往往扮演了重要角色,亚里士多德曾指出,如果我们情感上没有对道德行为有向往和享受,我们行为就称不上具有道德价值。休谟和亚当·斯密等早期的情感主义者也主张情感在价值与道德中的重要作用,如休谟曾写道:"除非等到你反省自己内心,感到自己心中对那种行为发生的一种谴责的情绪,你永远也不能发现恶。这是一个事实,不过这个事实是情感的对象,不是理性的对象。"①纵观人类历史,情感与道德密切交织着,我们很难在诸多道德案例中完全抽离情感要素。对于人工智能来说,现有的人工智能体很多是软件系统、智能系统,它们并没有像人一样的"肉身"去具身地感受情感。例如,人如果犯了道德上的过错,悔恨之情常常会油然而生,悔恨所带来的是一种真挚的歉意;但"机器缺乏感受懊悔的能力,一些人会质疑它们能否产生真正歉意"②。从进化心理学的视角看,动物的情绪源于自己对环境压力的适应,人的情绪源自对自然环境、社会环境,特别是丰富、微妙的社会关系的适应,源自与他人的交

---

① 休谟:《人性论》,关文运译,商务印书馆 2015 年版,第 505 页。
② Stephen Cave, Rune Nyrup, Karina Vold, et al. "Motivations and Risks of Machine Ethics," *Proceedings of the IEEE*, Vol.107(3), 2019, p.568.

往,是一种环境和社会塑造的具身感受。安迪·克拉克从预测心智理论出发,认为像疼痛、饥饿这样的内感觉在情感与情绪的建构中发挥着重要作用。①如果上述论述刻画了情绪的本质特点,那么,情绪就很难通过计算程序模拟出来,正如有学者指出:"虽然有情感的人工物在未来某一天有可能存在,但这也仅仅是一种理论上的可能性。"②因此,从情感主义的伦理学看,智能机器即便能够在未来作出道德决策和行为,但也是非常有限度的人工道德体。

(2)针对完全不支持让人工智能拥有道德判断能力的主张,BAMAs 方案也可以详细驳斥其立论的三大理由。

第一,有学者因为看到当前的机器伦理学研究中充满歧义和概念混乱而反对发展人工道德体。BAMAs 方案的回应是:机器伦理学作为一门新兴的交叉学科,概念上存在一些混乱在所难免,这种暂时的概念混乱掩盖不了现实世界对人工道德体的实际需求,因此不应该成为阻碍发展人工道德体,让其参与复杂道德决策的终极理由。

第二,针对质疑赋予智能机器道德角色的必要性,BAMAs 方案一方面认可该质疑的出发点,即区分进入道德情景与赋予道德角色;另一方面也要批评该区分的不彻底性,因为判断某物进入道德相关的情景和赋予某物道德角色很多情况下很难作出明确的区分,特别是具有一定自主性的智能机器和生命体进入道德相关的情景后,我们常常会认为它们担任了较弱的道德角色,比如,一只导盲犬在工作时显然进入了道德相关的情景中,有些人也会认为它担任了道德角色。所以由该区分出发主张不应发展人工道德体,也是站不住脚的。此外,BAMAs 方案的优点是,它本身不受"是否应该

---

① Andy Clark, *Surfing Uncertainly: Prediction, Action, and the Embodied Mind*, Oxford University Press, 2016, p.228.

② Markus D. Dubber, Frank Pasquale, Sunit Das(eds.), *The Oxford Handbook of Ethics of AI*, Oxford University Press, 2020, p.53.

赋予智能机器道德角色"的束缚,因为它绕开了道德角色、道德主体等主观性较强的形而上学概念,更强调智能机器能够做出在人看来相对满意的道德决策。例如在现实生活中,我们不会沉思老人康复中心那些训练有素的狗是否有道德角色,我们更关注它们能否在行动上真正帮助老人,一言以蔽之,"行动应该占据伦理评价的中心位置"①。

第三,针对从"末世论"和"人类世的终结"等视角否定发展人工道德体,BAMAs方案反驳了该论证。完全人工智能体、超级人工智能目前仅仅一种哲学假设,而非科学现实;在智能水平上碾压人类,同时具备自己独特伦理价值观的人工智能,目前也只是科幻想象。因此从超级人工智能、通用人工智能的前提出发,论证不应发展AMAs的结论,犯了乞题(预设准则)的论证错误,因为其论证的前提已预设结论,且该前提缺乏充分的根据。正如一些学者认为:"对未来技术伦理问题的过高的估计将导致一些伦理学家变成业余的未来学家,他们毫无节制地担忧永远不会实现的技术应用。"②

以上三点反驳让我们看到,发展有限人工道德体可行性强、有现实意义的进路。人机交互已成为未来趋势,智能机器将代替人类做大量重复性劳动,这时我们既不要守旧地主张,智能机器不应作出任何伦理决定、不应有任何伦理判断能力,也不要着急幻想超级人工智能对人类的宰制。设想太多不切实际的愿景无助于推进机器伦理研究,人类社会尚且没有完全解决诸多道德悖论、伦理纷争,为何我们要期待智能机器能够解决所有问题呢?

2. 以应用为中心发挥不同设计思路的优点

针对机器伦理学的第二大争议——在实现层面,如何设计人工道德体?——我们可以沿着BAMAs思路作出合理回应:相关争议揭示出不同

① Catherine Hasse, Dorte Marie Søndergaard(eds.), *Designing Robots*, *Designing Humans*, Routledge, 2020, p.55.
② Markus D. Dubber, Frank Pasquale, Sunit Das(eds.), *The Oxford Handbook of Ethics of AI*, Oxford University Press, 2020, p.28.

的设计进路各有其优势和弊端,根本没有完美的设计人工道德体进路。因此一种合理的策略是根据具体的应用需求选择设计进路,才能做到扬长避短。

首先,有限人工道德体通过事先强调设计用途与应用场景,可以更好地发挥不同设计进路的优势。有限人工道德体仍然是专用人工智能,因为设计用途、目的和应用场景首先确定了,所以设计方案和进路也能灵活调整。如果设计应用专门、功能单一的人工道德体,以一种遵守规则的自上而下设计进路就比较适合;如果事先没有预设具体的道德规则,需要从海量经验和数据中学习作出道德决策,以机器学习为中心的进路较为合适。要言之,有限人工道德体使我们从设计完全人工道德体的束缚中解放出来,使人工智能的设计者不必再纠结于哪一种设计进路、哪一种道德体系更适用于设计道德机器。正因为有了应用范围、用途的限制,在实现层面选择何种道德体系、道德规则的问题便一定程度上得以解决。比如,为服务于特定文化圈的机器设计道德模块,可以参考相应的价值文化,人类文化与伦理的丰富性和不可通约性不可能在人工智能伦理中得到强行统一。

其次,有限人工道德体能更好地借鉴人类的道德推理。道德推理一般来说是以一种自上而下的方式辅助道德判断,自上而下的进路虽有其缺陷,但如果我们要设计一个功能有限的人工道德体,就可以从人类的道德推理中获得启示。例如,不少学者就认为反事实推理(counterfactual reasoning)将帮助人工智能作出更合理的道德判断。[1]显然,当行动者需要在多个可能的行动之间作出选择时,道德问题才会产生,电车难题就是典型案例。因为如果我们的行动只有一个选项,没有其他可能的选项,就不需要进行道德决断。反事实推理应用于机器道德决策的思路是,通过让智能机器理解、构想一组可能行动将产生的结果,再通过结果反向筛选出正确、合理的行动。将

---

[1] Luís M. Pereira, António B. Lopes, *Machine Ethics: From Machine Morals to the Machinery of Morality*, Springer, 2020, p.97.

反事实推理与机器道德决策相联系隐含的洞见是,道德行动者不仅应具有特定的道德立场,同时也应有相应的认知能力,能够认清某个选择或行动带来的结果。理想的人工道德体可以对所有行动的后果了如指掌,但实际情况恰恰相反,连人类也无法知道所有选择和行动的后果,即便人工智能依靠大数据预测结果,也很难成为完美的人工道德体。根本原因是:第一,只有在某个选择和行动发生后,它的后果才能真正被确认,反事实推理所利用的后果,是事先归纳、预测的后果,它与真实的后果会有不同程度的偏差,进而可能反向使得人工道德体作出错误的选择。第二,无论是人还是智能机器都可能对同一个行为构想不同的后果,如何计算每一种后果发生的可能性,这又将耗费智能系统海量运算资源。这两点表明,利用反事实推理去辅助智能机器做有限度、专门的道德决策是很好的思路,但它对设计完美的人工道德体无能为力。

最后,机器学习适合设计有限人工道德体而非完全人工道德体。虽然机器学习无法帮助智能机器成为像人一样可以为不同道德判断进行辩护的通用道德体,但它有可能与有限人工道德体联姻。理由是:第一,在机器学习的辅助下,一个人工智能系统可以进行道德行为方面的大数据输入和训练,形成自己的算法黑箱,虽然人们不知道该神经元网络的隐藏层,但只要它输出的决策信息符合人类标准即可。第二,一个有限人工道德体的应用范围越专门,人们筛选、投喂的训练数据越有针对性,它的算法也会越优化,进而输出的道德选择和行动会更满足人们的期望。第三,研究表明,机器学习的训练数据并非越多越好,减少训练数据有助于降低算法的空间复杂性(space complexity,即算法所需内存)与时间复杂性(time complexity,即算法所需的时间),训练的数据越少,算法模型将更稳定、不确定性更小。[1]因此,在机器学习的助力下,有限人工道德体在未来将更好地得以实现,但如

---

[1] Ethem Alpaydin, *Machine Learning*: *The New AI*, The MIT Press, 2016, p.73.

果要设计全能的完全人工道德体,算法模型的复杂性将呈指数上升,使得完全人工道德体成为近乎不可能完成的任务。

结语

提出有限人工道德体,有助于我们解决困扰机器伦理学的长期争议,在彻底反对人工道德体和完全支持人工道德体之间找到一种切实可行方案,既能较好地借鉴人类的道德实践,也能充分重视机器学习等人工智能技术。将发展BAMA设定为未来机器伦理学的核心任务的好处是:(1)我们既不会因为哲学家、未来学家们所构想出来的潜在伦理风险,而放弃当下有益于人类福祉的技术的发展,也不会发展一种违背人类价值观的机器伦理学。(2)暂时避免对一系列抽象、笼统的形而上学问题进行讨论,而更关注有限人工道德体如何更好地实现等问题,最终发展一门重视科技理论和应用实践、尊重人类社会规范的机器伦理学。(3)由于对应用场景、目标的重视,将决策和行动置于伦理评价的中心位置,注重吸纳不同设计进路的优点,机器伦理学可以在未来可以更多地与经典伦理学、机器学习、具身认知、认知和决策科学等进行跨学科的交叉研究,为更好地实现人工道德体的可行性和安全性打下坚实基础。

第七章
人类增强技术的伦理反思

当时间的指针来到 21 世纪，人类已在进化的洪流中奋斗了 30 余万年。人类物种受益于技术工具的助力，已然成了地球的主宰。用赫拉利在《未来简史》中的话说就是："人类已经成为全球生态变化中，唯一最重要的因素。"①对现时代的人类而言，危及物种存续的危机似乎只是人类学教科书中的历史。但果真如此吗？海德格尔却不这么想，他认为人类是否还有未来，取决于能否挣脱技术通过"集置"（Ge-stell）的力量为人类自身设定好的命运。海德格尔的晦涩术语所指的或许是这样一个事实，即已经征服了大自然的技术，正在一个不同的维度上开始了一种新的征服——对人体这个"内在自然"的征服。基因编辑技术、脑机接口技术、人体芯片植入、神经增强药物，乃至心灵编码上载、生命冷冻保存等，正在以前所未有的肆意和剧烈的方式对人类生命进行解剖、改造，乃至重塑。在肢体层面，把人和机械电子设备进行整合；在生理和神经层面，把人作为药物调节和控制的对象；在遗传物质层面，把人类基因作为生物设计的产品。与这些人类增强技术相关联的所有科技成果及其应用，勾勒出了一幅人和技术深度整合，乃至相互融合的人类未来图景。

但是，这种人类自身深度技术化改造的趋势会被社会接受吗？还是说

---

① 尤瓦尔·赫拉利：《未来简史》，林俊宏译，中信出版社 2017 年版，第 65 页。

代表了人类自我异化的开始？超人类主义者们将这些大胆的技术探索称为
"人类增强技术"，而生物保守主义者们则把超人类主义称为"世界上最危险
的观念"，因为他们妄图以"人类增强"的名义征服"人性"这个"内在的自
然"。对于超人类主义和生物保守主义间的争执，我们暂且不去评判是非。
毕竟宏大的未来叙事是否能实现，还是要取决于当下点滴的技术进步是否
能融入人们的生活。关于人类增强技术，讨论一些更细节化的实践和理论
问题，或许更有助于看清问题的复杂性，也更有助于形成一些更具体的判
断。首先，该如何恰当和准确地去理解人类增强中的"增强"概念？我们认
为：依托于理论更加完备、案例更加充分的医学伦理之背景，在与"治疗"概
念的对勘关系中尝试把握"增强"概念的实质，是对人类增强技术进行伦理
反思的良好开端。其次，要关注的是人类增强技术与具体的社会价值之间
的矛盾，我们选取的问题是人类增强技术的应用是否侵害了个人自主。当
面对自身不得不被改变的现实时，人作为使用工具的主体这一理论假设是
否将被颠倒，这是讨论自主问题的意义所在。最后，在伦理理论上，超人类
主义和持反对立场的生物保守主义之间有个更加具体的分歧核心——伦理
自然主义，生物保守主义抨击伦理自然主义的批判策略是否能撼动超人类
主义的伦理主张，这是一个应该深入探讨的话题。

第一节　关于"增强"与"治疗"的伦理拷问

一、引言

　　近年来，关于人类增强（human enhancement）的研究正在成为应用伦
理学中的热点。通常不甚严格地说，人类增强指的是借助技术手段作用于
身体，使人获得超出正常水平的能力和素质，甚至也可能是从未实现过的新
型能力。由于这类问题往往是由新兴技术的应用而引发，因此它更多地吸

引了科技伦理研究的关注。

自从 1998 年美国黑斯廷斯研究中心(The Hastings Center)出版了第一本探讨人类增强主题的论文集①以来,相关的文集和专著日渐涌现,迄今已有几十本之多。按说经过了这么多年的讨论,相关的基本概念和问题应该已经足够清晰了,但现实情况恰恰相反,甚至在究竟如何定义"增强"这样的基础性问题上,都存在着对立的观念。否定派的观点认为,"增强"这个词中充满了各种错误的假设,太容易被误用,事实上应避免去使用这个词。②有的否定观点更为激烈,认为生命医学伦理中关于"增强"的讨论更像是一锅大杂烩(hodge-podge),"增强"这个概念本身也充斥着各种含混不清、似是而非的定义。③有观点更进一步指出,即便作为一个普通的词,"增强"的含义也是抽象和不精确的;而当我们把"增强"作为与"治疗"(therapy)相对的概念在生命医学伦理中使用时,这两个词之间也存在着重叠和模糊之处。因此,与其使用"增强",还不如使用"超越治疗"(beyond therapy)这样间接的排除法定义更具包容性。④

与否定派的观点不同,超人类主义者们热衷于"增强"这个词,并尝试从宏观上把"增强"的意义与人类的进化发展联系起来,提倡所谓的"人类增强"。正如其名称所显示的,超人类主义主张一种超越于现有人类物种的"后人类"观。人类物种的存在形态正在发生转变,在不远的未来,人类将进化为后人类,后人类将克服现在人类的生物局限性,具体表现为体力、耐力、认知和情感等方面极大的甚至超出正常水平的增强。⑤有助于实现这种增

① Erik Parens(ed.), *Enhancing Human Traits: Ethical and Social Implications*, Georgetown University Press, 1998.
② Ibid., p.2.
③ Brian Earp, etc., "When is Diminishment a Form of Enhancement? Rethinking the Enhancement Debate in Biomedical Ethics", *Frontiers in Systems Neuroscience*, Vol.8, pp.1—7, 12.
④ Leon Kass, *Beyond Therapy*, Dana press, 2003, pp.15—17.
⑤ Robert Ranisch and Stefan Sorgner(eds.), *Post- and Transhumanism: an Introduction*, Peter Lang, 2014, p.13.

强的技术被称为"人类增强技术"。因此，超人类主义的"人类增强"就是指：借助于技术手段，（个体的）人在身体素质、认知能力，乃至寿命上的提高和增长。①超人类主义者毫不讳言地指出，"人类增强"是其现阶段讨论和关注的重点，其主要的工作就是为人类增强技术的应用进行辩护和论证。②超人类主义并不同意否定派在"增强"概念使用上取消或是替换的观点，他们需要这个标签来强调其主张和立场，可称之为肯定派。

　　与上述两种对立的观点不同，我们采取的是一种建设性的学术探索立场。我们承认，在"人类增强"的名义下存在着不够严肃且相互间缺乏内在关联的观点和言说。但这并不意味着应该取消"人类增强"这个词的使用，更不意味着由各类新兴技术引发的问题缺乏伦理学和哲学上的讨论价值。我们也承认，超人类主义借由"人类增强"这个标签提出的是智能文明时代人类如何自我认识的重大问题，但这并不意味着人类增强技术的应用就具有天然的合理性，更不意味着"后人类"未来就是人类历史的必然归宿。

　　关于"人类增强"，我们提倡的是开放的学术兴趣和严谨的学术立场。开放的学术兴趣提示我们不要放过任何问题，对于那些意义暂时无法充分认识的现象，可以用一个工作定义概括后作为讨论对象；严谨的学术立场则要求我们把问题引入一个较为成熟的领域中进行讨论，用已有的概念和理论进行解读和研究，而不做天马行空式的思维发散。本着这一原则，我们提出：关于人类增强的研究应该从医学伦理出发，在与"治疗"概念的对勘关系中把握"增强"概念的实质。借助于医学伦理成熟的研究框架，过滤掉那些不严谨和非必要的研究题材，聚焦出人类增强所涉伦理问题的性质和解题思路。这是医学伦理作为人类增强研究出发点的第一层意思。同时，医学伦理也是人类增强研究得以深入进行而必须扬弃的出发点。经过医学伦理

---

① 　Max More and Natasha Vita-More(eds.)，*The Transhumanist Reader*，Wiley-Blackwell，2013，p.25.

② 　Ibid.，p.19.

研究的梳理,人类增强中蕴含的新问题和新挑战可以得到清晰和准确的呈现,但我们也将发现:现有的医学伦理框架并不足以解决这些问题,这些问题需要超出某个具体的行业规范的定位后,立足于更普遍的社会伦理运转的视域来把握和解答。因此,作为研究进阶的医学伦理也是一个需要被扬弃的出发点。这是另一层更为重要的意涵。

在本节具体的论证结构上,我们首先立足于医学伦理及其"治疗"的概念,提出了"人类增强"的工作定义,力图刻画出研究对象,并去除那些不适于作为学术问题的枝蔓;其次,从上述工作定义出发,尝试推演出某种规范性原则或理论作为行动的指导,并对其理论的鲁棒性加以考验;最后是一个批判性的总结,指出依托医学伦理来讨论"人类增强"时存在的局限和进一步探讨的研究方向。

二、人类增强:一个工作定义

单纯就字面意义而言,"人类增强"涉及庞杂的内容。由于缺乏经验的可实证性和可重复性,以及存在指代不明确等情况,这些内容中的大部分并不适合作为学术研究的对象。因此,设定"人类增强"定义的第一步工作,就是清理掉围绕于这个词周遭的枝蔓。事实上,前文否定派们的"大杂烩"批评,针对的正是"人类增强"研究在题材和内容上的凌乱、散漫,缺乏明确和统一的标准。为此,我们先行给出了一些筛选标准,即人类增强要研究的是基于现代科技的、以物质的方式产生作用、即时生效的、并且是与身体相融合的方式发挥效用的人体干预措施,同时此处的"人类增强"是人类个体意义上的现象,并不意味着整个人类物种层面的改变。

首先,从增强的实现手段上看,人类增强特指那些依靠现代科学技术来实现其功能的手段,而不是任何未经科学验证的传统的和民间的方法。不可否认,人类增强自身的愿望由来已久,实现的手段也古已有之。印度的瑜伽术、中国武术和气功、欧洲 18、19 世纪的催眠术,乃至流行于当代西方的冥想术等,都具有使人体魄强健、反应敏捷、思虑清晰等身体和认知方面的增强功能。但这些仅仅是缺乏科学理论支撑的增强方法,有的甚至仅停留在传说层面而缺乏足够的经验证实,因此并不属于本章要讨论的人类增强的范畴。

其次,人类增强自身也可以依赖种种精神上和观念上的提升和转变。例如,虔诚地信仰某种宗教、得到某位大师的心传或是点化、接受冥想训练提升专注力等。不排除这些精神层面的提升手段可能会带来身体、感官、认知能力的提高。但我们要讨论的人类增强并不依赖这种精神层面的脱胎换骨,它诉诸的是物质层面的改变,如人机整合、药物服用或是分子层面的基因编辑。注重于精神层面的增强方法或许有效,但寓于其依赖个体精神层面的体验,缺乏可观测性和可重复性,因而不将其列入本章的"人类增强"范畴。

其三,通常人类提高或增强自身的素质和能力,要通过经年累月的学习和参悟或是持久的训练才能达成。例如投入各类培训和学习课程,或是进行体操、柔术、瑜伽、武术等的练习,持之以恒才能有所收获。但人类增强的干预与此不同,后者是立竿见影和一劳永逸式的改变。借助于技术效力的发挥,增强效果的显现是迅速和明显的,并不要求参与者付出时间和精力上的成本。

其四,人类增强的实现是以嵌入人体或与人融合的方式来发挥其增强效能的。传统的技术只是外在的使用工具,并不像脑机接口等人类增强技术那样可以成为身体的一部分。也就是说,"人类增强"所强调的是一种特殊的技术作用方式:与人体融合。传统的技术产品只是外在被使用的工具,并不对人体构成直接的改变。或许飞机的发明可以被文学性地描述为赋予了人类以飞翔的能力,但显然这种飞翔并不是鸟类那样的飞翔。飞机的发明只是外在工具的进步,并不意味着人(就起身体能力而言)获得了飞行的能力,后者才是人类增强追求的效果。

最后,本章的"人类增强"特指人类个体意义上素质和能力的提升,而不是整个物种意义上的进化或演变。虽然,超人类主义极力把后一种意思赋予"人类增强"这个词,但是他们关于"后人类"的种种设想的实质,还仅停留在思辨和幻想的层面,并不适合本章设定的讨论标准,我们仅关注超人类主义在个体增强意义上的观点。在以下的讨论中"人类增强"和"增强"是一对同义词,都指人类个体意义上的素质和能力的提升。

至此,通过一系列的筛选标准,我们廓清了"人类增强"概念的外延。这些初步的外延条件的确立,一方面,把围绕在"人类增强"标签上的庞杂内容作了初步的清理;另一方面,也是更重要的,它把"人类增强"带进了一个特殊的讨论语境之中——基于现代医学的医疗实践和医学伦理。

从干预手段的性质上看,依赖于现代科技、对人的身体进行干预、具有立竿见影的效果等条件同样是现代医学实践的特质。而人类增强的实质,也是通过对人体进行干预,来实现特定机体功能的改变。这种操作与医疗干预的性质是相似的。其次,从概念的界定来看,现今对"增强"的理解通常是建立在与"治疗"相对立的关系中来进行,而"治疗"正是一个医学概念。它通常指,把由疾病或外来伤害导致的身体功能紊乱恢复到正常状态;相应的,"增强"就是指在健康和正常的基础上实现的提升或超出正常范围的干预。最后,在对"增强"的默认价值判断中,人们也是参照了医学伦理中的预设,即治疗的行为具有积极的和正面的价值,值得去实施,而增强则是非必要的或优先级较弱的,这也是现今众多新兴技术的人类增强应用遭到较多质疑的主要原因。因此,鉴于上述的密切关联,我们尝试对"人类增强"做出的工作定义也是以医学实践和医学伦理为背景,在与"治疗"的参照关系中来描述。当然概念上的描述和定义力求简单明了,但实际判断中的情况更为复杂。为了应对现实的多样性,我们利用一组基于功效差别的连续性描述,来对"增强"和"治疗"的区分做更为细致的刻画。[①]

---

① Christopher Coenen etc., *Human enhancement study*, European Parliament Science and Technology Options Assessment, https://www.itas.kit.edu/downloads/etag_coua09a.pdf, p.13, 2021-4-20.

干预类型及描述	性质判定	举例
1. 以恢复原状为准,对疾病或伤害进行治疗	以恢复为目的的医学干预不属于增强	例如,对肠胃功能紊乱进行治疗以恢复正常的食物消化能力。对骨折等外伤进行处理,恢复肌体正常状态和功能。
2. 对疾病或伤害进行治疗,但治疗效果超出了原先的功能水平	治疗性增强	例如,截肢患者通过安装"猎豹"假肢获得了更快的短跑速度。后天致盲患者通过植入人造眼球,获得了夜视能力。
3. 出于治疗、预防或避免疾病的目的,改变某些先天的身体特征	治疗性增强	在胚胎阶段对某些先天致病基因的修改,或者对某些易患病器官的去除。
4. 基于某种与器质性疾病无关的原因(心理原因或社会原因)而认为某些身体特征需要改变	非治疗性增强	美容或塑形为目的的整容或塑形手术。运动员服用兴奋剂。
5. 以增强为目的,利用医学或其他技术手段,对身体功能特征进行改变以提高某一种身体能力、认知能力或心理能力	非治疗性增强	服用某种抗疲劳药物,达到无需睡眠而长时间保持清醒。体内植入芯片,获得用意念遥控电子设备的能力。
6. 以增强为目的,利用医学或其他技术手段,对身体功能特征进行改变以提高某多种身体能力、认知能力或心理能力	非治疗性增强	通过基因重组,获得超级免疫力。通过纳米药物修复老化器官,保持超过自然年限的年轻状态。

　　在现实中,从功效上看,"增强"和"治疗"都可以理解为对某种状态的改善,但为了在实际操作中能找到区分的标准,我们引入了在疾病和受伤条件下"恢复原状"的原则,做到恢复原状的干预是治疗,反之则是增强。"恢复原状"被视作为区分增强和治疗——第1类与其他几类干预的差别——的标准。第2、3类"治疗型增强"也算作增强,因为第2类超出了恢复原状的限度;第3类中尽管没有疾病或伤害发生,但却增强了免疫力,不属于恢复原状,所以还是一种增强。治疗型增强与非治疗型增强(第4、5、6类)的区别在于是否涉及器质性疾病,非治疗型增强不涉及器质性疾病,是在完全正常的身体条件下实施的改进。

经过上述分析,我们便可以得到一个关于"增强"的初步定义。**"增强"指的是:在医疗实践中,不以疾病和受伤条件下恢复原状为目的,提高或增强了一种或多种人体素质或能力,或者发展出新的人体功能或能力的干预措施。**

三、增强 vs 治疗:描述与规范间的张力

基于医学伦理的背景,给出"增强"的定义只是第一步,接下来是要解决问题,围绕"增强"的规范性问题。医学伦理处理的是临床医疗实践中的价值取舍和判断,如医生的义务、病人的权利等;同时,也涉及与医疗活动相关的规范和政策,如不同医疗活动间的资源分配、利益平衡等。而与人类增强相关的医学伦理问题关联到的是医疗活动的限度和边界。如前所述,通常在医学伦理的价值判断中,治疗活动是积极和正面的,医生有义务提供治疗,病人有权得到治疗;而增强则是优先级较为靠后的干预,在医疗资源匮乏的条件下去实施增强而非治疗,可能被认为是不恰当或不道德。因此,与增强相关的伦理规范性问题的实质是:如何通过一个准确和全面的描述性定义,来契合现有观念中对增强性干预的价值判断。这是一个如何消解描述和规范间张力的问题。例如,通常正常人的美容、整形手术被认为是一种增强,而烧伤病人的相应干预则是一种治疗;又比如,通常提升健康人群的免疫力会被认为是与治疗相关,但也有观点认为这应属于增强。于是,一个恰当并具有兼顾性的"增强"定义的作用,便显得十分的突出。这是一项通过恰当的描述来满足规范性要求的工作,也是一项精巧的和需要仔细权衡的工作,其目的是通过对现实情况的认定来贯彻和体现某种价值判断。

此外,"增强"和"治疗"能否作出恰当区分,还牵涉支持人类增强的立场能否得到辩护的问题。在那些反对人类增强理念的观点看来,"增强"与"治疗"是两种具有不同性质的干预手段,并且是可以得到清晰界定的。在做出明确区分的基础上,对增强性干预便可以实施管控和制约。而像超人类主

义这样对人类增强抱有支持或同情态度的立场认为，人类增强和提高自身能力和素质是一种普遍现象，具有天然的合理性，并且无处不在，在医疗活动中也是同样，"增强"与"治疗"是相互渗透的关系，没必要在两者之间作明确的划分，并贴上非此即彼的价值标签。不难发现，尽管是属于如何认定事实的描述性问题，但在"增强"与"治疗"区分上存在着太多的价值负载，医学伦理中的讨论只是矛盾的一次初步展现。

　　以下立足于医学伦理的语境，我们给出了"增强"与"治疗"区分的三种方案：疾病说、功能模型说和专业领域说，而检验这三种方案是否成功的标准，是"融贯性要求"，即划分方案的结果能否与主流观念中对特定干预操作的价值判断完美契合。

1. 疾病说

　　关于"增强"与"治疗"的区分，在医学伦理中较常见的一种方案是疾病说（disease-based accounts）。[1]这派观点认为：所谓"治疗"就是：针对由疾病（disease）、身体不适（illness）、伤残（disabilities）、失能（dysfunction）等引起的健康问题进行的干预措施。这里的疾病、身体不适、伤残等也可以用"病症"（maladies）这个概念来概括。[2]而"增强"则是指：不存在病症的情况下，仅仅是出于追求健康以外的目的而实施的干预措施。[3]用疾病说来区分"增强"与"治疗"的优势在于简单、直观，符合人们的常识，并能解释大部分的医疗行为。通常病症都可表现为某种可观察的症状或患者对主观感受的描述，即便对于无可感症状的病症，也可以通过医学诊断来发现，例如体液检验或身体透视（X光或核磁共振等）。治疗就是针对这些病症所进行的干预

① Eric Juengst，"What does enhancement mean"，in *Enhancing Human Traits：Ethical and Social Implications*，Erik Parens（ed.），Georgetown University Press，1998.

② K. Danner Clouser，Charles M. Culver and Bernard Gert，"Malady A New Treatment of Disease"，*The Hastings Center Report*，Vol.11，No.3（Jun 1981），pp.29—37.

③ Norman Daniels，"Growth hormone therapy for short stature：can we support the treatment/enhancement distinction"，*Growth，Genetics ＆ Hormones*，Vol.8，1992，pp.46—48.

手段,如果没有上述情况发生,则属于增强。

在事实认定的层面之外,疾病说也提供了相应的规范性指导,即应该积极治疗病症,但不要去做非必要的增强干预。可以形象地表达为"非破不修"(If it ain't broke, don't fix it)原则。[①]举例说明。小柱和华华是两个11岁的男生,他俩的身高相同,但较之同年龄的小伙伴却明显偏矮了。经医生诊断,小柱体内的生长荷尔蒙水平明显低于同年龄儿童,而且他父母的身高也属于成人的中上水平。医生认为,如果排除激素紊乱的原因,小柱成年后的身高应在160厘米左右。但是,华华父母的身高则要低于成人平均水平不少,而且华华也没有被诊断出有生长荷尔蒙水平偏低的症状。于是,医生决定对小柱实施生长激素疗法或其他更为前沿的增强方案,但对华华则仅仅给出了积极锻炼和增加营养的建议。[②]

虽然,这个做法似乎对华华有失公允,但在疾病说的区分标准看来却是合情合理。小柱体内的激素紊乱决定了他应享有相关治疗,因为激素紊乱是一种疾病;华华处于正常范围的内分泌水平促使医生不采用积极的治疗手段,因为这里不存在需要干预的病症。所以,尽管两人身高相同,但造成这种身体状态的原因却分属两类不同的性质,相应于不同的处理方式。推而广之,以是否患有病症为区分标准,可以在"增强"与"治疗"之间划出一道形式上的界线:针对病症的是治疗,无症状的干预是增强。在此基础上,可以制定出抑制和管控增强性干预的规范性指导。

但是细究起来,疾病说的划分方案还是在理论和实践上存在不少问题。首先,是这个假说的逻辑,疾病说并不符合前文提出的"融贯性要求",也就是说在现有的医疗体系中被认为是合理的医疗干预,在疾病说那里却成为

---

① Eric Juengst, "What does enhancement mean", in *Enhancing Human Traits: Ethical and Social Implications*, Erik Parens(ed.), Georgetown University Press, 1998, p.32.

② 类似的例子参见 Norman Daniels, "The Genome Project, Individual Differences, and Just Health Care", in *Justice and the Human Genome*, Timothy Murphy(ed.), University of California Press, 1994, pp.111—133。

不被鼓励和允许的增强干预。这方面的例子便是后天获得性的免疫力增强，通常的方法是服药、输血和接种疫苗等。利用这些方法增强免疫力，并不要以存在某种病症为先决条件，这些干预是在完全健康的人群身上实施的。这里缺乏使得这一干预成为医疗手段的条件——"病症"，因而在相应的规范性指导看来是属于不必要的增强干预。但显然这有悖常理。由此，在免疫力增强上，疾病说的划分便和现今通行的医疗观念出现了矛盾。从前文的融贯性要求来看，称不上是一种逻辑自洽的方案。

可能有的观点会为疾病说提出这样的辩护：存在"病症"这一条件并非仅指已经存在的病症，而是指更广义的可能的、将要存在的病症。增强免疫力的目的是避免将要发生的疾病，因而也称得上是一种"事先治疗"。这一说法貌似合理，但却包含着不可克服的悖论。如果这种增强免疫的措施是失败的，即没能阻止疾病的发生，也就是说其作为一种治疗手段的条件"存在病症"得到了满足，那么就称得上是一种治疗，值得实施。如果增强免疫的措施阻止了相应疾病的发生，其作为治疗手段的条件"存在病症"就被取消了，那么它就成了一种不必要的增强性干预了。在这个辩护中，增强免疫这一行为的合理性被建立在它是一种无效的治疗手段之上了，但显然，我们增强免疫的目的不可能建立在它是无效的这一条件下。这便构成了一个令人哭笑不得的逻辑悖论。因此，免疫力增强作为"事先治疗"的辩护并不成立。

疾病说划分方案的第二类问题，是在实践上单凭"病症—治疗"的标准并不能真正管控住那些被认为是增强性干预的应用。因为在实际的治疗用药中，往往存在着"标示外使用"（off-label use）的情况，即某种药物具有病症治疗效果的同时，在健康人群身上也有改善身体素质的效果。阿尔茨海默症通常被认为是发生在老年人身上的一种疾病，表现为失忆、抽象思维丧失等认知功能障碍，其原因是中枢神经系统产生了退行性病变。由于在科学上对发病原因还没有完全的理解，现有阿尔茨海默症的治疗药物和治疗方法仅具有对症治疗的效果。研究也发现,这些药物和疗法对健康人群改善记忆和认知同样具有一定作用。①显然,健康人群使用这类药物便属于认知增强。由于药物可能存在"双重用途"(dual-use)效应,因此对具有增强效果的药物的管控存在一定的困难,药物的治疗性用途赋予了它流通和使用的合法性。但其最终的使用目的,究竟是治疗还是增强并不能事先得到确认和保证。当然,这类药物可以归入更为严格的处方药管理机制中,限制其非必要的流通。但是,由于现今社会网络购物的盛行和大量仿制药的存在,真正的有效的监管还是难以得到执行。

除了由"双重用途"造成的监管漏洞外,疾病说的划分标准无法对增强性干预进行有效管控的另一种情况,发生在心理疾病的治疗中。通常,美容和整形类的外科手术就其本身而言并不属于一种治疗手段,被归入增强性的干预。但是,在欧美发达国家的医疗观念中,心理疾病被认定为是一种需要得到积极治疗的病症。事实上在国际卫生组织对健康的定义中,心理健康也被视为一项必要条件。②某些高福利国家便把与治疗心理疾病相关的开销也列入了医疗保险的范畴。由此便可能产生如下情况。某位抑郁症患者坚持认为:其糟糕的容貌是其产生抑郁心理的最主要原因,那么相应的整容手术的费用便可以作为一种必要的治疗手段而被保险公司买单。可见,在引入心理疾病后,美容和整形这类一般观念中非医疗性的增强干预,也可以被认定为治疗手段,更不用说神经增强类药物了。由性格内向导致的不善交际,由性格暴躁导致的社交障碍等的患者,都可以要求某种神经调节药物进行干预。但心理特征究竟是性格使然,还是心理疾病的表现,缺乏一个客观判断标准,大多只能通过患者主观的症状表述来诊断。这导致的情况便是:大部分具有调节情绪与认知增强的神经作用药物,总可以以某种心理

---

① 伊芙·赫洛尔德:《超越人类》,欧阳昱译,北京联合出版公司 2018 年版,第 137—140 页。
② World Health Organization, *Mental health: strengthening our response*, https://www.who. int/news-room/fact-sheets/detail/mental-health-strengthening-our-response, 2021-4-20.

疾病为由,把增强能力的用药动机包装成治疗疾病的需求。

除此之外,疾病说对"增强"和"治疗"的划分方案,还有一个更根本的弱点:病症认定的客观性受到质疑。这直接关系到与之相应的规范性指导的效力和适用范围问题。虽然在普通人的观念中是否"患病"是一个常识性的判断,但常识是否足以成为一种客观性的标准,却是个问题。较为极端的福柯式后现代观点会认为:心理疾病的定义和诊断,其实质是社会建构的结果。我们认为,即便是器质性的病症或功能性缺失,也未必不可以进行价值上的反向建构。在某些特定社会群体看来,"病症"未必就是一种病,未必需要得到治疗。一个极端的例子便是所谓的"聋人文化"。美国的某些聋人社团相信耳聋(听力丧失)没什么不好,相反是一种美妙的境界,甚至为了追求达到这种状态,有些怀孕的社团成员还向生殖技术公司定制了先天耳聋的婴儿。①举出这个极端的事例,并不是为了肯定这种违背常识的逆向价值选择,而是为了指出:无论是心理疾病,还是器质和功能性的疾病,之所以成为"疾病",在某种程度上都可以归结为社会共识的产物。如果"疾病"可以是建构的产物,那么建构 A 之于建构 B 在合理性上并非就是可通约的关系。耳聋可以被建构为一种疾病或失能,也可以被建构为一种值得拥有的禀赋。那么,其客观性的限度也仅仅存在于参与建构的群体之中。上述例子只是一个极端的个案,但也确实反映出了"疾病"概念中包含的相当程度的非客观因素。这在某些程度上也削弱了以"疾病"标准来划分"增强"和"治疗"的规范性意义。

关于"增强"和"治疗",疾病说试图把二者的区分建立在"病症"的客观标准上。但在此基础上得出的规范性判断,与现有的医学伦理观念存在不融贯,无法解释免疫力增强也可以是一种医疗干预,在监管上又难免漏洞,

---

① 聋人文化是一种存在于失聪或听力障碍人群中的社会亚文化,主张失聪并非残疾,而是一种特殊的、美好的和值得拥有的能力。聋人文化的例子可参见 A. Buchanan etc.:*From Chance to Choice:Genetics and Justice*,Cambridge University Press,2001,pp.281—284,以及迈克尔·桑德尔:《反对完美》,黄慧慧译,中信出版社 2013 年版,第 3—4 页。

最终其疾病判断标准也不得不面临客观性上的挑战。因此，以是否存在"病症"来区分是"增强"还是"治疗"，并在此基础上来规范增强性干预，这一策略并不足以成反对人类增强技术应用的理据。

2. 功能模型说

除疾病说外，从标准的客观性着手来对"增强"和"治疗"加以区分的另一选项是"一般功能模型"（normal-functioning model）方案，以下简称为"功能模型说"。这派观点认为：人类这一物种的生物、生理条件和能力水平是可以进行量化表征的，其特征值的分布总是处于某一数值范围之内；尽管不同性别、不同年龄阶段的人群具有的特征值有所差异，但还是可以用不同的数值区间来表征。这些外在的数字表征，反映的是由人类机体构成的理化和生物机制（如新陈代谢水平和身体的能量转化效率等）。因此，人之为人就可以分解为由身高、体重、力量、耐力、速度等一系列表征身体能力和素质的数值区间。而这些量化的数值集合便是区分"增强"和"治疗"的客观标准，以这些量化表征为参照可以判定干预手段的性质，即干预效果处于表征区间内的属于治疗，超出范围的则是增强。①

相对于疾病说，功能模型说的优点在于形式上的公平性。上述小柱和华华的案例中，如果二人的身高确实低于正常男性青少年身高区间的下限，那么他们都享有得到积极治疗的权利，医务人员也有提供相关医疗服务的义务，不管造成这种身高的原因是否包含病理因素。较之疾病说中同样的症状得到的却是不同的待遇而言，功能模型说的处理方案显得更为公平。

功能模型说的第二个优点是兼顾了人类生理特征的多样性。仍以身高为例，如果小柱的身高较之同龄孩子更矮，但并未低于身高区间的下限，而

---

① Norman Daniels, "The Genome Project, Individual Differences, and Just Health Care", in *Justice and the Human Genome*, Timothy Murphy (ed.), University of California Press, 1994, p.122.

华华的身材却在及格线之下,那么功能模型说会给予华华以积极治疗,但小柱却不能享有。因为对处于正常区间内的生理状况进行干预,属于非必要的增强,功能模型说无法给予支持。生物的生理条件具有多样性,对于正常区间之内的身体特征进行干预有违保护包含生物特征多样性的原则。要知道功能模型说所强调的并不是统计学意义上严格的中位数或平均值,凡是达不到的都要进行干预,而是对应于一个身体素质和能力的区间,没有必要对处于区间内的个案进行干预。人类生理特征的多样性是自然选择的结果,不需要过度的干预。

功能模型说的第三个优点是一定程度上可避免"过度医疗"的发生。前文在定义"人类增强"时曾提出"恢复原状"原则,即做到了恢复原状的干预属于治疗,否则便是增强。而"恢复原状"正是避免"过度医疗"的另一种表达,二者所要针对的都是避免所谓"治疗性增强"的发生。例如,因伤截肢患者通过安装"猎豹"假肢获得了更快的短跑速度,后天致盲的患者通过植入人造眼球,获得了夜视能力。尽管在这些情况中,医疗手段的实施都是合情合理的。在疾病说看来,都存在病症或能力丧失,相应的干预手段也属于治疗。但从效果上看,这些干预也构成了增强,因为其结果超出了一般功能模型的数值区间。疾病说最多只能将之归结为"过度医疗",但在功能模型说看来则可以定性为是一种增强,治疗性增强,因为它违背了"恢复原状"原则。这里的"原状"就是功能模型中描述某种身体条件的数值区间中的数值。于是,在疾病说那里无法得到有效规范的治疗性增强,功能模型说的解释则为其设定了一个合理的范围。因此,功能模型说的完整性还需要"恢复原状"原则作为一个补充限定条件,来避免那些在医疗效果上超出正常范围的增强性干预。

相对于疾病说而言,功能模型说的第四个优点在于一定程度上可以避免由心理因素导致的增强性干预。如前所述,疾病说把心理问题也作为一种疾病形式,相应的干预手段也属于治疗。前述因容貌导致抑郁,并提出整容的要求便是一例。但在功能模型说看来,对心理状态的判断更多是一种性质的断定,用量化数值进行表征是不恰当的,对心理问题的干预只能用心理疏导的方法进行。那种以心理疾病为由,要求对身体和生理进行改变或增强的要求是不合理的。对后者实施干预,只有在心理问题导致了外在身体条件或行为表现超出了正常区间后,才能被认为是合理的,是一种治疗手段。因此,用量化的数值来表征身体能力和素质可以挤掉"治疗"中的另一类"水分":以心理疾病的名义而实施的增强。

最后一点,也是更为重要的是:功能模型说克服了疾病说所面临的"疾病的判定是社会建构"的客观性挑战。即便某些极端观念可以把耳聋美化为值得拥有的禀赋,但是在客观的数据面前,这种追求偏离正常的行为,在必要性和道德意义上是可以质疑的。当听力损失①达到或超过 60 分贝后,就可以认定为听力受损,当到超过 90 分贝后,就可以认定为是听力失能。无论用怎样的修辞对其进行美化,也无法掩盖这是偏离正常听力水平的现实。

关于"增强"和"治疗"的区分,功能模型说通过诉诸量化的表达,在维护公平、保持多样性以及界定非必要的"治疗性增强"上,克服了疾病说面临的种种困难,同时量化的表达也为区分标准的客观性奠定了坚实的基础。在此基础上,大部分的增强性干预能得到合理的判定和规范,但是概念模型说仍有一处"软肋"没有克服,即还是不能解释现有医学伦理中将免疫力增强作为一种合情合理的治疗手段的情况。无论从人体免疫水平的数值区间来衡量,还是从"恢复原状"原则来看,接种人体免疫能力的提升都应算作偏离正常水平的增强性干预。由此,在融贯性要求的审视下,功能模型说对"增强"和"治疗"的区分仍是有漏洞的,在这种区分基础上的规范性要求也难免受到质疑。既然免疫力可以增强,那么其他方面的素质和能力为什么不能增强呢? 因此,这一"阿喀琉斯之踵"式的小纰漏,却最终致使无法构建起一堵防洪大坝,来抵御人们增强自身冲动的洪水。

---

① 听力损失(hearing disorders)又称聋度(deafness)或听力级(hearing level),是临床诊疗中用来衡量听觉能力水平的一套量化标准。

3. 专业领域说

无论是疾病说借助于对病症的常识性判断，还是功能模型说借助身体条件的量化表征，二者或多或少都希望从客观事实的角度着手划分"治疗"和"增强"。但划分带来的种种问题和困难，又不得不令人怀疑寻求坚实的客观基础的路径是否真正走得通。那么是不是可以换个角度，从主观方面上进行尝试，即在承认"治疗"和"增强"的区分是一种社会建构的前提下，来论证治疗的合理性以及增强的非必要。这便是"治疗"和"增强"区分上的"专业领域决定说"，简称为"专业领域说"（professional domain accounts）。

这派观点认为：如果在确定究竟怎样的身体状态属于"病症"，或是确定什么样的心理特征处于不健康状态时，无法建立起客观的鉴定方法，那么就不妨把现有的关于这些问题的判断视为社会建构的结果，它们反映的是与这类问题相关的专业领域内的主流观念和价值判断。①由此，实施治疗是医生的义务，而进行增强又是非必要的干预等等这些判断的实质都是医学专业人士们希望把某一类症状定义为应极力避免的"病症"，而把另一类症状作为相对可以接受的身体特征的结果。例如，专业人士会把预防一种未来的疾病认定为是治疗，这样在人群中实施免疫力增强的干预便是值得推广的，而把改变原有的容貌或大幅度提升人的记忆能力认定为是增强，因为平庸的容貌和不怎么持久的记忆力是相对可以接受的身体条件。但从根本上说，免疫和整容这两种干预具有相同的实质，都是对身体状况加以改变，只不过在某一历史时刻的某一社会群体中，这两种干预被专家们赋予了不同的价值内涵：免疫是积极的和值得获取的，而整容则是优先级较低或是非必要的。因此，在专业领域说看来，现有的医学伦理中的规范性判断具有其内在的合理性，都是某个局部范围内力量和观念博弈的结果。

---

① Eric Juengst，"What does enhancement mean"，in *Enhancing Human Traits：Ethical and Social Implications*，Erik Parens(ed.)，Georgetown University Press，1998，p.34.

通过否认存在区分"治疗"和"增强"的客观性标准,专业领域说把疾病说和功能模型说所无法解决的免疫力增强的合理性问题消解掉了。增强免疫干预的合理性并不取决于它是否算得上是一种治疗,哪怕它被认定为增强性的干预也不要紧,专业领域的意见已经跨过了"治疗"和"增强"区分这个门槛,直接投票决定了这是一种合理的干预手段。与其在区分标准的客观性上纠缠不清,不如快刀斩乱麻,从观念的社会建构上做个了断。

由此看来,在"增强"和"治疗"的区分上,专业领域说几乎是一帖处处管用的"万能药"。但"万能药"其实不是药,专业领域说的这种广谱适用性,导致了其自身更大的问题。首先,这造成了区分"增强"和"治疗"这一做法本身成为非必要的。在判断逻辑上,专业领域说造成了某种因果倒置的结果。也就是说,并不是因为某种干预是"治疗"因而被实施,某种干预是"增强"因而被禁止;而是相反,所有已经被认为是被允许的干预都可以定性为"治疗",而那些不被允许的则可以用"增强"为理由打发掉(也可以是其他理由)。因此,这里起决定作用的区分标准已不再是"增强"和"治疗",而成了可以实施的和不被允许的区别。于是得到的结果是某种自我论证式的套套逻辑,即因为允许所以合理,因为不允许所以不合理。显然这等于无论证和无理由。

其次,诉诸社会建构最终也将取消"专业领域说"自身存在的合理性。专业领域到底由谁来构成呢?是具有专业知识的专家,还是资本代言人,抑或是管理权威。专业领域中采纳的判别标准又是什么标准呢?是技术性的标准,还是平衡利益的原则,抑或是服从权威。20 世纪 80 年代,美国精神病学会把"注意力缺陷失调症"列入《精神疾病诊断与统计手册》,而导致百优解、利他林等药物以"治疗"的名义被滥用的案例,揭示了医学共同体的疾病定义受到了制药公司等利益相关方的渗透。[①]同样 2020 年底,联合国麻醉药品委员会把大麻从《麻醉药品单一公约》中删除,紧接着 2021 年 3 月,

---

① "注意力缺陷失调症"的例子参见福山:《我们的后人类未来》,黄立志译,广西师范大学出版社 2017 年版,第 51—52 页。

美国纽约州宣布娱乐用大麻(适量)合法化,从而拉升了相关股票的价格。①专业领域中对药品及用途的相关定义,将产生重要的经济影响。②大量的事实表明,这类结果和大麻行业的对专业团体和立法机构进行的院外游说有着重要的关联。③可见,在医学领域中对疾病、对药物用途和功效等的认定,其影响因子往往是超越了单纯专业范围而涉及经济发展、社会管理、利益均衡等多方面,专业领域只是这些因素集中表征的场所。

因此,当我们把"增强"和"治疗"的区分标准还原为专业领域的建构之后,问题并没有简化,而是呈现出了更多、更错综复杂的决定因素。当面对这些来自方方面面的利益和力量时,仅仅限于专业性的医学伦理和相应的价值判断来对"增强"和"治疗"进行区分,这一路径已经难以胜任了。

四、增强 vs 治疗的扬弃:人类增强的研究走向

英国伦理学家约翰·哈里斯(John Harris)曾提示,如果跳出医学伦理的范畴来看,"增强"和"治疗"并不总是相互排斥的。在某些条件下,治疗和增强可以描述同一种干预,这取决于你从什么角度来进行判断。④因此,这时的关键因素是判断者所基于的立场和原则。当我们说接种疫苗来增强免疫力是积极的,值得向大多数人推广时,作出这一判断的依据并不是由于疾病解释,或是物种的一般功能模型,而是基于某种效果论的和功利主义的判断原则,即预见到这一行为将挽救大部分人的生命,并避免可能出现的巨额

---

① Jim Halley, "3 Pot Stocks That Will Benefit From New York's Legalization of Adult-Use Marijuana", https://www.nasdaq.com/articles/3-pot-stocks-that-will-benefit-from-new-yorks-legalization-of-adult-use-marijuana, 2021 年 4 月 20 日。
② 纽约州政府预估:娱乐用大麻合法化将导致税收增加 3.5 亿美元。See "Governor Cuomo Signs Legislation Legalizing Adult-Use Cannabis", https://www.governor.ny.gov/news/governor-cuomo-signs-legislation-legalizing-adult-use-cannabis, 2021-4-20.
③ Nushin Rashidian, "Who Is Newly Lobbying On Cannabis", https://cannabiswire.com/2020/10/26/who-is-newly-lobbying-on-cannabis/, 2021-4-20.
④ John Harris, "Enhancements Are a Moral Obligation," in *Human Enhancement*, Julian Savulescu and Nick Bostrom(eds.), Oxford University Press, 2009, pp.141—143.

公共医疗支出。也就是说,当这些收益远远超过了增强免疫可能带来的风险及其代价后,才作出了相关的决定。尽管增强免疫的实质确实是一种增强,但也可以认定为是一种与治疗相关的手段。①同样,当我们谴责某些运动员通过服用兴奋剂来获得优异的比赛成绩时,或许更多是因为比起个人从中获得的利益来,整个赛事由于失去公平而导致无人参加的后果更加令人无法接受。当然,上述基于后果的功利主义判断原则,只是各种可能的立场和原则之一。我们也可以诉诸行为本身的性质,如不欺骗、不伤害等义务论的原则来作出基于不同理由的价值判断。

因此,哈里斯的观点"治疗和增强并不总是相互排斥的",其实是给出了一个重要的提示,即对人类增强技术的应用所引起的价值判断上的困扰,不要再仅仅拘泥于医学伦理中如何区分"增强"和"治疗"而展开了,它需要放在一个更为广泛的社会层面来考虑。这种视野上的拓宽,将把人类增强的伦理讨论带入一个更广的伦理学语境中加以考察,同时通过充分利用功利论、义务论、美德论、契约论等不同的观点对其加以检视,加深对问题意义的理解。因此,当扬弃了医学伦理判断上"增强 vs 治疗"的二元两分后,人类增强的伦理讨论需要面对的是诸如如何实现社会平等,如何保障个人自主权利,如何确保个体的本真性不受异化等更为一般也更为普遍的伦理拷问。人类增强伦理的讨论,迫切需要并从这些更具普遍性的问题中探寻更大的应对格局。

其次,跳出医学伦理来考察人类增强技术伦理的另一个原因在于,人类增强技术的发展、应用和普及速度已经超出了医疗的领域,扩展到了体育、商业、军事等各种应用场景中,单纯的医学伦理或公共卫生政策方面的分析框架对这些领域并不适用。试想一种情况,某个高科技公司推出了一款游戏头盔,它具有增强现实的功能,能让用户在游戏中产生种种超现实的感官

---

① Frances Kamm, "What is and is not wrong with enhancement", in *Human Enhancement*, Julian Savulescu and Nick Bostrom(eds.), Oxford University Press, 2009, p.105.

体验,例如和远在地球另一端的另一位用户实现全息的实时互动等。这个公司在完善游戏体验的名义下,又推出了各种更加不可思议的基于脑机接口技术的植入性的装备。显然,这一情境下,游戏装备的使用及规范与医学伦理并不具有直接的关联,后者对此也无从规范,而现有的法律对这些游戏装备也缺乏相关规制。于是,增强技术通过游戏产业走进现实生活便成了一个无法可依的冒险性尝试了。

　　这个例子凸显出:增强技术在医疗实践外的广泛应用,促使我们必须结合更加细分、更加多元化的应用背景来作相应的伦理审视。面对新兴技术的增强性应用,要结合特殊的语境来作多元化和开放性的价值判断,而不仅仅是非此即彼的是非判断。医学伦理中"增强 vs 治疗"的价值两分法及其遭遇是必须加以认真解析的经典案例,并从中获得教训和启示。这也是"扬弃"这一经典辩证方法的题中之义。

　　最后,任何对人类增强的伦理规范性研究,最终都将走向或面对政策制定层面的考量。政策性考量的关键之一,是从国家层面来评估当前的综合效益和中长期发展利益间的协调。如果现有的医学伦理中"增强 vs 治疗"的价值两分法代表的是当前的一种价值设定方案的话,那么扬弃"增强 vs 治疗"意味的是:借助于一个更加长远发展的视角,从将来的时态回溯性地检视当前的研究及其判断。以是观之,历史的演变发展或许最终会冲淡非此即彼的价值两分。

第二节　人类增强技术对伦理自主性的挑战

一、导论

　　关于科技发展对个人自主带来的伦理挑战,哈贝马斯曾提出一个发人深省的问题。一方面,科技的发展提供了更好的医疗方案,使人免于病痛和伤残,生活得以自立;更便捷的沟通手段,使人能更有效地表达自己;多维立体的社交媒体,让人可以展现更好的自我。这都表明技术似乎提升了个体的自主。另一方面,哈贝马斯也禁不住怀疑,所有的这些是否也在侵蚀人性,令我们忘了到底什么是自主的同时,也忘了对他人的尊重。①哈贝马斯提出了一个好问题,而我们希望进一步把这个问题放在一个更具挑战性的语境中加以考察,问一问"人类增强技术的应用是否侵害了个人的自主"。

人类增强技术在描绘美好未来的同时,也在科技伦理研究中引来了各种非议。其中争议最集中、也最令人迷惑的便是上述哈贝马斯式的关于自主价值的发问。肯定派认为,增强技术为人们提供了展现更好自我的可能,有助于实现个人自主;否定派认为,依赖于外在的增强技术,并未展现自主,而是迷失自我。在已有的讨论中,对此问题并未形成共识性的答案。本节的工作是在展现正、反两种观点及其理论假设的基础上另辟蹊径,将自主理解为个人对自己身体有拥的财产权,以此来论证无论是自我增强,还是涉及他人(自己的下一代)的增强,都可以被证成为自主价值的实现。

人类增强技术的应用,可分为两种情境,即个人选择对自身实施增强,以及父母选择对未出生的孩子进行增强。前者涉及针对自身的选择和决定,例如服用神经增强药物提高认知能力,或是接受芯片植入实现脑机信息互联。后者涉及针对他人的选择和决定,通常表现为出生前通过遗传物质层面的干预来实现某种特定的身体特征。由于前一种情境只涉及自己,未针对他人,因此是一个较为典型的"个人自主"的语境。后者有所不同,尽管是父母与子女的,但仍属于针对"他人的自主"实施的干预,情况更为复杂,因此分别讨论。此外,我们为这两种情况预设了一个共同的技术背景,即假设增强技术已经在社会中得到了的应用,选择接受增强不会造成较大的个人经济负担。

---

① Jürgen Habermas, *The Future of Human Nature*, Polity Press, 2003, p.29.

二、涉及自我的增强技术应用与自主

在分析之前,有必要先明确一下"自主"这个概念的内涵。"(个人)自主"是一个带有现代性人本主义色彩的价值目标。从西方思想史上看,在道德判断和价值设定上,将人类个体赋予核心权重,是一件相当晚近的事。在这之前,相对于个人而言,宗教神谕、形而上的世界秩序、社会等级安排等因素在价值的设定上具有压倒性的优势。但当历史的发展经过文艺复兴、宗教改革,到达 18 世纪的欧洲启蒙运动时,这一切发生了转变,个人(person)的权重开始超过其他因素成为最重要的价值判断依据。最终在 20 世纪的现代性人本主义思想那里,无论是道德义务的原则,还是政治权威的合法性,都要建立在对个体的人的尊重这个基础上。①而个体的人之所以具有如此崇高的地位,又是因为他能实现一种类似于国家那样的独立的自我管理(self-governing),或曰自我统治(self-rule)。这被认为是自主这个概念的核心含义。

通常,伦理学和政治哲学中的"自主"概念,可以从三个方面来理解。首先,是一系列能力上的保证,以使自我管理可以实现。这些能力包括独立地进行思考和做出判断的能力,把自己的判断和思想贯彻实施的能力,还有就是对自己的行为承担责任的能力。其次,自主也可以指个人实现了自我管理的实际状态,包括自己做出决定并实施。最后,自主也可以是国家和法律赋予个人的一种权利。②

那么,个人素质和能力的增强是否有助于实现自主呢?对此一方给出的是肯定的回答。他们认为,能力和素质的增长与自主的实现具有正相关

① John Christman,"Autonomy in Moral and Political Philosophy",*The Stanford Encyclopedia of Philosophy*(Fall 2020 Edition),Edward N. Zalta(ed.),https://plato. stanford. edu/archives/fall2020/entries/autonomy-moral.

② Joel Feinberg,"Autonomy",in *Autonomy and the Challenges to Liberalism:New Essays*,John Christman(ed.),Cambridge University Press,2005,pp.27—53.

性。例如,认知能力的提升可以帮助个体对现实条件作出更准确的判断,避免外界信息和压力等形成的误导,而情绪的有效控制可以避免灰心、沮丧和冲动等成为行动时的不必要干扰,而体能和耐力的提升更是保证愿望和意图实现的重要条件。因此,认知能力增强、情绪有效管控、体能的提升等,都是个体在自我管理和实现自身愿望上的有力保障,与实现自主具有正面的促进作用。①此外,能力和素质的增长,也使个体在实现自己的计划时具有更多的选择机会。而掌握了更多选择机会的人,较之只有唯一选项或非此即彼选项的人而言,通常也被认为更少地受外界条件的制约,并享有更大的自主。

当然,在上述立场并不否认能力的保证只是实现自主的一个条件,在具体的实施时还有许多偶然性的因素会影响行动的效果。也就是说,如果将自主理解为一种实现了的状态,那么能力和素质的提升未必与此具有直接的关系。但是在一般的判断中,一个健康的、充满活力、素质和能力更为出众的人在实现自己的计划或目标时,较之一个重病缠身、生活窘迫的人来说,其自我实现的能力和保障是更占优势的,这些对于达成自主是加分项,或起码说不会是不利因素。这是因为,能力和素质的增强也可以体现为独立性的增加,对偶然性的抵御能力的增强,使得个体受到外来因素干扰的可能降低。这些都是有助于实现自身计划并展现自主的有利条件。

不过,否定派的意见认为:恰恰相反,利用增强技术改善自身的认知能力、情感控制能力,乃至体力、耐力等,虽然可能取得一些实际的效果,但也增加了个体对外界因素的依赖,从而降低了自主的程度。②就像电影《永无止境》中的主人公那样,虽然服用神经增强药物令他达到了人生的巅峰,但

---

① Nick Bostrom, "Dignity and Enhancement", in *Human Dignity and Bioethics*: *Essays Commissioned by the President's Council on Bioethics*, Adam Schulman(ed.), President's Council on Bioethics, 2008, pp.173—211.

② David Degrazia, *Human Identity and Bioethics*, Cambridge University Press, 2005, pp.86—88.

也让他无法摆脱对药物的依赖,进而受控于外在势力的要挟。[①]因此,用外在性的增强手段提高自己,并不是实现了自主的表现,反而导致的是丧失自主的结果。

面对这种责难,为增强技术辩护的肯定派观点进一步提出,自主也是一种自己承担责任的能力。尽管依赖增强技术提升能力未必就是独立性的提高,但这也不是对自主性的削弱。因为,只要增强自身的决定是出自己意愿的选择,同时自己也可以为这个选择的后果承担责任,那么这个行为本身还是体现了自主。自主可以意味着凭借自身力量实现目标的行为,也体现在为自己的决定承担责任。增强自身的决定,就其是听从了自己的意志而做出的决定来说,其结果到底是积极还是消极并不是判定自主的要件。[②]同时,自己的意志和决定也未必一定是出于理性推理和判断的结果,非理性的情感、欲望乃至冲动等也可以是自身行动的决定要素,只要自己对行动的结果承担责任,那么选择本身到底是增加了还是减少了对外界的依赖,并非判断行为是否实现自主的关键。

但否定派对此辩护也不认同。自己为自己的决定承担责任,确实是自主的体现,但如果这个决定并非完全出于自身,那么承担责任的举动只能说是"冤枉"和"愚蠢",而不是自主。设想某位飞行员的大脑接受了芯片植入,他在执行任务前通过脑机接口传来的天气信息得出了起飞的决定,但由于算法错误,传入的天气信息被误置为去年的旧数据,这导致飞机因恶劣天气而不幸失事。这种情况下,飞行员的起飞决定尽管是自己作出的,也为此付

---

① 2011 年上映的电影《永无止境》(*Limitless*)描述了神经药物增强给普通人造成的命运改变及伴随而来的困扰。埃迪曾经是一位才思敏捷的作家,如今却江郎才尽。一位老朋友向他介绍了一款极具革命意义的新药 NZT,服用后埃迪发现他的大脑潜能被激发了出来,他能够瞬间回忆起他所读过、看过或听过的任何事情,只用一天时间就能学会一门语言,写作更是小菜一碟,这令他成了最畅销的作家,埃迪的生活被彻底地改变了。但相应的代价也是沉重的,埃迪已离不开了 NZT,而掌控 NZT 贩卖网络的黑社会更是让他无处可逃、身不由己。

② Nick Bostrom, "Why I Want to be a Posthuman When I Grow Up", in *Medical Enhancement and Posthumanity*, Bert Gordijn and Ruth Chadwick(eds.), Springer, 2008, pp.107—137.

出了代价,但将此认为是飞行员的自主决定,而不追究错误数据的来源,却也有点不近情理,难免具有"冤枉"和"背锅"的嫌疑。

上述肯定派和否定派之间的争辩,都是围绕自主的某些特定内涵来展开的,即自主体现为自身能力的增强、摆脱外在的依赖和外来的干预,抑或是对自己行为负责的能力等,双方都给出了"言之有理"的论据。但我们认为,这些意见之所以会陷入争论的循环中,原因在于上述"自主"概念的内涵值得商榷。这个理解只是抓住自主的某些方面,而非自主的真正内涵。我们认为,所谓自主指向的其实是另一个更为基本的事实,那就是我的身体是我所拥有的一种私有财产,这是一种排他性的权利,并且是得到国家、社会和法律承认和尊重的权利。摆脱外在的依赖和外来的干预体现的是这种权利的排他性,增强自身的选择体现的是我拥有自己的身体和具有处置这种私有财产的权利,对自己的行为负责意味的是我把自己身体作为可能产生的债务的抵押物。超人类主义以其支持人类增强的观点为人熟悉,他们的论据正是基于身体是一种私有财产的观念。为了论证增强自身行为的合理性,超人类主义发明了"形态自由权"(morphological freedom)的概念。其推理如下:我的身体是我的私有财产,对此我具有绝对的和排他的权利(只有我才能拥有我自己),同时我也具有追求幸福的权利,如果生物性的身体妨碍了我追求幸福(由于生病或缺乏某种能力),那么我可以把身体的所有权升级为一种改变身体的权利,就像我拥有处置我私有财产的权利那样,以此来实现目标。①可见,这种"形态自由权"其实是身体财产权的延伸。

那么,到底我的身体是不是我所拥有的一种私有财产呢?尽管各种思想流派观点并不完全统一,不过在秉承了古典自由主义传统的美英普通法国家中,在这个问题上并没有原则性的异议。在约翰·洛克这位"自由主义之父"和"财产权理论之父"那里,给出的是肯定的答案。《政府论》中洛克在

---

① Anders Sandberg, "Morphological Freedom: Why we no just want it, but need it", in *Transhumanism Reader*, pp.56—57.

谈及私人财产时说：人们利用一种自然物品或资源，同时不会因此而受到他人的不必要的伤害，那么就需要将这物品设定为排他性的私有财产。人可以将任何无主的自然物品作为私有财产，同时人对于自己也享有一种财产权（every man has a property in his own person），任何其他人都没有这种权利。①这里的"自己"（his own）指的是自己具有的"人格"（person），其中包含自己的身体，也包括自己的生命。通常在现代民法体系中，这被称作人格权；而身体权和生命权是人格权的核心和基础。②同时，洛克也指出，虽然有的社会中（古犹太民族等）实施的是奴隶制，但是奴隶出让的仅仅是人格权中的一种，即占有身体劳动带来的收益的权利，而不是身体权和生命权。也就是说，奴隶主根据这种收益权可以占有奴隶的劳动成果，但是收益权并不包含身体权和生命权，因此奴隶主不能剥夺奴隶的生命或伤害奴隶的身体。③可见，即便在处于奴隶身份这种极端条件下，个人对于自己身体的财产权也是完整的和排他性的。

所以，一旦把自主理解为是人对自己身体拥有的财产权的话，那么确实除了本人外，其他人并没有对此进行干预或规范的权利。增强自身是行使自己财产权的行为，一旦自己决定接受增强干预，那么这种行为是不受任何外力的干扰的，是一种体现了自己意志对自己财产进行处置的、自主的行为。反对增强的观点只能在增强行为是受外力影响和胁迫的情况下，才有理由对此提出反对；如果自己强调出于自愿接受，并愿意承担相应后果的话，那么在现有法律对人格权的保护原则下，他人没有充分的理由进行干涉。因此当自主被理解为个人对自己的身体所拥有的、排他性的财产权，同

① 参见《政府论》下册第 26、27 节。洛克：《政府论》（下），叶启芳等译，商务印书馆 1961 年版，第 18—19 页。
② 例如我国《民法典》的"人格权编"中就规定"人格权是民事主体享有的生命权、身体权等权利"。参见 http://www.npc.gov.cn/npc/c30834/202006/75ba6483b8344591abd07917e1d25cc8.shtml。
③ 洛克的表达是："奴隶主根本没有任意处置奴隶生命的权利，因此不能任意伤害他，只要使他损失一只眼睛或一颗牙齿，就使他获得自由。"参见《政府论》下册第 24 节。洛克：《政府论》（下），叶启芳等译，商务印书馆 1961 年版，第 16—17 页。

时这种权利是得到国家、社会和法律承认和尊重的,那么在这种条件下个人自愿增强自身是可以被证成的,它是被法律保护的自主的行为。

尽管如此,还是有一种情况例外,那便是怀孕妇女对胎儿进行的增强。胎儿在怀孕期间是母亲身体的一部分,如果按照对自己身体拥有财产权而言,母亲有权利改变自己的身体(包括允许这种改变发生),即实施对胎儿的基因增强。但是就胎儿是一个未来的具有自由意志的个体而言,增强的干预又不能算是仅仅针对作决定者自身的,而是也涉及了他人。因此,有必要把这一情况作为一种特例来专门讨论。

三、涉及他人的增强技术应用与自主①

孕妇作出决定对胎儿实施增强干预时,这种行为是否侵害了胎儿的自主呢? 对此需要在理论上进行阐明,同时我们也不得不面对现实的挑战。在对利用相关技术实施订制婴儿(designer babies)时,现今大部分西方国家的政策导向是不加干涉的态度。②怀孕生育属于私人领域的事务,公权力不应干涉。这一不干涉态度导致的极端情况便是前文提及的这个例子。在美国,一对受了"聋人文化"影响的父母,订制了一个先天失聪的婴儿。这一极端的事例表明,父母似乎拥有干预自己胎儿身体特征的权利。但这在理论上又如何解释呢? 对此,需要从新、旧两种优生学的区分讲起。

---

① 标题的完整表达应是"由自己决定的、同时涉及自我与他人的增强技术应用与自主"。

② 订制婴儿属于自由优生的一种情况。在美国,那些利用收购优质精子和卵子、胚胎着床前基因筛查技术、基因测序技术等手段和技术实施优生的做法,属于生殖服务性商业模式,并未受到严格的禁止。当然存在例外情况。利用干细胞基因编辑技术对胎儿实施干预的行为是被禁止的。在英国,除了上述禁止外,出于性别选择目的的优生要求也不被允许。参见 Andrew Joseph: Congress Revives Ban on Altering the DNA of Human Embryos Used for Pregnancies, STAT News, June 5, 2019, https://www.statnews.com/2019/06/04/congress-revives-ban-on-altering-the-dna-of-human-embryos-used-for-pregnancies/, 以及英国卫生部文件: *Government Response to the Report from the House of Commons Science and Technology Committee: Human Reproductive Technologies and the Law*, https://assets.publishing.service.gov.uk/government/uploads/system/uploads/attachment_data/file/272164/6641.pdf。

公认的"优生学之父"是英国科学家弗朗西斯·高尔顿（Francis Galton），他是达尔文的表弟。在达尔文进化论"适者生存"和"特征遗传"观念的影响下，高尔顿提出要建立一种生育方面的管理制度，使得更适合生存的人群尽可能多地繁衍后代，相反，那些身体有缺陷的、生存适应有困难的人群，则尽量避免生育。为此高尔顿发明了"优生学"（eugnics）这个词来指代这一制度。优生学是高尔顿是把达尔文进化论的适用范围扩展到社会领域的结果，并不是一种严格的自然科学理论，而是一种未经验证的哲学思想，即社会达尔文主义。①但自从 1883 年这一观念提出之后，就得到欧洲和北美的不少国家的认同，并做了大力的宣扬和实质性的推进。例如位于美国纽约州的冷泉港生物实验室建立了（美国）国民遗传特征的目录，19 世纪 20 年代时美国在高等教育机构纷纷开设了优生学课程，甚至在印第安纳州还颁布了强制精神病患者等特殊人群节育的法律。②但是优生学带来的最糟糕的结果却发生在德国。希特勒主政的纳粹德国就以优生学为名，推行了对犹太人等少数民族强制实施绝育的法律，最终在第二次世界大战期间，又把这种政策推向了极端，造成了大规模灭绝"劣等"民族的恶行。

现今，这种以国家和公权力的名义，对个人的生育行为实施干预的"优生学"被称为"旧优生学"。二战之后，旧优生学的观点已被抛弃。从理论上说，就我们所提出的身体作为个人拥有的排他性的财产权来看，旧优生学是对这种个人权利的侵犯，也是对个人自主的侵犯。因此，尽管随着近年来人工生殖技术、基因检测技术乃至基因编辑技术等的发展，人为干预生殖的技术可能得到了很大的提升，但鉴于旧优生学的劣迹，对个人的生育行为从立法层面进行干预并非常态。

尽管公共政策层面的直接干预不被法律允许，但对生育行为进行劝说

---

① Philip K. Wilson："Eugenics"，*Encyclopedia Britannica*，19 Feb. 2019，https://www.britannica.com/science/eugenics-genetics. Accessed 15 April 2021.

② 上述事例转引自迈克尔·桑德尔：《反对完美》，黄慧慧译，中信出版社 2013 年版，第 64—65 页。

和引导的间接性干预并未禁止,因为劝说和引导并不构成对个人自主的侵害。于是,支持对子女进行增强的观点采用的是一种新的、被称为"自由优生学"的立场,即在尊重个人自主的基础上,通过劝说和引导的间接性干预来鼓励父母实施基于"优生"目的的增强。显然,尊重自主的立场在针对自身进行的自我增强的情境中,可以得到辩护;而在针对子女进行的基因增强方面,通过诉诸身体作为财产权的自主性论证,也可以得到一定的支持。

那么,自由优生学是否可以成为在支持增强的同时,也实现了自主价值的解决方案呢?对此,否定派的观点同样提出了质疑。首先,假定(如前所述)自主指的是有利于实现自我管理的身体能力的保障,那么实施基因增强的父母通常的考虑是:增强性的干预可以帮助自己的孩子获得某种"相对优势",这有助于下一代实现生活和事业上的自主和独立。但基因增强的应用,真的能保证获得这种"相对优势"吗?否定派观点对此表示异议,增强性技术对某种人类生理特征和能力的增强或改变,并不必然能帮助人们获得相对优势。以身高为例,如果孩子未来的预期身高仅仅是**增加了** 8 厘米,而不是比同年龄段的孩子或社会平均值**高出** 8 厘米,那么身高可能带来的收益——如更好的职业选择、某种心理优越感、异性的关注等——并不会得到兑现。只有增强可以确保相对优势的条件下,这类选择才会被实施。但谁也不能保证增高技术不会被大多数人选择(这里假设技术获取的成本是大多数人可承担的),因此结果很可能是技术的普及推高了人群的平均身高,而使个体的相对优势不如预期,或不复存在。①因此,单纯的个体性选择并不是获得相对优势的充分条件,通过基因干预增加孩子身高也未必有助其实现自主。

此外,否定派还认为,尽管在母亲看来,对于孩子的增强干预是出于自主的决定,但这个决定未必会被将来的孩子认同,甚至有可能被孩子认为是侵害了自己的自主权利。设想遗传生物学家发现了某个决定听力敏感程度

---

① Peter Singer,"Parental Choice and Human Improvement", in Julian Savulescu and Nick Bostrom(eds.):*Human Enhancement*,Oxford University Press,2011,pp.281—283.

的基因,并决定通过一家生殖服务公司提供预订音乐天赋的服务。一位怀孕的音乐家,为了让自己未来的孩子也享受到从事音乐创作和演奏的乐趣,在发现了这项业务后,决定给未出生的孩子订制音乐天赋,让未来的宝宝具有敏锐的听觉,促成其对音乐的特别感知,以实现从事音乐事业的理想。但现实与理想并不总是像乐曲那样和谐和令人愉快。成长中的孩子发现自己更热衷于体育运动而非音乐,希望成为一名足球运动员,母亲对自己从事音乐的寄望令他反感,当他得知出生前自己的基因被进行了增强以实现父母的音乐梦时,他甚至在心理上产生了厌恶的情绪,觉得自己的人生计划被外来的力量所影响,无法做到实现真正的自我。对此,哈贝马斯作了一个理论上的概括,即个体被剥夺了成为自己人生计划的第一作者的可能,同时这种遗传物质层面的干预又是完全不可改变、只能默默接受的。因此这是一种对自主施加的"异化的决定"(alien determination),是对个人自主所做的不可挽回的侵犯,即由自己来为他人的决定承担责任和后果。[①]显然,如果自主的内涵包括出于自主的意愿以及为自己行为承担责任,那么,出生前对子女的基因增强干预是侵害了他人的自主。

对于上述指责,支持增强的肯定派观点也做出了相应的反驳。针对无法实现"相对优势",肯定派提出:或许能力和身体素质的增强并不能帮助子女获得必然的相对优势,但是这种增强的结果在非竞争性的情境中,例如在自然条件下抵御外来的不确定因素,或是满足某种特殊工作对身体素质的要求时,确实有助于增强个体的适应能力和胜任工作的能力,或许这并不必然导致获取竞争优势,但内在素质的提升可以赋予个体在实现人生计划时拥有更多的选择余地。因此增强还是可以作为实现自主的条件的。

针对"异化决定",肯定派提出:对自己基因在出生前被修改的厌恶情绪,并非是一种必然的心理反应。被订制的先天失聪的孩子,长大后很可能

---

① Jürgen Habermas, *The Future of Human Nature*, Polity Press, 2003, pp.79—81.

对父母自私和偏执的决定感到无法接受，但是一个被赋予了莫扎特那样音乐天赋的孩子，假如在他接触并喜欢上音乐后，对自己的天赋将感到十分欣慰，他完全可能为自己生长在一个热爱音乐的家庭感到幸运，也为父母大胆和果断的决定感到认同。[1]毕竟增强音乐天赋比起令自己失聪来，是一种积极的能力的提升。

此外，肯定派还反诘道，从出生前施加影响这点上看，几乎没什么人会反对在怀孕阶段实施胎教，但很多意见却认为要禁止对子女的基因增强。如果坚持自我决定这一自主性的内涵，那么二者岂不都应该加以禁止吗？二者都是对胎儿自身感受的忽略。为什么现在的情况对胎教采取了默认的态度，对基因干预却要反对？

以上，围绕自主作为一种自我管理的能力，自主是自愿作出决定，自主对自己的行为负责等内涵，肯定派和否定派提出了自己的观点和论据。但我们还是希望回归到自主作为一种对身体的财产权的立场上，来做更深层的考虑。

个体对于自己的身体拥有一种排他性的私有财产权，这点毋庸置疑。但是私有财产权，在某些特殊情况下是可以委托给他人的，即临时赋予他人拥有这一财产的权利。在怀孕时，胎儿自身并不拥有自我意识[2]，自己不可能产生私有财产的观念。因此这时胎儿的身体是从属于母亲的自我意识的，属于母亲身体的一部分。按照身体作为一种个人私有财产而言，孕妇有权实施（包括允许发生）对自己身体在基因层面的修改和增强性干预。但是，这种对自己身体的干预并不是没有条件的。胎儿对自己身体的托管是有底限的，哈贝马斯把这个底限建立在做决定者和被决定者之间，可以在商

---

[1] Nick Bostrom, "Human Genetic Enhancements: A Transhumanist Perspective", *Journal of Value Inquiry*, Vol.37, No.4, 2007.

[2] 一般心理学家认为自我意识是出生后通过接触外部世界而逐步产生的，新生儿和胎儿不具有自我意识。参见"婴儿自我意识"词条，载林崇德等主编：《心理学大辞典》（下卷），上海教育出版社2003年版。

谈伦理的基础上达成共识的可能。如果可以达成共识，那么身体的托管关系是允许的，尽管哈贝马斯的这个设想是建立在一种（有待实现的）虚构的知情同意基础上的。[①] 从财产权理论上看，洛克对这种托管关系也有论述。当谈及自愿为奴的情况时，洛克指出这其实是奴隶把自己身体这一私有财产的收益权出让给了奴隶主。由于身体无法与自我分离，因此这种收益权的出让，实质上也包含身体财产权的托管。但这里托管并不是真正意义上的财产所有权，只是财产的收益权，即奴隶主可以占有因奴隶身体的劳动而带来的收益，但不能伤害身体。因为奴隶主对奴隶身体的权利并不是完整的财产所有权，与奴隶对自己身体的财产权并不等量齐观。这体现在奴隶主不能伤害奴隶的身体，即受到不伤害原则的约束。这种在不伤害原则约束下的身体权委托托管，后来被广泛应用于临床医疗伦理中。在治疗疾病的情境下，尤其是进行外科手术时，病人是把对自己身体进行处置的权利暂时性地委托给了医生，以赋予其在自己身体上实施干预的权利，达到治疗疾病的目的。显然，这里托管的只是对财产的处置和利用的权利，并不包含所有权，同时这种托管也是建立在不伤害原则上的，即病人确信医生对自己身体的干预是以恢复健康和不伤害为目的的。

　　孕妇对子女进行的基因增强干预，也可以借用这种有限止的身体财产权托管来实施。即胎儿由于缺乏自我意识，因而身体的所有权被托管给了母亲。母亲可以在身体是一种私有财产，并拥有对私有财产的处置权的前提下，对胎儿实施干预。但是这一行为必须以不伤害子女为前提才可以实施。这里不伤害原则要求在孩子长大以后，母亲和孩子之间进行一次对话，作出决定的一方在事实和理由充足的情况下，证明了增强行为并未带来伤害，反而是有助于实现被决定者的自主，并取得了对方的认可。这一建立在事后的商谈伦理基础上的对增强干预达成的知情同意，使得之前在胎儿阶

---

① Jürgen Habermas, *The Future of Human Nature*, Polity Press, 2003, p.52.

段实施的干预,可以被视作孩子自主决定的结果。哈贝马斯在其《人类本质的未来》一书中构想了这一论证①,其目的是为避免重大疾病而进行的出生前基因诊断进行辩护。

因此我们认为,当自主是建立在身体作为一种受法律保护的私有财产权的基础上,同时考虑哈贝马斯的商谈伦理的论证,那么母亲在出生前出于避免重大疾病的目的,对胎儿的实施某种预防性的增强干预,即增强对于某种疾病的免疫和抵御能力,是可以得到辩护的。但无论如何,类似订制失聪婴儿的决定,不在此列,因为这种干预违背了不伤害原则,不应被允许。

至此,对于增强技术的应用是否侵害了个体自主的发问,可以得到一个答案。当把自主理解为个体对自己身体拥有的财产权时,出于自愿的、增强自身的决定和行为,可以视作一种体现了个体自主的抉择。而那些由孕妇作出的,针对胎儿也是针对自己身体的增强决定,只要不违反不伤害原则,法律没有明确禁止,并在事后获得了被决定者的谅解,那么这种行为也可以视为获得了胎儿"知情同意"的授权,因此并没有侵害他人的自主。当然,这仅仅是基于身体财产权的一种解答方案。增强技术的应用与个体自主之间的关系是一个开放性的问题,技术发展、传统观念、思想流变等因素都对此产生着影响,值得进一步的探索。

第三节 人类增强技术与伦理自然主义批判

一、人类增强伦理中的观点对峙

"人类增强伦理"这一提法,来自朱利安·萨弗勒斯库(Julian Savulescu)

---

① Jürgen Habermas, *The Future of Human Nature*, Polity Press, 2003, p.52.

和尼克·博斯特罗姆(Nick Bostrom)于 2009 年编辑出版的《人类增强》一书。两位编者指出,人类增强技术已经发展为近年来应用伦理学中一个重要的论辩话题,讨论的核心是:人类是否应运用科学技术手段对自身的精神和生理能力等进行直接增强。[①]

通过接受教育、与人相处或是体育锻炼等手段增进知识、学习社交、磨炼意志乃至强健体魄等,属于传统的自我完善和提高的途径,需要不断付出时间和精力才能获得一定成效;而人类增强则是通过外在的医学治疗或生物技术的干预,直接获得传统的方法希望达到的效果。在人类增强的语境中,突出的关键词是"直接"和"科学技术手段"。"直接"指省去了原本所需的时间和精力成本;"科学技术手段"凸显的是依靠了现代的科技进步,即"人类增强技术"。

随着基因技术、认知科学、脑科学、纳米技术等的进步,运用相关成果对人体各方面的素质和能力进行操控、改造和增强,正变得日益可能。身体能力方面,通过基因技术和生物医学的研究成果,可以使人的力量、身高和耐力等生理指标得到一定程度的改善,甚至是显著的提高。[②]在心理和情绪方面,科学家已经找到了一些提升人类短时间内记忆力和注意力的方法和药物,而相关情绪控制和调节的药物则更为成熟。[③]在免疫能力方面,随着地

---

① Julian Savulescu, Nick Bostrom(eds.):*Human Enhancement*, Oxford University Press, 2011, p.1.

② 改善身体力量方面,美国佛罗里达大学生理学教授斯威尼(Lee Sweeney)主持的一项研究发明了一种人造基因,通过注射能使肌肉细胞不断生长、增加力量,该项发现在动物试验中已获得成功。身高方面,美国礼来公司开发的人类生长素,可用于提高处于发育期的青少年的身高,预期疗效是 5~7.6 cm。耐力方面,通过注射一种人工合成的红细胞生成素(erythropoietin),可以提高血液中的含氧量以提升耐力。分别参见:H. Lee Sweeney, "Gene Doping", *Scientific American*, July 2004, pp.62—69; E. M. Swift and Don Yaeger, "Unnatural Selection", *Sports Illustrated*, May 14, 2001, p.86; Matt Seaton and David Adam, "If This Year's Tour de France Is 100% Clean, Then That Will Certainly Be a First", *Guardian*, July 3, 2003, p.4。

③ 具有改善记忆、持续保持注意力功效的药物有安帕金(ampakine)、莫达菲尼(modafinil)等。百优解(Prozac)、帕罗西汀(Paxil)的处方疗效是抗抑郁,对健康人群也具有一定的改善注意力的功效。

中海贫血症(Thalassemia)、囊性纤维化症(Cystic fibrosis)和艾滋病等致病、发病基因的确定,通过基因编辑对这些疾病进行先天免疫的干预方案已经形成。更为重要的是,这些技术并不仅仅是作为药物来治疗疾病,对健康和正常的个体来说,上述增强方案同样也是可行的。因而,"人类增强技术"指的是这样一类技术,它们以改变人的生理和物理的方式,在超出人类正常水平之外,来完成任何不借助技术手段无法达成的素质和能力。

自从这些效果奇异的技术或技术方案问世以来,相关的伦理争议不断,其中最核心、也是对峙最为鲜明的是两大"主义":对人类增强技术持积极和肯定态度的超人类主义,以及与之对立的生物保守主义(bio-conservatism)。超人类主义主张:应该研发更多种类的增强技术,同时人们应自由地利用这些技术来改变自己①,甚至接受增强也可以成为一种义务。②在他们看来,增强技术的应用对人是有益的,基于理性考虑的个体必定会选择接受增强。但生物保守主义不这么看,不应该对生物学意义上的人或人的本质(human nature)进行实质性的改变,③人类增强技术的应用将带来这种后果并引起其他诸多问题,因此这类技术不应被应用,甚至相关研发也要管控。

超人类主义对人类增强技术的价值判断蕴含了三种理论倾向:伦理自然主义、伦理个人主义和功利主义。受进化论观点的影响,超人类主义认为,物种本身的繁盛是值得欲求的。体现在物种层面,便是人类向后人类的进化趋势;④体现在个体层面,就是人的生理、心理素质和能力等不断提高,

---

① Julian Savulescu, Nick Bostrom(eds.): *Human Enhancement*, Oxford University Press, 2011, p.1.

② John Harris, "Enhancements are a moral obligation", in Julian Savulescu, Nick Bostrom (eds.): *Human Enhancement*, Oxford University Press, 2011, p.131.

③ Ibid., p.1.

④ 参见 Nick Bostrom, "Why I Want to be a Posthuman When I Grow Up", in *Medical Enhancement and Posthumanity*, Bert Gordijn and Ruth Chadwick(eds.), Springer, 2008, pp.107—137,以及 Mark Walker, "Cognitive Enhancement and the Identity Objection", *Journal of Evolution and Technology*, Vol.18, No.1, 2008, pp.108—115.

实现的手段就是借助人类增强技术。因此促进这类技术的研发和应用是一件好事。超人类主义的这种观点类似于 19 世纪时赫伯特·斯宾塞(Herbert Spencer)和让-马利·居友(Jean-Marie Guyau)等提出的适者生存的社会生物学观点,只不过把后者从"宽度和长度"这样的简单量化的角度来衡量生命力的标准,转化为稍复杂的人类身体的各种素质和能力的增强和发展,就二者都是从可实证的经验事实中来确立伦理规范而言,皆属于伦理自然主义。

此外,超人类主义也表现出伦理个人主义和功利主义。对个体而言,是否接受人类增强技术取决于个人出于自己的好恶而作出的成本-收益判断。①显然,这里突出的是个人在道德评价上的权威地位,以及行为者自身的获益。对个人道德自主权的强调,对可实证的经验性感受的确信是西方现代性世俗社会的价值和规范性判断的基石。②在经济可以负担的情况下,人们对可以增强自身素质和能力的技术会作出正面的评价,并选择接受。

与之相反,生物保守主义对人类增强技术持消极的、否定的立场。之所以被称为"生物保守主义"原因有三:首先,这类观点对那些可能作用于人类的、广义的生物技术③的前沿发展,持一种不信任、批判和保守的态度;其次,这类观点中的大部分想要守住的是所谓"人类本质"(或曰人性),做法是把人性作为伦理规范的依据。最后,这类观点往往与西方政治传统中的保守主义有着千丝万缕的联系,即经济上信奉自由市场和理性人的选择,道德上主张平等、自由、自主等传统价值理念;同时他们相信生物技术的发展挑

---

① Nick Bostrom, "Human Genetic Enhancement: A Transhumanist Perspective", *Journal of Value Inquiry*, Vol.37, No.4, 2003, pp.493—506.

② 关于伦理自然主义、伦理个人主义和功利主义作为现代世俗社会的价值理念的论述可参见查尔斯·泰勒著《世俗时代》(上海三联书店 2016 年版)第三部分的分析,以及哈贝马斯对现代性社会的世俗化倾向的批判,见哈贝马斯著《在自然主义与宗教之间》(上海人民出版社 2013 年版)等。

③ 广义的生物技术包括传统的基因技术、生物化学技术等,也包括具有跨学科性质的 bio-x 技术,如神经工程技术、脑科学、认知科学等)。

战了这些传统理念。

生物保守主义在政治上的保守主义和古典自由主义倾向,与超人类主义提倡的个人基于自身好恶和成本-收益来对人类增强技术进行抉择之间,并不存在根本的分歧。因此,对于伦理个人主义和功利主义——这两个超人类主义的规范性原则,生物保守主义并不存在直接的反对动机,又由于超人类主义的伦理主张往往诉诸技术应用的实证经验,因而生物保守主义对前者的批判主要是围绕伦理自然主义来展开。其策略之一称为"针对伦理自然主义的批判",即在规范性问题的论证上否认伦理自然主义推论的有效性,并尝试用形上学或宗教直觉的论证进行替代;策略之二称为"基于伦理自然主义的批判",方法是在承认伦理自然主义的规范性推论的前提下,引申出超人类主义规范性原则(伦理个人主义和功利主义)与其主张间的矛盾。可以说,伦理自然主义是理解这场争议的重要线索。

同时,以是否承认伦理自然主义为标准,也可区分出生物保守主义的两种批判立场:强批判和弱批判。强批判即针对(否定)伦理自然主义的批判,它不仅否定了超人类主义伦理规范推论的有效性,而且还进一步主张在立法层面对人类增强技术的研发加以管控。弱批判即基于(肯定)伦理自然主义的批判,对规范性采用了经验主义的立场,力图在科技发展与规避风险、维护政治秩序之间保持平衡。通过区分强、弱两种批判立场,并对其中代表性观点进行分析,我们认为,在处理人类增强技术引发的伦理问题上,基于伦理自然主义的弱批判是一种更妥当和切实的选择;对此的论证,是通过权衡和比较各种观点的理论融贯性以及现实可操作性来实现的。

二、伦理自然主义的强批判之一:自然主义谬误

超人类主义的伦理自然主义,面对的第一种强批判是元伦理学层面的,其依据是摩尔(George E. Moore)提出的"自然主义谬误",其强势之处体现在它明确指出了:超人类主义对规范性的论证是无效和错误的,即单纯从描

述性命题中无法推论出规范性命题。①虽然在理论层面上，元伦理学层面的批判立场鲜明，指出了伦理自然主义的规范性论证是错误的，但在现实中这种过于形式化的批判缺乏实质性的主张，仅是一种外强中干的观点。

摩尔不赞同斯宾塞等人用达尔文进化论来解释人类社会的伦理自然主义，在《伦理学原理》一书中提出了"自然主义谬误"来概括自己对伦理自然主义的批判。摩尔认为，（作为形容词的）"善"本身是无法进行分析的和定义的，因为它是简单的、没有部分；用"善"这个简单的概念与其他概念等同是一种错误，取其名曰"自然主义谬误"，例如把经验中"值得欲求的东西"或"快乐和免除痛苦"等同于"善"，把"更为进化的"或"更高级的"等同于"更好的"，等等②。摩尔的这个分析，是典型的在元伦理学层面对伦理概念的形式和语法分析。之所以认为"善"不能由任何自然的属性来定义，在本体论上是对休谟提出的"是应二分"的回响。休谟在其道德哲学中提出，不能从一个事实判断直接得出一个规范性的价值判断。事实判断涉及真假，规范判断指出行动应该或不应该，二者在逻辑上是两类概念，不能相互推导。摩尔接受"是应二分"提出自然主义谬误，其初衷是想捍卫伦理学相对于自然科学的自主性，即伦理命题不能被还原为自然科学命题（包括心理学）。③

在人类增强伦理的语境中，自然主义谬误及其本体论的承诺——是应二分，把规范性问题分成了技术现实和伦理理论两个层面。伦理理论指的是围绕人类增强技术展开的伦理辩护和反驳；技术现实层面指的是人类增强技术所能实现的实际功能和效果，也包括为实现这类技术而进行的研发，属于对现实事物进行客观性研究的事实层面。伦理理论和技术现实是相互

---

① See Andres Pablo Vaccari, "Why Should We Become Posthuman? The Beneficence Argument Questioned", *Journal of Medicine and Philosophy*, Vol.44, pp.192—219.

② G. E.摩尔：《伦理学原理》，陈德中译，商务印书馆2018年版，第55页。

③ 同上书，第45页。

独立的,某一层面的结论对另一层面而言并不具有直接的推理效力。超人类主义关于人类增强技术的论点可以概括为:身体、智能和心理能力上的更快、更高和更强是一种善,能带来现实的好处,值得人们去追求,可以构成人们进一步行动的动机。

设想一对父母,出于种种原因,对自己孩子未来的身高充满忧虑,正在犹豫是否要给处在发育期的孩子服用某类生长素以改善身高,甚至他们也在考虑是否要为即将出生的第二个孩子实施某种改进身高的基因治疗。又例如临近毕业的大学生小 A 忙于求职面试和考研,对于一周后的期末考试毫无准备,正在犹豫是否要服用某种记忆增强药物以突击备考。

对此,超人类主义者的观点很可能是这样的,身高对于能否获得幸福生活很重要,能带来更多自信,能获得异性的青睐,能获得更多的职业选择。又如在应付考试的学生看来,服用药物提升记忆力,有助于顺利地通过考试,获得奖学金,带来更好的工作实习机会等。显然,这种推理模式是经验性的,从现实中能获得印证的某种自然状态(身高)或某种现实中的待遇(更高的工资)来构成人做出选择的动机,应该怎么做取决于对经验事实的判断和预料。

超人类主义的这种把规范建立在经验判断上的做法,可能具有一定说服力,但不得不面对休谟的"是应二分"问题和摩尔的"自然主义谬误"的挑战。预期身高 1.7 米是一个事实判断,不能从中推论出我应该增高为 1.9 米。或者说,我的记忆力能让我复述出最近三天的复习内容,但是通过服用记忆增强药物,我能准确记住一月内看过的所有书的细节——据此,能推论出应该接受记忆增强吗?"应该"即认为其中一种状态更有价值、更值得我去获得。休谟认为,单凭事实判断本身,无法得出应该保持它或者改变它的理由。因为事实描述真假,涉及的是理性,而理性并不能决定人的行为动机,是趣味根据情感好恶来确定行为的动机,从事实的判断不能直接得出行为动机。

即便有人举出现实的利益，认为更高的身材或更强的记忆力能带来具体的好处，它们是善的，并值得达成，摩尔等人却会认为，伦理命题中带有规范力量的"善"，如果用自然性质——例如用"快乐的"或"被欲望的"——来定义的话，那么就是一种"自然主义的谬误"。这种推理是成问题的，不是伦理命题的正确推理方式。

面对这样的挑战，超人类主义有两种选择。一是选择接受"自然主义谬误"的批评，即从经验事实出发得出规范性的伦理结论，这种推理是无效的。但是，这只能表明超人类主义论证人类增强技术应用的伦理合理性的方法错了，并没有表明"允许或应该采用某某增强技术"的命题的内容不正确。摩尔自己也认为，"一个正确的结论可以总是从一个错误的推论中获得"①，论证形式上的错误并不危及内容本身。

此外，接受"自然主义谬误"及其本体论的承诺，还将带来一个意外的后果。如果承认规范性命题不可从事实判断中得出，而是另有起源，那么，以经验事实为研究对象和内容的科学研究和工程研发，似乎就可以在事实与价值无涉的约定下，免除来自伦理和政治领域的规范性约束。美国生物学家厄尔里希（Paul R. Ehrlich）就曾提出，在价值问题上，人的自然属性对于价值没有任何指导作用。②他的言下之意是科学家的工作和伦理学家的工作互不相干，科学研究与价值判断无涉，因而也不应受到来自伦理学家和政治家们的干涉。

因此，即便超人类主义承认自然主义谬误以及"是应二分"的结论，但对于其想辩护的人类增强技术并不能构成实质上的约束，甚至在另一方面反而论证了相关技术研发的独立性。

选择之二，超人类主义不接受基于自然主义谬误的批评。显然，站在伦

---

① G. E.摩尔：《伦理学原理》，陈德中译，商务印书馆 2018 年版，第 71 页。
② Paul Ehrlich, *Human Natures：Genes，Cultures，and the Human Prospect*，Island Press/Shearwater Books，2000，p.309.

理自然主义的立场上看,事实和价值并不是截然两分的,如果进行抉择的人是具身的存在,能通过自身的行动对周围环境作出回应,那么在这种回应能力中已经包含了基本的评价能力,完成某个行动同时就是进行了某种评价,规范性就体现在主体对行动的功能和目的渴望和欲求中。①事实上即便是在休谟那里,"是应二分"只是一个设问,其目的是为了引出人类行为的动机问题。休谟本人并不认为事实和价值之间的截然两分,他提出,在现实中人通过需要、欲望、喜悦、快乐等情绪,已经从主体的情感中把事实判断和价值判断进行了关联。②从切身经验出发,在情感、欲求、直觉和理性的权衡下作出选择,在伦理自然主义看来并非谬误。因此,坚持伦理自然主义的超人类主义,可以用立场和信念的差异为由,对自然主义谬误的批评进行屏蔽。

因此,当面临有关人类增强技术的价值判断时,生物保守主义对超人类主义的元伦理学批判,或许可以论证后者的伦理自然主义辩护犯了形式上的错误,但无力主张在现实中对相关技术进行制约。由于元伦理学批判所面对的仅是伦理理论本身,这使得生物保守主义基于自然主义谬误的批判缺乏可操作性,无法触及超人类主义的实质性主张。

三、伦理自然主义的强批判之二:
基于形上学和宗教直觉的人性规范性

对超人类主义的另一种强批判立场,在规范伦理学层面展开。这一层面上的伦理自然主义认为:伦理规范得以可能的条件以及对这些规范性原则的定义、说明和辩护,并不需要借助任何超感觉经验,应该用一切可行的

---

① 徐向东:《理由与道德》,北京大学出版社 2018 年版,第 399 页。
② 参见 Alasdair Macintyre, "Hume on 'Is' and 'Ought,'" *Philosophical Review*, Vol. 68, 1959, pp.451—468,以及大卫·休谟在《人性论》第三卷中关于"道德区分"(moral distinctions)的论述。

经验方法和资源来分析和理解这些规范。①虽然这一层次上的伦理自然主义并不限定具体的规范内容，但也确实反对那些基于超感觉经验的规范性命题。正是在这点上，凸显出了强批判生物保守主义与超人类主义间的分歧。前者对伦理规范性的论证往往是基于形上学或宗教直觉的，而后者诉诸的是经验判断。

由于诉诸了形上学和宗教直觉，这类生物保守主义的批判也显现出了意识形态化的特征，即本体论上的观念延伸成了政治和伦理上的价值诉求，并希望在现实中得到贯彻。因此，这种批判不仅针对伦理自然主义的理论预设，而且在元伦理学批判并未触及的现实层面也有所主张，呼吁在立法层面对人类增强技术的研发加以管控，以消除应用的可能。但是，由于形上学和宗教直觉难免与现代世俗社会的观念存在脱节，导致其对伦理自然主义的规范性批判在现实面前并不具有足够的说服力和可操作性，甚至理论自身在融贯性上也有漏洞。

1. 基于形上学的人性规范性论证

在《人类本质的未来》一书中，哈贝马斯针对基因增强技术的应用，提出了一种基于形上学的人性规范性论证。鉴于哈贝马斯作为知名公共知识分子的身份，我们将其观点作为代表案例。哈贝马斯认为，超人类主义提倡基因增强的论点是"反常和怪异的（freaked-out）"。②后者支持父母委托医疗机构对未出生的孩子进行手术干预，通过基因分析、选择和编辑来对某些人体特征进行改变以达到更健康和完美的状态。具体涉及胚胎植入前基因诊断技术（preimplantation genetic diagnosis，PGD），及作为其基础性研究的胚胎干细胞实验。这几年较为热门的基因编辑技术也适用于这类场景。

---

① 参见 Matthew Lutz and James Lenman，"Moral Naturalism"，*The Stanford Encyclopedia of Philosophy*，以及尼古拉斯·布宁等编：《西方哲学英汉对照词典》，人民出版社 2001 年版，第661 页。

② Jürgen Habermas，*The Future of Human Nature*，Polity，2003，p.22.

虽然在基因选择和增强技术的应用合法性上，一般公众的想法是允许利用其来治疗某些重大的遗传性疾病，但是哈贝马斯却对此表示反对，认为不应把 PGD 技术合法化，因为一旦允许便无法遏制从诊断到选择、再到增强的进程，这将对人的尊严构成挑战。①在哈贝马斯看来，不用说基因编辑技术，哪怕是干预程度更低的 PGD 技术也不应被合法化。②

之所以得出上述结论，是基于哈贝马斯对两个问题的理解：什么是人性？以及，人性的规范性从何而来？正是在这两个关键问题的处理上，哈贝马斯完成了一种对伦理自然主义的形上学批判，体现在两个方面：

首先，在人性的规范性论证上放弃了伦理自然主义。哈贝马斯从两个方面来理解人之为人及其特征。首当其冲，人就是自然物种（species）意义上的人，从哈贝马斯针对的是基因技术而言，"物种"这个词强调的是人的基因序列和组合。其次，人性也包含了一个经验性事实，即人的出生是未经技术干预的自然的出生。③因此，从诉诸自然科学知识和经验事实而言，哈贝马斯的人性概念是自然主义的。但如何论证人性的规范性呢？对此哈贝马斯的选择却是放弃了自然主义的进路。

论证人性的规范性最直接的方法是规范的本质主义，即直接赋予自然物种意义上人之为人的条件以规范性，以此来反对增强技术的干预。人性本身就具有规范性，改变基因就是改变人性，因而不应被允许。但规范本质主义的短板也很明显，这样建立起来的规范性不够强健，容易受到如下诘难：为什么被改变前的基因序列具有规范性，而改变后的不具有规范性？为什么是这一种经验事实具有规范性，而不是那一种经验事实具有规范性？哈贝马斯并没有回答这些问题，这表明他并不看好这一方案。

---

① Jürgen Habermas, *The Future of Human Nature*, Polity, 2003, p.68.
② Ibid., p.23.
③ 哈贝马斯认为，人的生命属于有机体，是自然生长的结果；这区别于技术产品，后者是人为制造的产物。Ibid., pp.44—45.

　　另一候选方案是：考察基因干预在心理上对受试者带来的负面影响，即受试者长大后会认为改变基因侵犯了其自主，限制了他或她发展某种天赋的可能。这一方案诉诸的是受试者的心理感受这一经验事实，也属于伦理自然主义，亦称为心理后果论。但反对意见认为：基因干预和负面的心理影响这二者之间只具有或然性的关联。受试者也可能很满意自己被先天赋予的身高优势，或者一开始不满意，后来认可了这一事实，毕竟这种改变不是让自己变得更矮或更不健康。后果论的短板在于：仅仅是心理上的弱的因果关联，无法支持立法层面的强规范性。和规范的本质主义一样，哈贝马斯最终放弃了这些基于伦理自然主义的规范性论证。

　　放弃伦理自然主义只是形上学批判的第一步，为了论证立法层面的人性规范性，哈贝马斯的方案是以形上学为基础的义务论。义务论认为，一个行动是否正当，并不因其后果来判定，而是取决于行动本身固有的特点。在人类增强的语境中，如果可以论证人类增强技术本身就是错误的，那么不用说技术的应用，甚至是对技术的研发都是有足够的理由进行管控和遏制了。哈贝马斯认为，PGD技术也好，干细胞研究也罢，它们之所以错，正是因为采取了一种错误的态度。从遵从义务的角度看，以这种错误态度行事，不应被允许。

　　通过援引亚里士多德的形上学思想，哈贝马斯区分了人们对待不同事物应有的态度。技术的态度，是人们对待那些没生命的、无机物的态度，可以把它们作为工具、手段或原料来实现自己的目的。实践的态度是人们对待那些有生命的事物或有机体的态度，尊重对方的主观意愿，其中又可分为两种：对待能用语言交流的生命体的述行的态度（performative attitude），以及对待那些有生命但无法语言交流的生命体的客体化的态度（objectivating attitude）。①因此，在如何对待胚胎上，客体化的态度是行为的底限：应该将其作为无法语言交流的生命体，尊重胚胎自身发展的目的，禁止人为干预下

---

① Jürgen Habermas，*The Future of Human Nature*，Polity，2003，pp.44—45.

的出生;不应该采纳技术的态度,将其作为无生命的对象而当成实现他人意愿的工具和手段。鉴于此,任何人哪怕是父母出于自己的愿望对胚胎进行基因干预,都属于"物化"的、技术的态度,不应被允许。而胚胎干细胞研究,则完全是以科学知识的增长这个外在的目的来修改基因或牺牲胚胎,更加不能被允许。

由此,哈贝马斯提出了一种以存在物划分为基础的义务论,这是一种基于形上学本体论的规范性要求。其长处在于借助了形上学的"普遍性",把任何对人类胚胎的技术干预定性为是对义务的违背。哈贝马斯希望寻求一个强势规范论证的愿望得到了满足,并且这一论证构成了一种基于形上学本体论的伦理自然主义批判。但这一方案并非无懈可击。

首先,是本体论观念的时代兼容性问题。哈贝马斯仅仅是引证了亚里士多德本体论对存在物的划分,并假设其是普遍和有效的,可以作为规范性的基础,但却没有对其合法性加以论证。①古希腊时期的世界观,是否足以作为分子生物学时代法律规范的基础,值得怀疑。其次,是自然主义与理论融贯性问题。一方面,哈贝马斯**坚定**地反对基因干预,一方面,又否认自己是基因决定论者②,基因选择或编辑只是间接造成了受试者的物种身份危机。这种近乎矛盾的态度使其反对基因干预的论证缺乏足够的说服力。其三,理论与现实技术发展的脱节。考虑到已被广泛采用的试管婴儿技术,如果将尊重胚胎自身发展作为一项义务,那么培育试管婴儿这类非自然出生是否违背这种义务呢? 对此持肯定态度的观点,恐怕并不具有实际意义。

2. 宗教直觉的人性规范性论证

与哈贝马斯相同,福山(Francis Fukuyama)对人类增强技术也持强批判的立场,在担任美国总统生命伦理委员会顾问期间,福山促成了小布什政

---

① Jürgen Habermas, *The Future of Human Nature*, Polity, 2003, p.44.
② Ibid., p.53.

府对人类胚胎干细胞研究的冻结计划①；对超人类主义则宣称其是"世界上最危险的观念"②。福山的强势，更体现在除了反对父母对子女实施的外加增强性干预外，还涉及了服用神经药物对认知能力进行的自我增强。这意味着福山要论证的规范性其权重之高将甚于个人自主，这便促使其进一步借助宗教信仰来巩固形上学本体论的普遍性。

　　人性及其规范性，同样是福山要回答的核心问题，对此他选择了规范的本质主义，即在人性的自然主义定义基础上，强调一种基于整体论的绝对差别，以此证明任何去差别化的尝试都是对"自然"（即本质）的违背，应加以杜绝。他对伦理自然主义的批判，集中体现在用超越经验的、宗教直觉的方式来偷换"自然"这个概念。

　　关于人性，福山给出的也是一个自然主义的版本。这里的"自然"指的是生物统计学上的数据分布。所谓人性，就是作为一个物种的人类的典型特征和表现的总和。③"典型"指的是生物统计学意义上物种特征值的钟型分布。现实中，人类个体间体征各有差异，但从生物统计学上看，这些不同特征的分布区间和中位数是确定的。就智商、身高、体力、耐力等指标而言，还是可以区分出现代智人和黑猩猩的数据分布代表的是两个不同的物种。诉诸生物统计数据的人性定义，可以较为客观地划定人类增强技术的边界所在，但却不能论证这一界线本身具有规范性。因为，生物统计学只是在共时性意义上划出了人类特征分布，如果转换为历时性条件下来探寻人性，这一标准的客观性还能保持吗？也就是说，如何在承认主张物种可变的进化论观点的条件下，来论证人性的规范性。正是这一棘手的挑战，促使福山不得不放弃了自然主义的路径，转向了自然权理论。

---

① 参见 The President's Council on Bioethics，*Human Cloning and Human Dignity：An Ethical Inquiry* 的第一部分政策建议，https://bioethicsarchive.georgetown.edu/pcbe/reports/cloningreport/recommend.html，2020-03-02。

② Francis Fukuyama，"Transhumanism"，*Foreign Policy*，September 1，2004，pp.42—43.

③ 福山：《我们的后人类未来》，广西师范大学出版社 2017 年版，第 130—131 页。

自然权理论的人性观并不等于自然科学的人性观,前者的"自然"指的是某种基于形上学或宗教的自然秩序,而非后者的经验知识。虽然在结论上,二者都坚持人与动物之间的差异,但自然权理论认为,这种不同并不是数据分析的结果,而是基于基督教教义及其特定的形上学设定。为了论证人性的规范性,福山指出,人性并非自然科学可以穷尽。人为何具有意识和情感? 人的灵魂又是什么? 自然科学无法给出令人信服的答案,这是知识的边界所在。尽管科学无法对这些问题给出透彻的解释,但人有自己的答案。在人类进化过程中的某个节点,发生了一些非常重要的本质性跳跃,正是由于这一从部分到整体的跳跃,最终形成了人性规范性的基石。通过援引教皇保罗二世的观点,福山把进化过程中灵魂的突现称为"本体论的跃变"(ontological leap)。[1]其中到底发生了什么仍然是个谜,但福山认为,我们还是能够相信这点。[2]当福山求助于宗教式的直觉来为人性的规范性论证之时,已经在"自然"概念的跃迁中完成了对伦理自然主义的批判,人性的规范性已经转到了超越经验而存在的神秘自然法中了。

基于宗教直觉对伦理自然主义的批判,并不足以支持福山的强批判的立场。首先,这种直觉本身并不具有普遍性,不足以作为普遍性立法的基础。具有基督教背景的人群对自然权理论的人性可以形成某种共识,但在文化多元背景下的宪法国家中,自然权理论并不具有天然的合理性优势。其次,是自然主义与自然法的融贯性问题。如果仅仅是人的自我意识、情感和灵魂等自然科学无法完全解释的现象,决定了人性享有基于自然法的规范性保护,那么这是否意味身高、记忆和体能等并非人性之所在,增强技术是可以染指的? 福山对此并不会认可,但自然法的论证并未覆盖这些特征。其三,宗教直觉与世俗化的现代社会对科技发展的需求是脱节的。在现实中,即便是在有较深基督教信仰氛围的美国,禁止联邦政府资助胚胎干细胞

---

① 福山:《我们的后人类未来》,第162页。
② 同上书,第171页。

研究的禁令,在2009年时也被奥巴马政府推翻了,理由是与医学发展不相适应。①

在人性的规范性论证上,形上学和宗教直觉的方案存在的种种问题,不得不令人产生怀疑:通过诉诸立法这样的强势规范手段来禁止人类增强技术及其应用,这一策略本身是否可行。毕竟,在对世界的理解、对人性的认识上,无论是古希腊的形上学,还是基督教的直觉,与现代基于自然科学的知识体系之间都存在着重大的分歧,在前者基础上以立法形式来呈现人性规范性是一种过于苛刻的要求。同时,加之前述元伦理学的批判又过于形式化而缺少实质的主张,因此,否定伦理自然主义的强批判观点似乎很难走通。

四、基于伦理自然主义的弱批判:行为博弈的结果和美德的意义

对超人类主义支持人类增强技术的弱批判观点,是在承认伦理自然主义的前提下展开的,是"基于伦理自然主义的批判",即对伦理规范性的论证无需借助超自然的观念和力量,从经验知识及相关推论中就可以完成。同时,弱批判也属于规范伦理层面的观点。它反对在人类增强技术的应用上超人类主义的主张:即在经济可以负担的情况下,人们对可以增强自身素质和能力的技术会作出正面的评价,并选择接受;但并不反对基础性的生物学研究(包括人类胚胎干细胞研究)在伦理原则指导下的开展。在承认伦理自然主义的前提下,弱批判论证策略是指出了超人类主义规范性原则(伦理个人主义和功利主义)与其主张间存在的矛盾,以此来削弱其主张。从这个意义上说,弱批判的观点也属于对超人类主义有所质疑的生物保守主义范畴。

在伦理自然主义的框架内,弱批判可以借用的资源有不少,例如前述哈

---

① See "Obama overturns Bush policy on stem cells", CNN, March 9, 2009, http://edition.cnn.com/2009/POLITICS/03/09/obama.stem.cells/,2020-03-02.

贝马斯曾考虑过的负面心理后果论,还有技术风险管控论,以及区分"治疗"和"增强"的客观标准的划界论。此外,从个体行动的社会性出发,也有学者提出了行为博弈后果论和美德的进化论意义的观点。

这些选项中,由于负面心理后果论过于强调心理经验,同时在主观感受和实际侵权之间的因果推论过于脆弱,因此暂不作为一种可得到充分支持的观点。而对于人类增强技术可能引起的风险进行规避和管控,对此即便是激进的超人类主义也持肯定态度①;因此,这并不是超人类主义和生物保守主义对峙的关键所在。同时,制定区分"治疗"和"增强"的客观标准的做法,也存在问题。如果"治疗"意味的是病患的恢复原状,那么对某些能力本就超越平均水平的天才的治疗,就将是一种实质上的增强性干预。因此,要在"治疗"和"增强"之间给出某种客观的和普遍的标准,几乎难以实现。我们认为,相对而言,对行为博弈后果和对美德的进化论意义的阐明,才是弱批判立场提出的有力反驳。

1. 行为博弈的后果论

行为博弈的后果论指出了超人类主义的利己功利主义原则与其主张间的矛盾。这一观点认为,即便个体从成本-收益的视角来对人类增强技术的效益进行判断和预估,也无法支持个体必定做出接受人类增强技术的决定,更不用说把增强作为一种义务了。对此通过考察增强效果和"相对优势"(positional good)②的关系,可以得到揭示。

假设在未来社会中,某种增强技术已足够可靠并被商业化应用,且价格是普通民众都可以接受的,这些条件也并不能确保某人一定会选择增强自

---

① Max More, "The Philosophy of Transhumanism", in *The Transhumanist Reader*, Max More and Natasha Vita-More(eds.), Wiley-Blackwell, 2013, p.13.

② 辛格在一篇评论人类增强技术的论文中提出了"相对优势"这个概念。Peter Singer, "Parental Choice and Human Improvement", in Julian Savulescu, Nick Bostrom (eds.): *Human Enhancement*, Oxford University Press, 2011, p.282.

身。因为增强性技术对某种人类生理特征和能力的增强或改变，并不必然能帮助人们获得相对优势。如果身高仅仅是增加了 8 厘米，而不是比他人或社会平均值高出 8 厘米，那么身高的相对优势可能带来的收益——如更好的职业选择、某种心理优越感、异性的关注等——并不会得到兑现。只有增强可以确保相对优势的条件下，这类技术才会被个体选择。但商业化的应用意味着每个人都能获得此类技术，如果大多数人都选择提升身高的话，个体的相对优势将不复存在。如果希望继续保持优势，则意味着更多的后期投入（继续增高）。同时，增高技术的广泛应用将造成社会平均身高的提升，并推高公共设施和服务的成本，这将间接导致个人税收支出的增加（身高和收入一样可能成为累进制税收的参考值）。所以，如果预见到由身高提升而带来的各种配套投入的增长并不能完全被相应的收益抵消，那么个体从利己的功利原则去考虑，接受增强并不会是一种必然的选择。同样，把接受增强作为一种义务，也未必能实现。因为，从立法机构自身的功利主义考虑，如果把提升身高作为义务（像接受义务教育那样），并不能确保个体能从中获益，而且还会导致额外的公共投入，所以从权衡投入产出来考虑，这类增强也很难像超人类主义预言的那样成为一种义务。①

因此，在相互博弈的视角下，即考虑了参与行动的其他个体可能的选择后，用利己的功利主义来评估增强技术的应用会得到，超人类主义的规范性原则并不能支持其主张，即人类增强技术会成为一种必然的选择，或成为一种义务。

2. 美德的进化论意义

上述基于博弈后果的反驳得以成立，需要一个前提，即增强技术的充分商业化应用，且大多数个体可以负担。然而，如果缺乏这一条件，即在增强

---

① 这并不是否定在某些极端和危机情况下，某种类型的增强将成为义务，其可能的条件是：如果不成为义务，社会整体将蒙受巨大的损失。

技术还只是阳春白雪阶段,仅有少数精英或高收入阶层才负担得起时,后者对增强技术是否也会必然接受呢?对此基于进化观念的美德理论也给出了否定的答案。

人类物种的进化历程表明,自然选择在个体层面发生作用的同时,也在群体层面发生作用,很可能后者具有的权重更高。因为,人类的发展总是以特定的人类文明群体演进的方式呈现的。而各种美德,则是不同的人类社会为了生存和发展而演化出的行为规范,其目的是通过集体选择的方式来培育个体的社会性,以凝聚力量,从而在集体间竞争中获得优势地位、不致被淘汰。①这种亲社会的特征决定了,大多数情况下,有助于团结的利他行为被确定为美德并加以提倡。而基于美德理论对超人类主义主张提出的反驳,针对的正是增强技术可能对集体凝聚产生负面效应,并可能危害群体利益。

这一派观点指出:无论是父母对子女的增强,还是自我增强,两种做法都推翻了一种观点:人的先天素质和能力都是一种馈赠(gift),人之为人在于接受了生命的馈赠②,这意味着素质和能力出类拔萃的人和天赋稍差或不足的人都是某种共同的偶然性作用的结果。从共享生命偶然性的角度看,人与人都是平等的;同时,素质和能力并没有好坏之分,只是在不同的环境下体现出了稍强或稍弱的适应性,而每个人在各自的一生中都将面临不同的环境。因此,由一时的顺利而获得的优势和好处应该和他人适当地分享,帮助那些暂时处于逆境中的人。利他行为的意义,正在于通过维护集体的平均收益来回报所得的馈赠。这种亲社会的意识,在规范性上体现为推

---

① 生物学研究中的群体选择(group selection)理论对美德的进化论意义做了大量的研究,参见 David S. Wilson, "A General Theory of Group Selection", *Proceedings of the National Academy of Sciences*, Vol. 72, pp. 143—146, 以及 Robert Trivers, The Evolution of Reciprocal Altruism, *Quarterly Review of Biology*, Vol. 46, pp. 35—57。

② 桑德尔在《反对完美》一书中以"馈赠"概念为核心对人类增强提出了基于美德理论的批判。参见迈克尔·桑德尔:《反对完美》,黄慧慧译,中信出版社 2013 年版,第 79—89 页。

崇团结和互助这样的美德,从制度安排上体现为购买保险和慈善捐款,其目的都是使所在的群体自身得到延续和发展。

但如果某些社会阶层选择借助增强技术来获得更好的素质和能力的话,这一定程度上意味着他们放弃了先天素质和能力是一种馈赠的观点,而把成功和成就建立在固化和提高自身能力和地位的非平等基础上,就这侵蚀了团结和互助的基础,即用自身能力的不断增长来排除和抵御可能的风险。这是以削弱社会凝聚力为代价的。因此,从遵循美德维护社会团结和凝聚的角度看,选择接受增强即便成了精英们的可能选项,也未必是他们必然的选择。

当然,超人类主义也可能反驳,如果个体接受增强后,未必就丧失亲社会的意识。但这种反驳也不足以支持接受增强成为一种必然。因为,从保护集体利益免受危害出发,还是可以对个体性的增强加以制约。"伤寒玛丽"(Typhoid Mary)的经历便是例子。天生对伤寒杆菌具有免疫力的玛丽·梅伦(Mary Mallon),可视为接受了增强的个体。尽管具有这种超常的能力,玛丽却因此成了伤寒的超级传播者,不得不失去自由,在隔离病院中度过余生。因此,即便玛丽可能在主观上并不缺乏亲社会的意识,但特殊的能力增强导致了她不得不在社会群体出于集体自我保护的目的下,被迫牺牲个体利益。试想,如果玛丽的免疫力并非天赋,而是主观选择的结果,那么,当她预见到失去自由的后果后,是否还会一意孤行选择增强呢? 显然,这至少不会是一种必然的选择。

因此,当面对增强的可能时,利己的功利主义这一规范性原则,会受到以美德为表现形式的软约束,更会受到以法律(某种传染病防疫法)为表现形式的硬约束,两种约束的背后是进化论意义上集体选择力量的作用。

通过预估行为博弈的后果和对集体选择力量的揭示,基于伦理自然主义的弱批判有力地质疑和削弱了超人类主义的人类增强主张。但这只是就应用层面的人类增强技术而言,在科研层面,弱批判的立场并不反对在伦理指导下相关技术的研发活动。这是因为，从人类自身发展来看，人类物种通过各种技术来增强自身的能力，这是一个总体的趋势。从技术发展来看，尽管在特定的历史阶段上，某些技术的应用或收到各种因素的制约，但这并不意味着在特殊环境条件下，作为后备的避险工具，这些技术将发挥积极的作用并被认可。或许正是由于这方面的考虑，同样身为美国总统生命伦理委员会顾问的政治哲学家迈克尔·桑德尔（Michael J. Sandel）和神学家威廉·梅（William F. May）等人，给出了支持开展胚胎干细胞研究的建议。①

通过上述对伦理自然主义的强、弱两种批判立场的辨析，可以发现，在理论融贯性和现实有效性、可操作性上，强批判存在各种难以解答和克服的问题，导致其通过立法来禁止人类增强技术研发和应用的主张很难在现实中兑现。与其采用强批判的立场，用形上学或宗教直觉来为人类增强伦理的规范性奠基，不如采取一种伦理自然主义和经验主义的立场，在兼顾科技发展、风险规避和社会秩序的前提下，在充分评估人类增强技术的各种可能结果后，积极探索相应的伦理规范原则，这样的弱批判立场更具说服力，是一条更值得尝试的道路。这是因为，技术和伦理作为人类生活的有机组成，并不是你死我活的敌对关系，更多是在相互影响、互动建构中共同演化。

---

① William F. May, "The President's Council on Bioethics: My Take on Some of Its Deliberations", *Perspectives in Biology and Medicine*, Vol. 48, No. 2, Spring 2005, pp. 229—240.

第八章
尼采、超人与超人类主义运动

超人类主义是一场兴起于20世纪中叶的思想运动。它主张用技术来提升人，改进人的自身条件。众所周知，尼采早在19世纪80年代就提出了"超人"概念。那么尼采的"超人"与超人类主义者所讲的"超人类"和"后人类"有何联系与区别？尼采是不是一位超人类主义先驱？他会在何种程度上赞成人类增强？或者说尼采思想与超人类主义运动之间能否相互兼容？近年来，这些问题逐渐成为学界关注的热点。其目的不只在于挖掘尼采的现实影响，梳理超人类主义的思想史脉络，更在于借此重思哲学与科学之间的关系。本章试图从自然主义、达尔文主义和超人类主义三个方面来进入这一议题。

第一节　尼采是自然主义者吗？

尼采与自然主义的关系长期以来都是学界关注的议题。近年来，布赖恩·莱特（Brian Leiter）等英美学者重提尼采与自然主义之间的关系，重新把尼采定义为自然主义者，引起了学界热议。议论的焦点在于：尼采是自然主义者吗？若是，他的自然主义是何种自然主义？以及尼采的自然主义能否与现代科学对接？本节认为，尼采虽然承认自己是自然主义者，也主张过

"快乐的科学",但他所谓的科学绝非经验实证的自然科学,他的自然主义也绝非现代科学意义上的自然主义。尼采的科学以康德现象论为基础,却不以现象论为旨归,相反,他试图通过回归自然来超越现象论。

一、关于"尼采与自然主义"的争论

尼采晚期在《偶像的黄昏》中提出了两个重要概念:"回归自然"和道德"自然主义"。然而,究竟什么是尼采的"自然"和"自然主义"?尼采是不是一位自然主义者?这长期以来都是学界关心的话题。

早在1890年,瑞典裔德国学者欧拉·汉森(Ola Hansson)就曾写过一篇题为《尼采与自然主义》的文章。他把"自然主义"理解为一种以左拉为代表的现代文艺流派,并试图在文章中探讨尼采与这一文艺流派之间的关系。①

与欧拉·汉森一样,许多早期研究者都把"自然主义"看成是一种简单的、非哲学的思想。因此,他们要么像奥古斯特·多尔纳(August Johannes Dorner)那样,认为尼采的"自然主义"虽然独特,但却不是一种哲学观点;要么像雅斯贝尔斯那样,认为在尼采貌似简单的自然主义背后还隐藏有哲学深意。②

近年来,布赖恩·莱特、理查德·沙赫特(Richard Schacht)、克里斯托弗·贾纳韦(Christopher Janaway)等英美学者试图让尼采与分析哲学传统对接,重提尼采与自然主义之间的关系,重新把尼采定义为自然主义者,从而引发了学界的争论。争论的焦点在于:尼采究竟是不是一位自然主义者?如果是,那么他的自然主义是何种自然主义?尼采的自然主义与现代科学的契合程度有多大?以及他的研究方法能不能与科学的经验方法对接?

比如布赖恩·莱特就认为"因果关系和因果性解释"(causation and

---

① Ola Hansson, "Friedrich Nietzsche und der Naturalismus", in *Nietzsche*, übersetzt und herausgegeben von Erik Gloßmann, Klaus Boer Verlag, 1997.

② Helmut Heit, "Naturalizing Perspectives. On the Epistemology of Nietzsche's Experimental Naturalizations", *Nietzsche-Studien*, 2016, Vol.45(1), p.59. Heit 在文中把 August Johannes Dorner 笔误为 Alfred Dorner。

causal explanation)是尼采自然主义的核心,而这也是近年来科学哲学关注的核心问题之一①。以此为前提,他试图把尼采的自然主义科学化。在《尼采论道德》一书中,莱特把自然主义分为方法性自然主义(methodological Naturalism)和实质性自然主义(substantive Naturalism),并认为,方法性自然主义在探讨问题时要么会依仗于科学的成果,要么会依仗于科学的方法;实质性自然主义则要么会从存在论角度"认为存在的只有自然事物",要么会从语义学角度认为"任何概念的哲学分析都必须合乎经验探究"②。莱特认为,自然事物之外没有超自然的存在,这是尼采实质性自然主义的主要特征;而尼采的方法性自然主义则体现在,他解释人类道德现象时,不仅受到现代科学成果(尤其是生理学)的影响,还体现在他试图"依据科学来探究道德现象的因果决定因素"③。因此,无论在方法性上,还是在实质性上,尼采都是自然主义者。理查德·沙赫特认为,莱特试图将尼采的自然主义科学化,然而,科学自然主义却是尼采所鄙视的东西。与其说尼采的哲学是一种科学自然主义,不如说他的哲学是科学自然主义的解毒剂,也就是说,尼采在寻找一种科学自然主义的替代性方案④。基于此,沙赫特给尼采的自然主义下了一个定义:"尼采可以被理解为一位自然主义者,因为他对一切人类事物的说明和解释,不与科学相冲突",甚至在某些地方他"还受到了科学的影响",并且他的说明和解释"不涉及其他任何超越于此岸世界之外的东西"⑤。可见,沙赫特将尼采自然主义的特征归纳为如下三点:1)尼采只关注此岸世

---

① Brian Leiter, "Nietzsche's Naturalism reconsidered", *University of Chicago Public Law & Legal Theory Working Paper*, No.235, 2008, p.21.

② Brian Leiter, *Nietzsche on Morality*, 2nd ed., Routledge, 2015, pp.2—4.

③ Ibid., p.6.

④ Richard Schacht, "Nietzsche's Naturalism", *The Journal of Nietzsche Studies*, Vol.43, No.2, Autumn 2012, p.188.

⑤ Ibid., p.192.需要说明的是沙赫特的定义借鉴了贾纳韦的观点。贾纳韦曾给尼采的自然主义下了一个相对宽泛的定义:"尼采可以被理解为一位自然主义者,因为他所寻求的引证原因的解释,不与科学相冲突。"(Janaway, *Beyond Selflessness*, Oxford University Press, 2007)

界；2)尼采对此岸世界的论述与科学不冲突；3)尼采的某些论述受到了当时科学的影响。然而如果尼采的自然主义不过是沙赫特所归纳出来的这三点的话，那么我们当下的每个人似乎都能够称得上是尼采式的自然主义者了。尼采并不比我们每个人懂得更多。沙赫特把尼采哲学变成了大众化的常识哲学。沙赫特显然已经意识到，把尼采与经验科学严格对接是不可能的事情，因此，他试图在一种更加宽泛的意义上来解释尼采与科学的关系，以便使自己显得不像莱特那么激进。然而，把尼采哲学常识化、大众化即意味着尼采魅力的消失。

赫尔穆特·海特（Helmut Heit）在《自然化视角：论尼采经验自然化的知识论》一文中提出了用自然主义来定义尼采时遇到的两难：如果我们放宽自然主义的内涵，使人人都是自然主义者，那么自然主义这个概念就会失去其存在的意义；如果我们明确地限定自然主义的内涵，那么尼采是不是自然主义者就是成问题的。①于是海特认为，虽然把尼采与自然主义联系起来不能说是全错，但在论证尼采是自然主义者的同时，研究者却需要提供许多限定性条款来避免指责，这些逃避指责的附加性条款如此之多，以至于常常会超出研究的必要性而成为一种恶。因此，与其说用自然主义这样的标签来定义尼采，倒不如通过研究其哲学特色来丰富尼采。②海特的观点无疑是正确的，但依此来为尼采撕掉"自然主义者"这个标签，却未免矫枉过正。因为，早在1873 至 1874 年间，尼采在思考"伦理自然主义崇拜"③的同时，就曾经明确地宣称："我们是纯粹的自然主义者。"（Wir sind rohe Naturalisten.）④虽然如海特所言，"自然主义"这个词在尼采著述中出现的次数并不多，而且前后

---

① Helmut Heit, "Naturalizing Perspectives. On the Epistemology of Nietzsche's Experimental Naturalization", *Nietzche-Studien*, 2016, Vol.45(1), p.63.

② Ibid., p.57.

③ Friedrich Nietzsche, *Sämtliche Werke：Kritische Studienausgabe in 15 Bänden*（以下简称 KSA），Herausgegeben von Giorgio Colli und Mazzino Montinari, Deutscher Taschenbuch Verlag/Walter de Gruyter，1988.此处为第七卷，即 KSA7, S.723。

④ KSA7, S.741.

出现时的内涵也颇有不同①，但它却是一个经过晚期尼采审定过的概念。
尼采在他发疯前亲手审定过的最后一本书《偶像的黄昏》中提出"回归自然"
和道德"自然主义"绝非偶然。如果说尼采早期在《悲剧的诞生》中使用"自
然主义"更多遵循的是当时的惯常用法的话，那么，到了晚期《偶像的黄昏》
那里，尼采就将这个概念打上了自己的烙印，使之成为一个可以与"超人"
"永恒轮回""权力意志"相提并论的尼采式的概念。我们不能够因为"自
然主义"这个概念出现的次数比较少，就将之屏蔽于视野范围之外。因为
除了提出"自然主义"这个概念以外，尼采还针对人类的"去自然化"进程
（形而上学传统、犹太-基督教传统），提出了"回归自然"②和"转化回自然"
（zurückübersetzen in die Natur）③的口号和方案。显然，"自然"在尼采那里
不仅是"重估一切价值"的标准，更是走向"超人"，开展"未来哲学"的前提与
依据。

　　无论我们承认或者不承认尼采自然主义者的身份，尼采的"自然"思想
都是研究者无法忽视的。列奥·施特劳斯（Leo Strauss）、洛维特（Karl
Löwith）等都曾经对尼采的"自然"思想有所论述。比如在《注意尼采〈善恶
的彼岸〉谋篇》（1973）一文中，施特劳斯认为，尼采试图把人类历史整合到人
的自然化进程（Vernatürlichung）当中去理解，因此，自然在尼采那里具有历
史属性。④施特劳斯的这种看法无疑是正确的。然而，问题的关键是，尼采
的自然思想并不是施特劳斯关注的重点，他只是想借此来阐释尼采未来哲
学与传统哲学（比如说柏拉图主义）之间的延续性，而不像法国新尼采主义

---

① "自然主义"一词分别出现在：《悲剧的诞生》第 7 节；《人性的，太人性的》第 1 卷第 221 节；《偶像
　的黄昏》"违反自然的道德"篇第 4 节。海特认为，在《悲剧的诞生》和《人性的，太人性的》中，自
　然主义指的是一种文学艺术上的流派，而在《偶像的黄昏》中，自然主义却与健康联系了起来，
　也就是说，"自然主义道德"意味着"健康的道德"。Helmut Heit, "Naturalizing Perspectives.
　On the Epistemology of Nietzsche's Experimental Naturalization", p.59.
② KSA6，S.150.
③ KSA5，S.169.
④ 列奥·施特劳斯：《柏拉图式政治哲学研究》，张缨等译，华夏出版社 2012 年版，第 254 页。

者那样,强调尼采哲学与传统哲学之间的断裂性。在这一点上,施特劳斯与海德格尔之间存在着一种隐秘的关联。海德格尔把尼采视为"最后一位形而上学家",其实也是想借此来指出尼采哲学与传统哲学之间的延续和传承。

洛维特与施特劳斯不同,他把尼采的"自然"概念看成是对"上帝死了"这一事实的弥补。因此,尼采的"自然"或"自然世界"在洛维特那里就具有一定的形而上学味道。洛维特认为,尼采的"自然"只是上帝的一个功能性替代品,自然作为永恒整体的必然性与人作为有限个体的偶然性之间的矛盾,只有通过"所有事件当中的绝对同质性"(die absolute Homogenität in allem Geschehen)才能够解决,这也就意味着,处于永恒轮回中的相同者(das Gleich),无论在类型上,还是力量上,都绝对地相似或者相等①。如果说海德格尔试图通过权力意志来为尼采的思想寻找一种本质统一性的话,那么洛维特就是想通过相同者永恒轮回来为尼采的思想寻找一种本质统一性。显然,洛维特和他的老师海德格尔一样,都试图将尼采的思想形而上学化。所不同的是,海德格尔认为,相同者永恒轮回是权力意志的最高实现,因此,他倾向于把权力意志和相同者永恒轮回视作尼采思想的双核心;而洛维特则倾向于把相同者永恒轮回视作尼采思想的单一核心,在他的笔下,权力意志相对于永恒轮回来说显得较为次要。

新世纪以来,一些英美学者为了让尼采与分析哲学传统对接,开始重新思考尼采与自然主义之间的关系,重新把尼采理解为自然主义者,以此来否定他的"形而上学家"和"后现代主义者"身份。这些学者要么像布莱恩·莱特那样把尼采的自然主义科学化(似乎尼采哲学本质上与现代科学一脉相承),要么像理查德·沙赫特那样把尼采的自然主义大众化(似乎不仅尼采,我们每个现代人都是自然主义者)。其实他们都忽视了尼采

---

① Karl Löwith, *Sämtliche Schriften*, Bd.6, Metzler, 1987, S.478.

思想中不可通约的神秘主义元素。尼采虽然在思想上有过所谓的实证期，也主张过"快乐的科学"，但是他所说的科学绝不是追求经验实证的自然科学或科学哲学，而是以康德的严格现象论（Phänomenalismus）为基础，糅合了语文学、心理学、生理学的现代成果和方法，并且具有一定神秘主义倾向的"科学"。这是尼采为自己量身打造的"科学"。也就是说，这种"科学"只属于尼采自己。

二、尼采的自然主义是一种现象论吗？

既然尼采的"科学"是以康德的现象论为基础，那么，他的自然主义是一种现象论吗？或者更确切的问题是，尼采是一位康德式的现象主义者吗？

"现象论"或"现象主义"（Phänomenalismus）这个词在尼采公开出版的著述当中出现过两次，一次在《快乐的科学》里，与视角主义（Perspektivismus）一词并列①。还有一次则出现在《敌基督者》里，和尼采对佛教的理解关联在一起。尼采将佛教称为"唯一真正实证的宗教"，而将佛教的知识论称为"一种严格的现象主义"②。也就是说，在尼采看来，现象论本质上是一种与视角主义及实证主义相关的知识论（Erkenntnisstheorie）。

此外，在 1885 至 1889 年的遗稿中，"现象论"一词还出现了 8 次之多，这表明尼采晚期确实对康德—叔本华的"现象论"有过集中的思考③。不过，尼采把"现象论"视作他思考问题的起点，而非终点。也就是说，康德—叔本华"现象论"是尼采要超越的对象，而不是效仿的对象。

例如，在 1885 年秋至 1886 年秋的遗稿中，有这么一段话：

后来我意识到，道德怀疑论走的有多远了：我从哪里重新认识自

① KSA3，S.593.
② KSA6，S.186.
③ 1887 年手稿（标号 9[126]）显示，尼采把叔本华哲学归入康德现象论的脉络之中。

己呢？

　　决定论：我们并不对自己的本质负责

　　现象论：我们对"物自体"一无所知

　　我的难题：从道德以及道德的道德性中，人类迄今为止得到了何种伤害呢？精神伤害等等

　　我对一位作为旁观者的智者的厌恶

　　我的更高概念"艺术家"①

　　这段遗稿的重要性在于，它不仅揭示出，在尼采那里，"现象论"和"决定论"是"重新认识自己"和开展道德批判的两个重要前提，也就是说，"现象论"和"决定论"是尼采"价值重估"的起点；同时，它还揭示出，在尼采那里，"艺术家"是一个比"旁观者"（智者）"更高的概念"。尼采试图借助"艺术家"来超越"决定论"和"现象论"。

　　"决定论"是18、19世纪科学界占统治地位的观点。它认为，有因就有果，万物由因果关系联系在一起，其运动则由确定的自然规律决定。如果我们把这种机械的"决定论"贯彻到底，将之运用到"自我认识"领域，那么得出的结果就是：我们不能够对自己的本质负责。因为，我们的本质在实现之前早就已经被各种因素决定了。人如果不能够对自己的本质负责，那他又如何能够对自己的行为负责呢？因为人的行为也是被各种原因提前决定了的。尼采在这里所接受的是一种严格意义上的"决定论"，即与"自由意志"相排斥的"决定论"。"自由意志"这个概念无论在奥古斯丁那里，还是在康德那里，都是为了让人背负责任。②然而"决定论"却通过废除"自由意志"而

---

① KSA12，S.158.中译本参见尼采：《尼采著作全集》（第12卷），孙周兴译，商务印书馆2010年版，第185—186页。

② "［自由］意志学说的发明，就本质而言是为了惩罚的目的，也就是说是为了满足那种发现有罪的意愿。"KSA6，S.195.

免除了人的责任。人不再能够为自己的行为负责。同时，人也不再是康德所说的目的。人只是"绳索"和过渡。①如果把人当作目的，那么尼采的"超人"就是不可能的。彻底的"决定论"把人与其他自然物等同，看成是一段被提前决定好了的运动过程。"决定论"对尼采的影响，不仅体现在他的断言"人是必然的，人是一段厄运"②之上，还体现在他的"相同者永恒轮回"之上。永恒轮回不仅仅是存在者的必然命运，它还决定了存在者的每一次存在，在形式上、细节上的相似其至相同。③

　　"现象论"是康德以来德国哲学界颇为盛行的知识论观点。它区分了现象和物自体，认为人所有的知识都是关于"现象"的知识，对于"物自体"我们则一无所知。尼采认为，我们不仅对"物自体"一无所知，我们对于"现象"的知识也是可疑的。因为，如果把"现象论"坚持到底的话，我们就不能够像笛卡尔或康德那样，通过自我审察（Selbst-Beobachtung）的方式来寻找知识的客观性。根本就"没有一种自我审察的现象论"④。因为自我也是被建构出来的"现象"。"没有什么比我们用著名的'内感官'（inneren Sinn）审察到的内在世界更具现象性，（或者更直白点说）更具欺骗性的了。"彻底的现象论应该是，"一切被意识到的都是现象"，没有什么现象（包括快乐和痛苦）能够被确立为事件的原因或者行为的动机。⑤由此，尼采批判了康德用因果律来解释现象的做法。人意识里的所有现象，都不过是以偶然的方式罗列在一起的。尼采对因果关系的否定其实更接近于休谟的经验论。休谟认为，事物之间的因果关系源于人的经验性联想（习惯），由此他否定了因果关系的客观实在性。所不同的是，休谟依然在习惯的层面上肯定了因果关系的现

---

① KSA4，S.16.

② KSA6，S.96.

③ 在《快乐的科学》第341节中，尼采首次讲到了"相同者永恒轮回"："你现在和过去的生活，就是你今后的生活。它将周而复始，不断重复，绝无新意，你生活中的每种痛苦、欢乐、思想、叹息，以及一切大大小小、无可言说的事情皆会在你身上重现，会以同样的顺序降临。"KSA3，S.570.

④ KSA12，S.167.

⑤ KSA13，S.334—335.

实作用("习惯是人生的最大指导"①)。然而尼采却认为,给内在"现象"寻找客观性,在"现象"之间建立因果联系,不过是有理性的人(认知者)的"权力意志"在作祟罢了。因果关系在习惯层面上的运用往往会引发道德谬误(参见《偶像的黄昏》"四大谬误")。

毋庸置疑,尼采确实受到了康德——叔本华"现象论"的影响,他也确实以"现象论"为基础开展了对意识领域的分析和批判。但是,能否依此认定尼采那里有一种"意识现象学"(布莱恩·莱特)②? 或者说,能否依此认定尼采是胡塞尔意义上的"现象学"先驱(萨弗兰斯基)③? 却值得商榷。

胡塞尔现象学(Phänomenologie)与康德现象论最大的不同在于,胡塞尔把康德对认识和实践问题的研究,改造成为对意识行为和意识内容的研究。他把研究范围聚焦于意识本身,并试图通过分析意识的意向性活动和意向关系,来把哲学建构成为一门严格的科学。就此而言,尼采更接近于康德。尼采的意识理论以康德现象论为基础。他试图通过对意识领域的分析和批判,把所有本体论问题和认识论问题都还原成价值问题,从而指出价值的虚构性、欺骗性以及权力意志在价值确立过程中的决定性作用。

在康德那里,"因果关系"属于知识领域,而"自由意志"则属于实践领域。尼采通过彻底的"现象论"否定了因果关系,又通过彻底的"决定论"否定了"自由意志"。于是,人无论在实践上,还是在认知上都变得不再可靠甚至不再可能。人陷入了前所未有的虚无之中。当然,这里并不是说"现象论"和"决定论"导致虚无,而是说,它们揭示了理性主义的虚无本质。

那么,"我应该如何决定自己的行为呢?"(《快乐的科学》残篇 11[143])

① 休谟:《人类理解研究》,关文运译,商务印书馆 1981 年版,第 43 页。
② 布莱恩·莱特认为,在尼采那里有一种"意识现象学"。参见布莱恩·莱特:《尼采的意志理论》,吴怡宁译,韩王韦校,载《伦理学术》(第 2 辑),邓安庆主编,上海教育出版社 2007 年版,第69 页。
③ 萨弗兰斯基认为,"尼采以自己的意识分析替现象学家们做了先期的准备工作"。萨弗兰斯基:《尼采思想传记》,卫茂平译,华东师范大学出版社 2007 年版,第 238 页。

尼采的解决方案是："回归自然"和"积极的虚无主义"。"积极的虚无主义"与叔本华的消极虚无主义不同，叔本华想通过意志的自我否定来避免生命的痛苦，达到所谓的哲学旁观，而尼采则要通过意志的自我肯定来将生命提升为比"旁观者"更高的"艺术家"。因此，"积极虚无主义"与"自然主义""艺术家"等概念同构，是尼采对康德–叔本华"现象论"的一种超越。

既然尼采的"自然主义"不是一种康德式的"现象论"，更不是一种胡塞尔式的"现象学"，那么应该如何理解他的自然主义呢？

三、如何理解尼采的"自然"或"自然主义"？

尼采虽然受到近代科学成果（如牛顿力学和达尔文进化论）的影响，但是并不能够依此断定，他的"自然主义"是一种与科学相契合的自然主义。

例如，尼采接受了牛顿力学，认为在自然世界中"力"（Kraft）是普遍存在的。但是，他却拒绝把"力"客观化。他认为，力必然是要去克服什么、战胜什么的，"一定量的力即一定量的冲动、意志和作为——确切地说，力无非就是这些冲动、意志和作为本身"①。因此，力不是客观的、抽象的，它不是牛顿力学所讲的大小相等、方向相反的作用力和反作用力。力就其本质而言无非追求胜利的意志（权力意志）。力作为求胜的意志，首先应该表现在肌肉的紧张、身体的强壮、精神的高昂之上。这种与肌肉、身体、精神相关联的力，不应该被物理学上客观抽象的力所取代。

由此可见，尼采的自然观很难能称得上是科学的。他有选择地吸收现代科学成果其实是想让它们服务于自己的哲学目的。

德勒兹认为"力"（意志）是尼采自然思想的核心，并进而围绕着"力"（意志）将尼采的自然思想归纳为如下几点：1）力的存在是多元的、差异性的。不存在单个的抽象的力，力必然与其他力共在。2）在力与力的相互争斗、相

———————

① KSA5，S.279.

互作用中,事物不是物理学上的"没有活力的客体"。相反,"客体本身也是力",客体是力"第一次和唯一一次的显现(apparition)"。3)各种力在一定距离之内相互作用。距离是把力与力关联起来的"区分性因素"①。4)力在相互关联、相互作用中表现为意志(权力意志)。力与力之间的关系问题即意志与意志之间的关系问题,亦即支配意志(主人意志)与被支配意志(服从意志)之间的关系问题。由此,尼采的自然哲学步入了道德批判领域。

德勒兹把"力"(意志)当作尼采自然思想的核心,无疑是正确的。在《善恶的彼岸》第 36 节,尼采把"一切起作用的力"都视为权力意志。②他认为,力或意志并不作用于"物质"(Stoffe),而只作用于另一个力或另一个意志。因此,世界中最基本的关系不是意志与物质之间的关系,而是力与力、意志与意志之间的关系。显然,尼采不赞同把自然看作自然物的集合,更不赞同把自然简单地二分为自然物和自然规律。相反,他更倾向于把自然放到力与力、意志与意志相互争斗、相互作用的关系中去理解。在力与力、意志与意志相互争斗、相互作用的关系中,力(意志)就是权力意志。因此,在 1888年的手稿中,尼采把权力意志思考为"自然"和"自然法则"③。把权力意志思考为"自然"和"自然法则",就是把力或意志的相互争斗、相互作用思考为"自然"和"自然法则"。在此,尼采接近了赫拉克利特的思想:争斗是自然的常态。

赫拉克利特认为,"万物因争斗而生",所有事物都处于"永恒的活火"($\pi\tilde{\upsilon}\rho\ \grave{\alpha}\epsilon\acute{\iota}\zeta\omega o\nu$)之中,依据一定尺度,不停地燃烧、熄灭。④事物的燃烧、熄灭要依据一定尺度,即意味着事物的生成和流变是被提前安排好了的。因此,自然世界在赫拉克利特那里就是一个秩序化的、被完善安排好了的世界。

---

① 吉尔·德勒兹:《尼采与哲学》,周颖、刘玉宇译,社会科学文献出版社 2001 年版,第 9 页。
② KSA5, S.55.
③ "权力意志作为自然","权力意志作为自然法则"。KSA13, S.254.
④ T.M.罗宾森:《赫拉克利特著作残篇》,楚荷译,广西师范大学出版社 2007 年版,第 18 页,第 41 页。

在《偶像的黄昏》中，尼采有意忽视了赫拉克利特思想里的秩序问题。他认为，赫拉克利特虽然肯定了世界的变化与生成，但是，他跟其他哲学家一样，都没有公正地对待感官经验，都认为感官经验在撒谎。只不过其他哲学家（如巴门尼德）相信，人所经验到的变化是假的，"存在者不变化，变化者不存在"；而赫拉克利特则相信，人所经验到的确定性（或持存性）是假的，"存在者变化，不变化者不存在"①。然而，在尼采看来，自然就是人所经验到的那个自然，在自然中，变化和确定性是并生共存的，自然没有真假之分。尼采用"权力意志"（力与力、意志与意志的争斗）来表述自然的变化，用"永恒轮回"来表述自然的确定性（必然性）。权力意志是"一切变化的最终根据和特征"②，而"永恒轮回"则是"宿命论"的"最极端形式"③。

需要注意到的是，在尼采的"永恒轮回"（宿命论）理论与"动物—超动物（人）—超人"的物种进化理论之间存在着一种紧张关系。既然"永恒轮回"作为命运是必然的，那么，把"动物"提升为"人"，再把"人"提升为"超人"又有何意义呢？

"永恒轮回"对于生命的提升来说是一种考验。"我们伴随着一切事物永恒轮回，而一切事物也曾经伴随着我们无数次地在此存在过。"④面对"轮回"的必然性和永恒性，生命应该做何选择呢？是自甘渺小，意志消沉，还是热血沸腾，拥抱命运？尼采的答案是后者。因为自然无非力与力的相互关系。而在这一关系中，力要寻求胜利，就必须自我提升。自我提升是力的内在需要，同样也是生命的内在需要。自我提升在动物那里表现为"超动物"（Über-Tier），而在人那里则表现为"超人"（Über-mensch）。

显然，尼采并不试图以一种科学（经验实证）的方式理解自然，而试图以

① KSA6，S.74—76.
② KSA13，S.303.
③ KSA11，S.291.
④ KSA4，S.276.

一种哲学的方式理解自然。所以，不能说尼采的自然思想是科学的，而只能说尼采把现代科学囊括到他的自然思想里去理解和把握。

总而言之，"权力意志"和"永恒轮回"是尼采对自然的两个基本描述。权力意志（力与力、意志与意志的相互关联和相互争斗）与自然的生成、流变有关，而永恒轮回则与自然的必然性、确定性有关。永恒轮回是自然对其自身（生成和流变）的最高肯定。以此为基础，尼采构建了他肯定生命之流变和命运之必然的自然主义哲学。

第二节　尼采是达尔文主义者吗？

尼采与达尔文的关系问题在学界长期以来都颇具争议。尼采是不是达尔文主义者？他在何种程度上受到进化论思潮的影响？以及，应当如何理解其晚期的"反达尔文"主张？本节认为，尽管尼采受到进化论较大影响，但他却从未自认是达尔文信徒。尼采早期把进化论视作一种客观的自然主义；中期将之视为赫拉克利特与恩培多克勒思考方式的复活；晚期则将之视为一种传达生存之紧张的道德哲学。

一、关于"尼采与达尔文主义"的争论

在《瞧，这个人》一书中，尼采提到有人因为"超人"一词而怀疑他是达尔文主义者，他把这种人称为"学识渊博的蠢货"（gelehrtes Hornvieh）①。尽管尼采明确地否认了自己与达尔文主义之间的关系，但这却并未磨灭学界将其与进化论关联起来的热情。

1895 年，德国学者亚历山大·蒂勒（Alexander Tille）在《从达尔文到尼

---

① KSA6，S.300.

采》一书中指出，尼采的《查拉图斯特拉如是说》首次把达尔文的指导性思想
彻底地应用于当今人类以及未来人类的发展之上。①1919 年，梁启超在《欧
游心影录》中也指出，尼采思想是"借达尔文的生物学做基础"的。②著名尼
采专家、美籍德裔学者瓦尔特·考夫曼（Walter Kaufmann）认为，尼采虽然
谈不上是一位达尔文主义者，但是他的确"被达尔文从教条主义的沉睡当中
唤醒，就像康德在一个世纪之前被休谟唤醒一样"。③长期以来，考夫曼的这
种观点在学界占据主流地位。当然，也有个别学者，如威尔·杜兰特（Will
Durant）那样，坚信尼采是"达尔文之子"，尼采对达尔文的批判不过是为了
"掩饰自己的思想来源"而玩弄的小把戏④。总体而言，多数学者还是倾向
于认为，尼采虽然受到达尔文进化论很大影响，但是他的思想与达尔文主义
有着本质性区别。

2004 年，约翰·理查德森（John Richardson）出版了《尼采的新达尔文
主义》一书。理查德森认为只有在达尔文主义的基础上理解尼采，才能够消
除其思想当中的内在矛盾，让尼采变得更合理，更容易被现代社会所接
受。⑤基于此，他把尼采定义为新达尔文主义者，或者说超越了达尔文的达
尔文主义者，在英美学界引起了一场关于尼采与达尔文主义的争论。许多
知名学者都参与其中，如劳伦斯·朗佩特（Laurence Lampert）、茅德玛丽·
克拉克（Maudemarie Clark）、格雷戈里·摩尔（Gregory Moore）、罗宾·斯莫尔
（Robin Small）等。随后，德克·罗伯特·约翰逊（Dirk Robert Johnson）还针锋
相对地写了《尼采的反达尔文主义》一书。2010 年，这场争论波及德国，尼采

① Alexander Tille, *Von Darwin bis Nietzsche*：*Ein Buch Entwicklungsethik*, Naumann, 1895,
　S.VII.
② 梁启超：《梁启超全集》（第十集），汤志钧、汤仁泽编，中国人民大学出版社 2018 年版，第 61 页。
③ Walter Kaufmann, *Nietzsche*：*philosopher*, *psychologist*, *antichrist*, *Fourth Edition*, Prince-
　ton Universtity Press, 1974. p.XIII.
④ Will Durant, *The Story of philosophy*：*The lives and opinions of the Greater philosophers*,
　Garden City publishing Co., 1926, p.373.
⑤ John Richardson, *Nietzsche's new Darwinism*, Oxford University Press, 2008, p.3.

协会年鉴(Jahrbuch der Nietzsche-Gesellschaft)第 17 卷专门开设了尼采与达尔文研究栏目,维尔纳·施泰格迈尔(Werner Stegmaier)、安德里亚斯·乌尔斯·佐默尔(Andreas Urs Sommer)等尼采研究专家撰文参与了讨论。

这场争论的焦点在于:尼采是不是一位达尔文主义者? 他在何种程度上受到 19 世纪进化论思潮的影响? 或者说,达尔文进化论对于尼采的影响是否足够大,以至于我们可以忽略古希腊哲学,基督教神学以及德国古典哲学对于尼采的影响? 如果把尼采定义为达尔文主义者,那么,应该如何理解其晚期的"反达尔文"和"反达尔文主义"主张?

一些学者(例如茅德玛利·克拉克)认为,承认尼采是达尔文主义者的前提是承认他是一位自然主义者。但问题是,尼采虽然说过自己是"纯粹的自然主义者"①,但却从未承认自己的自然主义是一种达尔文主义。尼采的确讲过从动物到人再到超人的进化,但是他的自然进化思想与达尔文的进化生物学有着明显差别。那么究竟应该如何来理解这种差别呢?

理查德森认为,尼采与达尔文之间的差别建立在他对达尔文核心观念的接受和赞同之上。②他把尼采的"新达尔文主义"分为"自然选择""社会选择""自我选择"三个层次。自然选择是尼采思想的基础,在这一方面尼采基本上接受了达尔文的理论,只不过他把达尔文的"为生存而斗争"(被动的适应环境)替换成了"追求权力的意志"(主动的内在超越)。生命的自然价值不只在于繁殖与生存,还在于权力的提升与增长。如果说"自然选择"更多通过基因进行,以物种保全和提升为目的,那么"社会选择"则更多通过记忆、意识和语言进行,以服务群体(如赋予群体以凝聚力)为目的。尼采通过对人类文明进行谱系学分析,发现人类史与自然史遵循着不同的演化逻辑,进化论在人类社会中并不必然有效,生命的社会价值与自然价值之间可能存在矛盾,例如人的"畜群道德"就是反自然的。最后,

①　KSA7, S.741.
②　John Richardson, *Nietzsche's new Darwinism*, Oxford University Press，2008，p.4.

基于对自然史和社会史的充分理解,尼采试图对传统道德进行价值重估,"自我选择"就是要为生命寻找新的价值,以消除社会与自然之间的矛盾。由此可见,无论是对于历史的解释,还是对于未来的畅想,尼采都超越了达尔文和达尔文主义。

　　理查德森虽然成功地把尼采塑造成一位达尔文主义者,但他却忽视了,尼采并不是在生物学的意义上接受达尔文的,他更多是把达尔文主义当作19世纪下半叶席卷欧洲的一种文化现象。也就是说,尼采不是站在达尔文主义内部来批判达尔文,而是试图把达尔文主义这一划时代现象纳入他对西方文明的整体性反思和批判当中来。此外,尼采的思想能不能被科学化、条理化,也是一个值得商榷的问题。朗佩特批评认为,理查德森为了把尼采科学化和条理化,脱离具体语境肆意地摘引尼采,破坏了其思想的整体性,使尼采丧失了应有的趣味和张力。①

　　德克·罗伯特·约翰逊则认为,理查德森对于进化论的科学标准过于忠诚,无法真正理解尼采批判达尔文的"激进内核"。②晚期尼采并非在生物学层面批判达尔文,而是在哲学层面审视进化论的根基。③因此,只有站在反达尔文主义的立场上才能够理解尼采。此外,约翰逊还认为,理查德森把尼采简单地定义为达尔文主义者,在一定程度上忽视了其思想从前期到后期的动态发展过程。基于此,约翰逊试图把尼采与达尔文的关系归结为早、中、晚三个时期:早期尼采在思想上追随达尔文,是一位合格的达尔文主义者;中期尼采思想较为成熟,逐渐对进化论有了自己独到的见解与反思;晚期尼采通过价值重估明确了自己的哲学任务和哲学目的,成为达尔文与达尔文主义的坚定反对者。也就是说,尼采在思想上经历了一场从达尔文主义向反达尔文主义的显著转变。

---

① Laurence Lampert, "Review: Nietzsche's New Darwinism", *The Review of Metaphysics*, Vol. 60, No.1, 2006, p.174.
② Dirk R. Johnson, *Nietzsche's Anti-Darwinism*, Cambridge University Press, 2010, p.11.
③ Ibid., p.4.

约翰逊的批评无疑是有道理的。但是,把早期尼采定义为达尔文主义者会面临一个难题:早期尼采并没有明确地依靠进化论来建构自己的思想。众所周知,1866 年,尚在莱比锡大学读书的尼采通过阅读朗格(Friedrich Albert Lange)的《唯物论史》(*Geschichte des Materialismus*)首次接触到了达尔文,自此以后,达尔文主义就成了尼采持续关注的重要议题。朗格在书中描述说:"现在每一种杂志都会讨论达尔文主义,或加以赞成,或加以反对。几乎每一天都有一本或大或小的著作出版,来讨论遗传论、自然淘汰论,尤其是人种由来说。"①由此可见达尔文进化论当时在德国的流行程度。但可以肯定的是尼采并未直接阅读过达尔文的著作,他更多是通过二手文献来了解达尔文的。如果因为他阅读过一些与进化论有关的二手文献,并且在文章中做了一点并不专业的发挥,就把他定义为达尔文主义者,那么马克思、恩格斯、瓦格纳,甚至尼采早期批判的神学家大卫·施特劳斯,都可以算得上是达尔文主义者了。如果我们把达尔文主义的内涵无节制地加以扩大,使得人人都是达尔文主义者,那么这个头衔也就失去了其应有的意义。

安德里亚斯·乌尔斯·佐默尔认为,尼采与达尔文之间的关系不是信仰关系,而是对话关系,尼采的兴趣并不在于探究达尔文进化论究竟说了些什么,而在于借此"勾画自己的思想"②。也就是说尼采更多把达尔文视作自己的理论对手,而不是领路人。当然,尼采的理论对手有很多,譬如苏格拉底、耶稣基督、康德、孔德等,达尔文只不过是其中之一。虽然我们不能够忽视达尔文主义对于尼采的影响,但是像理查德森、罗宾·斯莫尔那样把尼采定义为"新达尔文主义者"或"极端的达尔文主义者"(Ultra-Darwinist)③,却大为不必。

---

① 朗格:《唯物论史》(下),李石岑、郭大力译,河南人民出版社 2016 年版,第 253 页。

② Andreas Urs Sommer, "Nietzsche mit und gegen Darwin in den Schriften von 1888", in *Nietzsche, Darwin und die Kritik der Politischen Theologie*, Herausgegeben von Volker Gerhardt und Renate Reschke, Akademie Verlag, 2010, S.31.

③ Robin Small, "What Nietzsche Did During the Science Wars", in *Nietzsche and Science*, edited by Gregory Moore and Thomas H. Brobjer, Ashgate Publishing, 2004, p.167.

　　与其费尽心机地给尼采颁一个名实难副的头衔，不如细致地梳理他与19世纪达尔文主义思潮之间的关系，把研究目光聚焦于以下两个问题：1）尼采是如何从整体上接受和理解达尔文进化论的？2）他晚期批判达尔文以及达尔文主义的理由何在？

二、尼采对达尔文的接受与理解

　　尼采早期对达尔文进化论的认识，除了受益于朗格的《唯物论史》以外，还受益于德国生物学家海克尔（Ernst Heinrich Häckel）、瑞士古生物学家吕蒂梅耶（Ludwig Rütimeyer）等人的影响。此二人是达尔文的信徒，他们在向德语区引介进化论方面扮演着重要的角色。如果回顾19世纪下半叶达尔文主义在德国的流行，那么赫克尔和吕蒂梅耶的大名必定会出现在功劳簿上。尼采在手稿里曾经多次提到此二人。而吕蒂梅耶当时又是尼采在巴塞尔大学的同事，他们在巴塞尔时期曾经有过直接的交往。除此以外，古希腊哲学家赫拉克利特、恩培多克勒的自然进化思想，黑格尔、叔本华、爱默生（Ralph Waldo Emerson）等人的进化理论，也都为尼采早期接受达尔文主义奠定了基础。[①]

　　尼采最早公开地提及达尔文，是在《不合时宜的沉思》第一篇《大卫·施特劳斯：自白者与作家》（1873）中。他批评认为，施特劳斯虽然"称赞达尔文是人类最伟大的恩人之一"[②]，并试图为自己的作品披上物种进化的外衣，但实际上他却违背了进化论的基本精神。施特劳斯把人与自然生物割裂开来，用道德的立场来考量人；而达尔文的进化论则是要把人完全当作自然生

---

① Werner Stegmaier, "'ohne Hegel kein Darwin': Kontextuelle Interpretation des Aphorismus 357 aus dem V. Buch der Fröhlichen Wissenschaft", in *Nietzsche*, *Darwin und die Kritik der Politischen Theologie*, Herausgegeben von Volker Gerhardt und Renate Reschke, Akademie Verlag, 2010, S.75—77.

② KSA1, S.194.

物来看待,用自然的立场来考量人。因此,"人们"应当以"一种真正的、认真贯彻的达尔文主义"①来反对施特劳斯这样的学术庸人。也就是说,尼采在这里指责的是,施特劳斯背离了达尔文的自然主义立场,把进化论道德化。

许多学者,例如德克·罗伯特·约翰逊,正是基于此,认为尼采早期坚持的是一种达尔文主义立场。但他们却忽视了,《不合时宜的沉思》共有四篇,而尼采仅在这一篇里提到了达尔文。用达尔文主义这个概念很难能把尼采早期思想的丰富性总结出来。况且,尼采也并没有说"我"或"我们"要秉持"一种真正的、认真贯彻的达尔文主义"立场。而是说,当"人们"遇到像大卫·施特劳斯这样的学术庸人假扮达尔文主义者,把进化论道德化时,应该以一种真正的达尔文主义来反对他。因此,与其说早期尼采是一位达尔文主义者,不如说他是一位拿来主义者。他早期广泛地吸取了各种思想资源来为己所用,其中当然也包括了达尔文的进化论。

如果说早期尼采试图借助达尔文的自然主义立场来批判大卫·施特劳斯的道德立场的话,那么中期尼采则试图把达尔文以及达尔文主义纳入他对德国思想史乃至欧洲思想史的理解当中来。

在1885年的手稿中,尼采指出:"我们与康德、柏拉图和莱布尼茨的不同之处在于:即使在思想领域内我们也相信生成,我们是完完全全历史性的。这是巨大的根本性变革。拉马克与黑格尔——达尔文仅仅是(这场变革滋生出来的)一种结果(Nachwirkung)。赫拉克利特与恩培多克勒的思考方式再次得以复活。"②

在此,尼采把拉马克、黑格尔和达尔文的进化理论,视作18、19世纪一场巨大的思想变革的结果。这场思想变革的特征在于,人们试图重新回到赫拉克利特与恩培多克勒,以一种生成性的、历史性的眼光来解释世界。尼采认为,这一点是欧洲近代的进化论思潮与柏拉图以来的传统形而上学(包

---

① KSA1,S.195.
② KSA11,S.442.

括莱布尼茨的单子论和康德以严格现象论为基础的科学形而上学）的根本性区别。

在《快乐的科学》第五卷（1887）里，尼采虽然舍弃了拉马克，但却依旧保留了黑格尔和达尔文。他在第357节中讲过这么一句话："没有黑格尔就没有达尔文。"①这可能是尼采著述中对达尔文最为肯定和正面的一次表述。②尼采认为，进化论的功劳应该归于黑格尔。"黑格尔首先把'发展'（Entwicklung）这一决定性概念引入科学"，由此"促使欧洲才俊掀起一场伟大的科学运动，并最终导致了达尔文主义"③。进化论之所以能够在德国乃至欧洲流行开来，完全是因为黑格尔为之打好了基础。尼采在此的目的并不是想通过贬低达尔文来抬高黑格尔。恰恰相反，把达尔文与黑格尔相提并论，将达尔文主义视作黑格尔哲学或德国观念论的结果，表明尼采在这一时期试图从思想史的角度审视进化论的哲学涵义。需要注意的是，尼采在谈论黑格尔和达尔文之前，谈论的是莱布尼茨和康德的认识论问题（或者说认识论贡献），之后谈论的则是叔本华的悲观主义和无神论问题。那么，尼采为什么要把进化论与这些问题放置在一起进行讨论呢？ 或者说，进化论与这些问题之间是否存在着某种内在关联呢？

众所周知，笛卡尔是近代认识论的奠基者，他把"我思故我在"视作认识的第一原则。"我思"的本质即"我怀疑"，通过肯定"怀疑"来确定"思"的不可怀疑。也就是说，"我"可以怀疑一切，但却不能够怀疑思想本身，因为当"我"怀疑思想本身的时候，"我"依旧在思想着。"思"作为心灵的本质属性，在笛卡尔那里是某种"特殊的、唯一确实的'存在'"或某种"持存的意识"

---

① KSA3，S.598.

② Werner Stegmaier，"'ohne Hegel kein Darwin'：Kontextuelle Interpretation des Aphorismus 357 aus dem V. Buch der Fröhlichen Wissenschaft"，in *Nietzsche*，*Darwin und die Kritik der Politischen Theologie*，Herausgegeben von Volker Gerhardt und Renate Reschke，Akademie Verlag，2010，S.61.

③ KSA3，S.598.

(bleibendes Bewusstsein)。①尼采认为,莱布尼茨的认识论贡献在于,他通过批判笛卡尔和笛卡尔主义,否定了意识或思维的本质属性,从而在意识研究领域引起了一场变革:意识只是"偶然属性"或心灵的"暂时状态","我们称之为意识的东西,不过是我们精神世界和灵魂世界的一种状态罢了(也许还是一种有病的状态)"。②而康德的认识论贡献则在于,他通过小心翼翼地为理性划定界限,使自然因果律在某种限定条件下重新成为可能,并由此克服了休谟的怀疑主义。但是康德为理性划定界限的任务"迄今也没有完成",因此,人们在他那里发现的,无非是为"因果律"打上的"巨大的问号"。③康德之后,"一切基于因果律而得以认识的事物"都值得怀疑。④显然,在尼采看来,莱布尼茨和康德的认识论贡献并不在于他们所提供的成体系的解决方案,而在于他们通过批判性追问重新使"认识"或"知识"成为一个问题。如果说莱布尼茨追问的重点是意识或思维能否作为认识的前提,那么康德追问的重点就是科学认识或基于因果律的认识是否还值得信任。

黑格尔通过批判笛卡尔以来"认识优先"的原则,绕开了莱布尼茨和康德的问题。他认为认识并不优先于存在,绝对精神的自我展开和自我实现过程与它的自我认识过程是同一的。基于此,黑格尔借助概念的辩证发展,把整个自然历史和精神世界描述为一个不断运动、变化和发展的过程。在黑格尔的历史哲学以及哲学历史中,概念的运动与发展是有时间属性的。因此,把它与18、19世纪的科学进展(例如进化论)关联起来,也并非什么不可能的事情。况且,在《逻辑学》"概念论"部分,黑格尔也的确讨论了"生命"概念以及"物种"概念的自我扬弃和交互发展。⑤这无疑是支撑尼采论点"没有黑格尔就没有达尔文"的重要证据。尼采认为,黑格尔在这里把概念

---

① Werner Stegmaier,"'ohne Hegel kein Darwin'",S.71.
②③ KSA3,S.598.
④ Ibid.,S.599.
⑤ 黑格尔:《逻辑学》(下卷),杨一之译,商务印书馆1982年版,第455—472页。

的辩证运动和辩证发展引入科学（尤其是生物学），为达尔文主义的出现做好了准备。黑格尔、达尔文之后，以"生成性""历史性"眼光来解释世界，就成为了学界主流。

如果说以康德和黑格尔为代表的观念论，展现的是一种德国"特有的思想范式"①，那么叔本华的悲观主义则不再是某种德国产物。悲观主义与达尔文主义、马克思主义一样，是 19 世纪整个欧洲共享的事件。这些事件均与"上帝信仰的式微和科学无神论的胜利"②有关。

尼采把进化论归功于黑格尔，又把进化论问题与认识论问题、无神论问题放置在一起进行讨论，这一方面说明了进化论与认识论之间的确存在着某种思想史关联，另一方面也暗示了，无神论问题并不是在 19 世纪随着叔本华、达尔文、马克思的登场才出现的，而是一早就在近代哲学的脉络中埋下了伏笔。尽管尼采经常批判莱布尼茨、康德和黑格尔，认为他们仍然试图从哲学角度为上帝存在的合理性进行辩护（例如，莱布尼茨把"自然"视作"上帝之良善的明证"，康德把上帝存在当作某种道德假设，黑格尔用他的思辨哲学为基督教和上帝提供庇护，他"为了向某种神圣理性致敬"，把历史解释为"伦理的世界秩序"和"伦理的终极意图"的"持续见证"）③，但是，尼采也在一种程度上肯定了这些"基督教辩护者"的思想史意义：因为没有莱布尼茨、康德和黑格尔，就没有叔本华和达尔文。

三、尼采对达尔文的反思与批判

众所周知，朗格在《唯物论史》一书中除了介绍达尔文进化论以外，还客观地梳理了当时的反达尔文主义思潮。因此，尼采早期在接触进化论的同时，就对反达尔文主义有所了解。后来，他又进一步吸收了细胞生物学家卡

---

① KSA12，S.60.
② KSA3，S.599.
③ Ibid.，S.600.

尔·冯·内格里(Carl von Nägeli)、威尔海姆·鲁克斯(Wilhelm Roux)以及威廉·罗尔夫(William H. Rolph)等人的反达尔文主义观点。这些人的观点"一方面迎合了尼采晚期的权力意志理论",另一方面也促使尼采意识到,"生物进化原则"不能够仅限定在"生存斗争""自我保全"和"环境适应"之上。①

在 1886 年底至 1887 年春的手稿里,尼采针对早期进化论的"自我保全""环境适应"等原则提出了批评:"对个体延续有益的,或许对其强大和壮美无益;使个体得以保全的,或许也会同时使其在发展当中固化停滞。"②也就是说,生命的"自我保全"和"自我提升"之间存在着矛盾。"自我保全"与"物种进化"并非正相关,它也可能会导致物种固步自封,甚至逐步退化。在此基础上,尼采进一步认为,"事关宏旨的不是物种",而是"发挥着更强大作用的个体",生命不是"内部条件对外部条件的适应,而是权力意志,权力意志从内部而来,逐渐地征服和同化'外部'"。③

可见,最晚至 1887 年,尼采就开始试图用权力意志理论来取代达尔文的自然选择理论(生物通过遗传和变异来适应环境)。尼采认为,权力意志是"自然的法则"④,生命自我超越和自我提升是权力意志的内在要求。所谓"权力意志""逐渐征服和同化'外部'",并不是说生命要不断地掠夺和占有外部资源,而是说,生命要通过自我提升,逐渐使自身的内部条件与外部条件相一致。尼采晚期把这种内部条件与外部条件的一致称作"回归自然"。⑤

生命唯有自我提升方能"回归自然"。为什么这么说呢?其实,这里透露出了尼采与达尔文对于"自然"的理解的不同。达尔文认为,自然状态下,

---

① Werner Stegmaier, "'ohne Hegel kein Darwin'", S.72.
② KSA12, S.304.
③ KSA12, S.295.
④ KSA13, S.254.
⑤ KSA6, S.150.

资源是紧缺的,生命为了生存会围绕着紧缺的资源而展开斗争。后来,斯宾塞、赫胥黎等人将这种思想总结为:物竞天择,适者生存。①然而,尼采却倾向于认为,达尔文的进化思想体现出了一种生命中心主义。自然并不匮乏,只有人才会匮乏。达尔文是从人或生命的角度来看待自然,而不是从自然的角度来看待自然。因此,进化论并不像其所宣扬的那样客观。如果从自然的角度来看待自然,那么匮乏或贫困就只是一种基于生命视角的"例外"(Ausnahme),而"极度的丰裕与豪奢"②才是自然界的常态。有生之物的消亡无非是自然过度丰裕的一种特殊表现形式而已。③也就是说,尼采晚期意识到,生命与自然之间存在着矛盾,这种矛盾仅靠被动的"环境适应"是无法解决的。唯有克服生命自身的个体性与有限性,把以"匮乏"为导向的人之视角提升为以"丰裕、豪奢"为导向的自然视角,才能够使得内部条件(意志)与外部条件(自然)相匹配。

1888 年春,尼采又写了两则以"反达尔文"为标题的手稿。④同年,在《偶像的黄昏》一书里,他还正式公布了自己的"反达尔文"主张。⑤其"反达尔文"的理由主要体现于以下两点:第一,"为生存而斗争"所依据的是"个别物种"(人)的特殊视角,而不是"生命整体"的自然视角。生命就其整体而言,不是"匮乏和贫困",而是"丰裕,豪奢,乃至于荒唐的挥霍"⑥。第二,适应环境得生存者,并非最优者。因此,进化论两大论点"适者生存"与"优胜劣汰"之间相互抵触。

从"人"这一特殊物种出发,尼采认为,进化论之于人类社会是失效的。纵观历史,无数事实表明,不是"优胜劣汰",而是平庸者胜,卓越者汰。平庸

---

①　赫胥黎:《天演论》,严复译,商务印书馆 1981 年版,第 3 页。

②　KSA3, S.585.

③　韩王韦:《"回归自然"——论尼采的道德自然主义》,《江苏社会科学》2016 年第 6 期。

④　KSA13, S.303, S.315.

⑤　KSA6, S.120—121.

⑥　Ibid., S.120.

者工于心计,又善于抱团。高尚者面对联合起来的庸众时,往往会"脆弱不堪"。①平庸者、低劣者似乎比高尚者、卓越者更有价值。基于这一发现,尼采总结道:就以"匮乏"为导向的物种而言,其"权力之增长",或者说其延续与发展,更多不是由"强者"来保障的,而是由"平庸者和低劣者"(即"弱者")来保障的,后者"数量繁多,延绵不绝",而前者却危险重重,容易毁灭。②也就是说,进化论的"资源匮乏"假设与其"优胜劣汰"观点之间相互矛盾。如果人们从"资源匮乏"这一前提出发,那么他们所要肯定的就绝不应该是"优",而应该是"劣"。因为在资源争夺的过程中,弱者更善于联合,强者与之相比并不占据优势。

通过反思和批判进化论,尼采认为,生命之优劣与资源争夺过程中是否获胜无关。资源占有越多,说明生命的匮乏感越严重,其与自然也越相违背。既然自然是丰裕的、豪奢的,那么向外给予的越多,挥霍耗散的越多,才越合乎自然。越合乎自然者越优秀。就此而言,追求"自我保全"的生物(譬如"人")绝非最"优"者。

基于如上分析,尼采在1888年的手稿里提出了自己关于进化论的三个"总体性看法"(Gesamtansicht)③:

(一)"人作为物种并不处于进步当中。"④人类历史上或许偶然会出现一些较高等、较完美的人物,但是,其优势却无法通过遗传被后代所继承。因此这些人物的出现不能够促使人类得到实质的提升。

(二)"与其他任何一种动物相比,人作为物种并没有体现出什么进步。"⑤也就是说,人不比动物更高级。达尔文进化论虚构了生物从低等到高等"完美性的持续增长"。⑥然而,这种持续性进化是不存在的。一切生物

---

① KSA13, S.303.
② Ibid., S.305.
③ KSA13, S.316—317.
④⑤ Ibid., S.316.
⑥ Ibid., S.315.

层面上的变化都是"同时发生的,彼此重叠、混杂、对立"。①

（三）人类所谓的"文明"和"驯化",不过是物种上的退化。因此,"文明不可深入",否则,人与自然的背离就会加深,物种上的退化就会加剧。基督教正是人类退化到极致的产物。唯有通过"回归自然"（"自我提升"）和"去文明化",人才有机会获得康复。②

显然,尼采晚期不再把进化论视作"赫拉克利特与恩培多克勒思考方式"的"复活"。③相反,他发现,达尔文在自然观上与赫拉克利特、恩培多克勒有着本质性区别。前者是以生命的视角理解自然,而后者却是以自然的视角理解生命。

众所周知,近代以来,随着人主体地位的确立,自然逐渐成为一种客观的、与人类文明相对的概念。许多哲学家（例如霍布斯、洛克、卢梭等）都认为生命与自然之间存在着一种紧张的对立关系。达尔文等人重新表述了生命与自然之间的紧张。而这种紧张在古希腊哲人赫拉克利特、恩培多克勒那里是没有的。就此而言,尼采在思想上更接近于赫拉克利特与恩培多克勒,而不是达尔文。

结论

尼采的确受到 19 世纪进化论思潮的较大影响。但是,由此就把他定义为达尔文主义者,不仅违背其意愿,而且对于理解尼采和理解达尔文而言皆无所助益。与其关注他是不是一位合格的达尔文主义者,不如细致地梳理其思想与达尔文、达尔文主义之间的关系。一方面可以通过尼采来了解进化论在 19 世纪欧洲的影响力,另一方面也可以通过其批判性视角来反思进化论的科学性与合理性。

---

①② 　KSA13，S.317.
③ 　KSA11，S.442.

正如德克·罗伯特·约翰逊所言,尼采对于达尔文进化论的认知是动态发展的。但是,是否判定其思想经历了一场从"达尔文主义"向"反达尔文主义"的转变,却值得商榷。因为尼采自始至终都未将自己视作达尔文的追随者。相反,无论是早期还是晚期,他都只是想借助达尔文来表达自己的思想。

尼采早期把进化论视作一种客观的自然主义,并试图借助达尔文的自然立场来批判大卫·施特劳斯的道德立场。中期尼采则把进化论视作赫拉克利特、恩培多克勒思考方式的复活。到了晚期,尼采则认为,进化论的本质是一种道德哲学:其"为生存而斗争"的口号,体现了英国人口过剩所带来的社会紧张感以及小市民处世维艰的生存状态。①众所周知,尼采晚期的主要任务是"价值重估"。他对达尔文和达尔文主义的批判,只是"价值重估"里的一部分。因而,唯有在"价值重估"的哲学框架当中梳理尼采与达尔文的关系,才能够真正理解进化论之于尼采的意义。

第三节　尼采是超人类主义者吗?

超人类主义是 20 世纪下半叶爆发于欧美的一场思想运动。它主张利用技术全面增强人的身体状况、智力水平乃至道德素质。长期以来,其影响主要局限于科技主义亚文化群体。但近些年,随着 NBIC 技术(即纳米技术、生物技术、信息技术和认知科学)的高速发展,超人类主义逐渐进入主流视野。它不仅在知识界收获了不少拥趸,还在技术和资金上得到了谷歌等互联网公司的支持。随着超人类主义的升温,其主要论点如"用理性来控制进化""变运气为选择""生命具有无限完善性""从治疗转变为增强"等,在学

---

① KSA3,S.585.

界引发了热烈的讨论,范围涉及生命医学、人工智能、技术伦理、政治经济等诸多领域。

目前,国内对"超人类主义与生物保守主义"的争论较为熟知①,而对另外一场围绕着"尼采和超人类主义"的争论却了解甚少。这场争论主要发生在超人类主义者和尼采研究者中间。其意义不仅在于重构超人类主义的思想史脉络,重估尼采在技术时代的现实影响,还在于借此重新思考技术的边界,以及哲学与科学之间的关系。

一、争论回顾:尼采与超人类主义能否兼容?

学界较早把尼采和超人类主义关联起来的是德国哲学家彼得·斯洛特戴克(Peter Sloterdijk)。1999 年 7 月,斯洛特戴克在"海德格尔之后的哲学"国际研讨会上作了题为《人类园诸规则》(Regeln für den Menschenpark)的发言,引发了一场关于"人文主义"和"基因技术"的大讨论。斯洛特戴克暗示,在技术高速发展的时代,以人文主义的方式培育人已经过时了,因此要超越人文主义,以超人文主义的方式培育人。未来的根本性冲突在于"人类渺小化饲养者与人类伟大化饲养者之间的争斗",即"人文主义者与超人文主义者(Superhumanisten)、人类之友与超人之友之间的争斗"。②

斯洛特戴克的言论在欧洲迅速引起争论。一些学者指责他试图培养尼采式超人,为法西斯理念招魂。③2001 年,哈贝马斯出版了《人类本质的未来》的德文版,对这场争论进行了回应。他一方面捍卫人文主义的传统价值,另一方面把超人类主义者和尼采主义者(如斯洛特戴克)联系起来进行

---

① 可参见:计海庆:《人类增强伦理中的伦理自然主义批判》,《学术月刊》2020 年第 9 期;张灿:《超人类主义与生物保守主义之争——生物医学增强技术的生命政治哲学反思》,《自然辩证法通讯》2019 年第 6 期。
② 彼得·斯洛特戴克:《人类园诸规则——答复海德格尔之〈关于人道主义的书信〉》,叶瑶译,《上海文化》2020 年第 5 期。
③ 黄凤祝:《查拉图斯特拉工程与道德的本质——论欧洲基因工程与克隆道德》,《同济大学学报(社会科学版)》2009 年第 2 期。

批判。他认为两者思想相似,都对人文主义有荒唐的攻击,幸运的是他们的疯狂主张并不具备大范围影响力。①

随后,牛津大学教授尼克·博斯特罗姆在《超人类主义思想史》一文中指出,把尼采与超人类主义运动关联起来是不妥当的。超人类主义扎根于"理性人文主义传统",与尼采之间仅有一些"表面性相似"。②超人类主义的"启蒙根基",以及它对"个体自由"的强调和对"所有人类(以及其他有知生物)福祉"的关心,都使得其更接近于英国功利主义者约翰·斯图亚特·密尔(John Stuart Mill),而非尼采。③把超人类主义与密尔联系起来,其实就是把超人类主义放到尼采的对立面。因为,尼采不仅刻薄地攻击过密尔,还对英国功利主义抱有明显的敌意。

2009 年,斯蒂凡·劳伦兹·索格纳(Stefan Lorenz Sorgner)对博斯特罗姆的观点进行了回应。他批评认为,尼采与超人类主义之间存在着"许多根本性相似"④。超人类主义不仅继承了人文主义的遗产(像博斯特罗姆所说的那样),同时也继承了尼采的遗产(对人文主义的反思、批判和超越)。超人类主义虽然许诺了不少增强技术的功利主义收益,但却没有解释人为什么要放弃人性,寻求"超人类"(transhuman)和"后人类"(posthuman)。从超人类主义的主张里,看不出"超人类"和"后人类"的意义究竟何在?索格纳希望超人类主义能从尼采那里获得足够多的思想灵感。比如"后人类"这个概念,如果能像尼采的"超人"(overhuman)那样,为人的自我克服、自我提升赋予意义,那么它就会变得更加牢靠,更容易被人所接受。

索格纳的文章发表以后,引起了学界的关注和热议。2010 年 1 月,《进

① Jürgen Habermas, *The Future of Human Nature*, Polity, 2003, p.22.
② Nick Bostrom, "A History of Transhumanist Thought", *Journal of Evolution and Technology*, Vol.14, No.1, 2005, p.2.
③ Ibid., p.4.
④ 斯蒂凡·劳伦兹·索格纳:《尼采、超人与超人类主义》,韩王韦译,《国外社会科学前沿》2019 年第 8 期。

化与技术》杂志出版特刊《尼采与欧洲后人类主义》，超人类主义者马克斯·莫尔（Max More）、利物浦大学哲学系教授迈克尔·豪斯克勒（Michael Hauskeller）、美国科学家比尔·希巴德（Bill Hibbard）等人撰文参与讨论。2011 年，尼采研究领域颇具影响力的刊物《竞争者》（The Agonist）也围绕着"尼采与超人类主义"发行特刊，并邀请美国尼采学会主席芭贝特·巴比奇（Babette Babich）、尼采研究专家保罗·洛布（Paul Loeb）等人与索格纳展开对话。此后，探讨"尼采与超人类主义"的文章络绎不绝。2017 年，尤努斯·通杰尔（Yunus Tuncel）把相关文章编辑成册，取名为《尼采与超人类主义：先驱还是对手？》，由剑桥学者出版社出版。2019 年，波兰学者里卡尔多·坎帕（Riccardo Campa）甚至依据这场争论把超人类主义分为，准尼采（quasi-Nietzschean）、尼采（Nietzschean）、无关尼采（a-Nietzschean）和反尼采（anti-Nietzschean）四种类型。①概而言之，这场争论主要围绕着"尼采与超人类主义能否兼容"展开。参与者大体可分为赞同（索格纳、莫尔）和否定（博斯特罗姆、希巴德、巴比奇）两派。赞同者认为，超人类主义运动受到尼采很大影响，如果尼采生活在今日，定然会是一位超人类主义者；而否定者则认为尼采与超人类主义之间有着本质的不同，超人类主义的理性人文根基和功利主义诉求皆与尼采相矛盾。

　　莫尔在《超人类中的超人》一文中指出，尼采对超人类主义运动有着直接的影响。②由于莫尔和博斯特罗姆是当前超人类主义运动的两大旗手。莫尔对索格纳的公开支持，即意味着超人类主义在理解自身思想史脉络上出现了分化。与博斯特罗姆的功利主义路线不同，莫尔秉持一种更加多元的立场。他认为，超人类主义不仅和功利主义之间没有矛盾，和尼采之间也没有矛盾。

① Riccardo Campa，"Nietzsche and Transhumanism：A Meta-Analytical Perspective"，*Studia Humana*，Vol.8，No.4，2019，p.10.
② Max More，"The Overhuman in the Transhuman"，*Journal of Evolution and Technology*，Vol.21，No.1，2010，pp.1—2.

功利主义路线和尼采路线殊途同归,都会使"人类整体福祉"得以促进。无论是功利主义还是尼采,其哲学核心要素皆可与超人类主义世界观相兼容。①

索格纳、莫尔之后,越来越多的学者意识到,超人类主义的思想史脉络并非像博斯特罗姆所讲的那样单一。除了笛卡尔的唯理论,霍布斯、洛克、拉·美特利等人的机械唯物论,拉马克、达尔文的进化论,边沁、密尔的功利主义等理性人文主义思想资源以外,尼采的意志论(非理性主义思想资源),以及20世纪以来的科技乐观主义、未来主义和后现代主义思潮,都对其有所影响。庞杂的思想来源导致这场运动涌现出了许多不同的路线和立场,具备"光谱般的发散特征"②。吕克·费希(Luc Ferry)在《超人类革命》一书里,把超人类主义分为两类:一类继承了人文主义传统,坚信人具有"无限完善性",增强技术的目的不在于"从本质上超越"人,而在于使人"更加人性化";另一类则与人文主义传统相决裂,它以一种唯物主义的眼光来看待生命,不满足于"简单地改善当前人类",而是试图制造出一种不同于人且超越于人的物种(高级人工智能)。③需要注意的是,这两类立场与尼采思想皆不兼容。尼采虽然批判、反思了人文主义传统,但是他并不赞同从唯物的角度理解生命,更不会简单地把"超人"视作一种高于人且异于人的物种类型。

否定派认为,莫尔和索格纳过于强调尼采与超人类主义兼容的一面,而忽视了两者不兼容的一面。譬如,芭贝特·巴比奇指出,超人类主义的"全体增强"(enhancement for all)不会导致"某个社群的'增强'",而会导致"人的均质化或扁平化"④,最终促使"末人"产生,这显然与尼采思想相悖。比

---

① Max More, "The Overhuman in the Transhuman", *Journal of Evolution and Technology*, Vol.21, No.1, 2010, p.3.

② 王志伟:《后人类主义技术观及其形而上学基础》,《自然辩证法研究》2019年第8期。

③ 吕克·费希:《超人类革命:生物科技将如何改变我们的未来?》,周行译,湖南科学技术出版社2017年版,第38—43页。

④ Babette Babich, "Nietzsche's post-human imperative: on the 'All-Too-Human' dream of transhumanism", in *Nietzsche and Transhumanism: Precursor or Enemy?*, Yunus Tuncel(ed.), Cambridge Scholars Publishing, 2017. p.114.

尔·希巴德则指出,尼采的超人不以消除痛苦为目的,更不以长生不朽为目的,他无限肯定生命,会接受"每一个细节和痛苦的精确复现"(即"相同者永恒轮回")。因此,超人和后人类之间差异巨大,超人是一种无法企及的理想,而后人类则是一种可以企及的现实。①

尽管目前这场争论尚未结束,学界也尚未就"尼采与超人类主义的关系"达成共识。但越来越多的学者还是意识到了,通过尼采重新理解超人类主义运动,或通过超人类主义运动重新理解尼采的重要性。

那么,尼采究竟是不是一位超人类主义先驱?如何理解他与超人类主义运动之间的关系?要回答这一问题,就需要深入探究两者之间的思想承续和理路分歧。

二、思想承续:重新理解和定义"人"

尼采在《敌基督者》中指出,我们当前对于人的理解无外乎两点:一是把人理解为动物,二是把人理解为机器。"我们不再从'精神''神性'上探究人,而是把人放到动物里面去……人绝非造物的皇冠,他旁边的每种生物都具备同等级别的完满性",除此以外,"我们"还沿着笛卡尔"动物是机器"的观点,将人也"合乎逻辑"地"理解为机器"。②把人理解为动物和机器,是尼采对其时代思想的诊断。这一诊断不仅跟当时的自然科学进展(尤其是生物学进展)有关,还跟当时随着自然科学进展而复兴的唯物主义思潮有关。

众所周知,19 世纪以来人的地位遭遇到了巨大挑战。1838 至 1839 年"细胞学说"的提出,一方面意味着整个生物界(从单细胞生物到直立行走的人)在微观层面有了统一的可能,另一方面也意味着人在生理上与动物、植物没有什么本质性区别,人也是由细胞构成的。1859 年达尔文的《物种起

---

① Bill Hibbard, "Nietzsche's Overhuman is an Ideal Whereas Posthumans Will be Real", *Journal of Evolution and Technology*, Vol.21, No.1, 2010, pp.9—12.

② KSA6, S.180.

源》的出版,意味着文艺复兴以来所赋予人的特殊性地位被取消掉了,人成为一个需要被重新认识和重新定义的物种。到了 19 世纪六七十年代,随着生物进化理论影响力的进一步扩大,人类的起源问题以及人类在自然界中的位置问题(即人与其他物种之间的关系问题),成为欧洲学界最受瞩目和最富争议的话题。华莱士(Alfred Russel Wallace)、赫胥黎(Thomas Henry Huxley)、莱伊尔(Sir Charles Lyell)、毕希纳(Ludwig Büchner)、海克尔等人都曾对此有过论述。尽管这些进化论者的观点各不相同,但他们却在一定程度上取得了如下共识:人和其他物种之间存在着亲缘关系,他们皆是某种"古老、低级"且"早已灭绝的生物类型的同时并存的子孙"。①在《人类在自然界的位置》(1863)一书中,赫胥黎强调,"人类和动物之间,其分界线绝不比动物本身之间的分界线更为显著","从心理上划分人类和兽类"是"徒劳的"。②尽管赫胥黎的目的并不是想否定人的高贵性,但是,人与动物之间的差异也的确在一定程度上被他抹平了。

弗莱堡大学教授安德里亚斯·乌尔斯·佐默尔认为,把人重新思考为动物是 19 世纪人类学的一个显著特征,在进化论的影响下,对于"人是什么"的追问,呈现出了一种历史化和自然化相结合的面相。③尼采对于人的理解亦是如此。他也试图寻求一种历史化和自然化的结合。劳伦斯·朗佩特指出,尼采一方面以谱系学的方式批判了"各种自然的人化"(譬如柏拉图主义、犹太-基督教传统等),另一方面又以一种彻底自然主义(或"内在主义")的方式建构了"人的自然化"。④人的自然化的首要表现就是动物化。动物化并不意味着人要退回到动物状态,而是意味着人获得了一个重新思

---

① 查尔斯·达尔文:《人类的由来及性选择》,潘光旦、胡寿文译,李绍明校订,湖南科学技术出版社 2015 年版,第 3 页。

② 赫胥黎:《人类在自然界的位置》,蔡重阳等译,北京大学出版社 2010 年版,第 61 页。

③ 安德里亚斯·乌尔斯·索梅尔:《人、动物、历史:19 世纪人类学的幻灭》,朱毅译,《哲学分析》2018 年第 3 期。

④ 朗佩特:《尼采与现时代:解读培根、笛卡尔、尼采》,李致远、彭磊、李春长译,华夏出版社 2009 年版,第 297 页。

考自身的机会。通过动物化，人可以重新发现生命的超越本能。正是这种本能促使动物进化成为人。而人并非进化的终点和目的。人只是过渡性的"绳索"和"桥梁"①，人最终是要超越人的。

如果说尼采对于"人是动物"的理解，更多受到了达尔文进化论和由此引发的人种由来说之争的影响，那么他对于"人是机器"的理解，则更多受到了 19 世纪中叶德国唯物主义之争的影响。

1866 年，尼采通过阅读朗格的《唯物论史》不仅接触到了达尔文和达尔文主义，还系统了解了毕希纳、福格特（Karl Vogt）、摩莱肖特（Jacob Moleschott）等人的思想。这些人大多是自然科学家。他们立足于最新的科学成果，积极宣扬唯物主义思想，在德国引发了巨大的争议。恩格斯曾经批评这些人"把唯物主义庸俗化"②。受恩格斯的影响，国内学界习惯于将这些人的思想划入庸俗唯物主义范畴。但不可否认的是，在 19 世纪 50 年代的争论中，毕希纳等人是德国思想界耀眼的明星，他们为普及唯物主义作出了不可磨灭的贡献。福格特的名言，思维之于大脑犹如胆汁之于肝脏和尿液之于肾脏，也随着这场争论广为人知。尽管毕希纳等人所掀起的唯物主义运动很快就被后来的达尔文主义运动所取代③，但达尔文主义之争在某种意义上讲仍然是唯物主义之争的延续④。

生物进化论与机械唯物论的合流导致"人是动物"和"人是机器"观念的流行。尼采将这种流行观念追溯至笛卡尔以来的理性人文主义传统。笛卡尔在《谈谈方法》里把身体看作一台"神造的机器"。⑤动物与人的区别

---

① 　KSA4，S.16—17.

② 　恩格斯：《路德维希·费尔巴哈和德国古典哲学的终结》，《马克思恩格斯文集》（第四卷），人民出版社 2009 年版，第 283 页。

③ 　朗格：《唯物论史》（下卷），郭大力译，河南人民出版社 2016 年版，第 253 页。

④ 　Kurt Bayertz, Myriam Gerhard und Walter Jaeschke（Hrsg.）, *Der Darwinismus-Streit*, Felix Meiner Verlag, 2012, S.Ⅵ.

⑤ 　笛卡尔：《谈谈方法》，王太庆译，商务印书馆 2001 年版，第 44 页。

在于,人拥有理性,而动物则没有。因此,动物是"根本没有理性"的纯粹的机器。①1747 年,拉·美特利进一步阐述了"人是机器"的观点。他批判了笛卡尔的"心物二元论",并指出,物质是能够自行运动的,心灵并非身体运动的原因。人是"一架会自己发动自己的机器:一架永动机的活生生的模型"②。尽管 19 世纪的机械论确实能从笛卡尔那里寻找到思想根源,但是它并非笛卡尔、拉·美特利等人观点的简单翻版。在黑格尔历史哲学和达尔文进化论的影响下,19 世纪机械论也呈现出一种历史化和自然化相结合的特征。

尼采认为,进化论和机械唯物论促使我们把"意志从人那里剥离",意志仅仅被理解为"一种合力(Resultante),一种个体反应的形式,这种个体反应必定会伴随着一定数量的相反相成的刺激而产生",意志"不再推动","不再起作用了"。③它与精神脱离了关系,成为诸多身体运动当中的一种。

同时,传统的"生命完善论"也被颠覆了。以往哲学家,譬如柏拉图主义者,在思考"人的完善"时,更多强调的是精神上的完善。由于人的精神不够纯粹,总会有肉身上的牵挂,因此人的完善化就是精神的纯粹化。这种情况在 19 世纪的唯物论那里得到了翻转。人们不再试图通过意识和精神理解生命。"只要某物还拥有意识,我们就否认它能够被完善。"④在唯物论者看来,意识和精神是生命得以完善的阻碍,人不可能脱离肉身而存在,"纯粹精神"无非是"一种纯粹愚蠢"。⑤尼采虽然不赞同以彻底唯物的方式理解生命,把意志从生命那里剥离,但是他依然高度肯定了近代唯物论的功绩:它是对柏拉图理念论传统和德国观念论传统的拨乱反正。可见,尼采虽不是唯物主义者,但他对唯物主义却怀有极大的同情。

---

① 笛卡尔:《谈谈方法》,王太庆译,商务印书馆 2001 年版,第 45—46 页。
② 拉·梅特利:《人是机器》,顾寿观译,商务印书馆 1996 年版,第 20 页。
③ KSA6, S.180.
④⑤ Ibid., S.181.

　　进化论和机械唯物论是尼采哲学思考的前提,同样也是超人类主义运动得以开展的前提。如果说超人类主义在道德观上根植于功利主义的话,那么在历史观和自然观上则根植于进化论和机械唯物论。19世纪末20世纪初,超人类主义先驱、俄国思想家费奥多罗夫(N. F. Fyodorov)就曾以"人是机器"为基础,设想了人类通过自我改造寻找新的人体,最终实现肉身不朽,以及通过收集人体的物质微粒来使死者复生。费奥多罗夫的哲学狂想后来被超人类主义运动所继承。

　　超人类主义提出了"一种未来主义人类观",即通过技术克服人的生物局限性,全方位拓展人的能力和素质,实现延长生命、消除痛苦、克服衰老和增进认知等目的。①超人类主义一方面延续了笛卡尔以来的机械论传统,另一方面又立足于现代遗传学、基因学和定向突变理论,把人看作是一种存在着设计缺陷,有待进一步完善的物种。如果说以往哲学家(柏拉图主义者)看重的是精神上的完善,那么超人类主义者看重的则是肉身上的完善。尽管超人类主义者也关注认知能力的提升,但是,这种提升却被寄托在基因技术或脑机接口技术之上。

　　近年来,随着科技乐观主义的持续高涨,超人类主义运动得到了蓬勃的发展。尽管尼采可能会跟这种乐观情绪保持距离,但是,他对19世纪思想状况的诊断,对于我们这个时代而言也是适用的。迄今为止,把人理解为动物和机器在科学界依然是主流。此外,尼采对"人"和"人文主义"的反思,也给超人类主义运动提供了一定的启发。他跟超人类主义一样,都试图用动态的眼光来审视人和以人为本的价值,认为没有什么东西能够永固不变,一切都处于变化之中。因此,把尼采与超人类主义运动关联起来进行思考是有意义的。

---

① 计海庆:《增强、人性与"后人类"未来:关于人类增强的哲学探索》,上海社会科学院出版社2021年版,第41—42页。

三、理路分歧：自然进化还是定向进化？

如上所述，尼采和超人类主义运动之间确实存在着一定的思想承续，但是，能否因此就认定他为超人类主义先驱？还有待进一步的考察。

麦克斯韦·梅尔曼（Maxwell J. Melhman）认为，"定向进化"（directed evolution）是超人类主义的"圣杯"。[1]"定向进化"或"实验性进化"（experimental evolution）是一项新兴的生物化学技术，即通过试管实验来模拟自然进化过程，借助随机突变、改组技术、半理性设计和理性设计等策略，实现改进蛋白质性能或创造全新蛋白质的目的。而超人类主义所讲的"定向进化"则有所不同，它指的更多是采用定向进化原理来控制人类进化。

"用理性控制进化"是超人类主义运动的核心思想。牛津大学伦理学教授朱利安·萨弗勒斯库指出："我们正在步入人类进化的新阶段——用理性来控制进化——人成为其命运的主人。力量已经从自然转移到了科学。"[2]萨弗勒斯库认为，理性对于人性来说至关重要，它至少在一定程度上定义了人性，因此"只要转基因和人兽嵌合体技术"能够"促进和表现我们的理性"，那么它就是"我们人性的一种表达"。[3]萨弗勒斯库与其同事博斯特罗姆一样，是超人类主义运动的支持者。他赞同在不违背人性的前提下，把定向进化技术应用到人类身上。

亚利桑那州立大学的阿斯克兰（Andrew Askland）则认为，把超人类主义的进化观视作定向进化是不恰当的。尽管超人类主义受到进化论很大影响，但两者之间却存在着不可调和的矛盾。进化是非目的论的（a-teleologi-

---

[1] Maxwell J. Mehlman, "Will Directed Evolution Destroy Humanity, and If So, What Can We Do About It?", *The Saint Louis University Journal of Health Law & Policy*, 2009, Vol.3, No.1, p.96.

[2] Julian Savulescu, "Human-Animal Transgenesis and Chimeras Might Be an Expression of Our Humanity", *The American Journal of Bioethics*, 2003, Vol.3, No.3, p.24.

[3] Ibid., pp.24—25.

cal），而超人类主义却是一种彻头彻尾的目的论。超人类主义试图借"进化"一词来误导人们，使其相信，它所讲的一切改变都是不可避免的。超人类主义把我们从过去的演化进程中割裂出来，并畅想了一个基于"自我设计"（self-engineered）的"美好"未来。①阿斯克兰的观点虽不无道理。但他却忽视了，超人类主义运动只是一种受达尔文进化论影响的社会思潮，用现代生物学的科学标准对之进行要求过于严苛。除非我们拒绝将进化论应用于人类身上，否则，就不能够回避，人类在进化过程中具有明显的主动性和目的性。

超人类主义的"定向进化"是"参与式进化"（Participant evolution）思想的延续。"参与式进化"思想源自克莱因斯（Manfred Clynes）和克莱恩（Nathan S. Kline）1960 年在《宇航学》（Astronautics）上发表的文章《赛博格与空间》（Cyborgs and Space）。当时，美国与苏联太空竞赛的序幕刚刚开启，双方在航空航天事业上都取得了巨大进展。而"太空旅行"（Space travel）一词也随之成为社会热点。克莱因斯和克莱恩指出，太空旅行梦想给人提出了技术和精神双重挑战。与其为宇航员提供一种"类地球生活环境"，不如增强其适应"地外环境"的能力。这要求人类能够主动介入自身的进化，借助技术手段创造出适应能力更强的"赛博格"（半机械人）。②后来，超人类主义者吸收并发展了这一思想。他们认为，人类已经走上了参与式进化的道路：即理性介入进化，用技术手段来代替突变和自然选择，对人体进行重新设计，以达到消除生物局限性和实现人类增强的目的。

"参与式进化"与"定向进化"是超人类主义在不同的技术发展阶段，对其核心理念（理性干预、控制进化）的不同表达，其本质是一种技术乐观主义

---

① Andrew Askland, "The Misnomer of Transhumanism as Directed Evolution", *International Journal of Emerging Technologies and Society.* Vol.9, No.1, 2011, pp.71—78.

② Manfred Clynes, Nathan S. Kline, "Cyborgs and Space", *Astronautics*, 1960, Vol.9, pp.26—27, 74—76.

或理性乐观主义。那么,这一思想在尼采那里能否获得认同呢?

众所周知,尼采是一位以"反理性"著称的哲学家。他对理性抱有极高的警惕。理性永远是视角性的,它传达的是人的局部利益,而不是生命的整体利益。如果把进化交由理性来主导,那么就是把生命的整体利益交给局部利益来决定。因此,需要追问的是,决定人类进化的这个理性究竟是谁的理性?科学家的理性?资本家的理性?还是政治家的理性?如果进化方案是我们这个时代的人共同商议出来的,那我们能否为未来人的利益代言,也是一个问题。最后,极有可能的结果是,人还没像萨弗勒斯库所说的那样,成为命运的主人,就已经先沦为技术、资本、权力的奴隶了。

尼采认为,理性的本质是谎言,真理的本质是谬误。①"智慧就是对于自然的犯罪","它的矛头终将会反过来刺向智者本身"。②有理性的人是所有动物中"最败坏、最病态、最危险的"。③达尔文、赫胥黎、海克尔等进化论者尚且给人的高贵性留有余地,他们毕竟还承认,人处于进化链的顶端。我们对"人类高贵性的尊重"并不会因为"知道人在物质和构造上与兽类相同而有所减少"。④而尼采则把人彻底地赶下了神坛。人不再是造物的宠儿,理性也不再意味着卓越。

在《查拉图斯特拉如是说》中,尼采描绘了一幅从动物到人再到超人的进化图景:"人是某种应该被克服的东西",尽管人"已经走完了从蠕虫到人类"的进化之路,但其"身上依然有许多东西是蠕虫","人依然比任何一只猿猴更像猿猴"。⑤这是查拉图斯特拉下山宣扬超人学说的依据和理由。许多学者基于这一进化图景,把尼采理解为达尔文主义者。这是一种以偏概全

---

① KSA6,S.74—79,S.88—97.
② KSA1,S.67.
③ KSA6,S.180.
④ 赫胥黎:《人类在自然界的位置》,蔡重阳等译,北京大学出版社 2010 年版,第 62 页。
⑤ KSA4,S.14.

的做法。尼采确实受到进化论很大影响，但他对达尔文和达尔文主义却有着猛烈的抨击。他认为，自然选择学说是弱者的赞歌。适应环境得生存者，并非最优者，而是最劣者。唯有最低等的生物才最适应环境。最低等者通过其原始的繁殖力来维持一种"表面的不朽"，而"较高等者"却因其自身"无与伦比的复杂性"，面临极高的解体可能。①

物种可以遗传（比如鸟的后代是鸟，人的后代是人），但杰出者的杰出特性却不可遗传（杰出者的后代并不必然是杰出者）。在演化过程中，物种不走极端。极端路线容易给物种带来毁灭风险。因此物种偏爱平庸者而非冒险者。物种（譬如人）从来就不是什么进化的幸运儿（Glücksfall）。进化的幸运儿是具有杰出特性的杰出者。杰出者的杰出特性是综合先天、后天等诸多因素获得的，不能遗传给后代。因此个别天才的出现不会导致物种整体得以提升。生命从低等到高等的持续性进化（或无限完善化）是被虚构出来的。生命进化是由权力意志主导的随机性演变，一切变化都在同一时间发生，"彼此重叠、混杂、对立"②。

权力意志要求生命提升，而永恒轮回则要求生命回到起点。那么权力意志与永恒轮回之间是否存在矛盾呢？生命提升有两层意思：一是生命的自我克服和自我超越，二是生命要"回归自然"或"向上攀升到自然"③。人要超人即人要通过自我克服重新回归自然。生命只有从求占有的"匮乏状态"转变为求挥霍的"豪奢状态"，从自我保全转变为自我耗散，方能与自然相匹配。权力意志不仅是求占有、求保全的生命意志，更是求挥霍、求耗散的自然意志。如果只讲占有、保全，不讲挥霍、耗散，那么生命的自然轮回就无以可能。因此，在尼采那里，衰老、死亡都是自然的。而在超人类主义那里，衰老和死亡却是有待被消除的，唯有长生不朽才符合人的

---

① ②　KSA13，S.317.
③　KSA6，S.150.

利益。

可见，尼采的进化观与超人类主义完全不同。后者主张的是一种由理性主导的定向进化，而前者则主张的是一种由权力意志主导的自然进化（随机性演变）。此外，超人类主义的"变运气为选择"也不会得到尼采的认同。尽管尼采赞同生命增强，但是他并不认为通过改变自然运气可以实现个体增强（这只会令人更加背离自然，背离自然意味着生命更病态，而不是更强健），同时也不认为通过个体增强能够促使生命整体得以提升。

结论

目前，超人类主义运动席卷全球。随着这场运动的深化与发展，其在政治、经济、科学、文化领域的影响力与日俱增。如何理解它已成为学界亟须重视的问题。正如一些研究者所言，超人类主义思想"过于天真"[①]，无非一种"技术决定论"[②]或"技术至善论"[③]。然而这种貌似天真的思想，却给我们带来了巨大的理论挑战。超人类主义思潮的兴起表明，随着技术的高速发展，重新理解人，重新评估以人为本的价值，已经迫在眉睫。

把尼采与超人类主义运动联系起来是有意义的。19世纪的进化论与机械唯物论是两者共同的思想前提。而尼采的"重估一切价值"和他对"未来哲学"的构想，也确实给超人类主义运动提供了一定的启发。但两者之间的本质性差异却不容忽视。超人类主义的进化观是一种由理性主导的定向进化，而尼采的进化观则是一种由权力意志主导的随机性演变。超人类主义的核心主张，如"理性控制进化""生命具有无限完善性"和"变运气为选择"，皆与尼采思想不兼容。除此以外，索格纳、莫尔等超人类主义者也过高

---

① 王志伟：《后人类主义技术观及其形而上学基础》，《自然辩证法研究》2019 年第 8 期。
② 朱彦明：《超人类主义视域中的人的完善及其问题：从尼采的视角看人类增强》，《南京社会科学》2019 年第 3 期。
③ 朱彦明：《超人类主义：人的完善化与非政治化》，《哲学动态》2020 年第 9 期。

地估计了尼采与科学之间的亲密关系。尽管尼采对科学持开放态度,但他只是想把 19 世纪的科技进展拉入自己的思想框架去理解,而不是把解决问题的希望寄托于科学和技术之上。因此,尼采并非什么超人类主义先驱,即使超人类主义运动中有所谓的尼采路线,那么这条路线也并没有合格地继承尼采的遗产。

后　记

　　本书由上海社会科学院科学技术哲学团队成员在完成院第二轮创新工程项目期间的阶段性成果汇总而成。这些内容从总体上反映出团队成员对当代科学技术发展的最新哲学思考，全书由成素梅统稿。具体分工如下：第一章第一节由张帆撰写，第二节由成素梅撰写，第三节由戴潘撰写；第二章由戴潘撰写；第三章由周靖撰写；第四章由周丰撰写；第五章由成素梅撰写；第六章由阮凯撰写；第七章由计海庆撰写；第八章由韩玮撰写。

　　上海社会科学院科学技术哲学学科具有悠久的学术传统和良好的传承关系。沈铭贤先生和王淼洋先生主编出版的《科学哲学导论》曾获得首届国家社会科学基金项目研究优秀成果三等奖和上海市第二届哲学社会科学优秀成果著作二等奖，纪树立先生翻译出版的《科学革命的结构》在国内科学哲学界产生了广泛影响，周昌忠先生翻译出版的《十八世纪科学、技术与哲学史》（上下册）由商务印书馆多次再版，成为本学科的经典读本。沈铭贤先生曾担任国家人类基因组南方研究中心伦理学部主任，参与起草了我国第一部生命伦理规范文件《关于人类胚胎干细胞研究的伦理准则建议》。

　　在现有的团队成员中，成素梅的专著《在宏观与微观之间：量子测量的解释语境与实在论》和《改变观点：量子纠缠引发的哲学革命》分别获得上海市第九届和第十六届哲学社会科学优秀成果一等奖，由王战和成素梅共同主编、团队成员集体参与完成的"信息文明的哲学研究丛书"获得上海市第十六届哲学社会科学优秀成果一等奖,成素梅主编的"简明量子科技丛书"获得2024年上海市优秀科普作品奖,阮凯的博士学位论文《事实形而上学研究》获得国家社科基金后期资助暨优秀博士论文项目资助,张帆的专著《社会语境下的认识论研究——柯林斯的科学知识社会学思想研究》获得上海市第25次哲学社会科学学术著作博士文库出版资助。

在队伍建设和社会兼职方面,周靖入选国家级人才支持计划(青年);成素梅入选教育部新世纪优秀人才计划、上海市领军人才以及上海市浦江人才计划,获得上海市先进工作者和三八红旗手称号,享受国务院政府津贴,2019年8月在捷克布拉格技术大学举行的第16届"国际逻辑学、方法论和科学技术哲学会议"上当选为"国际逻辑学、方法论和科学技术哲学分会"(DLMPST)第17届理事会成员(2019—2023),2020年当选为国际科学理事会中国委员会(ISC-CHINA)委员,曾担任中国自然辩证法研究会常务理事、上海市自然辩证法研究理事长、上海市思维科学副会长,现担任中国自然辩证法研究会学术顾问、中国自然辩证法研究会物理学哲学分会副主任、上海市哲学学会副会长;计海庆于2021年当选为上海市自然辩证研究会副理事长;张帆分别担任自然辩证法研究会科学技术专业委员会和青年工作委员会理事、上海市自然辩证法研究会理事以及上海市自然辩证法研究会科技伦理专业委员会副主任;阮凯担任上海市自然辩证法研究会监事。

在学科建设方面,20世纪90年代,本学科成员与复旦大学科学技术哲学学科成员联合申请到上海市第一个科学技术哲学博士点,周昌忠先生、沈铭贤先生担任博士生导师,培养了十多名博士研究生。自21世纪以来,本学科迎来了新的发展机遇,2008年成为院内特色学科受到重点扶植,2014年成为上海社会科学院第一轮创新工程首批资助建设学科。在资助期间,团队成员出版了五卷本的"信息文明的哲学研究丛书"和五卷本的"信息文明与当代哲学发展译丛",出版了多部集体著作和译著,以及多部个人著作和译著,发表学术论文百余篇,完成了多项国家社会科学基金重点项目、一般项目和后期资助项目以及多项上海市哲学社会科学基金项目和上海社会科学院高端智库项目。集体完成的上海市哲学社会科学基金重大项目结项等级被评为优秀。2021年,科学技术哲学入选上海社会科学院第二轮为期五年的创新工程资助建设学科,并在2021年和2023年的创新工程考核中成绩名列前茅。这充分体现了本团队成员的竞争力和对科研工作的热爱。

多年来,本学科团队成员将集体项目与个人科研基础相结合,激发个人研究潜力,形成团队研究合力,体现出协同攻关的显著优势,合作出版了《科学技术哲学国际理论前沿》(2017年上海社会科学院出版社)、《信息文明时代的社会转型》(2019年上海人民出版社)、《科技时代的哲学问题及其实践智慧》(2020年科学出版社)等著作;共同翻译出版了《当代科学哲学文献选读(中英文对照)》(2013年科学出版社)、《专长哲学》(2015年科学出版社)、《知识的命运》(2016年上海译文出版社)、《科学的转型:尼尔斯·波尔、慈善事业和核物理学的兴起》(2015年科学出版社)、《在线生活宣言:超连接时代的人类》(2018年上海译文出版社)、《数字方法》(2018年上海译文出版社)、《技术体系:理性的社会生活》(2018年上海社会科学院出版社)、《反思专长》(2021年科学出版社)以及《人类行为研究:从科学到哲学》(2024年科学出版社)等译著。

自2012年以来,由上海社会科学院科学技术团队与汉诺威大学科学技术哲学团队共同发起的"中德科学技术哲学论坛"已分别在中国的上海(两次)、大连、北京和德国的汉诺威、比勒菲尔德、达姆施塔特、科特布斯共召开了八届。每届论坛围绕前沿问题展开,注重跨学科研讨和深度交流,注重对青年学者的培养。论坛的持续主办深化了中德科学技术哲学家对当代科学技术哲学前沿问题的理解,形成了良好的学术交流机制,建立了深厚的友情,中德双边的参与院校也由起初的两家单位扩展为2023年的十多家单位。

　　我们将继承前辈的优良学术传统，发扬科学技术哲学的学科优势，与时俱进地关注时代提出的问题和科技前沿发展带来的哲学问题，为推动科学技术哲学事业的发展贡献应有之力。

成素梅

2024 年 6 月 28 日于上海松江

图书在版编目(CIP)数据

科创未来的哲学思考 / 成素梅等著. -- 上海 ：上
海人民出版社，2024. -- (上海社会科学院重要学术成
果丛书). -- ISBN 978-7-208-19078-8

Ⅰ. N02

中国国家版本馆 CIP 数据核字第 2024XW2908 号

责任编辑　陈依婷　于力平
封面设计　路　静

上海社会科学院重要学术成果丛书·专著

科创未来的哲学思考

成素梅 等 著

出　　版	上海人民出版社	
	(201101　上海市闵行区号景路 159 弄 C 座)	
发　　行	上海人民出版社发行中心	
印　　刷	上海新华印刷有限公司	
开　　本	720×1000　1/16	
印　　张	27.5	
插　　页	2	
字　　数	359,000	
版　　次	2024 年 9 月第 1 版	
印　　次	2024 年 9 月第 1 次印刷	

ISBN 978 - 7 - 208 - 19078 - 8/B·1777

定　　价　138.00 元